Thomas Fartmann | Eckhard Jedicke |
Gregor Stuhldreher | Merle Streitberger

Insektensterben in Mitteleuropa

Praxisbibliothek

NATURSCHUTZ
und Landschaftsplanung

Herausgegeben von Professor Dr. Eckhard Jedicke

Thomas Fartmann | Eckhard Jedicke |
Gregor Stuhldreher | Merle Streitberger

Insektensterben in Mitteleuropa

Ursachen und Gegenmaßnahmen

Unter Mitarbeit von
Felix Helbing, Thorsten Münsch, Dominik Poniatowski,
André Seitz, Ernst-Friedrich Kiel, Matthias Kaiser

195 Farbfotos
105 Diagramme und Zeichnungen
9 Tabellen

„Wenige Landschaften mögen [...] so voll Nachtigallenschlag und Blumenflor angetroffen werden, und der aus minder feuchten Gegenden Einwandernde wird fast betäubt vom Geschmetter der zahllosen Singvögel, die ihre Nahrung in dem weichen Kleiboden finden. [...] aus denen jeder Schritt Schwärme blauer, gelber und milchweißer Schmetterlinge aufstäuben lässt. [...] Fast jeder dieser Weidegründe enthält einen Wasserspiegel, von Schwertlilien umkränzt, an denen Tausende kleiner Libellen wie bunte Stäbchen hängen, während die der größeren Art bis auf die Mitte des Weihers schnurren."

Annette von Droste-Hülshoff
in „Bilder aus Westfalen" (1840) über das Münsterland.

Inhalt

Foto: Thomas Fartmann

Ganzjahresweide, die durch eine hohe Vielfalt an Insektenarten gekennzeichnet ist.

Foto: Gregor Stuhldreher

Braunfleckiger Perlmutterfalter (*Boloria selene*).

Vorwort des Reihenherausgebers

Kleine Tiere, große Aufgabe: Kaum zuvor hat ein Thema des Naturschutzes in dermaßen kurzer Zeit so starken Widerhall in den Medien und der Politik gefunden wie das Insektensterben. Gerät dieses Thema genauso schnell wieder in Vergessenheit, wie es ins öffentliche Bewusstsein gelangte? Wohl kaum, denn dagegen sprechen vor allem drei Argumente: die andauernde Brisanz des Insektensterbens, die grundlegende Bedeutung der Insekten in Ökosystemen – fassbar als Ökosystemleistungen – und die hohe Aufmerksamkeit einer zunehmend aufgewachten, kritischen Öffentlichkeit.

Die Brisanz: Offenbar ist der Anteil gefährdeter Insektenarten deutlich höher als bei Wirbeltieren, die bisher, vielleicht mit Ausnahme von Tagfaltern und Heuschrecken, viel stärker im Fokus des Naturschutzes stehen. Auch häufige, generalistische Insektenarten gehen in ihren Beständen massiv zurück. Noch stärker als die Artenzahl schrumpfen die Abundanz und Biomasse der Insekten. Die Folgen zeigen sich beispielsweise bei massiven Bestandseinbrüchen insektenfressender Vogelarten. Vor den negativ beeindruckenden Statistiken und verschiedenen Indikatorwerten kann niemand mehr die Augen verschließen: Die Insektenbiodiversität ist äußerst massiv aus dem Lot geraten – mit Folgen, die niemand so richtig absehen kann.

Die Ökosystemleistungen: Insekten spielen in Ökosystemen und Landschaften auch zum Nutzen der menschlichen Gesellschaft eine Schlüsselrolle. Die Wissenschaft versucht diese Leistungen mit dem Konzept der *ecosystem services* zu beschreiben. Dazu gehört nicht allein die Bestäubung von Wild- und Nutzpflanzen und damit zum Teil die Ermöglichung oder Erhöhung von Ernteerträgen durch Insekten. Hierzu zählt zum Beispiel auch die Mitwirkung an humusbildenden Prozessen. Insekten sind zudem Teil umfassender Nahrungsnetze, regulieren Schadorganismen (können jedoch auch selbst schädigend wirken), ermöglichen ästhetische Erlebnisse durch Naturbeobachtungen und vieles andere mehr. So richtig greifbar hat die Wissenschaft die Ökosystemleistungen, zu welchen Insekten beitragen, noch nicht beschreiben können.

Die Aufmerksamkeit: Eine zunehmend aufgeklärte und sensibilisierte Öffentlichkeit schaut genauer hin, unterstützt durch die Berichterstattung in den Medien. Das Insektensterben geht alle an. Eine wachsende Zahl von Menschen nimmt ein unreflektiertes Weiter-so in Land- und Forstwirtschaft, Straßenbau, Lichtverschmutzung und vielen anderen anthropogenen Einflussbereichen auf ihre Um- und Mitwelt nicht mehr schweigend hin.

Manche Diskussion um das Insektensterben wird mit Falschaussagen und stark emotional geführt. Viele Landwirte fühlen sich zu Unrecht an den Pranger gestellt. Das vorliegende Buch kann hier auf neutraler wissenschaftlicher Basis aufklären und zur Versachlichung der Diskussion beitragen, denn es fußt mit den rund 730 Quellen, die Eingang in das Buch gefunden haben, auf einer äußerst umfangreichen Auswertung der nationalen und europäischen Fachliteratur.

Damit möchten die Autoren eine Debatte auf fundierten Grundlagen anstoßen und mit Sachargumenten unterfüttern: um die Ursachen des Insektensterbens in ihrer Vielschichtigkeit zu erkennen und die notwendigen Lösungen in der Praxis umzusetzen. Sie möchten nicht mit dem Zeigefinger anklagend auf einzelne Akteure deuten, sondern neutral die Hintergründe des Insektensterbens aufklären, um daraus Handlungsmöglichkeiten abzuleiten. Denn auch wenn viele Fragen im Detail noch einer wissenschaftlichen Klärung bedürfen: Um handeln und Positives für den Insektenschutz bewirken zu können, liegen längst ausreichendes Wissen und genügend Praxiserfahrung vor. Nicht an den Kenntnissen, sondern an der konsequenten Umsetzung mangelt es.

Blühstreifen und Blühflächen sind ein kleiner Anfang, doch ihre Anlage kann das Problem insgesamt nicht einmal im Ansatz lösen. Es geht um viel mehr: Insekten stehen als Indikatoren für den Zustand der Biodiversität und vieler anderer natürlicher Ressourcen in der vom Menschen tiefgreifend veränderten Kulturlandschaft. Die meisten in diesem Buch vorgeschlagenen Maßnahmen für den Insektenschutz unterstützen nicht allein diese zwar arten- und biomassereiche Organismengruppe, sondern fördern die Biodiversität, die Nachhaltigkeit und Funktionsfähigkeit, die Resilienz der Kulturlandschaft ganz generell. Mit anderen Worten: Wirksamer Insektenschutz dient ganz entscheidend auch dem menschlichen Wohlergehen und der Zukunftssicherung unseres ureigenen Lebensraums.

Damit ist Insektenschutz kein Spielfeld von wenigen Naturschützerinnen und Naturschützern, sondern eine zentrale Zukunftsaufgabe der Menschheit, gleichrangig neben der Begrenzung des Klimwawandels und der Anpassung an dessen Folgen. Dazu möge dieses Buch beitragen – im Handeln jedes Einzelnen, der Kommunen und Unternehmen, land- und forstwirtschaftlicher Betriebe, der Behörden und nicht zuletzt der Politik. Denn diese muss verschiedene Weichen grundlegend anders auf Nachhaltigkeit stellen, zuvorderst in der Agrarpolitik, sonst kann der Insektenschutz nicht die erforderliche Wirksamkeit erzielen. Der Mensch lebt nicht von Nahrungsmitteln allein!

Geisenheim, Mai 2021
Prof. Dr. Eckhard Jedicke
Herausgeber der *Praxisbibliothek Naturschutz und Landschaftsplanung*

1 Einleitung

THOMAS FARTMANN, GREGOR STUHLDREHER, MERLE STREITBERGER UND ECKHARD JEDICKE

1.1 Rückgang der Artenvielfalt

Der weltweite Rückgang der Artenvielfalt gilt als eines der schwerwiegendsten Umweltprobleme unserer Zeit (Rockström et al. 2009). Seit dem Beginn des Industriezeitalters und insbesondere nach dem Zweiten Weltkrieg ist die weltweite Rate des Artensterbens dramatisch angestiegen und derzeit etwa tausend Mal höher, als es natürlicherweise zu erwarten wäre (De Vos et al. 2014, Pimm et al. 2014). Schätzungen gehen weltweit von 250 000 bis 500 000 Insektenarten aus, die in den letzten 200 Jahren ausgestorben sind (Cardoso et al. 2020). Aufgrund der dramatischen Artenverluste gilt die gegenwärtige Entwicklung als das sechste große Massenaussterben der Erdgeschichte (Barnosky et al. 2011, Dirzo et al. 2014, Dunn et al. 2009, McCallum 2015, Thomas et al. 2004). Die massive Abnahme der Artenvielfalt fällt zusammen mit dem Beginn des Anthropozäns um 1950, das als neue geologische Epoche vorgeschlagen wurde und durch tiefgreifende Veränderungen aller wichtigen natürlichen Systeme durch den Menschen gekennzeichnet ist (Crutzen 2002, Steffen et al. 2007, 2016, Zalasiewicz et al. 2015). Die wichtigsten Ursachen für den Rückgang der Biodiversität sind in terrestrischen Ökosystemen eine veränderte Landnutzung durch den Menschen (inklusive der Ausbringung von Pestiziden), der Klimawandel, Einträge atmosphärischer Stickstoffverbindungen und der biotische Austausch (Ausbreitung von Neobiota) (Cardoso et al. 2020, Díaz et al. 2019, Sala et al. 2000, Wagner 2020).

Wenn sich diese Entwicklung weiter fortsetzt, sind auch negative Folgen für das menschliche Wohlergehen zu erwarten, da zahlreiche wildlebende Pflanzen- und Tierarten für sogenannte Ökosystemleistungen wie Blütenbestäubung, Nährstoffrecycling, Bodenbildung, Selbstreinigung von Wasser und Luft oder natürliche Schädlingskontrolle unentbehrlich sind (Cardoso et al. 2020, Díaz et al. 2019).

Insekten sind global besonders stark vom Rückgang der Artenvielfalt betroffen (Díaz et al. 2019, Cardoso et al. 2020). Anhand einer aktuellen Literaturauswertung kommen Sánchez-Bayo & Wyckhuys (2019) zu dem Schluss, dass etwa 40 % der in den Studien behandelten Insektenarten zurückgegangen sind. Wenn auch dieser Wert inzwischen mehrfach als zu hoch kritisiert wurde (Cardoso et al. 2019, Komonen et al. 2019, Mupepele et al. 2019, Thomas et al. 2019), muss der globale Anteil rückläufiger Arten bei den Insekten dennoch höher eingeschätzt werden als zum Beispiel bei Wirbeltieren. In einer Studie aus Großbritannien ermittelten Thomas et al. (2004) für Tagfalter höhere Rückgangsraten als für Vögel und Pflanzen. Alarmierend ist, dass inzwischen nicht nur Habitatspezialisten gefährdet sind, sondern auch häufige und generalistische Arten immer stärker zurückgehen (zum Beispiel Brereton et al. 2011). Diese Einschätzung deckt sich auch mit der Situation in Mitteleuropa. Beispielsweise sind in Deutschland mittlerweile 2720 (40 %) der 6800 bewerteten heimischen Insektenarten in ihrem Bestand gefährdet oder bereits ausgestorben (BfN 2019a).

Diese Situation ist allerdings nicht neu. Erste Veröffentlichungen, die Insektenrückgänge thematisieren, reichen zurück bis in das 19. Jahrhundert (zum Beispiel Swinton 1880, Urbahn 1973) und in Fachkreisen ist der Rückgang vieler Insektenarten ein seit Jahrzehnten bekanntes Phänomen (zum Beispiel Fartmann et al. 2019, Gatter 2000, Gatter & Mattes 2018, Newton 2017). Gut dokumentiert sind derartige Bestandsabnahmen aber nur für die wenigsten Insektengruppen. Tagfalter zählen zu den Insektentaxa, für die bereits seit dem 19. Jahrhundert umfassende Daten zur Verbreitung etli-

Foto: Thomas Fartmann

Foto 1-1 Der starke Rückgang des Apollofalters (*Parnassius apollo*) in Mitteleuropa ist eng mit dem Zusammenbruch der Hütebeweidung und der damit zusammenhängenden Sukzession und Aufforstung felsdurchsetzter Magerrasen verknüpft.

cher Arten vorliegen (Fartmann 2004). Für viele Tagfalterarten wurden vom 19. Jahrhundert bis zum Ende des 20. Jahrhunderts dramatische Rückgänge beobachtet **(Grafik 1-1 und 1-2)** (Fartmann et al. 2019). Dies gilt gleichermaßen für Arten des Offenlandes und der Wälder. Für 68–82% der ehemals besiedelten Messtischblätter (MTB) liegen bei den behandelten Arten keine Nachweise mehr vor. Da früher deutlich weniger Menschen Schmetterlinge erfasst und ihre Funde dokumentiert haben als heute, sind alle dargestellten Arten historisch sicherlich weiter verbreitet gewesen und die realen Bestandseinbrüche somit noch größer. Bereits zur Mitte des 20. Jahrhunderts waren Apollofalter (*Parnassius apollo*) **(Foto 1-1)**, Mittlerer Perlmutterfalter (*Argynnis niobe*), Steppenheiden-Würfeldickkopffalter (*Pyrgus carthami*) und Wald-Wiesenvögelchen (*Coenonympha hero*) aus 44–54% der vormals besiedelten MTB verschwunden. Besonders dramatisch war die Entwicklung bei *A. niobe*: Die Art kam ursprünglich in allen Bundesländern vor und war im 19. Jahrhundert weit verbreitet **(Gra-**

Quelle: Fartmann et al. (2019)

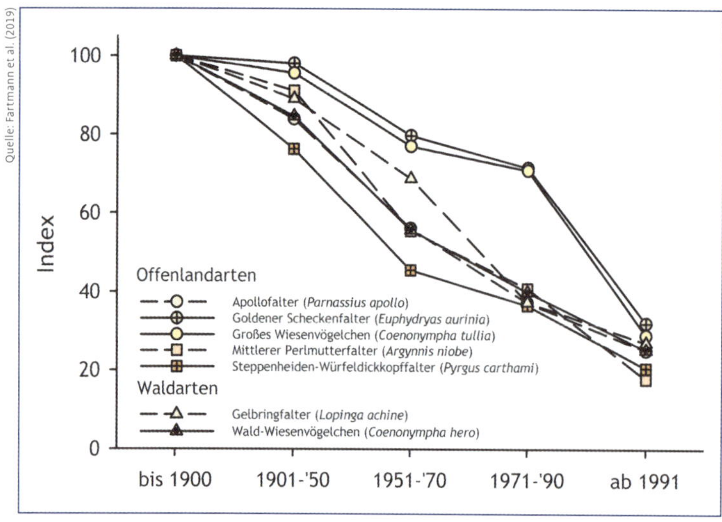

Grafik 1-1 Arealentwicklung von Tagfalterarten des Offenlandes und der Wälder in Deutschland auf Basis von Messtischblättern (MTB). 100 = alle jemals besiedelten MTB.

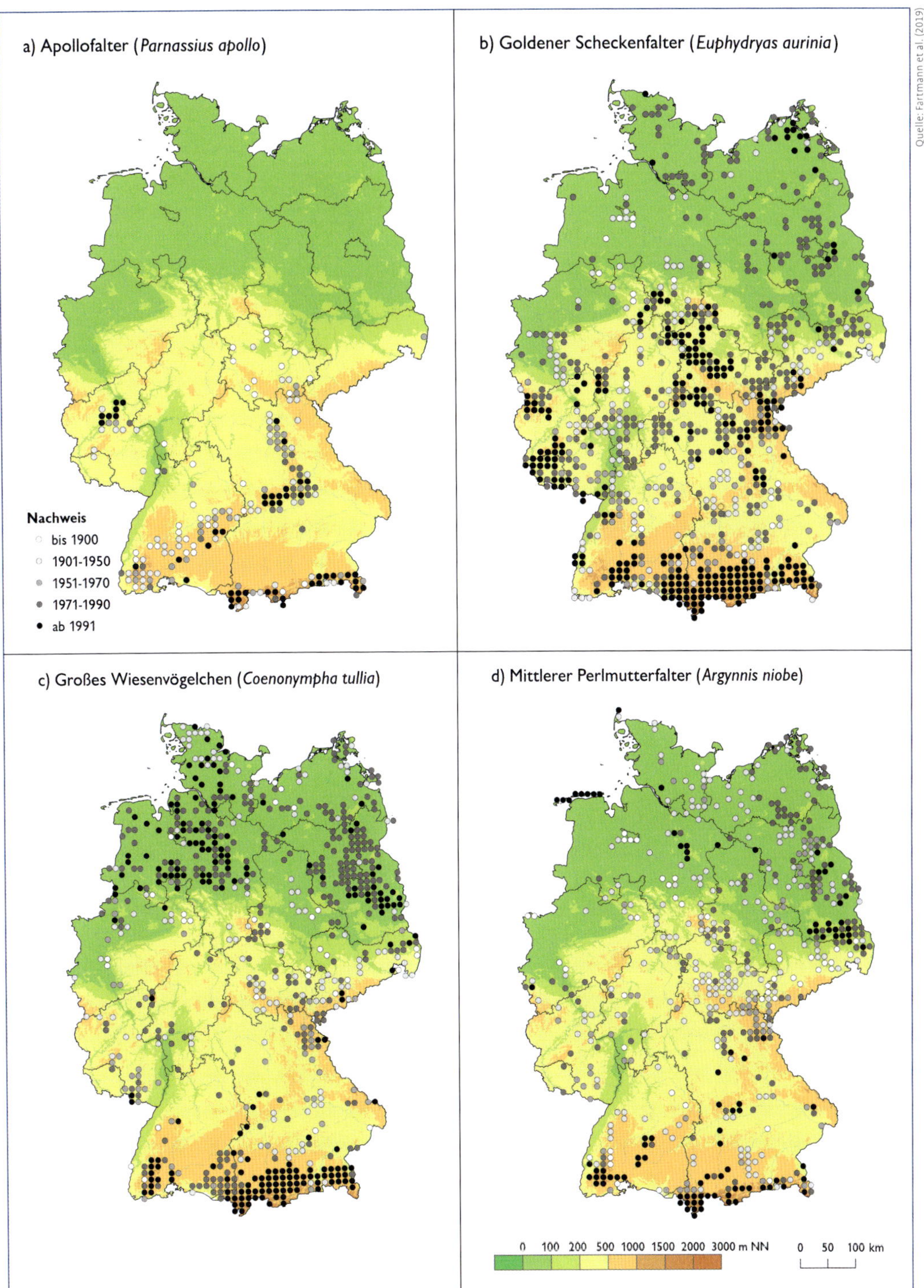

Grafik 1-2 Arealentwicklung von Tagfalterarten des Offenlandes in Deutschland auf Basis von Messtischblättern. Vorkommen von *E. aurinia* im Norddeutschen Tiefland aufgrund von aktuellen Wiederansiedlungsprogrammen sind nicht dargestellt.

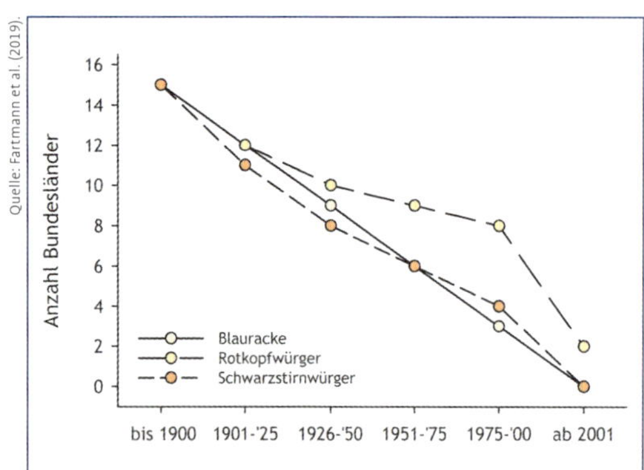

Grafik 1-3 Arealentwicklung von Blauracke (*Coracias garrulus*), Rotkopfwürger (*Lanius senator*) und Schwarzstirnwürger (*Lanius minor*) in Deutschland auf Basis besiedelter Bundesländer.

Foto 1-2 Die Blauracke (*Coracias garrulus*) ernährt sich von Großinsekten und besiedelte ursprünglich alle deutschen Bundesländer – mit Ausnahme des Stadtstaates Bremen; inzwischen ist sie deutschlandweit ausgestorben.

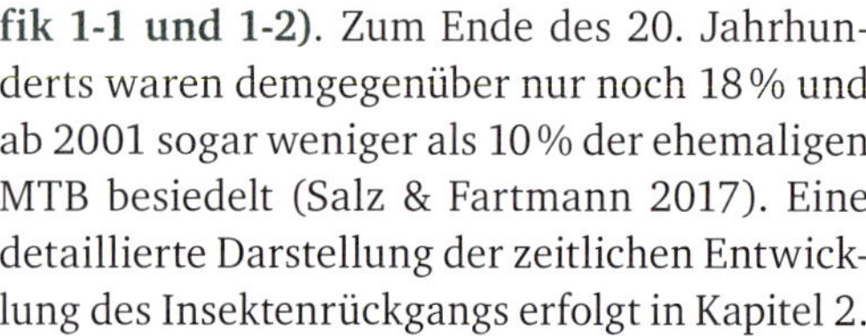

fik 1-1 und 1-2). Zum Ende des 20. Jahrhunderts waren demgegenüber nur noch 18 % und ab 2001 sogar weniger als 10 % der ehemaligen MTB besiedelt (Salz & Fartmann 2017). Eine detaillierte Darstellung der zeitlichen Entwicklung des Insektenrückgangs erfolgt in Kapitel 2.

Der exemplarisch am Beispiel von Tagfaltern dargestellte Rückgang von Insekten in der ersten und insbesondere zweiten Hälfte des 20. Jahrhunderts in Deutschland hatte auch für insektenfressende Vögel deutliche Folgen. Blauracke (*Coracias garrulus*) **(Foto 1-2)**, Rotkopfwürger (*Lanius senator*) und Schwarzstirnwürger (*Lanius minor*) ernähren sich überwiegend von Großinsekten (Glutz von Blotzheim & Bauer 1993, 1994) und besiedelten ursprünglich alle Bundesländer bis auf den Stadtstaat Bremen **(Grafik 1-3)**. Bereits zu Beginn der zweiten Hälfte des 20. Jahrhunderts kamen die Arten nur noch in 33–60 % der ehemals besiedelten Bundesländer vor. Bis Anfang der 1990er-Jahre starben Blauracke und Schwarzstirnwürger in Deutschland aus (Gedeon et al. 2014). Der Rotkopfwürger, der in den 1950er-Jahren noch in neun Bundesländern Brutvogel war (Boschert 2005), brütet seit 2009 ebenfalls nicht mehr in Deutschland (Gerlach et al. 2019). Noch dramatischer sieht der Rückgang bei Betrachtung der Brutpaarzahlen aus: In den 1950er-Jahren gab es noch mehr als 1100 Paare des Rotkopfwürgers in Deutschland (Boschert 2005), für den Zeitraum 2005–2009 wurde der deutsche Brutbestand mit ein bis vier Paaren angegeben (Gedeon et al. 2014). Bei allen drei Vogelarten wird der Rückgang der Großinsekten als eine entscheidende Ursache für den Zusammenbruch der Populationen angesehen (zum Beispiel Gatter 2000, Glutz von Blotzheim & Bauer 1993, 1994).

Eine weitere Vogelart, die ebenfalls eine starke Bindung an Insekten hat und im letzten Jahrhundert dramatische Bestandseinbrüche hinnehmen musste, ist das Rebhuhn (*Perdix perdix*) **(Foto 1-3)**. Die Küken des Rebhuhns sind für eine erfolgreiche Entwicklung auf ausreichend Arthropoden als Nahrung angewiesen (Potts 1986). Die Brutpaardichte des Rebhuhns korrespondiert daher mit der Arthropodendichte zur Zeit der Kükenaufzucht des Vorjahres **(Grafik 1-4)** (Potts 1997). Das Rebhuhn gehörte lange Zeit zu den wichtigsten Niederwildarten in Deutschland. Im Jagdjahr 1885/86 wurden in Preußen mehr als 2,5 Mio. Rebhühner erlegt, und im Jagdjahr 1935/36 waren es in Deutschland mehr als 2,0 Mio. Vögel **(Grafik 1-5)**. In der Folgezeit nahmen die Jagdstrecken schnell ab: Im Jagdjahr 1959/60 wurden nur noch 830 000 Rebhühner erlegt, 1969/70 noch 445 000 und bereits 1996/97 waren es weniger als 10 000 Vögel. Für den Zeit-

Foto 1-3 Das Rebhuhn (*Perdix perdix*) war ursprünglich die wichtigste Niederwildart in Deutschland. Seit dem 19. Jahrhundert sind die Bestände der Art um über 99 % geschrumpft. Auch bei dieser Vogelart war der Rückgang der Insekten mitverantwortlich hierfür.

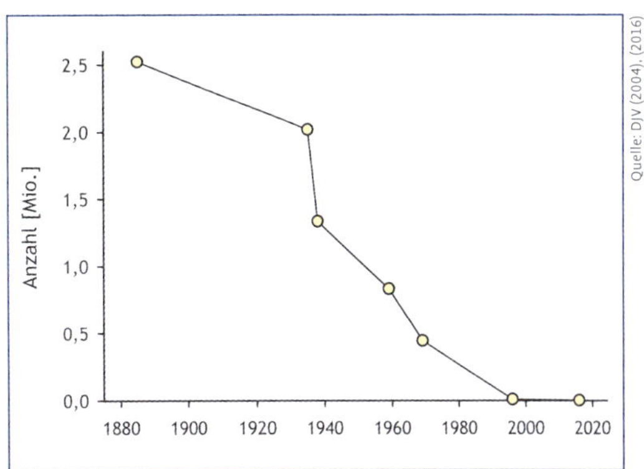

Grafik 1-5 Erlegte Rebhühner (*Perdix perdix*) vom Jagdjahr 1885/86 bis 2016/17 in Deutschland.

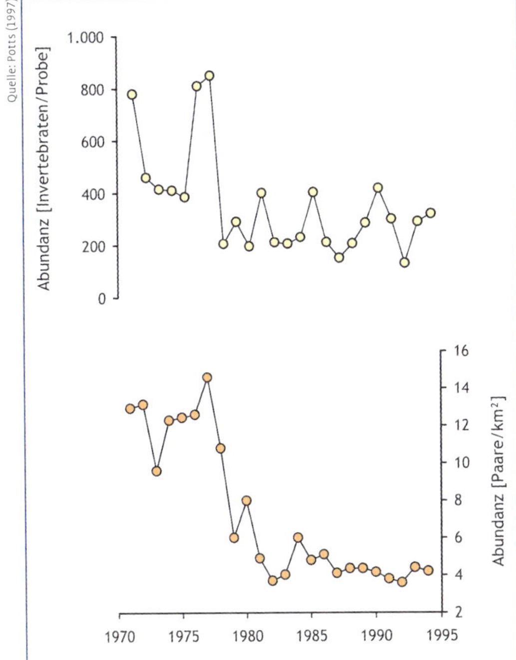

Grafik 1-4 Abundanz der Invertebraten (Saugprobe, 0,5 m^2 Grundfläche) im Getreide in der dritten Juniwoche (obere Grafik, 1970–1993) und Rebhuhnpaare (*Perdix perdix*) im Frühjahr (untere Grafik, 1971–1994) in Südengland (West-Sussex).

raum 2015–2019 wurde der Gesamtbestand auf nur noch 21 000–37 000 Reviere in Deutschland geschätzt (Gerlach et al. 2019).

Wie die Ausführungen zeigen, ist das Insektensterben keineswegs nur ein aktuelles Phänomen. Im letzten Jahrhundert – insbesondere in dessen zweiter Hälfte – wurden massive Abundanz- und Arealrückgänge bei Insekten und von ihnen abhängigen Vogelarten festgestellt. Auch in der ersten bundesweiten Roten Liste aus den 1970er-Jahren ist der Rückgang der Insekten bereits klar dokumentiert. Zu dieser Zeit war der Anteil ausgestorbener oder gefährdeter Arten bereits hoch und lag bei vielen Artengruppen bei über 30 % (zum Beispiel bei Großschmetterlingen, Libellen und Netzflüglern) (Blab et al. 1977).

Der Insektenrückgang hat inzwischen große Aufmerksamkeit in Wissenschaft, Medien und Politik erlangt. Ausdruck der intensiven Auseinandersetzung mit dem Thema sind mehrere Übersichtsartikel zum Ausmaß und zu den Ursachen des Insektenrückgangs (Cardoso et al. 2020, Dirzo et al. 2014, Sánchez-Bayo & Wyckhuys 2019, Wagner 2020), ein Reviewartikel zu sinnvollen Maßnahmen (Samways et al. 2020) und ein Fahrplan (Harvey et al. 2020) zum Insektenschutz. Zudem sind in jüngster Vergangenheit in Mitteleuropa mehrere neue Initiativen zur Dokumentation von Zustand und Entwicklung der Insektenfauna gestartet worden, zum Beispiel die Insektenmonitoring-Programme der deutschen Bundesländer Baden-Württemberg (Theves 2018) und Nordrhein-Westfalen (Grüneberg et al. 2019).

1.2 Insektenmonitoring

Einschätzungen zur Bestandssituation und zu Bestandstrends von Arten werden bislang überwiegend auf Basis der Anzahl der Vorkommen oder der Größe des Verbreitungsgebietes vorgenommen. Ein systematisches und für größere Gebiete repräsentatives Monitoring der Individuendichte (Abundanz) wurde dagegen aufgrund des hohen Aufwands nur selten über längere Zeiträume durchgeführt. Die Abundanzen sind jedoch ein wesentlich sensiblerer Indikator für Bestandsveränderungen als die Anzahl der Vorkommen einer Art oder die Größe des Verbreitungsgebietes (Dirzo et al. 2014), da die beiden letztgenannten Indikatoren erst dann Bestandsveränderungen anzeigen, wenn Populationen vollständig verschwunden sind (Thomas et al. 2006). Solchen Aussterbeereignissen gehen in aller Regel eine Schrumpfung der bestehenden Populationen und eine Abnahme der Abundanzen voraus, sodass das Monitoring der Individuendichten ein hervorragendes „Frühwarnsystem" darstellt.

Großbritannien ist europaweit der Vorreiter beim Insektenmonitoring (Fox et al. 2011, Robinson & Sutherland 2002). Bereits im Jahr 1964 erfolgte die Gründung eines nationalen Monitoringzentrums (Biological Records Centre [BRC]) in England (Roy et al. 2014). Erste systematische Insektenerfassungen (Heuschrecken, Libellen, Nacht- und Tagfalter) wurden durch das BRC in den Jahren 1967–68 initiiert. Dies war der Beginn der quantitativen Erfassung verschiedener Insektengruppen auf einer kontinuierlich wachsenden Zahl von Stichprobenflächen. Besonders hervorzuheben unter den Langzeituntersuchungen von Insekten in Großbritannien sind das Tagfaltermonitoring (Conrad et al. 2007, Pollard & Yates 1993), das Lichtfallen- (Fox et al. 2011, Macgregor et al. 2019) und das Saugfallenmonitoring als Bestandteil des Rothamsted-Insect-Survey (Benton et al. 2002, Shortall et al. 2009) sowie das Insektenmonitoring in Getreidefeldern (sogenannte Sussex-Studie; Ewald et al. 2015, Newton 2017). In allen vier Fällen werden jährliche Erfassungen durchgeführt und die Datenreihen reichen mindestens bis in die 1970er-Jahre zurück.

In Mitteleuropa basieren Erkenntnisse zu Veränderungen der Insektenfauna nach dem Zweiten Weltkrieg zumeist auf Wiederholungsuntersuchungen. Derartige Studien liegen beispielsweise für Fluginsekten (Hallmann et al. 2017), Heuschrecken (Fumy et al. 2020, Löffler et al. 2019, Schuch et al. 2011, 2012a), Laufkäfer (Basedow 1987, Heydemann 1983), Wanzen (Schuch et al. 2012a) und Zikaden (Schuch et al. 2012a, b, 2019) vor.

Monitoringprogramme, bei denen Insekten über mehr als zehn Jahre jährlich untersucht werden oder wurden, gibt es in Mitteleuropa dagegen derzeit kaum. Den vermutlich umfangreichsten Datensatz stellt das Monitoring sozialer Insekten in Vogelnistkästen durch die Forstverwaltung Baden-Württemberg dar (Gatter 2000, Gatter & Mattes 2018). Die Datenreihe reicht zurück bis in das Jahr 1956 und betraf zunächst nur die Forstdirektion Karlsruhe, ab 1985 aber auch die Wälder in ganz Baden-Württemberg. Systematische Erfassungen der Nachtfalter gibt es seit 1983 im Schweizer Wallis (Sierro & Erhardt 2019). Ein Tagfaltermonitoring, oft angelehnt an das britische Vorbild, existiert seit 1990 in den Niederlanden, seit 1991 in Belgien, seit 2000 in der Schweiz und seit 2005 in Deutschland und Frankreich (Rada et al. 2019, Van Swaay et al. 2008). Durch die von der Deutschen Forschungsgemeinschaft finanzierten Biodiversitäts-Exploratorien liegen zudem nunmehr seit 2008 jährlich erhobene Daten für eine große Zahl von Insektentaxa aus drei Regionen in Deutschland – Schorfheide-Chorin, Hainich-Dün und Schwäbische Alb – vor (Seibold et al. 2019).

In jüngster Zeit ermöglichen neue statistische Verfahren auch die Analyse von unsystematisch erhobenen Daten (Isaac et al. 2014, Van Strien et al. 2013). Insbesondere für die historischen Vorkommen von Insekten gibt es meist nur unsystematisch erhobene Daten, für gut untersuchte Insektengruppen wie Heuschrecken, Libellen und Tagfalter aber durchaus in großem Umfang. Entsprechende Auswertungen präsentieren zum Beispiel Poniatowski et al. (2020a) für Heuschrecken in Deutschland, Termaat et al. (2019) für Libellen, unter anderem aus Teilen Mitteleuropas, und Van Strien et al. (2019) für Tagfalter in den Niederlanden.

1.3 Ökologische Bedeutung der Insekten

Insekten erfüllen zahlreiche Schlüsselfunktionen in Ökosystemen (Millennium Ecosystem Assessment 2005). Hierzu zählen insbesondere die Bestäubung von Pflanzen (Abrol 2012, Klein et al. 2007, Pimentel et al. 1997, Ricketts et al. 2008), die Bereitstellung von Nahrung für Organismen höherer trophischer Ebenen (Gatter 2000, Hof & Bright 2010, Newton 2017), die Schädlingsbekämpfung **(Foto 1-4 und 1-5)** (Bianchi et al. 2006) und die Remineralisierung organischer Substanz **(Foto 1-6)** (Losey & Vaughan 2006). Auf die beiden erstgenannten Punkte soll nachfolgend besonders eingegangen werden, da sie sich direkt und besonders stark auf die Biodiversität von Ökosystemen auswirken.

Blütenbestäubende Insekten leisten durch die Bestäubung von Kulturpflanzen wichtige gesundheitliche und wirtschaftliche Dienstleistungen für den Menschen **(Foto 1-7 bis 1-9)** (Abrol 2012, Klein et al. 2007, Pimentel et al. 1997, Ricketts et al. 2008). Unter den Insekten sind die Bienen in Mitteleuropa die wichtigsten Bestäuber. Aber auch Schwebfliegen, Schmetterlinge oder viele Käferarten sind eifrige Blütenbesucher und sorgen für die Bestäubung von Pflanzen. Infolge des Verlustes bestäubender Insekten sind erhebliche wirtschaftliche Auswirkungen zu erwarten (Díaz et al. 2019). Der volkswirtschaftliche Wert der Lebensmittelproduktion in Deutschland, die direkt von der Bestäubung durch Insekten abhängt, wird auf 1,6 Mrd. Euro geschätzt (Leonhardt et al. 2013).

Foto: Thomas Fartmann

Foto 1-4 Die Rote Mordwanze (*Rhynocoris iracundus*) ist eine räuberische Wanzenart, die Insekten erbeutet, welche deutlich größer sein können als sie selbst.

Foto: Thomas Fartmann

Foto 1-5 Die Holzwespen-Schlupfwespe (*Rhyssa persuasoria*) ist ein Parasitoid (Raubparasit), der die Larven von Holzwespen als Wirt nutzt.

Foto: Thomas Fartmann

Foto 1-6 Dungkäfer – wie der Wald-Mistkäfer (*Anoplotrupes stercorosus*) – spielen eine wichtige Rolle bei der Remineralisierung von Kot.

Foto: Thomas Fartmann

Foto 1-7 Die Wegwarten-Hosenbiene (*Dasypoda hirtipes*) ist oligolektisch und auf Asteraceae spezialisiert. Im Bild ein Weibchen beim Blütenbesuch an Berg-Sandglöckchen (*Jasione montana*).

Foto: Thomas Fartmann

Foto 1-8 Schachbrett (*Melanargia galathea*) beim Blütenbesuch an Skabiosen-Flockenblume (*Centaurea scabiosa*).

Foto: Thomas Fartmann

Foto 1-9 Der Ungarische Prachtkäfer (*Anthaxia hungarica*) beim Blütenbesuch an Straußblütiger Wucherblume (*Tanacetum corymbosum*).

Auch aus ökologischer Sicht hat der Verlust blütenbestäubender Insekten dramatische Folgen: In Großbritannien und den Niederlanden verlief der Rückgang von Bienen beispielsweise parallel zur Abnahme von Pflanzenarten, die durch Insekten bestäubt werden (Biesmeijer et al. 2006). Die Autoren vermuten daher einen direkten Zusammenhang zwischen diesen beiden Faktoren.

Neben der Bestäubung von Pflanzen sind Insekten als Nahrungsgrundlage für insektivore Tiere, wie zum Beispiel Fledermäuse und viele Vogelarten, zwingend erforderlich **(Foto 1-10** und **1-11)** (Wilson et al. 1999, Speight et al. 2008). Beispielsweise kann eine Reihe von Blatthornkäfern (Scarabaeoidea) unter günstigen Bedingungen hohe Populationsdichten aufbauen. Geht eine derartige Massenentwicklung mit einer großen Biomasse der Einzelindividuen einher, wie es beispielsweise bei dem in Foto 1-10 dargestellten Feld-Maikäfer (*Melolontha melolontha*) der Fall ist, kann eine solche Art eine Schlüsselfunktion in Nahrungsnetzen erlangen (sogenannte Schlüsseldominante). Zum Beispiel ist die Geburt der Jungtiere des Kleinen Mausohrs (*Myotis blythii*) in guten Maikäferflugjahren mit der Imaginalphänologie der Maikäfer synchronisiert.

Der fortschreitende Rückgang der Insektendiversität und -abundanzen hat somit weitreichende ökologische Konsequenzen, da er sich kaskadenartig auf Organismen höherer Ebenen der Nahrungskette **(Foto 1-12)**, aber auch auf mutualistische (in einer Symbiose lebende) und parasitäre Arten auswirkt (Cardoso et al. 2020, Dunn et al. 2009, Koh et al. 2004, Wagner 2020). Besonders gut belegt ist der Zusammenhang zwischen abnehmender Insektenbiomasse und dem Rückgang insektenfressender (insektivorer) Vogelarten **(Foto 1-13)** (siehe auch Kapitel 1.1; zum Beispiel Gatter 2000, Newton 2017). In den Niederlanden wurde beispielsweise ein enger räumlicher und zeitlicher Zusammenhang zwischen dem Populationsrückgang insektivorer Vogelarten und dem Einsatz eines Insektizids aus der Gruppe der Neonicotinoide festgestellt (Hallmann et al. 2014). In einer Studie aus Dänemark

Foto: Thomas Fartmann

Foto 1-10 Der Feld-Maikäfer (*Melontha melontha*) nimmt in guten Maikäferflugjahren eine Schlüsselposition als Nahrungsquelle ein, zum Beispiel für das Kleine Mausohr (*Myotis blythii*).

Foto: Thomas Fartmann

Foto 1-12 Da Insekten das Gros der Nahrung der Westlichen Smaragdeidechse (*Lacerta bilineata*) ausmachen, wirken sich abnehmende Insektendichten unmittelbar auf die Art aus.

Foto: Jürgen Fischer

Foto 1-11 In Wärmejahren können Feldgrillen (*Gryllus campestris*) sehr hohe Dichten erreichen und dann eine große Bedeutung als Nahrungsquelle für einige Vogelarten wie den Wiedehopf (*Upupa epops*) (Foto 1-13) erlangen.

Foto: Thomas Fartmann

Foto 1-13 Der Wiedehopf (*Upupa epops*) ernährt sich vor allem von großen epi- und hypogäisch lebenden Insekten wie Feldgrillen (*Gryllus campestris*), Maikäfern und deren Engerlingen (*Melolontha* spp.) oder Schmetterlingsraupen.

nahmen die Brutbestände von Mehlschwalbe (*Delichon urbica*), Rauchschwalbe (*Hirundo rustica*) und Uferschwalbe (*Riparia riparia*) über einen Zeitraum von 20 Jahren mit dem Rückgang der Fluginsektenabundanz ab (Møller 2019). Ein weiteres prominentes Beispiel von vielen ist das Rebhuhn (*Perdix perdix*). Bei dieser Vogelart besteht ein direkter Zusammenhang zwischen der Insektenbiomasse nach dem Schlupf der Küken und der Populationsgröße des Rebhuhns im Folgejahr (siehe Kapitel 1.1). Die kaskadenartigen Zusammenhänge zwischen mutualistischen und parasitären Insektenarten lassen sich am Beispiel der Schlupfwespe *Neotypus melanocephalus* **(Foto 1-14)** verdeutlichen. Die Art parasitiert auf den Raupen des Dunklen Wiesenknopf-Ameisenbläulings (*Phengaris nausithous*) und des Hellen Wiesenknopf-Ameisenbläulings (*Phengaris teleius*). Beide Tagfalterarten nutzen den Großen Wiesenknopf (*Sanguisorba officinalis*) als einzige Wirtspflanze und sind zudem auf das Vorkommen jeweils spezifischer Wirtsameisen aus der Gattung *Myrmica* angewiesen. *Neotypus melanocephalus* steht am Ende dieser Spezialisierungskette und ist somit deutlich

Foto: Thomas Fartmann

Foto 1-14 Weibchen der Schlupfwespenart *Neotypus melanocephalus* am Großen Wiesenknopf (*Sanguisorba officinalis*).

seltener als die ohnehin schon seltenen Wirtsschmetterlinge.

1.4 Inhalt des Buches

Die Hauptziele des vorliegenden Buches sind eine anschauliche Darstellung des aktuellen Wissens zum Ausmaß des Insektensterbens (Kapitel 2), zu den Ursachen des Insektensterbens (Kapitel 3 und 4) sowie zu geeigneten Maßnahmen, um den Rückgang der Insekten zu stoppen und möglichst umzukehren (Kapitel 5 bis 8, Synopse und Ausblick in Kapitel 9). Die Grundlage für die Beleuchtung von Ausmaß und Ursachen des Insektensterbens bildet eine systematische Literaturrecherche. Im Fokus der Recherche standen nicht nur die Auswirkungen von Umweltveränderungen auf die Artenvielfalt der Insekten, sondern auch auf deren Abundanz und Biomasse. Die Recherche beschränkte sich auf die drei flächenmäßig dominierenden Landnutzungstypen: landwirtschaftliche Nutzfläche, Wald sowie Siedlungs- und Verkehrsfläche (Statistisches Bundesamt 2018). Sie machen zusammen 96 % der Landfläche Deutschlands aus (siehe Kapitel 3.1.1). Ihnen kommt daher eine tragende Rolle für den Erhalt der Biodiversität generell und der Insektenfauna im Besonderen zu. Fließ- und Stillgewässer beherbergen zwar ebenfalls artenreiche Insektengemeinschaften, wurden hier aber nicht betrachtet, da sie nur etwa 2 % der Landfläche Deutschlands einnehmen. Die Recherche konzentrierte sich nicht nur auf Publikationen aus Mitteleuropa, sondern umfasste auch Studien aus Großbritannien, da hier schon lange intensive Forschung zu den Ursachen von Insektenrückgängen betrieben wird (Kapitel 1.2) und es sehr viele Parallelen in den Veränderungen der Umweltbedingungen zu Mitteleuropa gibt. Anschließend wurden weitere wichtige Quellen basierend auf dem Expertenwissen der Autoren ergänzt. Da es nur relativ wenig Langzeitdaten zu Insekten gibt (siehe Kapitel 1.2), werden zusätzlich auch Studien zu insektivoren Vögeln und Fledermäusen dargestellt. Anhand der Bestandsveränderungen dieser Gruppen kann stellvertretend die Entwicklung der Insektenfauna nachvollzogen werden (Kapitel 1.3; siehe auch Wagner 2020). Eine detaillierte Übersicht über das Vorgehen bei der systematischen Literaturrecherche ist dem Anhang zu entnehmen (Seite 250).

Die Ursachenanalyse bildet die Basis für die Ableitung notwendiger Maßnahmen gegen das Insektensterben in den Kapiteln 5 und folgenden. Auch hierzu wurde eine Literaturrecherche durchgeführt. Die Diskussion in der Öffentlichkeit hat vielfach zu einem gewissen Aktionismus geführt, der sich besonders in einem Hype um Wildbienennisthilfen und der Schaffung von blütenreichen Ansaaten äußert. Beides dokumentiert eine große Handlungsbereitschaft zum Beispiel von Landwirten, Gartenbesitzern, Schulen und Kommunen, selbst etwas gegen das Insektensterben zu tun. Das mag punktuell auch erfolgreich sein, führt aber ganz gewiss nicht automatisch zu einem Stopp, geschweige denn einer Umkehr des Insektensterbens. Einerseits ist die Wirksamkeit solcher Maßnahmen begrenzt, weil sie beispielsweise einen zu geringen Umfang haben oder weil Wechselwirkungen mit anderen Negativfaktoren unbeachtet bleiben. Andererseits werden viele Maßnahmen fehlerhaft durchgeführt, sodass sie zumindest keinen Nutzen zeigen, möglicherweise sogar kontraproduktiv wirken (MacIvor & Packer 2015, Nitsch et al. 2017; Kapitel 5.6.2 am Beispiel von Wildbienennisthilfen).

Vielmehr kommt es im Kampf gegen das Insektensterben auf ganz grundlegende Änderungen der anthropogenen Nutzungen in Mitteleuropa an. Hierzu ist großflächig eine Kombination vielfältiger Maßnahmen notwendig. Dazu liefert dieses Buch in seiner zweiten Hälfte Anregungen und Maßnahmenbeispiele, jeweils an ganz unterschiedliche Akteure adressiert. Denn, um handeln und Positives bewirken zu können, liegen längst ausreichendes Wissen und genügend Praxiserfahrung vor (Harvey et al. 2020, Samways et al. 2020).

Dieses Buch soll einen Überblick zu den Ursachen des Insektensterbens und zu möglichen und notwendigen Maßnahmen für den Insektenschutz liefern. Die Autoren sind sich bewusst, dass bei dem begrenzten Seitenumfang nicht alle Punkte im Detail behandelt werden können. Sie hoffen dennoch, einen Beitrag zur Versachlichung der Diskussion und für eine Trendwende bei Schutz und Entwicklung von Biodiversität leisten zu können. Denn die beschriebenen Maßnahmen zum Insektenschutz fördern zu großen Teilen nicht nur Insektenarten, sondern die biologische Vielfalt insgesamt.

Foto: Thomas Fartmann

Foto 1-15 Gelbbindige Furchenbiene (*Halictus scabiosae*).

2 Ausmaß des Insektenrückgangs und zeitliche Entwicklung

THOMAS FARTMANN, GREGOR STUHLDREHER UND MERLE STREITBERGER

Für West- und Mitteleuropa sind dramatische und großräumige Rückgänge der Insektenfauna belegt (zum Beispiel Biesmeijer et al. 2006, Brooks et al. 2012, Conrad et al. 2004, 2006, Eskilden et al. 2015, Maes & Van Dyck 2001, Nilson et al. 2008, Rada et al. 2019, Thomas et al. 2004, Van Dyck et al. 2009, Van Strien et al. 2019, Van Swaay et al. 2019; siehe auch Kapitel 1.1). Im Folgenden werden die bisherigen Erkenntnisse zum Ausmaß des Insektenrückgangs und dessen zeitlicher Entwicklung für die beiden dominanten Landnutzungstypen Agrarland und Wald vorgestellt. Im Gegensatz dazu fehlen derartige Langzeitdaten für Siedlungen weitestgehend (siehe aber zum Beispiel Dennis et al. 2017, Macgregor et al. 2019).

2.1 Agrarlandschaften

In keinem anderen Nutzungstyp innerhalb der Agrarlandschaft waren die Rückgänge der Insekten so dramatisch wie auf den Ackerflächen. Heydemann (1983) konnte bereits von 1951 bis 1981 massive Veränderungen der Laufkäferfauna von Äckern in Schleswig-Holstein feststellen. Innerhalb von 30 Jahren nahmen Artenvielfalt und Aktivitätsdichte im Wintergetreide und auf Hackfruchtäckern um 48–85% ab **(Grafik 2-1)**; die Biomasse ging gar um bis zu 99% zurück. Letzteres war insbesondere auf das weitgehende Verschwinden von Großlaufkäfern aus der Gattung *Carabus* zurückzuführen. Basedow (1987) wies in schleswig-holsteinischen Winterweizenfeldern Rückgänge der Aktivitätsdichte und der Biomasse von Laufkäfern um 81 bzw. 90% zwischen den Perioden 1971–1974 und 1978–1983 nach. Der Goldlaufkäfer (*Carabus auratus*) – 1971 noch sehr häufig – war ab 1981 auf den Versuchsflächen nicht mehr nachweisbar **(Foto 2-1)**.

Die Sussex-Studie im Süden Englands kam zu vergleichbaren Erkenntnissen: Von 1970 bis 1989 hat sich die Insektenabundanz in Getreidefeldern halbiert (Aebischer 1991). Da größere Arten besonders von den Rückgängen betroffen waren, nahm die Biomasse gar um 90% ab (Ewald et al. 2015, Potts 1991, 2012). Der massive Rückgang in diesem Zeitraum betraf viele Insektengruppen. Hierzu zählten beispielsweise Brackwespen (Braconidae), verschiedene Fliegenfamilien (Diptera), Kurzflügelkäfer (Staphylinidae), Laufkäfer (Carabidae) **(Grafik 2-2)**, Pflanzenwespen (Symphyta), Spinnen (Araneae), Röhrenblattläuse (Aphididae), Spornzikaden (Delphacidae), Wanzen (Heteroptera) und Zwergzikaden (Cicadellidae) (Ewald et al. 2015, Potts 2012). Von 1990 bis 2011 verlangsamten sich die Rückgänge der meisten Taxa, teilweise kam es auch zu Zunahmen. In Abhängigkeit von der Witterung und klimatischen Extremereignissen waren die jährlichen Schwankungen aber mitunter groß (Ewald et al. 2015).

Foto: Jürgen Trautner

Foto 2-1 Der Goldlaufkäfer (*Carabus auratus*) ist eine Offenlandart, die schwerpunktmäßig ackerbaulich genutzte Landschaften besiedelt.

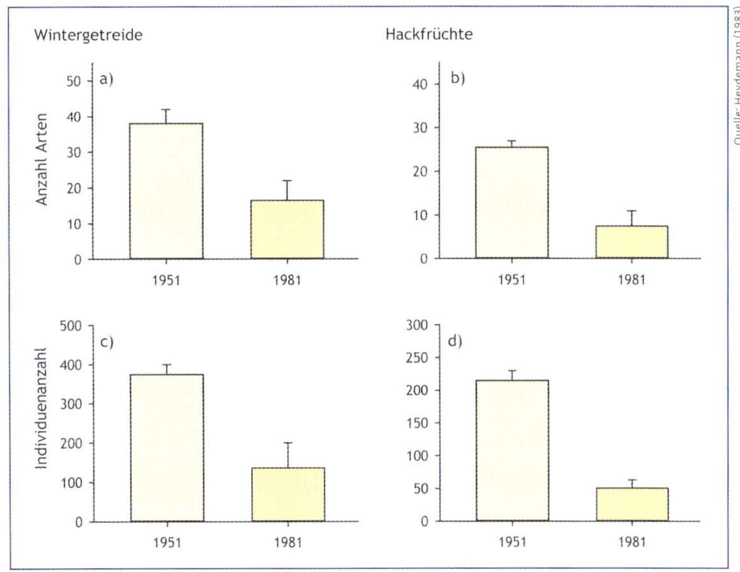

Grafik 2-1 Veränderung der Artenvielfalt und Individuenzahlen von Laufkäfern in Wintergetreide- (a, c) und Hackfruchtäckern (b, d) von 1951 bis 1981 in Schleswig-Holstein.

Systematische Lichtfänge auf einer Ackerfläche im Süden Englands belegen einen Rückgang der Nachtfalterabundanz um 67 % zwischen den Untersuchungsperioden 1933–1950 und 1960–1989 (Woiwood 1991). In einem benachbarten Waldgebiet wurden dagegen keine Abnahmen festgestellt. Macgregor et al. (2019) untersuchten hingegen von 1967 bis 2017 die Entwicklung der Nachfalterbiomasse mittels standardisierter Lichtfallenfänge auf Acker- und Grünlandstandorten in Großbritannien. Die Biomasse nahm bis 1982 in beiden Lebensraumtypen zu **(Grafik 2-3)**. Obwohl danach ein Rückgang beobachtet werden konnte, liegen die heutigen Biomassewerte immer noch über denen von Ende der 1960er-Jahre. Analoge Entwicklungen stellten die Autoren auch im Wald und in urbanen Habitaten fest. Im Wald war die Biomasse aber deutlich höher als im Grünland, in den Ackerflächen und in urbanen Habitaten.

Die Entwicklung der Bestände von Fluginsekten am Rand einer Ackerfläche haben Benton et al. (2002) von 1972 bis 1998 in Schottland analysiert. Während des 27-jährigen Untersuchungszeitraums hat die Abundanz der meisten Insektengruppen abgenommen. Die Rückgänge betrafen sieben der acht untersuchten Käferfamilien und 13 der 18 betrachteten Fliegenfamilien. Im Schnitt verringerte sich die Abundanz um die Hälfte. In einer ackerbaulich geprägten Agrarlandschaft in Dänemark wies Møller (2019) von 1997 bis 2017 einen Rückgang der an Windschutzscheiben getöteten Fluginsekten um 80 % nach.

Im Grünland sind die Veränderungen der Insektenzönosen deutlich differenzierter zu betrachten. Im Gegensatz zu Ackerflächen, auf denen in Mitteleuropa nahezu flächendeckend eine massive Intensivierung der Landnutzung

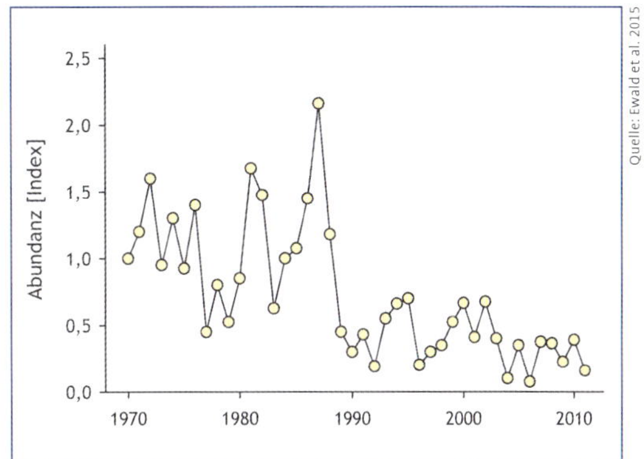

Grafik 2-2 Veränderung der Abundanz von Laufkäfern in Getreidefeldern von 1970 bis 2011 in Südengland (West-Sussex).

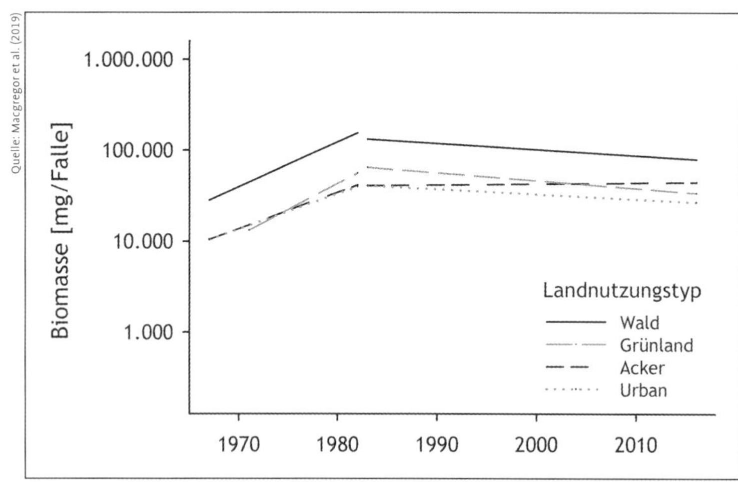

Grafik 2-3 Veränderung der Biomasse von Nachtfaltern von 1967 bis 2017 in Großbritannien. Alle Regressionsgeraden bilden einen signifikanten Zusammenhang ab (P < 0,05); lediglich für ackerbaulich geprägte Lebensräume bestand im Zeitraum 1982 bis 2017 kein signifikanter Zusammenhang.

stattgefunden hat (George 1995, Kaule 1991, Meyer & Leuschner 2015), unterscheidet sich der Wandel der Insektengemeinschaften deutlich in Abhängigkeit von der Bewirtschaftungsintensität des Grünlandes oder physiogeografischen Gegebenheiten. Schuch et al. (2012a) führten 2009 Wiederholungserfassungen der Heuschrecken-, Wanzen- und Zikadenzönosen in neun Grünlandflächen des niedersächsischen Tieflands durch, die Sandtrockenrasen, Frisch- und Feuchtwiesen umfassten und bis auf eine Fläche (Brache) alle extensiv genutzt wurden. Die Artenvielfalt unterschied sich bei Heuschrecken und Zikaden auch fast 60 Jahre nach der Ersterfassung (1951) nicht. Die Abundanzen hatten dagegen bei beiden Taxa um über 60 % abgenommen (Schuch et al. 2012a), die Biomasse der Zikaden sogar um 78 % (Schuch et al. 2019). Demgegenüber waren Artenzahl und Individuendichte der Wanzen 2009 um 20 % angestiegen (Schuch et al. 2012a).

Darüber hinaus haben Schuch et al. (2012b) auch Heuschrecken- und Zikadenzönosen in 26 ostdeutschen Trockenrasen-Naturschutzgebieten erneut untersucht. Zwischen Mitte der 1960er- und dem Ende der 2000er-Jahre hat sich die Artenvielfalt der Heuschrecken nicht verändert und die Stetigkeit hat lediglich bei einer Art – der Gefleckten Keulenschrecke (*Myrmeleotettix maculatus*) – abgenommen. Auch bei den Zikaden konnte über den Zeitraum von rund 45 Jahren keine Änderung der Artenzahl festgestellt werden, wohl aber eine Abnahme von Abundanzen und Biomasse um 44 % und 54 % (Schuch et al. 2012b, 2019).

Zwei Studien aus den westdeutschen Mittelgebirgen Eifel (Löffler et al. 2019) und Schwarzwald (Fumy et al. 2020) stellten seit Mitte der 1990er-Jahre jeweils gleichgerichtete Entwicklungen der Heuschreckengemeinschaften in Abhängigkeit vom Grünlandtyp fest. Im überwiegend brachliegenden Feuchtgrünland veränderten sich die mittleren Artenzahlen bis heute nicht. Demgegenüber nahm die durchschnittliche Artenvielfalt in den weiterhin extensiv genutzten Grünlandhabitaten (mesophiles Grünland und Silikatmagerweiden bzw. Kalkmagerrasen) um 19–45 % zu.

Für eine große Bandbreite von Grünlandtypen in Großbritannien legen Brooks et al. (2012) – basierend auf jährlich erhobenen Laufkäferdaten – Analysen vor: In Fettweiden im Westen und Norden Großbritanniens gingen die Laufkäferabundanzen von 1994 bis 2008 um 33 % bzw. 22 % zurück. Noch stärker war die Abnahme mit 48 % in schottischen Moorheiden. In Ökotonen der Agrarlandschaft traten dagegen keine Veränderungen auf und in Kalkmagerrasen im Süden Englands stiegen die Abundanzen sogar um 57 % an.

Seibold et al. (2019) belegen in dem für Trendaussagen sehr kurzen Zeitraum von 2008

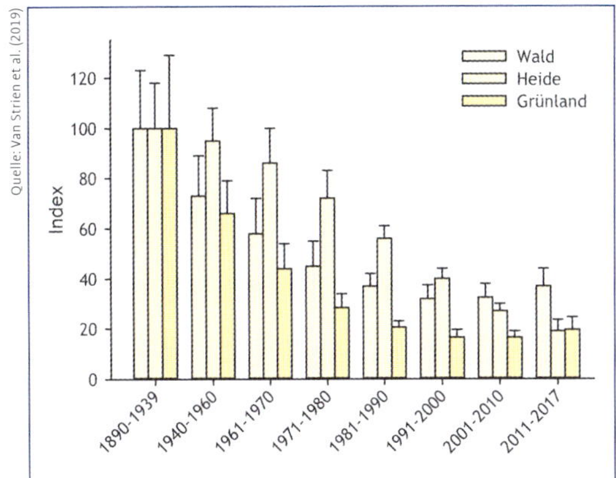

Grafik 2-4 Veränderung der Verbreitung von Tagfaltern (arithmetisches Mittel + 95 % Konfidenzintervall) in den Niederlanden basierend auf 5x5-km-Rastern. Wald n = 8 Arten, Grünland n = 17 Arten, Heiden n = 15 Arten. 100 = 1890–1939.

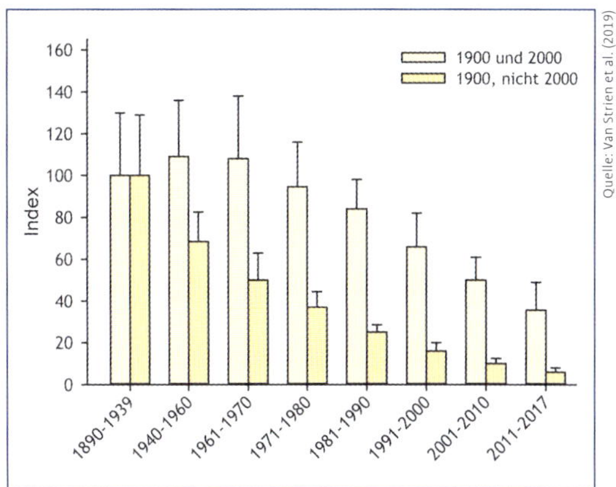

Grafik 2-5 Veränderung der Verbreitung von Tagfalterarten der Heiden (arithmetisches Mittel + 95 % Konfidenzintervall) in den Niederlanden basierend auf 5x5-km-Rastern mit Heidevegetation in beiden Zeitschnitten oder nur 1900. n = 15 Arten. 100 = 1890–1939.

bis 2017 für 150 Grünlandflächen in Deutschland, die im Rahmen der Biodiversitäts-Exploratorien untersucht wurden, Rückgänge eines breiten Spektrums an Insekten. Artenzahlen, Dichten und Biomasse nahmen in dem Zeitraum um 34%, 78% und 67% ab. Der Rückgang betraf alle betrachteten Gruppen und wirkte sich besonders auf seltene Arten aus.

Aussagen zu großflächig relevanten Trends von Tagfaltern in verschiedenen Habitaten liefert die Studie von Van Strien et al. (2019) für die Niederlande. Die Autoren zeigten von 1890–1990 massive Rückgänge der Verbreitung bei allen drei betrachteten Gruppen – Tagfalter des Grünlandes, der Heiden/Moore und der Wälder **(Grafik 2-4 und 2-5)** (siehe auch Kapitel 1.1). Die stärkste Abnahme wurde mit 80% bei den Grünlandarten festgestellt, gefolgt von über 60% bei den Waldarten und über 40% bei den Heide-/Moorarten. Seitdem haben sich sowohl die Verbreitung als auch die Abundanzen der Grünland- und Waldarten kaum verändert. Ganz im Gegensatz dazu sind die Bestände der Heidearten förmlich zusammengebrochen **(Grafik 2-5)**.

Der europäische Grünland-Tagfalterindikator, der auf seit 1990 jährlich erhobenen Abundanzdaten von 17 charakteristischen Tagfalterarten des Grünlandes basiert, zeigt hingegen für die Entwicklung der Tagfalterbestände während der letzten drei Jahrzehnte ein etwas anderes Bild als die oben genannte Studie (Van Swaay et al. 2019). Das Gros der untersuchten Transekte lag in Großbritannien, den Beneluxländern und Deutschland. Der Wert des Indikators hat innerhalb von 29 Jahren um 39% abgenommen. Auch in Großbritannien ist der Agrarland-Tagfalterindikator von 1990–2009 um 42% zurückgegangen (Brereton et al. 2011). Die Rückgänge bei Spezialisten und

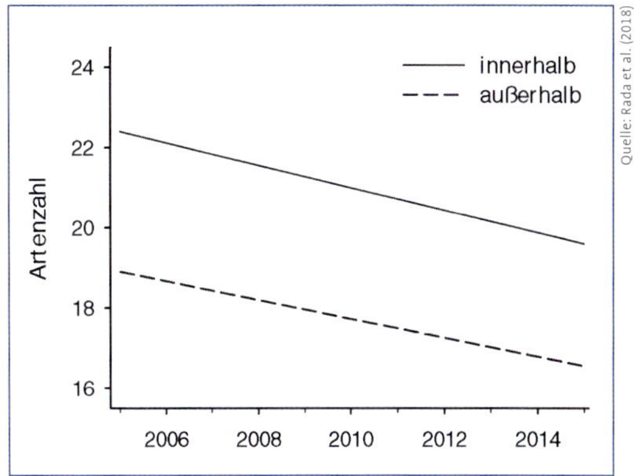

Grafik 2-6 Veränderung der Tagfalterartenvielfalt von 2005 bis 2015 außerhalb (a) und innerhalb (b) von Natura-2000-Gebieten in Deutschland.

Generalisten unterschieden sich dabei kaum. Auch Rada et al. (2019) belegen von 2005 bis 2015 Rückgänge der Tagfalterartenvielfalt um 10 % sowohl innerhalb als auch außerhalb von deutschen Natura-2000-Gebieten **(Grafik 2-6)**.

2.2 Waldlandschaften

Die umfangreichen Daten des Monitorings sozialer Insekten (insbesondere Sächsische Wespe [*Dolichovespula saxonica*] und Hornisse [*Vespa crabro*]) in Vogelnistkästen der Forstverwaltung Baden-Württemberg zeigen von 1956 bis Anfang der 1980er-Jahre eine starke Abnahme der Belegungsraten (Gatter 2000, Gatter & Mattes 2018) **(Grafik 2-7)**. Danach erholten sich die Bestände bis in die 1990er-Jahre. Ein weiterer Zuwachs unterblieb aufgrund stärkerer Konkurrenz um freie Höhlen. Auch Käferarten mit mehrjähriger Entwicklung, die in den 1960er- bis 1980er-Jahren sehr selten waren, nehmen seit den 1990er-Jahren wieder zu. Hierzu zählt beispielsweise der Alpenbock (*Rosalia alpina*) auf der Schwäbischen Alb **(Foto 2-2)** (Gatter & Mattes 2018). In den 1960er- bis 1980er-Jahren galt die Art als weitgehend verschollen, seit etwa 1990 hat sie sich deutlich ausgebreitet und die Zahl der beobachteten Individuen ist exponentiell angestiegen **(Grafik 2-8)**. Auch beim Maikäfer (Feld-Maikäfer – *Melolontha melolontha*] – und Wald-Maikäfer – *Melolontha hippocastani*) sind seit den 1990er-Jahren wieder Massenentwicklungen in Deutschland, der Schweiz und Österreich zu beobachten (Kahrer et al. 2011, Zimmermann 2004). In den zwei bis drei Jahrzehnten zuvor waren solche Gradationen nicht mehr festgestellt worden.

Systematische Erfassungen der Nachtfalter im Schweizer Wallis von 1983 bis 2012 wiesen eine Zunahme der Abundanzen der Kleinschmetterlinge und gleichbleibende Individuen-

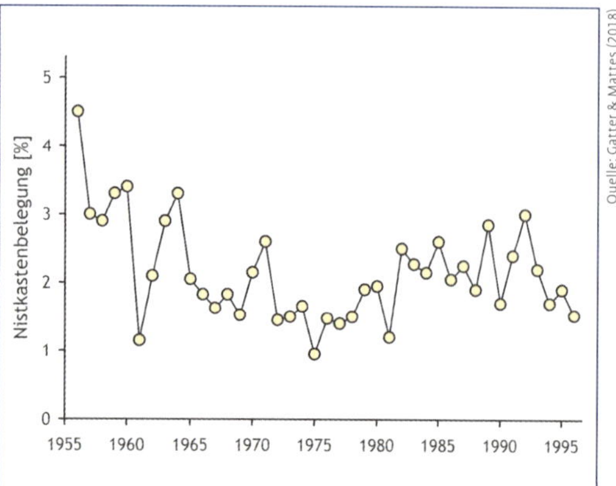

Grafik 2-7 Belegungsrate von Nistkästen durch soziale Insekten (Hornissen, Wespen, Hummeln und sonstige Insekten) von 1956 bis 1996 in der Forstdirektion Karlsruhe (Baden-Württemberg).

Foto 2-2 Die Bestände des Alpenbocks (*Rosalia alpina*) haben sich erst mit einer Zeitverzögerung von mehreren Jahrzehnten von der Einstellung der Insektizidanwendung im Wald erholt.

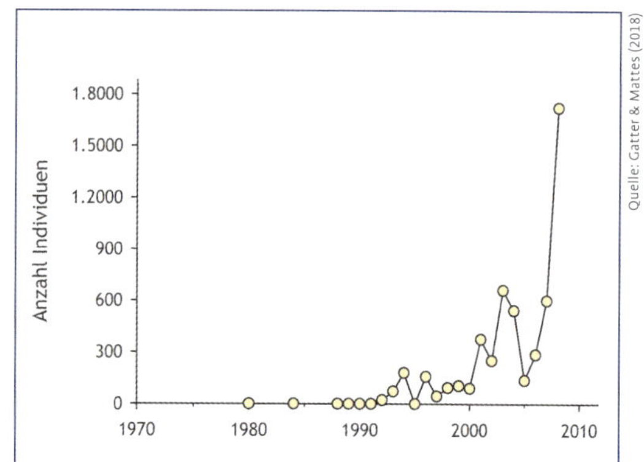

Grafik 2-8 Beobachtungshäufigkeit des Alpenbocks (*Rosalia alpina*) von 1972 bis 2008 im Forstrevier Lenningen (Nordabdachung der Schwäbischen Alb, BW) bei fast täglichen Besuchen.

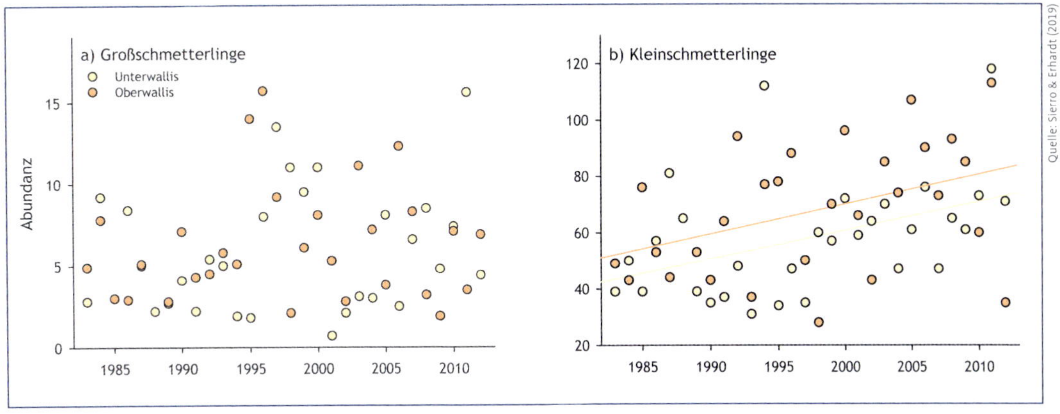

Grafik 2-9 Veränderung der mittleren Nachtfalterabundanz (Mai bis August) von 1983 bis 2012 im Schweizer Wallis. Für Kleinschmetterlinge (b) erfolgte im Unterwallis ein signifikanter (P < 0,05) und im Oberwallis ein knapp nicht signifikanter Anstieg (P = 0,06). Bei Großschmetterlingen (a) gab es keine Veränderung.

dichten der Großschmetterlinge nach **(Grafik 2-9)** (Sierro & Erhardt 2019). Im Gegensatz zu Agrarlandschaften nahmen die Laufkäferabundanzen in britischen Wäldern von 1994 bis 2008 ebenfalls um 16 % zu (Brooks et al. 2012). Auch die Studie von Van Strien et al. (2019) belegt die stärksten Rückgänge von Tagfalterarten der Wälder in den Niederlanden bis 1980. Von 1890 bis 1980 gingen die Arten um über 50 % zurück. Seitdem haben sich sowohl Verbreitung als auch Abundanzen nur wenig verändert.

Die gleichbleibenden oder teilweise wieder zunehmenden Abundanzen von Insekten in Wäldern seit den 1990er-Jahren spiegeln sich auch in der Bestandsentwicklung von insektivoren Säugetieren wider. Seit den 1980er-Jahren nehmen Waldfledermäuse etwa in Süddeutschland (Meschede & Rudolph 2010, Gatter & Mattes 2018) **(Grafik 2-10 und 2-11)**, aber auch in ganz Europa wieder deutlich zu (Haysom et al. 2013). Ein ähnliches Bild ergibt sich bei den Waldvögeln. So haben in Europa die Bestände der Feldvögel von 1980 bis 2016 um 57 % abgenommen,

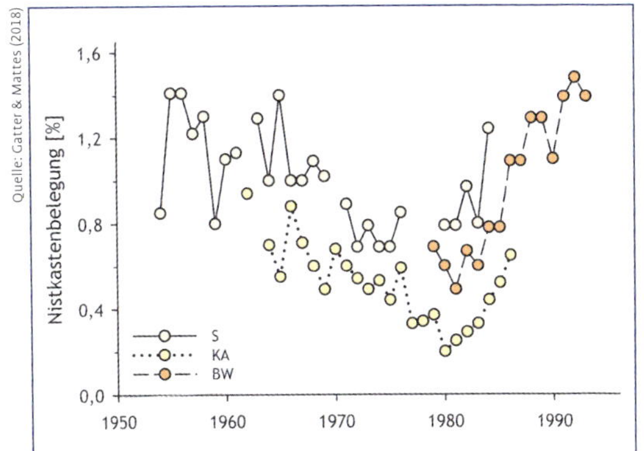

Grafik 2-10 Belegungsrate von Nistkästen durch Fledermäuse von 1954 bis 1993 in den Forstdirektionen Stuttgart (S) und Karlsruhe (K) sowie Baden-Württemberg (BW) insgesamt.

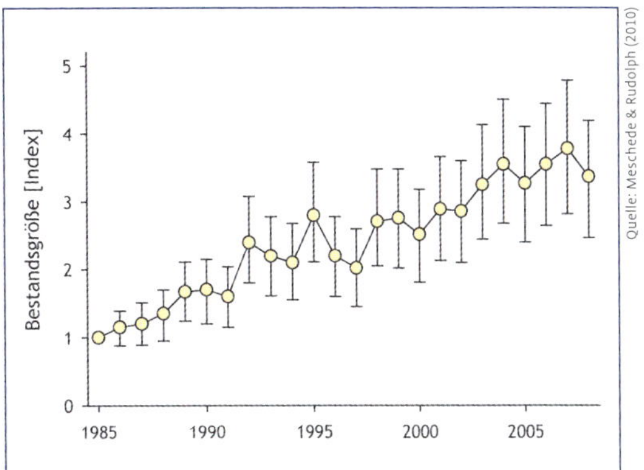

Grafik 2-11 Bestandsentwicklung (arithmet. Mittel ± 95 % Konfidenzintervall) von Fledermäusen (7 Arten) in Winterquartieren von 1985/86–2008/09 in Bayern. 1 = mittlere Anzahl an Tieren pro Quartier 1985/86.

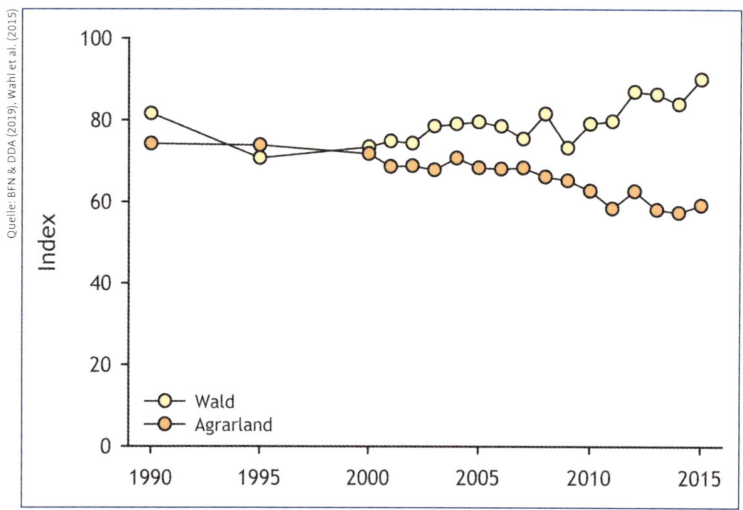

Grafik 2-12 Bestandsentwicklung von Vögeln der Wälder und des Agrarlandes von 1990 bis 2015 in Deutschland. 100 = Zielwert für das Jahr 2030.

während die Rückgänge bei Waldvögeln mit 6% sehr gering waren (PECBMS 2019). Auch auf bundesdeutscher Ebene zeigt sich ein ähnliches Muster: Die Abundanzen der Waldvögel haben sich von 1990 bis 2015 nicht verändert und betrugen im Jahr 2015 rund 90% des Zielwertes für das Jahr 2030 **(Grafik 2-12)** (BfN & DDA 2019, Wahl et al. 2015). In der Agrarlandschaft sind dagegen weiterhin Populationsrückgänge zu beobachten. Der Agrarvogelindikator ist von 74% des Zielwertes im Jahr 1990 auf 59% im Jahr 2015 gesunken.

Trotz der seit den 1990er-Jahren vielfach stabilen oder auch wachsenden Populationen gibt es aber auch im Wald weiterhin zurückgehende Insektenarten. Hierzu gehören beispielsweise Arten der lichten Wälder. Zwei typische Vertreter sind der Gelbringfalter (*Lopinga achine*) und das Wald-Wiesenvögelchen (*Coenonympha hero*) (Streitberger et al. 2012, Bräu et al. 2013). Beide Arten kamen zwischen 1901 und 1950 noch in 85% oder mehr der ehemals besiedelten MTB in Deutschland vor (siehe Kapitel 1.1; **Grafik 1-1**). Danach verkleinerte sich das Verbreitungsgebiet mehr oder weniger kontinuierlich. Nach 1990 waren beide Arten nur noch in etwa 25% der ehemals besiedelten MTB vorhanden. Auch für Großbritannien sind bis in die heutige Zeit starke Rückgänge von Tagfaltern lichter Wälder belegt. Der britische Waldschmetterlingsindikator setzt sich überwiegend aus solchen Arten zusammen und weist die stärkste Abnahme von allen betrachteten Tagfalterindikatoren mit einem Minus von 67% für den Zeitraum 1990 bis 2009 auf (Brereton et al. 2011). In der Studie von Seibold et al. (2019) (siehe auch unter Kapitel 2.1) wurden in 30 Waldhabitaten in Deutschland von 2008 bis 2017 bei Käfern und Wanzen Rückgänge der Artenzahlen und Biomasse von 36% bzw. 41% festgestellt. Die Abundanzen veränderten sich in dem Zeitraum allerdings nicht.

2.3 Synthese

Bereits in der ersten Hälfte des 20. Jahrhunderts kam es zu deutlichen Abnahmen der Insekten (Kapitel 1.1; zum Beispiel auch Turin & den Boer 1988, Fartmann 2004, Eskilden et al. 2015, Habel et al. 2016, Van Swaay et al. 2016, Van Strien et al. 2019). Wie die zuvor getroffenen Aussagen aber zeigen, trat der stärkste Rückgang in Westeuropa und im westlichen Mitteleuropa vor allem zwischen 1950 und 1990 ein. Danach kam es vielfach zu einer Verlangsamung des Schwunds oder teilweise sogar zu Zunahmen (zum Beispiel Carvalheiro et al. 2013, Eskilden et al. 2015, Ewald et al. 2015, Van Strien et al. 2016, 2019, Termaat et al. 2019, Löffler et al. 2019, Fumy

Foto 2-3 Arten wie die Zauneidechse (*Lacerta agilis*) leiden unter dem Rückgang von Insekten.

et al. 2020, Poniatowski et al. 2020a). Etwas anders ist die Situation im östlichen Mitteleuropa (Ostdeutschland, Polen, Tschechien, Slowakei): Hier folgte erst auf den Beitritt zur EU eine massive Intensivierung der Landnutzung – insbesondere in der Agrarlandschaft – mit zunehmend negativen Auswirkungen auf die Biodiversität (siehe Kapitel 3.1.2. und Kapitel 4.2.1).

Heute liegt aus immer mehr Monitoringprogrammen eine zunehmend wachsende Zahl valider Verbreitungs-, aber auch Abundanzdaten vor (Kapitel 1.2). Je weiter man zurückgeht, umso schlechter wird die Datenlage (Kapitel 1.1). Erhebungen der Individuendichten fehlen in historischer Zeit nahezu komplett. Somit ist die Rekonstruktion der früheren Verbreitung und insbesondere der Häufigkeiten der Insekten recht unvollständig. Auch wenn ein historischer Ausgangswert (*baseline*) fehlt, ist anzunehmen, dass die Verluste der Insekten seit Beginn des 20. Jahrhunderts deutlich dramatischer sind, als dies die zuvor analysierten Quellen zeigen (zum sogenannten *shifting baseline syndrome* siehe auch Pauly 1995, Papworth et al. 2009, Bonebrake et al. 2010).

Ein eindrückliches Beispiel für die Abundanzen von Insekten in früherer Zeit vermitteln die Schilderungen aus Gatter & Mattes (2018): Im Mai 1953 fand der Erstautor im Stadtwald von Kirchheim/Teck (Nordabdachung der Schwäbischen Alb) einen Tag nach der Bekämpfung von Maikäfern mit Insektiziden flächendeckend tote Maikäfer in mehreren Lagen übereinander. Er berichtet weiterhin von einem Zeitzeugen, der an Pfingsten im Jahr 1952 oder 1953 von Bissingen/Teck (dieselbe Region) mit dem Fahrrad quer durch Baden-Württemberg bis zum Schwarzwald fuhr. Wann immer die Straße entlang von Waldrändern führte, fuhren er und seine Begleiter durch flächendeckend auf der Straße liegende Maikäfer. An den Fahrrädern quollen die Tiere gar seitlich aus den Schutzblechen.

Artenvielfalt, Abundanz und Biomasse von Insekten sind heute in Mitteleuropa also erheblich geringer als in früheren Jahrzehnten. Dieser Schwund ist nicht allein aus Sicht des Artenschutzes für Insektenarten relevant **(Foto 2-3)**, sondern auch für ein weites Spektrum insektenfressender Tierarten, deren Nahrungsbasis schwindet, und für die Erbringung von Ökosystemleistungen für die menschliche Gesellschaft (Cardoso et al. 2020). Somit ist Insektenschutz systemrelevant nicht allein für den Naturschutz, sondern auch für den Erhalt vielfältiger Kulturlandschaften und für den Menschen. Um erforderliche Maßnahmen gegen das Insektensterben zu beschreiben (Kapitel 5 und folgende), bedarf es zunächst einer Analyse der wesentlichen Ursachen (Kapitel 3 und 4).

3 Treiber des Insektensterbens und ihre Veränderung im Laufe der Zeit

GREGOR STUHLDREHER, MERLE STREITBERGER, THOMAS FARTMANN, ANDRÉ SEITZ, ERNST-FRIEDRICH KIEL UND MATTHIAS KAISER

Die vier weltweit bedeutendsten Treiber für den Rückgang der Artenvielfalt sind sämtlich menschengemacht. Nach abnehmendem Einfluss geordnet sind dies der Landnutzungswandel, der Klimawandel, Einträge atmosphärischer Stickstoffverbindungen und die Ausbreitung von Neobiota (Sala et al. 2000, Díaz et al. 2019) (siehe Kapitel 1.1). Im Folgenden werden die Veränderungen dieser Einflussgrößen und deren Ursachen detailliert vorgestellt.

3.1 Landnutzungswandel

Im 18. und 19. Jahrhundert diente nahezu die gesamte Landschaft Mitteleuropas als Lebensraum für arten- und individuenreiche Insektengemeinschaften (Fartmann et al. 2019, siehe auch **Grafik 3-1**). Dies galt für das gesamte Grünland und alle Wälder, aber auch für Äcker. Die historische Kulturlandschaft Mitteleuropas war vielfältig strukturiert und zeichnete sich durch eine große Zahl extensiv bewirtschafteter Agrarlebensräume mit einer hohen Grenzliniendichte und hoher Lebensraumqualität für Insekten aus. Im 20. Jahrhundert änderten sich die Bedingungen jedoch rasant: Vor allem nach 1950 setzte ein massiver Landnutzungswandel ein, der zu gravierenden quantitativen und qualitativen Veränderungen der mitteleuropäischen Landschaften führte (Bosshard 2016, Ellenberg & Leuschner 2010, Fartmann 2006a, 2017, Fartmann et al. 2019, Gatter 2000, Gatter & Mattes 2018, Poschlod 2017). Aus der traditionell genutzten Kulturlandschaft, in der Beweidung

Courtesy Otto-Modersohn-Museum

Grafik 3-1 Traditionelle Kulturlandschaft am Teutoburger Wald bei Tecklenburg im Jahr 1892. Die Landschaft war klein parzelliert mit einer großen Vielfalt an unterschiedlichen Kulturen, nährstoffarm und bunt. Otto Modersohn: Tecklenburg im Frühjahr – Blick von Nordwesten, 1892.

Foto 3-1 Weitläufige, baumarme Heidelandschaft mit offenen Sandflächen und Heideweihern, wie sie noch um 1930 im Nordwestdeutschen Tiefland zu finden war (Hümmling, Niedersachsen).

die vorherrschende Form der Nutzung war, entstand die heutige Landschaft mit industrialisierter Landnutzung. Nachfolgend werden zunächst die quantitativen Veränderungen der Landnutzung – insbesondere seit dem Zweiten Weltkrieg – in den drei dominanten Nutzungstypen (Agrarland, Wald und Siedlungen) vorgestellt (Kapitel 3.1.1). Anschließend werden die qualitativen Veränderungen der Landnutzung inklusive ihrer Ursachen beleuchtet (Kapitel 3.1.2).

3.1.1 Quantitative Veränderungen der dominanten Landnutzungstypen

Hinsichtlich der quantitativen Veränderungen der wichtigsten Landnutzungstypen in Mitteleuropa waren insbesondere die massive Zunahme der Siedlungs- und Verkehrsfläche sowie der dramatische Rückgang von sogenanntem Öd- und Unland (Heiden, Moore, Un- und Abbauland) für Insekten relevant **(Foto 3-1 bis 3-4)** (Fartmann 2006a, 2017, Fartmann et al.

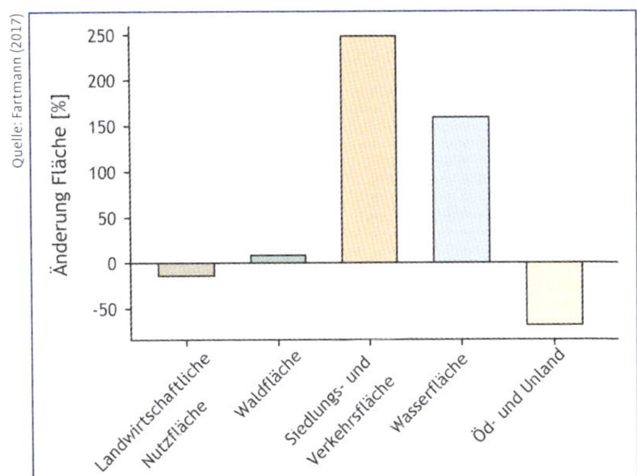

Grafik 3-2 Entwicklung der Landnutzung von 1935/38 bis 2015 in Deutschland. 0 = Fläche 1935/38.

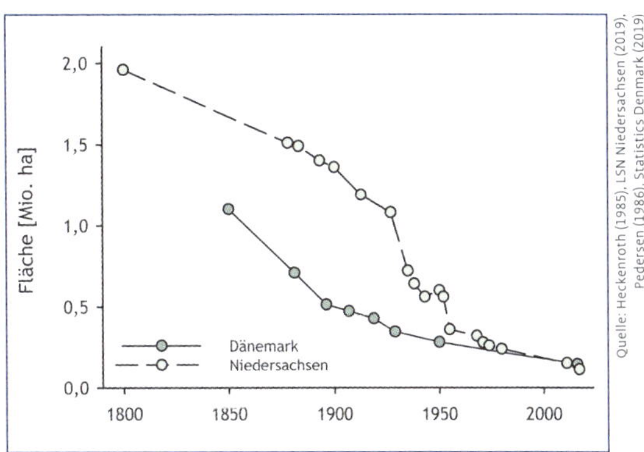

Grafik 3-3 Entwicklung der Fläche von Öd- und Unland (insbesondere Heiden, Dünen und Moore) in Niedersachen und Dänemark von 1800 bis 2017.

Foto 3-2 Reste der ehemals weit verbreiteten offenen Binnendünen im mecklenburgischen Elbtal bei Klein Schmölen (Mecklenburg-Vorpommern).

Foto 3-3 Traditionell genutzte Heidelandschaft in der Lüneburger Heide mit *Calluna*-Heide, Borstgrasrasen und Wacholder (*Juniperus communis*) (Niedersachsen).

Foto 3-4 Hochmoor im Zentrum des Murnauer Mooses, des größten noch naturnahen Moorgebietes Deutschlands (Oberbayern).

2019). Die Fläche, die von Siedlungen und Verkehrsflächen eingenommen wird, hat sich in Deutschland seit dem Zweiten Weltkrieg mehr als verdoppelt **(Grafik 3-2)**. In anderen mitteleuropäischen Ländern war die Entwicklung ähnlich (zum Beispiel Maes & Van Dyck 2001).

Eine unmittelbare Folge der starken Ausdehnung der Siedlungs- und Verkehrsflächen war eine großflächige Versiegelung und Zerschneidung der Landschaft (siehe auch Kapitel 4.2.3). Demgegenüber hat die Fläche an sogenanntem Öd- und Unland in Deutschland in den letzten 80 Jahren um mehr als die Hälfte abgenommen. Eine zeitlich weiter zurückreichende Betrachtung zeigt sogar einen noch dramatischeren Verlust: Beispielsweise ist die Fläche an Öd- und Unland in Niedersachsen von 2 Mio. ha zu Beginn des 19. Jahrhunderts um 90 % auf 0,2 Mio. ha im Jahr 2017 geschrumpft **(Grafik 3-3)** (Heckenroth 1985). In den Niederlanden waren von 600 000 ha Heiden im Jahr 1833 noch 54 000 ha im Jahr 2012 übrig (Van Strien et al. 2019), was einer Abnahme um 91 % entspricht. Die Rückgänge an Öd- und Unland waren in Dänemark vergleichbar **(Grafik 3-3)**. Neben Heiden haben vor allem Moore massiv in ihrer Flächenausdehnung abgenommen: Intakte Moore nehmen heute in Deutschland, aber auch in Ländern wie den Niederlanden und Belgien, weniger als 1 % ihrer ursprünglichen Fläche ein **(Grafik 3-4 und 3-5)** (Joosten & Couwenberg 2001). Die Ausdehnung landwirtschaftlicher Nutzflächen und von Wäldern hat sich demgegenüber nur geringfügig verändert **(Grafik 3-2)**.

Aktuell besteht die Landfläche Deutschlands zu etwas mehr als der Hälfte aus landwirtschaftlicher Nutzfläche (51,2 %, davon 36,2 % Ackerland und 14,4 % Grünland) und etwa einem Drittel Wald (30,6 %), Siedlungs- und Verkehrsflächen nehmen 13,7 % ein, Wasserflächen 2,4 % (Statistisches Bundesamt 2018) **(Grafik 3-6)**. Das ehemals weit verbreite Öd- und Unland spielt flächenmäßig heute nur noch eine marginale Rolle mit einem Flächenanteil von 2 %.

Grafik 3-4 Veränderung der Fläche wachsender Moore in West- und Mitteleuropa.

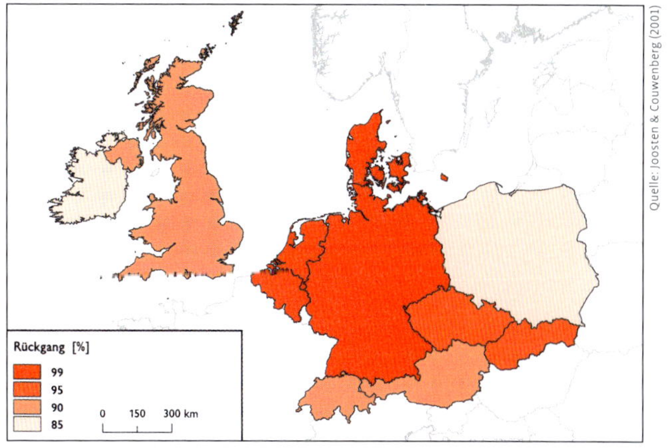

Quelle: Joosten & Couwenberg (2001)

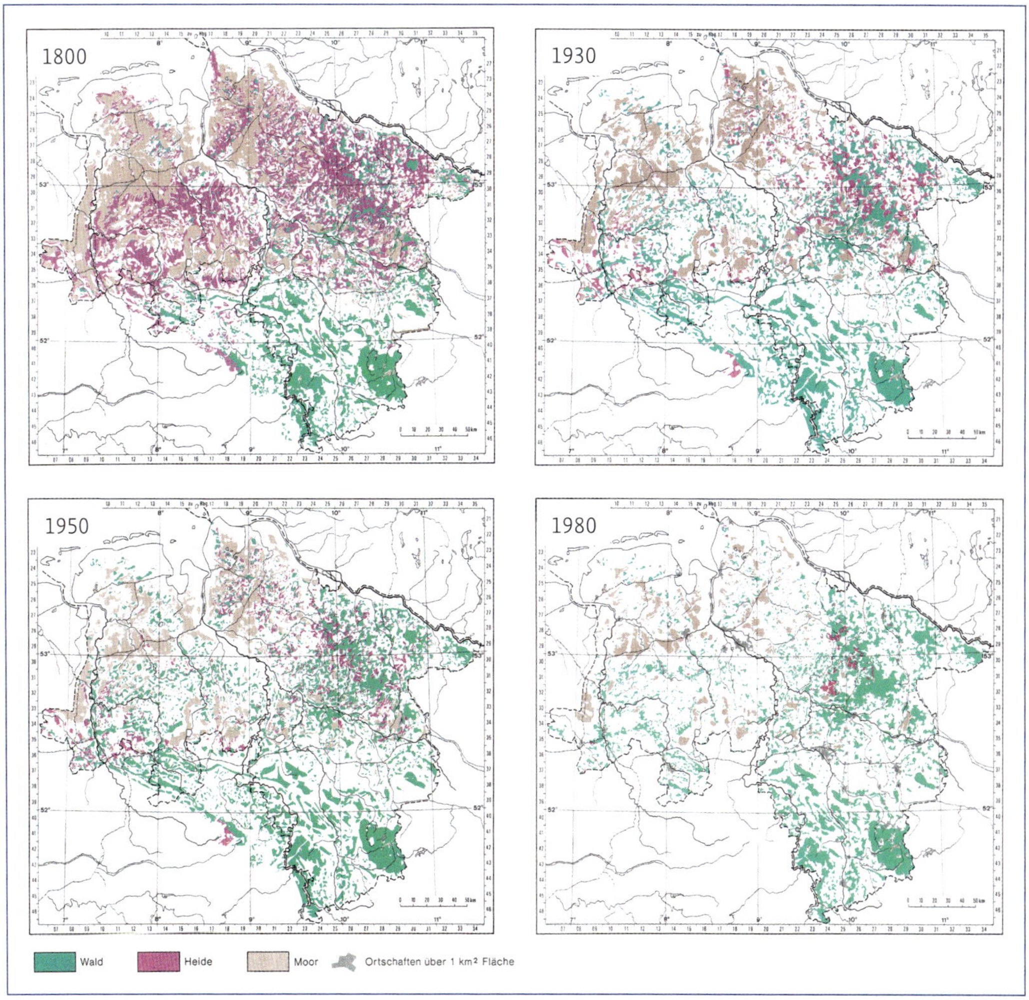

1800

1930

1950

1980

Wald
Heide
Moor
Ortschaften über 1 km² Fläche

Quelle: Heckenroth (1985)

Grafik 3-5 Flächenausdehnung von Mooren (braun), Heiden (violett), Wäldern (grün) und Ortschaften (grau) in Niedersachsen um 1800, 1930, 1950 und 1980.

3.1.2 Qualitative Veränderungen der Landnutzung

Neben den geschilderten massiven quantitativen Veränderungen der Landnutzung (Kapitel 3.1.1) hat auch die Qualität vieler Lebensräume dramatisch abgenommen. Verantwortlich hierfür sind insbesondere eine deutlich veränderte Wirtschaftsweise und damit grundsätzlich andere Störungsregime. Im Folgenden wird erläutert, wie sich das Nutzungs- bzw. Störungsregime in Agrar-, Wald und Siedlungslandschaften verändert haben.

Agrarlandschaften

Seit Beginn der landwirtschaftlichen Nutzung bis zur Mitte des 20. Jahrhunderts waren mitteleuropäische Agrarlandschaften durch mittlere Nutzungsintensität (siehe Kapitel 4.1.1), Nährstoffarmut, das Fehlen von Pestiziden, zumindest zeitweilige Beweidung nahezu aller landwirtschaftlichen Flächen und hohe Heterogenität auf der Habitat- und Landschaftsebene gekennzeichnet (Bosshard 2016, Ellenberg & Leuschner 2010, Fartmann et al. 2019, Gatter 2000, Poschlod 2017). Eine große Zahl technologischer Entwicklungen führte seit Beginn der Industrialisierung und insbesondere ab den 1950er-Jahren zu zunehmend intensiverer Nutzung. Die wichtigsten Faktoren der Intensivierung – die nachfolgend näher beschrieben werden – sind: großflächige Meliorationen (früher als „Landeskultur" bezeichnet), Erfindung, Massenproduktion und großflächige Anwendung des Kunstdüngers, Entwicklung und großflächige Ausbringung von Pestiziden, großflächige Flurbereinigungen und generelle Intensivierung der landwirtschaftlichen Nutzung (Bosshard 2016, Gatter 2000, Poschlod 2017, Stoate et al. 2001).

Im Anschluss an die nachfolgende Darstellung der genannten Einzelfaktoren wird genauer auf die generellen Folgen der intensiven landwirtschaftlichen Nutzung eingegangen.

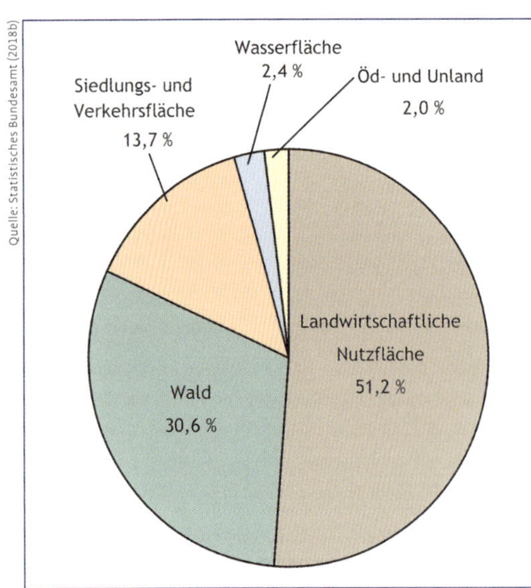

Grafik 3-6 Aktuelle Landnutzung in Deutschland: Anteile verschiedener Nutzungstypen an der gesamten Landfläche.

Meliorationen

Jahrhundertlang war die Landwirtschaft in Mitteleuropa an die standörtlichen Gegebenheiten angepasst (Ellenberg & Leuschner 2010, Gatter 2000, Poschlod 2017). Ein ungünstiger Bodenwasserhaushalt mit hohen Grundwasserständen, Staunässe oder regelmäßigen Überflutungen war insbesondere für die Ausdehnung der Ackerbau-, aber auch der Grünlandfläche das größte Hemmnis (Gatter 2000). Bereits ab dem Mittelalter wurden daher in Mitteleuropa wasserbauliche Maßnahmen an allen großen Strömen sowie Moorkultivierungen durchgeführt (Poschlod 2017). Der systematische Ausbau der Flüsse sowie die planmäßige Trockenlegung von Auen und Mooren begannen aber erst im 18. Jahrhundert. Übergeordnetes Ziel dieser Meliorationsmaßnahmen war die Schaffung landwirtschaftlich besonders produktiver frischer Standorte (Gatter 2000, Kaule 1991). Die Auflösung der Allmenden – auch als Markenteilung bekannt – war eine erste Grundlage für die Durchführung der Meliorationen (Poschlod 2017). Die Folgen der Drainage von Feuchtgebieten, Mooren, Heiden und landwirtschaftlichen Nutzflächen zeichneten sich bereits zur Mitte des 19. Jahrhunderts ab; eine intensive und großflächige Umsetzung erfolgte aber erst ab den 1950er-Jahren (siehe Kapitel 3.1.1). Heutzutage gehören umfangreiche Drainagesysteme, fast durchgängig regulierte Fließgewässer und oft vom Fließgewässer durch Deiche abgekoppelte Altauen zum typischen Bild mitteleuropäischer Agrarlandschaften (Gatter 2000, Poschlod 2017).

Kunstdünger

Ursprünglich waren weite Teile der mitteleuropäischen Landschaft vergleichsweise nährstoffarm und die Produktivität der meisten terrestrischen Ökosysteme durch die Verfügbarkeit von Stickstoff limitiert (Bobbink & Hettelingh 2011, Ellenberg & Leuschner 2010, WallisDeVries 2014). Ausnahmen bildeten vor allem Flussauen und Marschen, die durch Nährstoffakkumulation aufgrund von Einwaschung gekennzeichnet waren. Dieser Nährstoffmangel verschärfte sich durch die jahrhundertelange anthropo-zoogene Nutzung und Auswaschung zusehends (Gatter 2000, Haaland 2003, Ellenberg & Leuschner 2010, Poschlod 2017). Der überwiegende Teil der Landschaft war durch Materialentnahme (zum Beispiel von Streu- und Humusauflagen) gekennzeichnet. Die entnommenen Materialien dienten als Nährstoffquelle für die Düngung, insbesondere der Äcker, aber auch des Grünlandes. Als Folge dieser Umverteilung verarmte das Gros der Landschaft weiter an Nährstoffen. Entsprechend besteht die Flora Deutschlands überwiegend aus Arten, die an stickstoffarme Standorte gebunden sind (Ellenberg & Leuschner 2010). Erst durch die Erfindung des Haber-Bosch-Verfahrens und die industrielle Herstellung von Mineraldünger änderte sich die Situation auf landwirtschaftlich genutzten Flächen zunehmend. Mithilfe des Kunstdüngers konnten Nährstoffgehalt und Produktivität von Äckern und Grünland insbesondere ab den 1960er-Jahren stark erhöht werden **(Grafik 3-7)**.

Pestizide

Der Einsatz von Pestiziden erfolgte in der Landwirtschaft verstärkt ab den 1950er-Jahren, spielte bereits ab Ende der 1960er-Jahre eine große Rolle und nahm insbesondere bis in die 1980er-Jahre stark zu **(Grafik 3-8 und 3-9)**. Eine neuere Entwicklung ist seit den

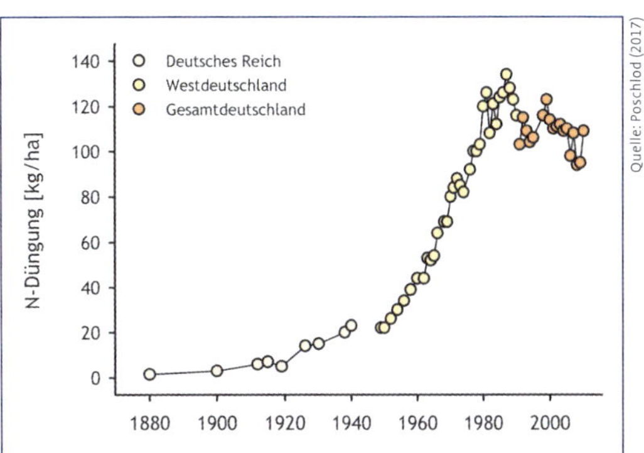

Grafik 3-7 Entwicklung des Einsatzes von Stickstoffdünger auf landwirtschaftlichen Flächen in Deutschland vom Ende des 19. bis zum Anfang des 21. Jahrhunderts.

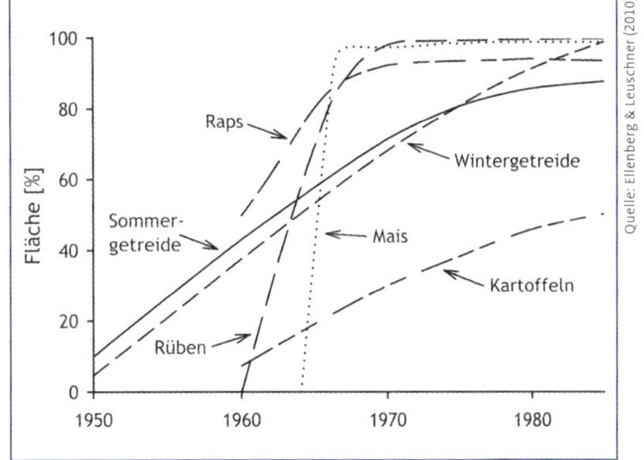

Grafik 3-8 Entwicklung des Herbizideinsatzes in Deutschland in % der Anbaufläche der jeweiligen Kultur in der zweiten Hälfte des 20. Jahrhunderts.

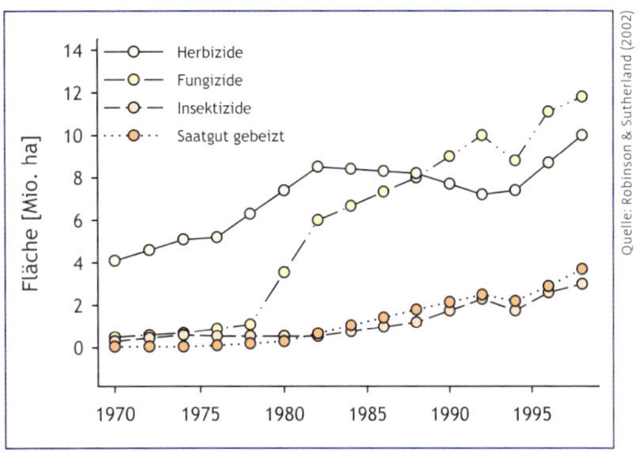

Grafik 3-9 Entwicklung der Fläche in England und Wales, die mit Pestiziden behandelt bzw. mit gebeizten (chemisch behandelten) Samen eingesät wurde.

Fotos: Thomas Fartmann

Foto 3-5 Kleingewässer waren früher um ein Vielfaches häufiger im Grünland vertreten als heute (Sandmünsterland, Nordrhein-Westfalen).

1990er-Jahren der verstärkte Einsatz der hocheffektiven Insektizide aus der Stoffklasse der Neonicotinoide (Lundin et al. 2015). Pestizide werden vor allem auf Ackerflächen sowie im Obst- und Hopfenanbau ausgebracht (Ellenberg & Leuschner 2010). Die größte Bedeutung haben hier Herbizide und Fungizide, gefolgt von Insektiziden **(Grafik 3-9)** (Ellenberg & Leuschner 2010). Im Grünland ist die Anwendung von Pestiziden meist von untergeordneter Bedeutung. Herbizide finden hier in aller Regel lediglich unregelmäßig zur Bekämpfung ausgewählter Pflanzenarten wie etwa Hahnenfuß (*Ranunculus* spp.) Verwendung.

Flurbereinigung

Das erste Gesetz zur Flurbereinigung wurde bereits im Jahr 1886 im Königreich Bayern erlas-

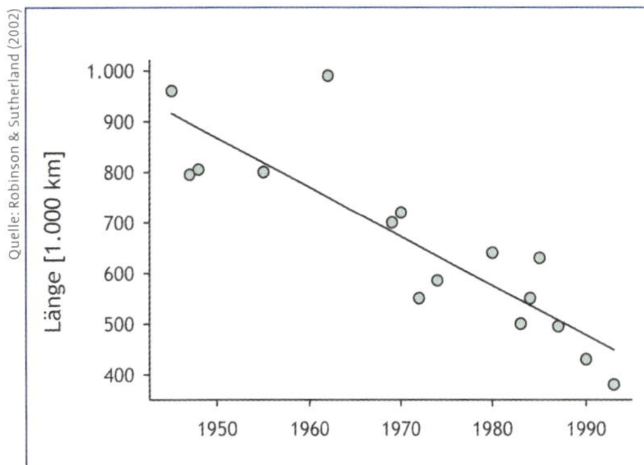

Grafik 3-10 Abnahme der Gesamtlänge der Hecken in England und Wales in der zweiten Hälfte des 20. Jahrhunderts. Der Abfall der Regressionsgeraden entspricht einem Verlust von etwa 9729 km Hecken pro Jahr (R^2 = 0,76).

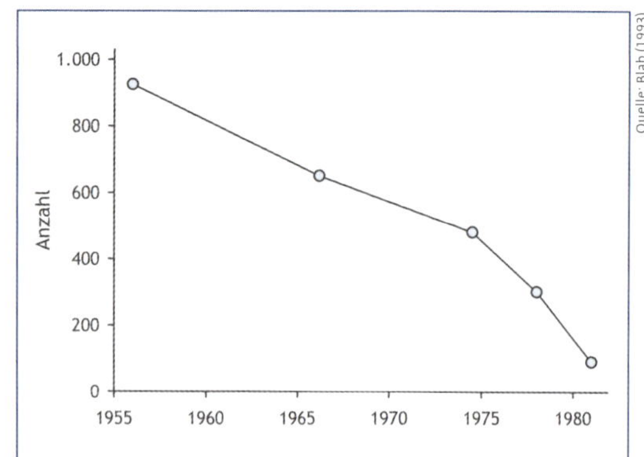

Grafik 3-11 Rückgang der Kleingewässer im Messtischblatt Wadersloh (Münsterland, Nordrhein-Westfalen) von 1957 bis 1981.

Foto 3-6 Sandwege (rechts) – insbesondere, wenn sie unmittelbar in Magerrasen übergehen – sind wichtige Lebensräume für Insekten wie den Dünen-Sandlaufkäfer (*Cicindela hybrida*) (links).

sen (Poschlod 2017). Eine mehr oder weniger flächendeckende Umsetzung der Flurbereinigung erfolgte in Westdeutschland allerdings erst ab den 1950er-Jahren. Im Zuge der Flurbereinigung sind viele Landschaftselemente wie Steinmauern, Hohlwege, Sand-, Mergel- und Tongruben, Säume, Hecken, Feldgehölze und Kleingewässer **(Grafik 3-10 und 3-11, Foto 3-5)** (siehe auch Poschlod & Braun-Reichert 2017), die die großflächige maschinelle Bewirtschaftung erschwerten, beseitigt und Besitzverhältnisse neu geregelt worden. Unbefestigte Wege, die zumindest in den Randbereichen für viele Insekten wertvolle Lebensräume darstellen, wurden asphaltiert **(Foto 3-6)**. Dadurch konnten wesentlich größere zusammenhängende Acker- und Grünlandflächen geschaffen werden, die sich effizient mit großen

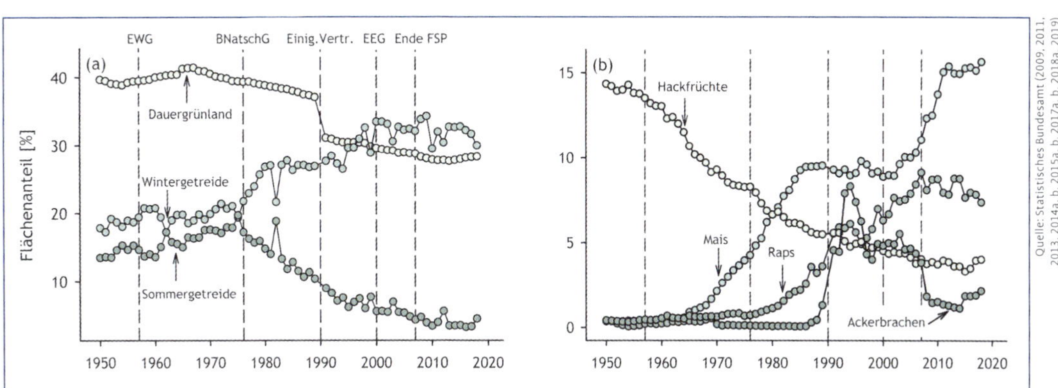

Grafik 3-12 Anteile von Dauergrünland, Getreide (a) sowie von Hackfrüchten, Mais, Raps und Ackerbrachen (b) an der Landwirtschaftsfläche in Deutschland (1950–1989: Westdeutschland, 1991–2018: Gesamtdeutschland). Gestrichelte Linien markieren wichtige politische Weichenstellungen. EWG: Gründung Europäische Wirtschaftsgemeinschaft, BNatschG: Verabschiedung des Bundesnaturschutzgesetzes, Einig.Vertr.: Wiedervereinigung West- und Ostdeutschlands, EEG: Verabschiedung Erneuerbare-Energien-Gesetz, Ende FSP: Ende des EU-Flächenstilllegungsprogramms. Mit Ausnahme des Einigungsvertrages, der eine Zunahme des Anteils an Ackerbrachen bewirkte, folgte auf alle diese politischen Weichenstellungen eine weitere Intensivierung der landwirtschaftlichen Nutzung und eine zunehmende Homogenisierung der Agrarlandschaft. Dies war auch nach Verabschiedung des Bundesnaturschutzgesetzes der Fall; der Rückgang an Dauergrünland sowie der Anbaufläche von Hackfrüchten und Sommergetreide setzte sich weiter fort.

Maschinen bewirtschaften lassen und die Anlage großflächiger Monokulturen begünstigten (Ellenberg & Leuschner 2010, Kaule 1991, Poschlod 2017).

Intensivierung der Landwirtschaft

Meliorationen, der Einsatz von Kunstdünger, die Ausbringung von Pestiziden sowie Flurbereinigungen bildeten die Grundlage für die massive Intensivierung der landwirtschaftlichen Nutzung nach dem Zweiten Weltkrieg und insbesondere ab den 1960er-Jahren (Ellenberg & Leuschner 2010, Gatter 2000, Poschlod 2017). Zugtiere und Handarbeit wurden nach und nach durch Zugmaschinen und maschinelle Bodenbearbeitungs- und Ernteverfahren ersetzt (Poschlod 2017). Auf Ackerflächen machte die bessere Nährstoffversorgung durch Kunstdünger unabhängig von anderen bisherigen Maßnahmen zur Erhaltung oder Förderung der Bodenfruchtbarkeit wie Brachlegung von Ackerflächen, Einsaat von Klee oder Esparsette (*Onobrychis viciifolia*) sowie Fruchtwechsel, wie sie im Rahmen der Dreifelderwirtschaft (jährlicher Wechsel von Wintergetreideanbau, Sommergetreideanbau und Brache) betrieben wurden (Fartmann 2004, Gatter 2000). Auf hoffernen Äckern in landwirtschaftlichen Ungunsträumen (zum Beispiel den ostwestfälischen Muschelkalklandschaften) wurde die Dreifelderwirtschaft noch bis in die 1930er-Jahre praktiziert (Pfuhl 1935). Ackerbrachen spielten aber bereits in den 1950er-Jahren fast keine Rolle mehr in Deutschland **(Grafik 3-12b)**.

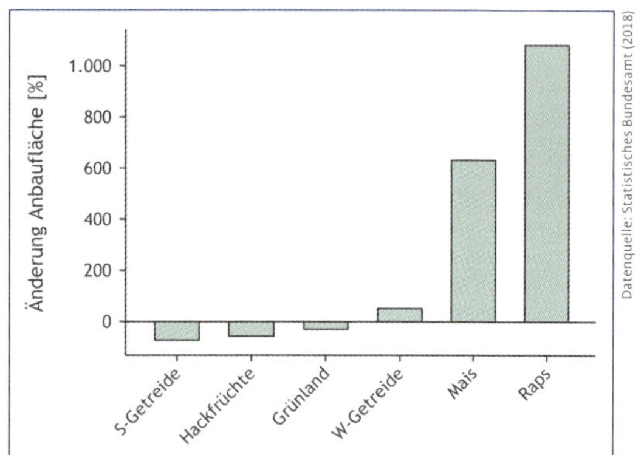

Grafik 3-13 Veränderung der Anbaufläche von Sommergetreide (S-Getreide), Hackfrüchten, Grünland, Wintergetreide (W-Getreide), Mais und Raps von 1970 bis 2018 in Deutschland.

Im Zuge der landwirtschaftlichen Intensivierung und der Anlage großflächiger Monokulturen nahm die Vielfalt der Anbaufrüchte stark ab. Die Anbaufläche für Hackfrüchte ist seit 1950 auf ein Drittel geschrumpft. Sommergetreide hatte noch bis in die zweite Hälf-

Foto 3-7 Dieser Kalkmagerrasen weist noch lückige Vegetation mit einer Vielzahl an xerothermophilen Insektenarten auf (Unstruttal, Sachsen-Anhalt). Aufgrund von Unterbeweidung und unzureichendem Gehölzmanagement breiten sich Sträucher aber zunehmend aus.

te der 1970er-Jahre eine ähnliche Bedeutung wie Wintergetreide, wurde seitdem aber zunehmend durch dieses ersetzt **(Grafik 3-12a)**. Heute spielt der Anbau von Sommergetreide nahezu keine Rolle mehr. Bis ins Frühjahr vorhandene Getreidestoppeläcker sind daher ebenfalls aus unserer Landschaft verschwunden (Gatter 2000). Demgegenüber hat die Anbaufläche von Mais seit den 1970er-Jahren und von Raps seit den 1980er-Jahren kontinuierlich zugenommen **(Grafik 3-13)**.

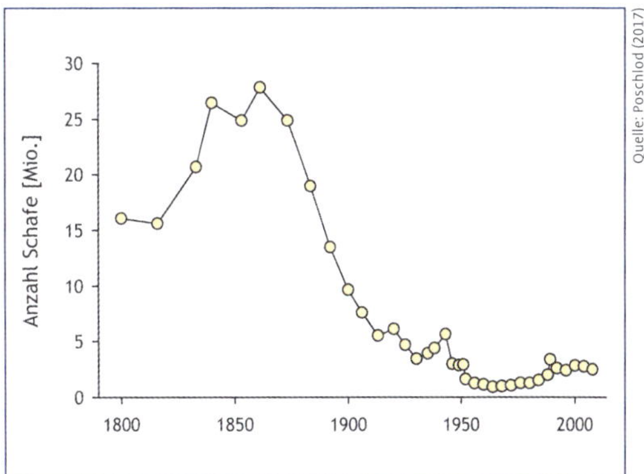

Grafik 3-14 Entwicklung der Schafbestände von 1800 bis 2008 in Deutschland.

Folgen der landwirtschaftlichen Intensivierung

Als Folge der Nutzungsintensivierung, die insbesondere auf landwirtschaftlichen Gunststandorten erfolgte, stieg der Ertrag pro Fläche massiv an und die Lebensmittelpreise sanken, insbesondere in Relation zum Einkommen (Ellenberg & Leuschner 2010, Statista 2018). Dies hatte zur Folge, dass die ohnehin geringe Rentabilität von wenig produktiven oder schwierig zu bewirtschaftenden Flächen (sogenannten Grenzertragsstandorten), die nicht melioriert worden waren oder werden konnten, noch weiter sank. Folglich wurde die Nutzung dieser Standorte in den allermeisten Fällen aufgegeben, sie fielen brach oder wurden aufgeforstet.

Die typische Nutzung dieser Standorte war die traditionelle Hütebeweidung: Noch im 19. Jahrhundert bedeckten die so entstandenen Hutungen auf Magerrasen und Heiden riesige Flächen in Mitteleuropa **(Foto 3-7)**. Bereits bis in die 1950er-Jahre nahm ihre Ausdehnung dramatisch ab; heute ist der Flächenanteil nur noch verschwindend gering. Mit dem Verlust der Hutungen verschwanden auch Millionen Weidetiere (insbesondere Schafe und Rinder, aber auch Pferde, Schweine und Ziegen) aus der Landschaft **(Grafik 3-14 und 3-15)** (Fartmann 2004, Kapfer 2019, Poschlod 2017). Bis dahin hatten die Weidetiere durch Verbiss, Tritt und Kot Lebensräume für Insekten geschaffen

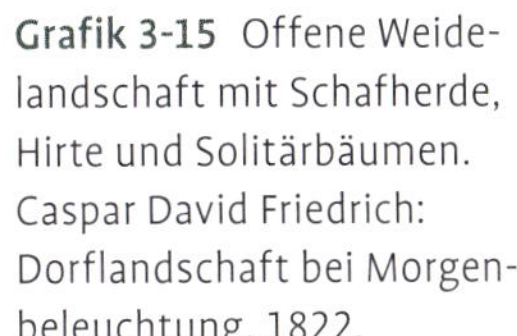

Grafik 3-15 Offene Weidelandschaft mit Schafherde, Hirte und Solitärbäumen. Caspar David Friedrich: Dorflandschaft bei Morgenbeleuchtung, 1822.

Quelle: akg images

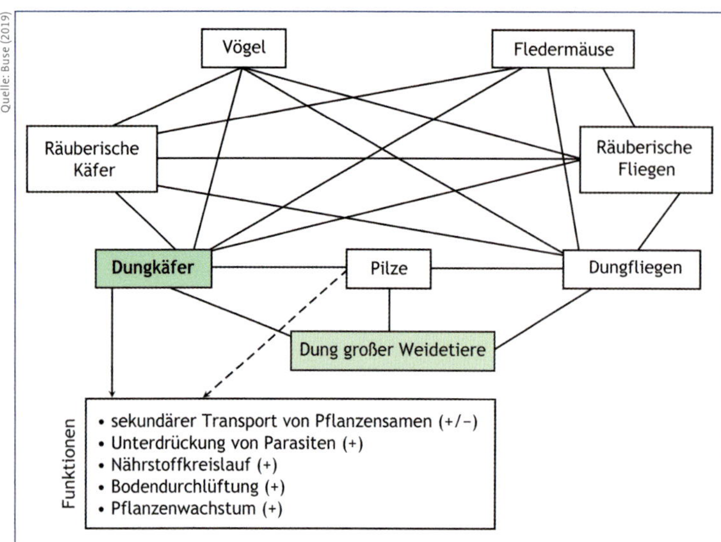

Grafik 3-16 Beziehungsgefüge des Dungs und der Dungkäfer in Weideökosystemen. Dargestellt sind trophische Beziehungen zwischen den wichtigsten Organismengruppen sowie die durch Dungkäfer realisierten Funktionen.

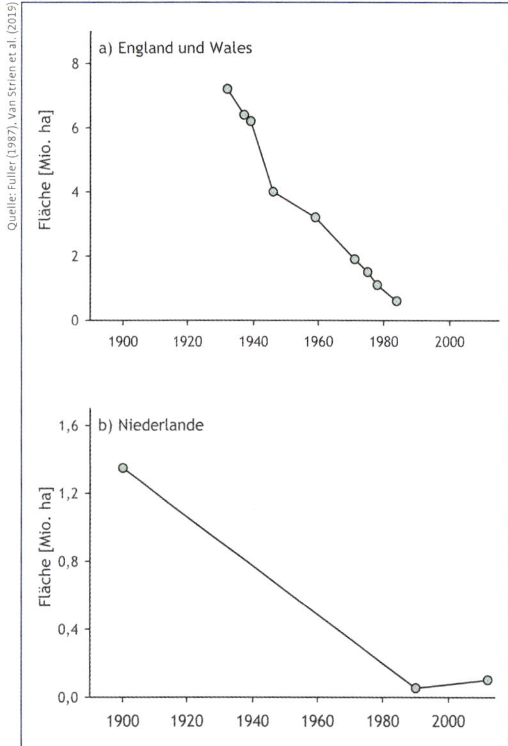

Grafik 3-17 Entwicklung der Fläche von Magergrünland in England/Wales (a) und den Niederlanden (b) von 1900 bis 2012.

und erhalten und als Ausbreitungsvektoren für Pflanzen und Insekten gedient **(Grafik 3-16)** (Bunzel-Drüke et al. 2019, Fischer et al. 1995, 1996, Jedicke 2015, Ozinga et al. 2009, Poschlod 2017).

Neben der Hütebeweidung stellt die Streuwiesennutzung eine traditionelle, extensive Form der Grünlandbewirtschaftung dar, die im Zuge der landwirtschaftlichen Intensivierung nahezu komplett eingestellt wurde **(Foto 3-8)** (Kapfer & Konold 1996, Poschlod 2017). Selbst in den letzten Jahrzehnten ist die Ausdehnung der wenigen verbliebenen extensiv genutzten Grünlandhabitate weiter geschrumpft (zum Beispiel Bosshard 2016, Ridding et al. 2015). Exemplarisch kann dies für Kalkmagerrasen in der Eifel gezeigt werden (Löffler et al. 2020): Im Jahr 1970 gab es im Untersuchungsgebiet noch 420 ha Kalkmagerrasen. Bis 1990 nahm deren Fläche um mehr als 50 % auf 205 ha ab. Aufgrund intensiver Naturschutzmaßnahmen konnte der weitere Rückgang deutlich verlangsamt werden, sodass aktuell noch 175 ha an Kalkmagerrasen vorhanden sind. Der Rückgang der Kalkmagerrasenfläche führte zu einer Verringerung der Größe und Konnektivität dieses wichtigen Insektenlebensraums.

Das Wirtschaftsgrünland unterlag ebenfalls einem dramatischen Wandel. Artenreiche

Heuwiesen und Magerweiden mit Baum- und Gehölzbestand auf Gunststandorten sind seit den 1950er-Jahren aufgrund der Nutzungsintensivierung in vielen Regionen nahezu flächendeckend verschwunden **(Grafik 3-17 und 3-18**, S. 42**)** **(Foto 3-9 und 3-10)** (zum Beispiel Fuller 1987, Bosshard 2016). Bedingt durch die intensive Düngung traten an ihre Stelle homogene Fettwiesen und -weiden mit verkürzten Nutzungsintervallen (Fartmann 2006a). Aus ein- bis zweischürigen Wiesen entstanden vielfach Vielschnittwiesen, reine Weiden wurden häufig in Mähweiden umgewandelt. Heutzutage wird das genutzte Grünland meist intensiv bewirtschaftet (Umbruch mit Neuansaat, hoher Tierbesatz und häufige Nutzung) und ist stark eutrophiert (Isselstein 1998, Newton 2017). Bedingt durch die Klimaerwärmung kommt es zur Verlängerung der Vegetationsperiode mit der Folge (siehe Kapitel 3.2), dass die Nutzung noch eher beginnen und häufiger erfolgen kann (Fartmann 2006a). Mit zunehmend ganzjähriger Stallhaltung des Viehs verloren Weiden generell an Bedeutung (Poschlod 2017). Sie wurden entweder durch Silagegrasland ersetzt oder zur Gewinnung von Kraftfutter (insbesondere durch Anbau von Mais) ab den 1970er-Jahren verstärkt umgebrochen und in Äcker umgewandelt (Gatter 2000). In den wenigen verbliebenen Weiden werden die Weidetiere heutzutage zudem immer stärker mit Antiparasitika wie Ivermectin behandelt, was die dunggebundene Insektenfauna massiv schädigt (Schoof & Luick 2019).

In den ehemals zum Ostblock zählenden Teilen Mitteleuropas (Ostdeutschland, Polen, Tschechien und Slowakei) erfolgte die zuvor skizzierte Intensivierung der landwirtschaftlichen Nutzung oft zeitverzögert (George 1995, Reif & Hanzelka 2020, Tryjanowski et al. 2011, Wuczyński et al. 2011). Insbesondere der Beitritt zur EU und die Subventionierung der Landwirtschaft im Rahmen der Gemeinsamen Agrarpolitik (GAP) spielte hier eine entscheidende Rolle. In Ostdeutschland wurde die Landwirtschaft beispielsweise – trotz der deutlich größeren Schläge – bis zum Ende der DDR deutlich extensiver betrieben, als dies in

Foto: Thomas Fartmann

Foto 3-8 Großflächige Vorkommen von Streuwiesen gibt es heutzutage noch im Alpenvorland (Pfrühlmoos, Oberbayern).

Foto: Thomas Fartmann

Foto 3-9 Salbei-Glatthaferwiesen – im Bild zur Blütezeit des Wiesen-Salbei (*Salvia pratensis*) – waren noch in der ersten Hälfte des 20. Jahrhunderts die typischen Heuwiesen in den Kalklandschaften (Diemeltal, Ostwestfalen).

Foto: Thomas Fartmann

Foto 3-10 Magerweiden mit alten Solitärbäumen – in diesem Fall Stiel-Eichen (*Quercus robur*) – als Relikte der historischen Kulturlandschaft gibt es in Mitteleuropa, im Gegensatz zu Süd- und Osteuropa, kaum noch (Sandmünsterland, Nordrhein-Westfalen).

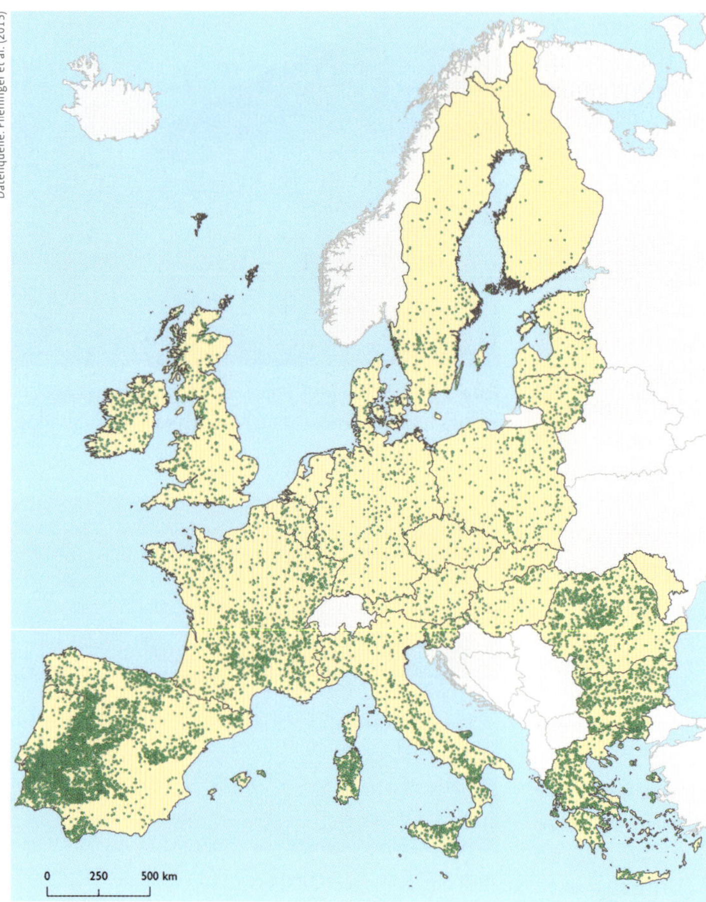

Datenquelle: Plieninger et al. (2015)

Grafik 3-18 Verbreitung von lichten Waldweiden und Weiden mit zerstreutem Baumbestand in Europa. Während in Teilen Süd- und Osteuropas derartige Weiden noch weit verbreitet sind, kommen sie in Mitteleuropa nur noch punktuell vor.

der BRD der Fall war (George 1995). Das extensivere Wirtschaften spiegelte sich in einem geringeren Input von Importfuttermitteln (Soja und Fischmehl) sowie Pestiziden, insbesondere Insektiziden, wider. Im Jahr 1980 waren in der BRD 1822 Pestizide mit etwa 300 Wirkstoffen zugelassen (Scholz 1994), in der DDR waren es zur selben Zeit nur 382 Mittel und etwa 200 Wirkstoffe (ADL 1981). Auf den Ackerflächen unterschieden sich die Anbaufrüchte deutlich (George 1995). In der DDR wiesen Ackerflächen viel höhere Anteile an Hackfrüchten und Futterpflanzen auf. Unter den Feldfrüchten gab es eine in Westdeutschland längst verschollene Vielfalt mit verbreitetem Anbau von Ackerbohne, Futtererbse, verschiedenen Gräsern und ihrem Gemenge, Luzerne, Rotklee und Wicke. Hinzu kam eine große Mannigfaltigkeit an Zwischenfrüchten (zum Beispiel Futterroggen, Lupine, Markstammkohl, Phacelie, Perserklee, Seradelle oder Sonnenblume) für die Grün- und Trockenfutterproduktion, Feldgemüse (zum Beispiel Kohl, Möhren, Porree, Tomaten und Zwiebeln) und Sonderkulturen (Majoran, Mohn, Thymian und Tabak).

Auch im Grünland gab es deutliche Unterschiede zwischen BRD und DDR. Zum Beispiel waren die Schafbestände Mitte der 1980er-Jahre mit 42 Tieren je 100 ha landwirtschaftlicher Fläche in der DDR etwa dreimal so hoch wie in der BRD. Entsprechend gut beweidet waren viele Magerrasen in dieser Zeit in Ostdeutschland (Quinger et al. 1991). Zudem waren ungepflegte ruderalisierte Bereiche entlang von Straßen, Wegen, Gräben und im Umfeld von Stallanla-

Foto: Erk Dallmeyer

Foto 3-11 Noch kleinteiliger als in Polen ist die Agrarlandschaft beispielsweise in Rumänien parzelliert (Siebenbürgen, Rumänien). Der Talgrund wird in Form kleinstrukturierter Ackerflächen bewirtschaftet, die dorfnahen Hänge sind durch Extensivweiden gekennzeichnet, die teilweise durch Hecken gegliedert werden.

Foto: Thomas Fartmann

Foto 3-12 Reich strukturierte Grünlandlandschaft mit natürlichem Relief am Rand der rumänischen Karpaten (Siebenbürgen, Rumänien). Wie es für traditionelle Weidelandschaften typisch ist, sind nur die Gärten und die Wiesen mit Zäunen versehen, um sie vor den Weidetieren zu schützen.

gen, Dung- und Siloplätzen weit verbreitet und wurden toleriert (George 1995).

Mit der Wende veränderten sich die landwirtschaftlichen Bedingungen in Ostdeutschland schlagartig und es erfolgte eine Angleichung an westdeutsche Verhältnisse. Polen, Tschechien und die Slowakei wurden erst 2004 EU-Mitglied; entsprechend später setzen die Annäherungen an die Verhältnisse im westlichen Mitteleuropa ein (Tryjanowski et al. 2011). In besonderer Weise gilt dies für Polen, wo – im Gegensatz zu Tschechien und der Slowakei – die kleinparzellierte Struktur der Agrarlandschaft die kommunistische Ära überdauert hatte **(Foto 3-11 und 3-12)** (Reif et al. 2008). Polen weist von allen mitteleuropäischen Ländern die mit Abstand höchste Anzahl an landwirtschaftlichen Betrieben auf (Tryjanowski et al. 2011, Wuczyński et al. 2011). Mehr als die Hälfte davon (1,6 Mio. Betriebe) war im Jahr 2007 kleiner als 5 ha (Tryjanowski et al. 2011). Traditionellerweise sind die kleinteiligen Felder in Polen durch mehr oder weniger breite Säume voneinander getrennt (Wuczyński et al. 2011). Gegenwärtig erfolgt aber auch hier eine zunehmende Homogenisierung der Agrarlandschaft durch Intensivierung der Landnutzung auf produktiven Standorten und Brachfallen auf Grenzertragsstandorten, wie es Jahrzehnte zuvor bereits im westlichen Mitteleuropa der Fall war (Panek 2019, Reif & Hanzelka 2020, Tryjanowski et al. 2011).

Seit Beginn des 21. Jahrhunderts haben energiepolitische und neue agrarpolitische Entwicklungen weitere massive Veränderungen der Agrarlandschaften in Europa ausgelöst (Stoate et al. 2009). Hierzu zählt in Deutschland unter anderem der verstärkte Anbau von nachwachsenden Rohstoffen zur Energieerzeugung, der durch das Inkrafttreten des Erneuerbare-Energien-Gesetzes im Jahr 2000 forciert wurde (Flade 2012, Flade & Schwarz 2011). Diese Entwicklung hat besonders in Mitteleuropa zu einer weiteren Intensivierung der landwirtschaftlichen Nutzung beigetragen. Vor allem Mais, Raps und Getreide werden seitdem verstärkt für die energetische Nutzung angebaut (FNR 2018a). Mittlerweile wachsen Energiepflanzen auf etwa 14 % der landwirtschaftlichen Nutzfläche Deutschlands (FNR 2018a, siehe auch **Grafik 3-12b**). Im Jahr 2017 wurden 36 % der Maisproduktion für die Biogaserzeu-

Foto: Thomas Fartmann

Foto 3-13 Zurückversetzt in die Zeit von Claude Monet: buntblumige und insektenreiche Ackerbrache auf eiszeitlichem Geschiebemergel (Uckermark, Brandenburg). Die vorherrschenden Segetalarten sind Acker-Rittersporn (*Consolida regalis*), Klatsch-Mohn (*Papaver rhoeas*) und Kornblume (*Centaurea cyanus*).

gung genutzt (FNR 2018b). Diese Entwicklungen haben dazu beigetragen, dass Grünland in den letzten beiden Jahrzehnten verstärkt umgebrochen wurde, um Mais anzubauen (UBA 2018). Zudem hatte die Intensivierung der Milchviehhaltung einen verstärkten Grünlandumbruch zur Folge. Heutige Milchkühe werden ganzjährig in Ställen gehalten und mit Kraftfutter (Mais, Rapsschrot und Soja) gefüttert, sodass Grünland kaum noch als Weide benötigt und daher umgebrochen und für den Anbau des Kraftfutters oder anderer Feldfrüchte genutzt wird (UBA 2018). Auch die zunehmende Flächenversiegelung trug zum Rückgang des Dauergrünlandes bei, weil der Verlust an Ackerflächen bei Versiegelung oft durch Grünlandumbruch kompensiert wurde (UBA 2018). Entsprechend ist die Fläche an Dauergrünland von 1991 bis 2017 um 600 000 ha gesunken (UBA 2018, siehe auch **Grafik 3-12a**). Zudem sind die nach der Wiedervereinigung zunächst großflächig entstandenen und von der EU als Marktintervention geförderten Stilllegungsflächen in den letzten Jahren stark zurückgegangen **(Foto 3-13) (Grafik 3-12b)**. Verantwortlich hierfür ist vor allem die Einstellung der obligatorischen Flächenstilllegung – unter anderem als Folge der erhöhten Getreidenachfrage – im Herbst 2007 durch die EU (Stoate et al. 2009, Flade 2012). Entsprechend hat die Anbaufläche für Mais seit 2008 weiter um fast 500 000 ha in Deutschland zugenommen, vor allem durch den Anbau von Silomais für die Biogaserzeugung (FNR 2018b).

Nutzungsintensivierung auf Gunststandorten und die damit meist im Zusammenhang stehende Nutzungsaufgabe von Grenzertragsstandorten veränderten die Lebensbedingungen in Agrarlandschaften tiefgreifend und flächendeckend. Insgesamt hatte der Landnutzungswandel eine starke Nivellierung der Standorteigenschaften und eine Homogenisierung der mitteleuropäischen Agrarlandschaften auf der Habitat- und Landschaftsebene zur Folge. Nährstoffarme Äcker, Grünlandflächen, Magerrasen, Heiden und Moore, die zuvor den allergrößten Teil des mitteleuropäischen Offenlandes eingenommen hatten, sind weitestgehend aus unserer Landschaft verschwunden **(Fotos 3-14 und 3-15) (Grafik 3-3 bis 3-5, 3-17)** (Bosshard 2016, Ellenberg & Leuschner 2010, Poschlod 2017). Gleiches gilt für Millionen an Weidetieren (siehe auch oben). Demgegenüber ist das Gros der landwirtschaftlichen Nutzflächen heute intensiv genutzt. Aufgrund der hochproduktiven Bedingungen ist die Vegetation auf den eutrophierten Acker- und Grünlandflächen deutlich schnell- und hochwüchsiger sowie dichter, als es früher der Fall war **(Foto 3-15)**. Entsprechend wurde auch

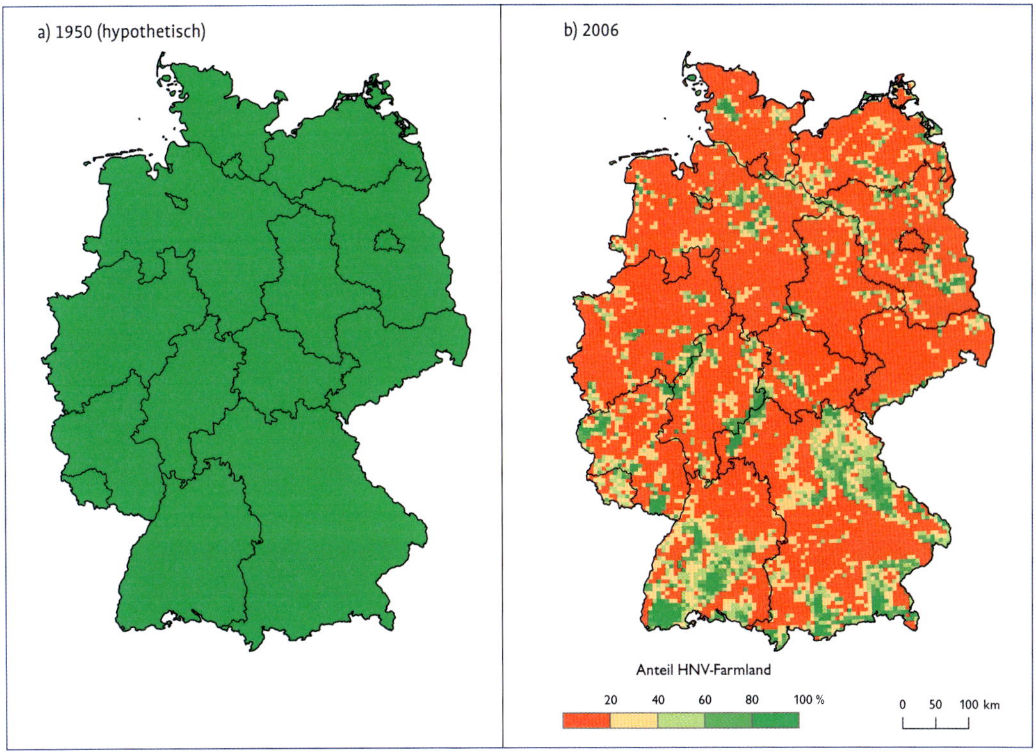

a) 1950 (hypothetisch)

b) 2006

Anteil HNV-Farmland

20 40 60 80 100 %

0 50 100 km

Quelle: Vorkommen von HNV-Farmland – EEA (2015), Bodenbedeckung – EEA (2018)

Grafik 3-19 Anteile von High Nature Value (HNV-)Farmland am Offenland 1950 (a; gemäß Experteneinschätzung durch die Autoren) und 2006 (b; gemäß aktueller Daten) in Deutschland.

eine Verkürzung der Nutzungsintervalle möglich. Naturschutzfachlich wertvolle Landwirtschaftsfläche („High Nature Value Farmland") macht demnach heute nur noch einen sehr geringen Anteil aus, während sie – nach den heutigen Bewertungskriterien – 1950 noch die gesamte Agrarlandschaft dominierte **(Grafik 3-19)**.

Waldlandschaften

Seit mindestens 7000 Jahren ist der Wald in Mitteleuropa durch menschliche Eingriffe beeinflusst (Ellenberg & Leuschner 2010). Bis zum Ende des 18. Jahrhunderts waren die meisten Wälder durch Rodung zerstört oder durch Übernutzung massiv verändert. Historisch alte Wälder (älter als 250 Jahre) kommen daher heute in vielen Gebieten nur noch fragmentiert und kleinflächig vor (Glaser & Hauke 2004). Dies gilt vor allem für das Tiefland, wo die Waldzerstörung noch weitaus stärker erfolgte als in den Mittelgebirgen (Seibold et al. 2015).

Bis zur ersten Hälfte des 20. Jahrhunderts wurden die verbliebenen Wälder in Mittel-

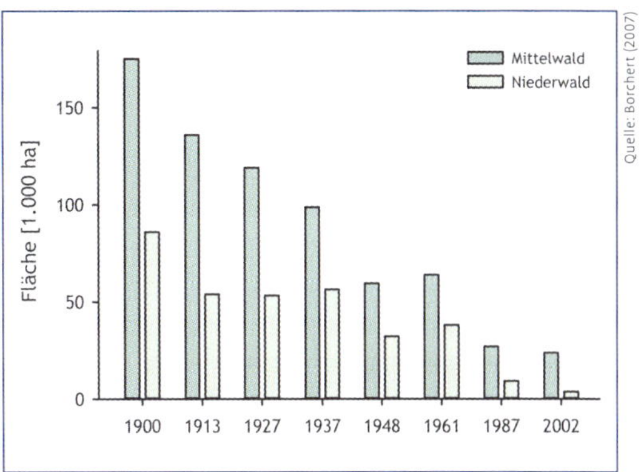

Grafik 3-20 Entwicklung der Fläche an Nieder- und Mittelwald in Bayern im 20. Jahrhundert.

Foto: Thomas Fartmann

Foto 3-14 Die moderne Saatgutreinigung und nahezu flächendeckende Intensivierung der ackerbaulichen Nutzung haben zu dramatischen Rückgängen von früher häufigen Segetalarten wie der Korn-Rade (*Agrostemma githago*) in Mitteleuropa geführt.

europa deutlich vielfältiger genutzt und die Nutzungsintervalle (Umtriebszeiten) waren erheblich kürzer als heute. Vor allem Nieder- und Mittelwaldwirtschaft mit in aller Regel 10- bis 40-jährigen Umtriebszeiten und Waldweide waren weit verbreitet, werden heute aber fast gar nicht mehr in Deutschland praktiziert **(Grafik 3-20)** (Borchert 2007, Ellenberg & Leuschner 2010, Gatter 2000, Müller-Wille 1980). Während in Europa noch 10 % der Waldfläche als Nieder- und Mittelwald bewirtschaftet werden, mit höchsten Anteilen im mediterranen Raum, nehmen in Deutschland Niederwälder nur noch 45 000 ha (0,42 % der Waldfläche) und Mittelwälder nur noch 32 300 ha

Fotos: Thomas Fartmann

Foto 3-15 Gradient der Landnutzungsintensität in mitteleuropäischen Getreidefeldern: Oben links: Lichte Roggenfelder (Lichtäcker) mit Korn-Rade (*Agrostemma githago*) und Kornblume (*Centaurea cyanus*) waren in der ersten Hälfte des 20. Jahrhunderts weit verbreitet auf Sandstandorten in Mitteleuropa (Podlachien, Nordost-Polen). Heute sind sie nur im östlichen Mitteleuropa noch regelmäßig zu finden. Oben rechts: Im Rahmen des Vertragsnaturschutzes (doppelter Reihenabstand, Verzicht auf Pestizide) bewirtschafteter Roggenacker mit Echter Kamille (*Matricaria recutita*) und Kornblume (*Centaurea cyanus*) (Medebacher Bucht, Nordrhein-Westfalen). Unten links: Dichter, konventionell bewirtschafteter Roggenacker ohne Segetalflora (Münsterland, Nordrhein-Westfalen). Unten rechts: Konventionell bewirtschaftetes Weizenfeld ebenfalls ohne Segetalflora (Münsterland, Nordrhein-Westfalen).

Foto 3-16 Mittelwald nahm ursprünglich große Flächen in Mitteleuropa ein (Elsässer Hardt, Frankreich). Heutzutage wird diese Form der Nutzung kaum noch praktiziert.

Foto 3-17 Der Gartenrotschwanz (*Phoenicurus phoenicurus*) ist eine typische insektenfressende Vogelart in lichten Weidewäldern mit niedrigwüchsiger Krautschicht.

(0,30 %) ein (Unrau et al. 2018). Diese traditionellen Nutzungsformen führten zu offenen und lichtdurchfluteten Wäldern **(Foto 3-16 und 3-17)**. Weitere, heute ebenfalls verschwundene Nutzungen des Waldes wie die Entnahme von Streu, das Schneiteln zur Gewinnung von Laubheu als Tierfutter und das Sammeln von Leseholz als Brennmaterial trugen durch den damit verbundenen Nährstoffentzug ebenfalls zur Schaffung und Erhaltung lichter Wälder bei (Ellenberg & Leuschner 2010, Poschlod 2017).

Die früher übliche Vielfalt der Waldnutzungen bedingte eine große strukturelle Heterogenität und ein mosaikartiges Nebeneinander unterschiedlich alter Bestände – vom Kahlschlag bis zum geschlossenen Wald (Fartmann et al. 2013, Gatter 2000). Im Zuge der allmählichen Aufgabe der traditionellen Nutzungsformen zugunsten der Hochwaldwirtschaft wurden die Wälder immer dichter und dunkler (Fartmann 2006a). In der zweiten Hälfte des letzten Jahrhunderts waren Kahlschläge die einzige Bewirtschaftungsform, durch die großflächig offene Bereiche innerhalb der Wälder aktiv geschaffen wurden (Gatter 2000). Seit den 1980er-Jahren wandte sich die Forstwirtschaft zudem mehr und mehr dem naturnahen Waldbau zu, bei dem auf großflächige Kahlschläge weitgehend

Foto: Thomas Fartmann

Foto 3-18 Nicht aufgeforstete Windwurffläche in einem Fichtenforst zehn Jahre nach einem Sturmereignis (Sturm Kyrill) (Medebacher Bucht, Hochsauerland, Nordrhein-Westfalen).

verzichtet wird (Schulte 2003). Aufgrund der Dominanz der Hochwaldwirtschaft ohne große Kahlschläge und der möglichst weitgehenden Unterdrückung von Störungsereignissen (Umstürzen alter Bäume, Brände, Massenvermehrungen von Baumschädlingen) sind die Wälder Mitteleuropas gegenwärtig so dunkel wie seit vielen Jahrhunderten nicht mehr (Gatter 2000). Dies spiegelt sich auch darin wider, dass der Holzvorrat europäischer Wälder seit dem Zweiten Weltkrieg viel stärker zugenommen hat als die Waldfläche, nämlich im Verhältnis 200 % zu 10 % (Schelhaas et al. 2003).

Ein weiterer wichtiger Aspekt des Landnutzungswandels im Wald ist die Anlage großflächiger Nadelforste aus Fichten und Kiefern auf Standorten, deren natürliche Vegetation Laubwälder sind. Aktuell sind in Deutschland 54 % der Waldfläche mit Nadelbäumen bestanden (BMEL 2016). Natürlicherweise würden Nadelwälder bundesweit nur ca. 2 % der Waldfläche einnehmen und wären vor allem auf sehr niederschlagsarme Tieflagen mit wasserdurchlässigen Sandböden im Osten Deutschlands (Wald-Kiefer [*Pinus sylvestris*]) und auf die höchsten Lagen einiger Mittelgebirge und der Alpen (Gewöhnliche Fichte [*Picea abies*] und Weiß-Tanne [*Abies alba*]) beschränkt (Suck et al. 2014). Der gezielte Anbau von Nadelhölzern begann vor etwa 300 Jahren und erreichte schon im 19. Jahrhundert eine große forstwirtschaftliche Bedeutung (Poschlod 2017). In den beiden zurückliegenden Jahrzehnten fielen allerdings viele der flachwurzelnden und immergrünen Fichten Sturmereignissen im Winterhalbjahr zum Opfer **(Foto 3-18)** (Fink et al. 2009, Otto 2019). Die Dürreperioden der letzten Jahre setzten insbesondere den Fichtenbeständen zusätzlich zu. Die Kombination aus vorgeschädigten Bäumen und trockenwarmer Witterung führte dann in den Jahren seit 2018 zu verstärkten Borkenkäfergradationen. Insbesondere in niederschlagsarmen Regionen Deutschlands sind Fichtenbestände inzwischen großflächig abgestorben. Das BMEL (2020) beziffert den Waldflächenverlust von 2018 bis 2020, vor allem an Fichtenforsten, mit 245 000 ha in Deutschland. Das am stärksten betroffene Bundesland ist Nordrhein-Westfalen mit fast 70 000 ha. Aber auch Thüringen, Niedersachsen, Hessen und Sachsen-Anhalt kommen auf Werte von jeweils mehr als 25 000 ha. Die Zunahme klimatischer Extremereignisse wie Stürme oder sommerliche Dürreperioden zählen zu den typischen Auswirkungen des Klimawandels (Kapitel 3.2)

Ab den 1950er-Jahren setzte in Mittel- und Westeuropa der großflächige Einsatz von hochtoxischen und unspezifischen Insektiziden wie DDT, Dieldrin und Lindan ein (Conrad 1977, Gatter 2000, Gatter & Mattes 2018, Newton 2017). Die Ausbringung war keineswegs nur auf landwirtschaftliche Flächen beschränkt (siehe oben), sondern erfolgte auch großflächig im Wald unter anderem durch Flugzeuge und Hubschrauber (Gatter 2000, Gatter & Mattes 2018, Zimmermann 2004, 2010). Ziel war die Bekämpfung von sogenannten Forstschädlingen wie Maikäfer und Borkenkäfer (Gatter 2000, Gatter & Mattes 2018, Kahrer et al. 2011, Zimmermann 2004, 2010). In den westlichen Bundesländern wurden Maikäfer zwischen 1952 und 1974 auf mehr als 110000 ha Waldfläche mit Insektiziden bekämpft (Zimmermann 2004, 2010). Aufgrund der dramatischen negativen Auswirkungen auf Nicht-Zielorganismen (zum Beispiel Vögel) wurden die meisten als Insektizide genutzten chlorierten Kohlenwasserstoffe wie DDT und Dieldrin Anfang der 1970er-Jahre in Mitteleuropa verboten (Conrad 1977, Sierro & Erhardt 2019). Seitdem ist die Anwendung von Insektiziden weitestgehend aus dem Wald verschwunden (Gatter 2000). Bedingt durch die Zunahme von Massenvermehrungen bestimmter Forstinsekten (etwa Schwammspinner [*Lymantria dispar*]), werden allerdings seit den 1990er-Jahren lokal wieder Insektizide (zum Beispiel Dimilin) im Wald eingesetzt (Scherzinger 1996). Aktuell entfallen auf die Wälder in Deutschland nur etwa 0,1–0,2 % der insgesamt ausgebrachten Wirkstoffmenge von Pestiziden (Gatter 2000).

Obwohl die Aufgabe der Nieder-, Mittel- und Hudewaldwirtschaft sowie der Umbau von Laub- in Nadelwald überwiegend bereits im 19. Jahrhundert und in der ersten Hälfte des 20. Jahrhunderts stattfanden, sind dies vergleichsweise junge Entwicklungen. Sehr viel länger schon besteht ein ausgeprägter Mangel an alten Wäldern mit viel Alt- und Totholz **(Foto 3-19 bis 3-21)**. Ursache hierfür war vom Mittelalter bis zum frühen Industriezeitalter die chronische Übernutzung der Wälder durch Vieheintrieb und Entnahme großer Mengen an Holz als Bau-, Werk- und Brennstoff (Ellenberg & Leuschner 2010, Gatter 2000). Aber auch seit Einführung der Hochwaldwirtschaft als dominierender Nutzungsform hat sich die Situation kaum verbessert (Scherzinger 1996). Durch die im Vergleich zur Lebenserwartung der meisten Baumarten immer noch relativ

Foto: Dominik Poniatowski

Foto 3-19 Bach-Erlen-Eschenwald ohne forstwirtschaftliche Nutzung und mit viel liegendem Totholz (Kaarzer Holz, Mecklenburg-Vorpommern).

Foto: Dominik Poniatowski

Foto 3-20 Buchenwald in der Zerfallsphase (Ueckermünder Heide, Mecklenburg-Vorpommern).

Foto: Thomas Fartmann

Foto 3-21 Totholzreicher Tannen-Buchen-Urwald (Biogradska Gora, Montenegro).

Foto 3-22 Strukturreiche Nutzgärten waren vor dem Beitritt zur EU in den ehemals zum Ostblock zählenden Teilen Mitteleuropas typisch (Siebenbürgen, Rumänien).

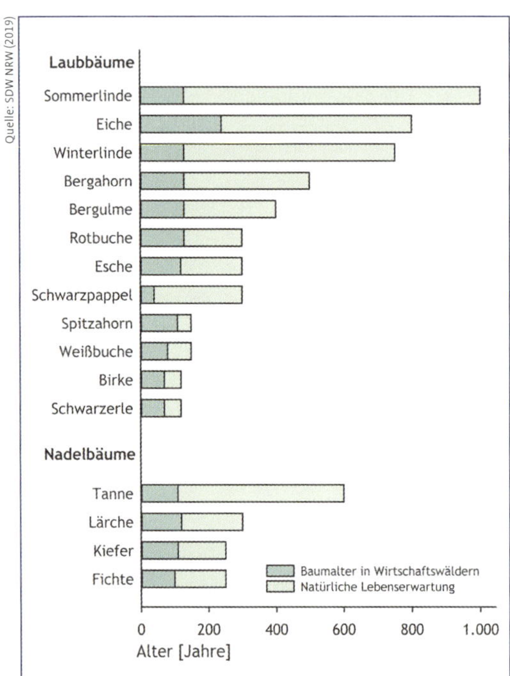

Grafik 3-21 Natürliche Lebenserwartung von Waldbäumen (helle Balken) im Vergleich zum durchschnittlichen Alter, das sie in deutschen Wirtschaftswäldern tatsächlich erreichen („forstliche Umtriebszeit", dunkle Balken).

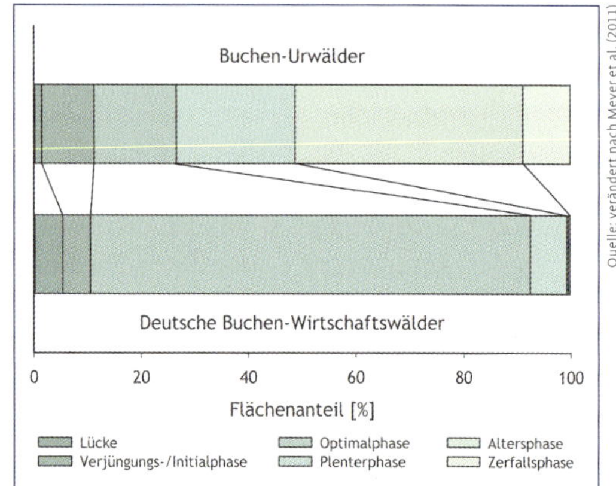

Grafik 3-22 Vergleich der mittleren Flächenanteile verschiedener Waldentwicklungsphasen in europäischen Buchen-Urwäldern und deutschen Buchen-Wirtschaftswäldern. Der Abbildung liegen Daten aus insgesamt fünf Urwäldern in Albanien (Mirdita, Puka, Rajca) und der Slowakei (Havešová, Kyjov) sowie drei Wirtschaftswäldern in Mitteldeutschland (Stauffenburg und Dassel in Südniedersachsen, Bleicherode in Thüringen) zugrunde.

kurzen forstlichen Umtriebszeiten erreichen die meisten Waldbestände nicht ihre Alters- oder gar Zerfallsphase **(Grafik 3-21)**. Für die drei häufigsten Baumarten im deutschen Wald – Fichte, Kiefer und Buche – beträgt die Umtriebszeit lediglich etwa 40–50 % der natürlichen Lebenserwartung. In den wenigen noch vorhandenen, vom Menschen kaum beeinflussten Wäldern nehmen diese späten Waldentwicklungsphasen hingegen große Flächenanteile ein **(Grafik 3-22)** (Scherzinger 1996).

Fotos: Dominik Poniatowski

Foto 3-23 Rinderweide im August 2017 (links) und im August des Dürresommers 2018 (rechts) (Diemeltal, Nordhessen).

Siedlungslandschaften

Die starken sozio-ökonomischen Veränderungen im Deutschland des 20. Jahrhunderts schlugen sich auch im Siedlungsbereich nieder. Früher dienten die Gärten der Produktion von Lebensmitteln für die Selbstversorgung (Gatter 2000, Wittig 2008). In ihnen wurden Gemüse, Kräuter und Obst angebaut und oft auch Nutztiere gehalten (zum Beispiel Hühner). Die Nutzgärten waren strukturell oft sehr heterogen und wiesen auch viele heimische Pflanzenarten auf (Ellenberg & Leuschner 2010, Gatter 2000). Im Zuge steigenden Wohlstands und verbesserter Nahversorgung mit Lebensmitteln wurden die Nutzgärten in den zurückliegenden Jahrzehnten verstärkt durch monotone Gärten mit wenigen Zierpflanzen und Rasenflächen ersetzt. Teile der Gärten wurden zudem oft für die Anlage von Garagen für Pkw überbaut. In jüngster Zeit ist ein Trend zur Anlage von sehr pflegeleichten Stein- oder Schottergärten mit nur minimalem Bewuchs zu erkennen (Krieger 2016, NABU 2018). Insbesondere in prosperierenden Städten ist zudem die Nachverdichtung zu einem wichtigen Thema geworden: Viele neue Gebäude entstehen auf Kosten von Freiflächen im Siedlungsraum (BBSR 2014). Die massive Ausdehnung der Siedlungs- und Verkehrsflächen in der zweiten Hälfte des 20. Jahrhunderts war zudem verbunden mit einem starken Anstieg des Verkehrsaufkommens und einer erheblichen Zunahme künstlicher Lichtquellen (Falchi et al. 2019, Gaston 2018, Held et al. 2013, Kyba et al. 2017).

Wie bereits für die Agrarlandschaften dargestellt, erfolgten die zuvor geschilderten Veränderungen im Siedlungsbereich in den ehemals zum Ostblock zählenden Teilen Mitteleuropas deutlich später. Beispielsweise war das Dorfbild in Ostdeutschland noch bis zur Wende durch eine große Zahl von Kleintierställen, Geflügelhaltung, Misthaufen, traditionellen Bauerngärten und extensiv bewirtschafteten Kleinstfeldern an den Ortsrändern gekennzeichnet **(Foto 3-22)** (George 1995).

3.2 Klimawandel

Der rezente Klimawandel ist auf den durch den Menschen verursachten Ausstoß von Treibhausgasen zurückzuführen, insbesondere Kohlendioxid (CO_2), aber auch von Lachgas (N_2O) und Methan (CH_4) (Brasseur et al. 2017). Kennzeichen des Klimawandels sind vor allem ein Anstieg der Lufttemperatur, Veränderungen des Niederschlagsregimes und eine Zunahme von Extremereignissen. Im Zeitraum von 1881 bis 2014 stieg die Jahresmitteltemperatur in Deutschland um 1,3 °C an, während die jährliche Niederschlagsmenge um 10,2 % zuge-

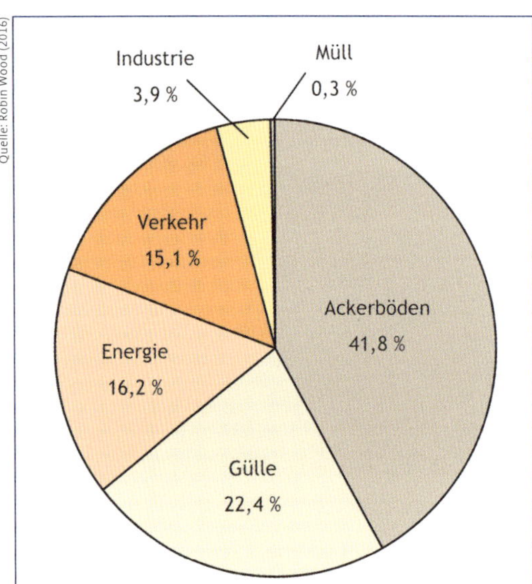

Grafik 3-23 Anteile verschiedener Verursacher an den Emissionen reaktiver Stickstoffverbindungen in Deutschland im Jahr 2015, berechnet aus den summierten Emissionen von NH_3 (Ammoniak) und NOx (Stickoxide) nach Angaben des Umweltbundesamtes.

nommen hat (Kaspar & Mächel 2017). Dabei stieg der Niederschlag im Winter um 26% an und ging im Sommer um 0,6% zurück. In Abhängigkeit von den zukünftigen Treibhausgasemissionen wird bis zum Ende des 21. Jahrhunderts ein weiterer Anstieg der Temperatur für Deutschland erwartet. Je nach Szenario werden Anstiege der bodennahen Lufttemperatur um 1,3–2,6 °C bzw. 2,7–4,8 °C im Sommer und 1,2–3,2 °C bzw. 3,2–4,6 °C im Winter prognostiziert (Vergleichszeitraum: 1971–2000, Jacob et al. 2017). Im Gegensatz zur Temperatur sind Trends für die Entwicklung der Niederschläge deutlich schwieriger vorherzusagen, da Niederschläge sich regional stark unterscheiden und zufällig schwanken. Tendenziell wird eine Zunahme des Winterniederschlags prognostiziert, für den Sommerniederschlag ist aufgrund der regionalen Variationen keine zusammenfassende Trendaussage möglich (Jacob et al. 2017). Die Kombination aus zunehmender Erwärmung und etwa gleichbleibenden Niederschlägen im Sommerhalbjahr führt zudem zu einer zunehmend negativen klimatischen Wasserbilanz im Sommerhalbjahr in weiten Teilen Deutschlands **(Foto 3-23)** (Behrens et al. 2009, Streitberger et al. 2016a, b). Ein weiteres Merkmal des Klimawandels ist die Zunahme klimatischer Extremereignisse wie Hitzewellen, Starkregen- und Starkwindereignisse. Es ist davon auszugehen, dass die Zunahme derartiger Ereignisse im Zuge der Klimawandels anhalten wird (Deutschländer & Mächel 2017, Kunz et al. 2017).

3.3 Stickstoffdepositionen

Durch die industrielle Tierhaltung und das steigende Verkehrsaufkommen nahmen seit etwa 1960 insbesondere die Emissionen gasförmiger Stickstoffverbindungen zu. Diese werden über Regen, Schnee, Nebel, Raureif, Gase und trockene Partikel in terrestrische und aquatische Ökosysteme eingetragen und entfalten dort eine düngende Wirkung (Ellenberg & Leuschner 2010). Einträge von atmosphärischen Stickstoffverbindungen stellen nunmehr seit mehreren Jahrzehnten eine bedeutende Ursache für die Eutrophierung aller Ökosysteme in Mitteleuropa dar. Hauptemittent ist die Landwirtschaft, die für insgesamt 64% aller Emissionen verantwortlich ist (**Grafik 3-23**; Robin Wood 2016). An zweiter und dritter Stelle folgen die Energiegewinnung (16%) und der Verkehr (15%).

Die Gesamtdeposition liegt in Mitteleuropa zwischen 10–100 kg Stickstoff pro Hektar und Jahr (Ellenberg & Leuschner 2010). In Deutschland werden die höchsten Werte im westlichen Niedersachsen und im Nordwesten von Nordrhein-Westfalen erreicht, dem Schwerpunkt der Intensivviehhaltung in Deutschland (Bäurle & Tamásy 2012) **(Grafik 3-24)**. Hier betragen die Einträge großräumig 20–35 kg N/ha/a oder mehr, was ungefähr der Menge entspricht, die in den 1930er- und frühen 1950er-Jahren aktiv als Kunstdünger auf landwirtschaftliche Nutzflächen ausgebracht wurde (Gatter 2000, Schaap et al. 2018). Ohne die anthropogene Freisetzung von Stickstoffverbindungen würde die Depositionsrate bei nur 1–5 kg N/ha/a liegen (Ellenberg & Leuschner 2010).

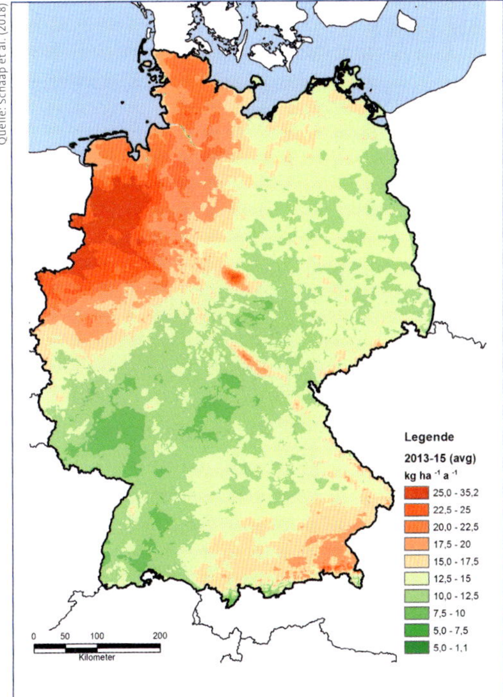

Grafik 3-24 Höhe der atmosphärischen Stickstoffgesamtdeposition in Deutschland im Mittel der Jahre 2013 bis 2015 in kg N pro Hektar und Jahr.

3.4 Neobiota

Als Neobiota werden Taxa bezeichnet, die nach 1492 in einem Gebiet, in dem sie vorher nicht vorkamen, entweder absichtlich durch den Menschen oder unbeabsichtigt eingeführt worden sind (Kowarik 2010). Die Neobiota werden in drei Gruppen unterteilt: Neophyten (Pflanzen), Neozoen (Tiere) und Neomyceten (Pilze) (Klingenstein et al. 2005).

Vor der Entdeckung der Neuen Welt war das globale Handelsnetz überschaubar (Bonn & Poschlod 1998, Kowarik 2010): Es verband Europa auf dem Land- und Seeweg mit dem angrenzenden Nordafrika und dem Orient. Nach der Entdeckung Amerikas wurde der Handel zunehmend globaler und erste Neobiota traten in Europa auf. Bereits zum Ende des 18. Jahrhunderts hatte sich ein intensives weltumspannendes Handelsnetz ausgebildet, das die Einführung von Neobiota nach Europa massiv förderte (Bonn & Poschlod 1998, Davis 2009, Kowarik 2010). Diese Entwicklung setzt sich bis heute ungebrochen fort.

4 Auswirkungen auf Insekten

GREGOR STUHLDREHER, MERLE STREITBERGER, THOMAS FARTMANN, ANDRÉ SEITZ, ERNST-FRIEDRICH KIEL UND MATTHIAS KAISER

4.1 Generelle Auswirkungen

4.1.1 Landnutzungswandel

Der Landnutzungswandel in Mitteleuropa hat sich massiv negativ auf die Insektenfauna ausgewirkt (zum Beispiel Turin & den Boer 1988, Biesmeijer et al. 2006, Cardoso et al. 2020, Desender & Turin 1989, Gatter & Mattes 2018, Maes & Van Dyck 2001, Sánchez-Bayo & Wyckhuys 2019, Van Dyck et al. 2009, Van Strien et al. 2019, Wagner 2020). Eine zentrale Rolle spielten hierbei Veränderungen im Nutzungs- und Störungsregime sowie die Habitatfragmentierung (siehe Exkurs 1, Seite 80). Da Agrar-, Wald- und Siedlungslandschaften gleichermaßen davon betroffen waren und sind, wird nachfolgend zunächst erläutert, was unter Störungen in der Ökologie zu verstehen ist und welche grundsätzlichen Zusammenhänge zwischen Störungen und Artenvielfalt bestehen. Weiterhin werden die generellen Auswirkungen der Habitatfragmentierung auf Insekten vorgestellt und das Phänomen der Aussterbeschuld beleuchtet. Die spezifischen Folgen des Landnutzungswandels auf Insekten werden für jeden Landnutzungstyp gesondert in Kapitel 4.2 betrachtet.

Zusammenhang zwischen Störungen und Artenvielfalt

Störungen zählen zu den Schlüsselfaktoren für den Artenreichtum und die Zusammensetzung von Lebensgemeinschaften (Grime 1973a, b, Mackey & Currie 2001, Pickett & White 1985, Wohlgemuth et al. 2019). Als Störungen werden in der Ökologie Ereignisse bezeichnet, die zum Verlust von lebender Biomasse führen (Grime 2001, Wohlgemuth et al. 2019). Die Formen von Störungen sind vielfältig: Zu den natürlichen zählen zum Beispiel natürliche Brände, Eis-, Schnee- oder Windbruch, Eisschur, Hangrutschungen, Lawinen, Sturmwurf, Überschwemmungen, Fraß von wilden Herbivoren oder das Wühlen von wildlebenden Tieren (zum Beispiel Wildschwein [*Sus scrofa*]). Typische anthropogene und anthropo-zoogene Störungen sind Bodenverwundungen durch Befahren mit Fahrzeugen, vom Menschen verursachte Brände, Fraß durch Weidetiere, Holzeinschlag, Mahd oder Plaggenhieb (Fartmann 2006a).

Gemäß der Hypothese der mittleren Störung (*intermediate disturbance hypothesis*, Grime 1973a, b, Huston 1979) ist die Artenvielfalt bei geringer oder fehlender Störung niedrig, da sich die konkurrenzkräftigsten Arten durchsetzen. Bei sehr intensiven oder häufigen Störungen ist die Diversität ebenfalls gering, da nur wenige Arten in der Lage sind, zu überdauern bzw. die Flächen neu zu besiedeln. Bei einer mittleren Störungsintensität bzw. -frequenz wird ein Nebeneinander konkurrenzkräftiger und störungstoleranter Arten begünstigt. Entsprechend sind die Artenzahlen bei diesem Störungsregime besonders hoch (**Grafik 4-1**). Im Einklang mit der Hypothese der mittleren Störung weisen mittlere Sukzessionsstadien oftmals die höchste Artenvielfalt auf und die Individuendichten sind ebenfalls meist bei mittlerer Störung bzw. in mittleren Sukzessionsstadien am höchsten (**Grafik 4-2**) (Fartmann et al. 2012a, Helbing et al. 2014, Poniatowski & Fartmann 2008). Gefährdete Insektenarten, wie etwa die Blauflügelige Ödlandschrecke (*Oedipoda caerulescens*, **Foto 4-1**) sind dagegen oft auf frühe Sukzessionsstadien angewiesen (zu weiteren Ausführungen hierzu siehe Exkurse 2 und 3, Seite 82 und 84; Fartmann et al. 2012a, 2013, Helbing et al. 2014, Poniatowski & Fartmann 2008, Schirmel et al. 2011).

Noch im 19. Jahrhundert wurde nahezu die gesamte Landschaft Mitteleuropas vom Offenland über Siedlungen (mit Ausnahme der wenigen großen Städte) bis hin zum Wald durch den Menschen genutzt, insbesondere beweidet (siehe Kapitel 3.1). Trotz Millionen an Weide-

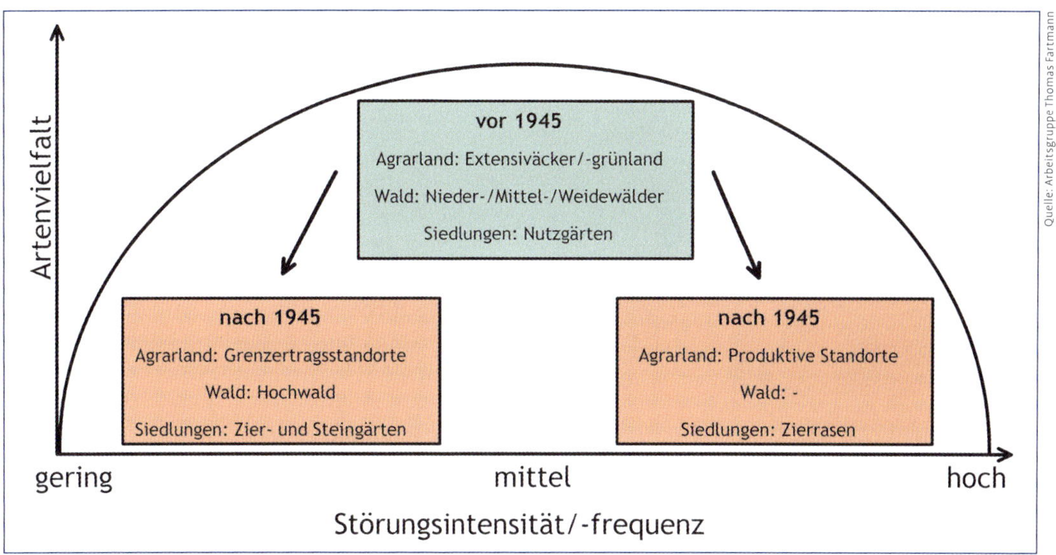

Grafik 4-1 Schematisierte Darstellung des Zusammenhangs zwischen Störungsintensität/-frequenz und Artenvielfalt nach der Hypothese der mittleren Störung (*intermediate disturbance hypothesis*). Bei mittlerer Störungsintensität/-frequenz ist die Artenvielfalt maximal und geht sowohl bei zu- als auch abnehmender Intensität/Frequenz zurück. Seit dem Zweiten Weltkrieg haben vor allem zwei gegenläufige Entwicklungen stattgefunden: Einerseits eine Erhöhung der Nutzungs-/Störungsintensitäten auf sehr produktiven Standorten der Agrarlandschaft (Intensiväcker, Fettgrünland) bzw. im Siedlungsbereich (Zierrasen) und andererseits die Aufgabe der Nutzung bzw. Verringerung der Nutzungsintensität auf Grenzertragsstandorten der Agrarlandschaft, im Wald durch eine Verlängerung der Umtriebszeiten (Folge der Hochwaldwirtschaft) sowie in Siedlungen durch die Anlage von Zier- und Steingärten. In Wäldern, insbesondere Fichtenforsten, treten erst seit jüngster Zeit wieder häufiger Störungen durch Windwurf- und Dürreereignisse auf (siehe Kapitel 3.1.2).

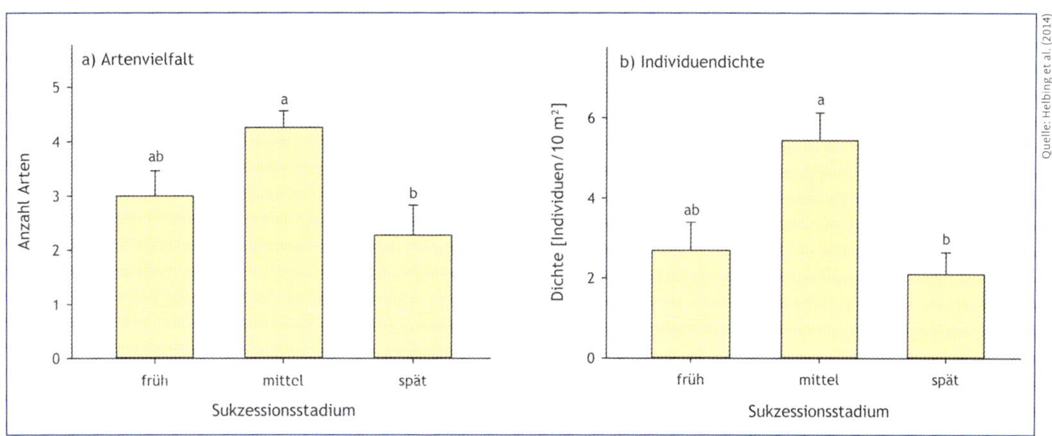

Grafik 4-2 Mittlere (+ Standardfehler) Artenzahl (a) und Individuendichte (b) von Heuschrecken entlang eines Gradienten von frühen bis späten Stadien der Sukzession in Schneeheide-Kiefernwäldern (Oberes Isartal, Bayern). Signifikante Unterschiede liegen zwischen den Stadien vor, die keine gemeinsamen Buchstaben aufweisen ($P < 0{,}05$).

Foto: Dominik Poniatowski

Foto 4-1 Die Blauflügelige Ödlandschrecke (*Oedipoda caerulescens*) ist auf spärlich bewachsene Habitate mit offenem Boden angewiesen.

tieren war die Nutzung des Offenlandes aber – verglichen mit der landwirtschaftlichen Bewirtschaftungspraxis heute – überwiegend als extensiv zu bezeichnen (Ellenberg & Leuschner 2010). Es dominierten also großflächig Lebensräume mit mittlerer Störungsintensität und -frequenz, die gemäß der Hypothese der mittleren Störung durch eine arten- und individuenreiche Insektenfauna gekennzeichnet waren. In Kombination mit der generellen Nährstoffarmut der damaligen Zeit (Kapitel 3.1.2) – die geringe Sukzessionsgeschwindigkeiten zur Folge hat (Grime 2001, Ellenberg & Leuschner 2010) – beherrschten die für die heute seltenen Insektenarten so bedeutsamen frühen bis mittleren Sukzessionsstadien das Landschaftsbild (siehe auch Exkurse 2 und 3, Seite 82 und 84) (Fartmann 2006a).

Mit zunehmender Industrialisierung – insbesondere nach dem Zweiten Weltkrieg – haben sich die Störungsintensitäten und -frequenzen in den mitteleuropäischen Landschaften aber gravierend verändert: Auf produktiven Acker- und Grünlandstandorten nahm die Intensität und Häufigkeit der Störungen massiv zu. Demgegenüber wurde die Nutzung auf Grenzertragsstandorten (zum Beispiel Feuchtgrünland, Heiden, Magerrasen und Streuwiesen) weitgehend aufgegeben, und im Wald verlängerten sich die Nutzungsintervalle durch die Aufgabe der traditionellen Waldnutzungsformen (Waldweide, Nieder- und Mittelwald) und den Übergang zur Hochwaldwirtschaft stark (Kapitel 3.1.2). Gleiches war auch in den Siedlungen zu beobachten: Große Teile der ehemals extensiv bewirtschaftete Nutzgärten wurden entweder in Zier-, Stein- oder Schottergärten oder in intensiv gemähte Zierrasenflächen umgewandelt (Kapitel 3.1.2). Flächen, die zwischen diesen beiden Extremen vermitteln und eine hohe Pflanzen- und Tierartenvielfalt aufweisen (siehe Exkurs 4, Seite 88), kommen dementsprechend heute nur noch selten vor **(Grafik 4-1)** (Fartmann 2006a).

Habitatfragmentierung

Der Landnutzungswandel mit seinen tiefgreifenden Veränderungen (siehe Kapitel 3.1) führte dazu, dass aus einer Landschaft mit kontinuierlich durch Ökotone ineinander übergehenden Lebensräumen eine Landschaft mit scharfen Grenzen und einer starken Fragmentierung nahezu aller naturschutzfachlich wertvollen Habitate mit ihren Insektengemeinschaften wurde **(Foto 4-2 und 4-3)** (Fartmann 2017, Fartmann et al. 2019, Finck et al. 2017). Unter Habitatfragmentierung wird die Zersplitterung ehemals großer zusammenhängender Habitate in kleinere, stärker voneinander isolierte Teilflächen (Habitatinseln) verstanden. Diese Habitatinseln sind heute von einer für Insekten zunehmend lebensfeindlichen Matrix (zum Beispiel intensiv genutzter Acker oder Straße) umgeben **(Foto 4-3)**. Der Prozess der Habitatfragmentierung geht in der Regel mit einer Abnahme der Eignung der verbliebenen Habitatinseln als Lebensraum für Insekten einher, da auch sie oft von Nutzungsintensivierung oder -aufgabe (siehe Kapitel 3.1.2), von Randeffekten (zum Beispiel durch Pestizid- und Düngereinträge aus angrenzenden landwirtschaftlichen Flächen) sowie von Stickstoffeinträgen aus der Atmosphäre (siehe Kapitel 3.3) betroffen sind (Fartmann 2017, Fartmann et al. 2019).

Folgende Parameter gelten als die Schlüsselfaktoren für das langfristige Überleben von Insekten in der aktuellen Landschaft: 1. Qualität, 2. Größe und 3. Isolation der Habitate (Fartmann 2017, Fartmann et al. 2019) (siehe Ex-

Foto: Thomas Fartmann

Foto 4-2 Ökotonreiche Heidelandschaft mit fließenden Übergängen von Sandtrockenrasen über *Calluna*-Heide zu lichten Birken-Kiefern-Wäldern (Lüneburger Heide, Niedersachsen).

kurs 1, Seite 80). Die relative Bedeutung dieser drei Faktoren variiert zwischen den Arten; eine ausreichende Habitatqualität ist jedoch für alle unabdingbar (Fartmann 2017, Poniatowski et al. 2018a). Was ein geeignetes Habitat ausmacht, hängt von den ökologischen Ansprüchen und dem Spezialisierungsgrad einer Art ab. Bei der Definition der Qualität eines Habitats müssen alle Lebensstadien einer Art berücksichtigt werden – bei Insekten demnach auch die Jugendstadien (Präimaginalstadien), also Eier, Larven und Puppen, da diese oft spezifischere Ansprüche haben als die erwachsenen Tiere (Fartmann & Hermann 2006, García-Barros & Fartmann 2009, Wünsch et al. 2012).

Der Parameter „Habitatgröße" ist insofern wichtig, als dass Insektenpopulationen in kleinen Habitaten stärker schädlichen Einflüssen aus der Umgebung (Randeffekten) ausgesetzt sind, zum Beispiel durch die Verdriftung von Pestiziden oder Einwaschung von Dünger (siehe oben; Fartmann et al. 2019). Weiterhin haben kleine Habitate den Nachteil, dass sie meist eine geringere Strukturvielfalt aufweisen (Löffler & Fartmann 2017, Holtmann et al. 2019a). Folglich können die Insekten äußere Einflüsse wie extreme Wetter- und Witterungsbedingungen weniger gut durch kleinräumliche Verlagerungen kompensieren (Exkurs 5, Seite 90) (Fartmann 2017). Schließlich führt eine Verkleinerung des Habitats fast immer auch zur Schrumpfung der lokalen Population. Vor allem bei Arten mit einem großen Flächenanspruch kann dies zur Folge haben, dass die artspezifische Mindestpopulationsgröße, die für ein dauerhaftes Überleben notwendig ist, unterschritten wird und die lokale Population früher oder später ausstirbt (siehe Exkurs 6, Seite 92) (Fartmann 2017). Welche Habitatgröße für das dauerhafte Überleben erforderlich ist, hängt auch von der Habitatqualität ab. Eine hohe Habitatqualität kann eine geringe Flächengröße teilweise kompensieren (Salz & Fartmann 2017). Umgekehrt muss ein Habitat umso größer sein, je geringer seine Qualität ist.

Die nachteiligen Effekte einer geringen Habitat- bzw. Populationsgröße fallen umso stärker ins Gewicht, je größer die Isolation von benachbarten Populationen ist (Dennis 2010). Wird eine isolierte Population durch Zufallsereignisse wie das Abwandern von Individuen, ungünstige Witterung, extreme Wetterereignisse oder menschliche Eingriffe dezimiert, kann dies unter Umständen nur sehr langsam oder gar nicht durch Zuwanderung von Individuen aus anderen Populationen ausgeglichen werden. In

Foto: Gregor Stuhldreher

Foto 4-3 Habitatfragmentierung: zwei Kalkmagerrasen-Habitatinseln inmitten einer ackerbaulich intensiv genutzten Matrix (Diemeltal, Nordhessen).

der Folge steigt die Wahrscheinlichkeit, dass die Population durch Inzuchteffekte oder zufällige nachteilige genetische Veränderungen (sogenannte „Gendrift") beeinträchtigt wird. Die Population wird dadurch noch anfälliger für schädliche Umwelteinflüsse und schrumpft in der Folge noch schneller. Diese sich selbst verstärkende Rückkopplung wird auch als „Aussterbestrudel" (*extinction vortex*) bezeichnet (Schtickzelle & Baguette 2009). Kleine isolierte Insektenpopulationen haben daher ein viel höheres Risiko auszusterben als große und gut vernetzte. Vor allem bei mobileren Insektenarten, die Metapopulationen ausbilden (siehe Exkurs 1, Seite 80), kommt noch hinzu, dass immer ein gewisser Anteil der Individuen das Ursprungshabitat verlässt und in der Umgebung nach weiteren geeigneten Habitaten sucht. Können sich diese Individuen dann aber mangels geeigneter Habitate und/oder Geschlechtspartner nicht fortpflanzen, gehen sie der Metapopulation verloren (Hanski 1998, Thomas 2000). Bereiche der Landschaft, die nicht für die Reproduktion geeignet sind oder in denen der Fortpflanzungserfolg so gering ist, dass sich die lokale Population auf Dauer nicht aus eigener Kraft halten kann, werden als „Senkenhabitate" bezeichnet. Die Populationen in solchen Habitaten sind auf die regelmäßige Einwanderung von Individuen aus benachbarten Habitaten, den „Quellhabitaten", angewiesen (Dias 1996).

Aussterbeschuld

Der Begriff der Aussterbeschuld ist vom englischen Ausdruck *extinction debt* abgeleitet und bezeichnet das Phänomen, dass Populationen bzw. Arten nicht sofort nach Verschlechterung ihrer Lebensbedingungen verschwinden, sondern erst mit deutlicher zeitlicher Verzögerung (Hylander & Ehrlén 2013). „Schuld" ist hier also nicht im Sinne einer Verantwortlichkeit zu verstehen, sondern als „Rückstand" bzw. „Verzug". Das Konzept der Aussterbeschuld lässt sich sowohl auf einzelne Arten als auch auf Artengemeinschaften anwenden (Hylander & Ehrlén 2013, Kuussaari et al. 2009). Bezogen auf eine Art, die in einem bestimmten Gebiet mit mehreren lokalen, gegebenenfalls als Metapopulation organisierten Populationen vorkommt, bemisst sich die Höhe der Aussterbeschuld zum Zeitpunkt der Beobachtung an der Anzahl der noch existierenden Populationen im Vergleich zu den aufgrund der verringerten Umweltkapazität langfristig überlebensfähigen Populationen **(Grafik 4-3)**. Die Aussterbeschuld einer Artengemeinschaft resultiert aus der Anzahl

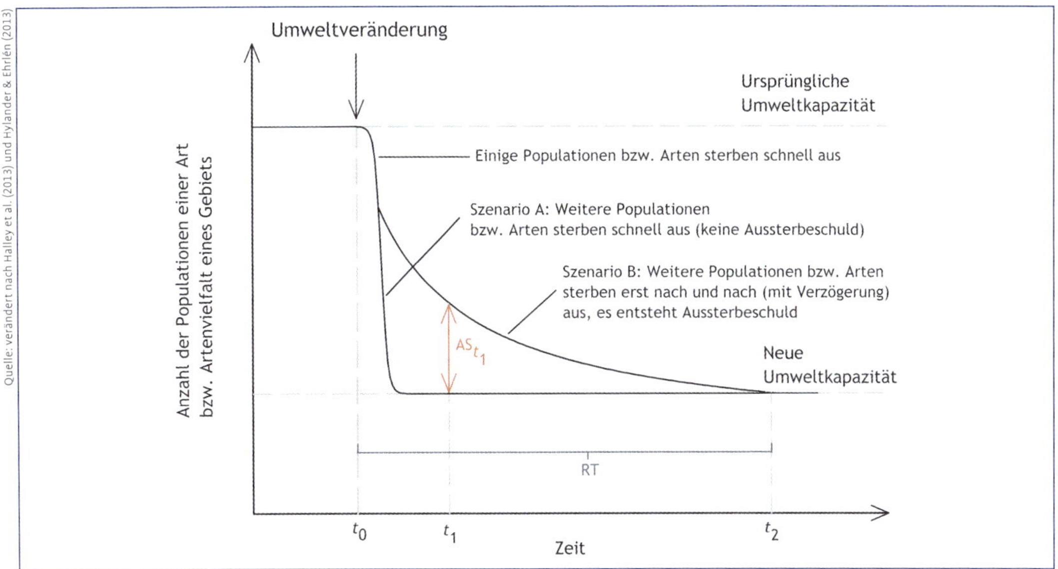

Grafik 4-3 Schematisierte Darstellung des Konzepts der Aussterbeschuld. Eine Umweltveränderung zum Zeitpunkt t_0 führt zu einer Verschlechterung der Lebensbedingungen einer Art oder Artengemeinschaft. Dementsprechend sinkt die Umweltkapazität des betrachteten Habitats oder Gebiets, sodass nur noch eine wesentlich kleinere Anzahl von Populationen bzw. Arten langfristig überlebensfähig ist. Sterben die „überzähligen" Populationen bzw. Arten schnell aus (Szenario A), entsteht keine Aussterbeschuld. Sterben hingegen nur einige Populationen bzw. Arten schnell und die übrigen mit Verzögerung aus (Szenario B), entsteht Aussterbeschuld (AS). Die Höhe der Aussterbeschuld zum Zeitpunkt t_1 (ASt_1) bemisst sich an der Anzahl der zu diesem Zeitpunkt noch existierenden, aber langfristig nicht lebensfähigen Populationen bzw. Arten. Die Zeitspanne, die vom Eintreten der Umweltveränderung bis zur vollständigen Tilgung der Aussterbeschuld (Zeitpunkt t_2) vergeht, wird als *relaxation time* (RT) bezeichnet. Der Verlauf der Kurve von Szenario B muss nicht zwangsläufig der hier gezeigten exponentiellen Abnahme entsprechen, sondern kann prinzipiell auch jede andere Form einer Abnahme annehmen.

(bzw. dem Prozentsatz) von Arten, für welche die Bedingungen für ein langfristiges Überleben nicht mehr erfüllt sind und die deshalb kurz- bis mittelfristig aussterben werden.

Das Auftreten der Aussterbeschuld ist bislang vor allem bei Artengruppen mit langlebigen Individuen und langer Generationsdauer wie Gefäßpflanzen, Flechten, Pilzen und Wirbeltieren nachgewiesen worden **(Foto 4-4)** (Kuussaari et al. 2009). Die wenigen Studien zu Insekten belegen aber, dass dieses Phänomen auch bei Heuschrecken, Käfern, Tagfaltern, Schnabelkerfen, Wildbienen und Zweiflüglern vorkommt (Bommarco et al. 2014, Kuussaari et al. 2009, Löffler et al. 2020, Otto et al. 2017, Sang et al. 2010, Triantis et al. 2010).

Die Gründe für das Auftreten einer Aussterbeschuld können sehr unterschiedlich sein. Im einfachsten Fall pflanzt sich eine langlebige Art nicht mehr erfolgreich fort oder zumindest nicht in dem Umfang, wie es für den dauerhaften Fortbestand der Population erforderlich wäre. Die Langlebigkeit der Individuen ermöglicht somit trotz verschlechterter Umweltbedingungen das Weiterexistieren der Art für eine gewisse Zeit (Hylander & Ehrlén 2013, Kuussaari et al. 2009). Beispiele hierfür sind Wirbeltiere mit hoher Lebenserwartung, die entweder gar keinen Reproduktionsversuch mehr unternehmen oder ihren Nachwuchs nicht mehr erfolgreich aufziehen können, wie es zum Beispiel beim sehr brutorttreuen und

Foto 4-4 Die Trollblume (*Trollius europaeus*) kann ein Alter von einigen Jahrzehnten erreichen. Bei Populationen des Tieflandes und der Mittelgebirge liegt oft eine Aussterbeschuld vor. Die Pflanzen wachsen noch am Standort, reproduzieren aber bedingt durch unzureichende Nutzung und damit zusammenhängend fehlende Keimungsorte nicht mehr. In den Hochgebirgen – wie auf diesem Foto aus den Pyrenäen – gibt es aufgrund der Beweidung und dadurch entstehender Störstellen häufig noch vitale Populationen.

langlebigen Brachvogel (*Numenius arquata*) inzwischen oft der Fall ist **(Foto 4-5)** (Bauer et al. 2005). Ein weiteres Beispiel für Arten mit lange anhaltender Aussterbeschuld sind mehrjährige Pflanzen, bei denen die Keimung der Samen oder die Etablierung der Keimlinge unter den veränderten Umweltbedingungen stark erschwert oder gar nicht mehr möglich ist, zum Beispiel aufgrund fehlender Offenbodenstellen und einer immer dicker werden Streuschicht nach Nutzungsaufgabe (Ellenberg & Leuschner 2010, Kollmann et al. 2019).

Foto 4-5 Der Brachvogel (*Numenius arquata*) ist ein Beispiel für eine Wirbeltierart, bei der oft eine Aussterbeschuld besteht. Die Art kommt aufgrund ihrer Langlebigkeit (oft mehr als zehn Jahre) und Brutorttreue häufig noch lange in einem Gebiet vor, obwohl sie bedingt durch Lebensraumveränderungen nicht mehr erfolgreich dort reproduziert.

Bei Insekten hingegen ist die Lebenserwartung der Individuen meist relativ gering und liegt bestenfalls bei wenigen Jahren. Daher dürften bei Insekten andere Prozesse, die die Dynamik von Populationen und Metapopulationen beeinflussen, als Ursachen für die Aussterbeschuld von größerer Bedeutung sein (Hylander & Ehrlén 2013). Auf der Ebene einer einzelnen Population können zum einen Fitnessverluste, die durch eine zu geringe Populationsgröße und daher indirekt von der Verschlechterung der Lebensbedingungen verursacht sind, zum zeitverzögerten Erlöschen der Population führen. Hierzu zählen Inzuchteffekte, Gendrift und ganz allgemein der Verlust genetischer Variation („genetische Stochastizität"). Dadurch sinken Vitalität und Reproduktionserfolg der Individuen, die Population wird anfälliger für Infektionen und Parasiten und verliert an Anpassungsfähigkeit an sich verändernde Umweltbedingungen. Außerdem steigt mit abnehmender Populationsgröße die Wahrscheinlichkeit, dass zufällig das Geschlechterverhältnis aus der Balance gerät („demografische Stochastizität"), was auch zum Absinken der Reproduktionsrate führen kann. Zum anderen können kleine Populationen schon durch kleine zufällige Umweltveränderungen zum Aussterben gebracht werden („Umweltstochastizität"). Ein Beispiel hierfür sind Populationsschwankungen aufgrund wechselnder Witterungsbedingungen, wie sie auch für große und gesunde Insektenpopulationen charakteristisch sind. Bei reduzierter Populationsgröße fallen sie aber viel stärker ins Gewicht.

Schließlich können auch Prozesse, die auf der Ebene von Metapopulationen ablaufen, eine Aussterbeschuld verursachen (Hylander & Ehrlén 2013). In einer intakten Metapopulation wird das Aussterben lokaler Populationen durch Neu- und Wiederbesiedlung nicht besetzter Habitate ausgeglichen. Umweltveränderungen können den Austausch von Individuen zwischen den Lokalpopulationen einer Metapopulation beeinträchtigen. In der Folge sinkt die Wahrscheinlichkeit, mit der Habitate wiederbesiedelt werden. Zudem sterben Populationen in Senkenhabitaten schneller aus, da es an einwandernden Individuen mangelt. Dadurch kann die Rate, mit der lokale Populationen aussterben, die Rate der Populationsneugründungen übersteigen, sodass die Anzahl der noch existierenden Populationen stetig abnimmt.

Wie schnell dieses Schrumpfen der Metapopulation erfolgt, hängt stark von der Mobilität der Art und dem Fragmentierungsgrad ihrer Habitate ab. Es ist durchaus denkbar, dass die Aussterbeschuld einer Metapopulation über lange Zeit bestehen bleibt, wenn die Bilanz von Aussterbe- und Wiederbesiedlungsereignissen nur schwach negativ ist (Hylander & Ehrlén 2013). Simulationsrechnungen mit britischen Metapopulationen des Goldenen Scheckenfalters (*Euphydryas aurinia*), deren Größe knapp unter dem für ein langfristiges Überleben erforderlichen Wert lag, ergaben Zeiträume von 15–126 Jahren bis zum Aussterben der Metapopulationen **(Foto 4-6)** (Bulman et al. 2007). In den Niederlanden wiesen Van Strien et al. (2011) eine Aussterbeschuld bei der Rostbinde (*Hipparchia semele*) nach: Der Landnutzungswandel führte bei dieser Tagfalterart bereits ab den 1950er-Jahren zu abnehmenden Kolonisationsraten. Eine Schrumpfung des Areals setzte aber erst ab den 1990er-Jahren ein.

Foto: Thomas Fartmann

Foto 4-6 Bei Metapopulationen des Goldenen Scheckenfalters (*Euphydryas aurinia*) kann die Aussterbeschuld 15 bis über 100 Jahre bestehen bleiben.

Wie die abnehmende Flächengröße von Kalkmagerrasen im Oberen Ahrtal (Eifel) zu einer Aussterbeschuld führt, soll anhand von Höheren Pflanzen und Tagfaltern/Widderchen gezeigt werden. Die aktuelle Artenvielfalt sowohl der Pflanzen als auch der Schmetterlinge war besser durch die Flächengröße der Kalkmagerrasen im Jahr 1970 und abgeschwächt auch im Jahr 1990 erklärt als durch die aktuelle Magerrasenausdehnung **(Grafik 4-4)**. In den noch immer relativ großflächigen und gut vernetzten Kalkmagerrasen des Oberen Ahrtals besteht also bei beiden Taxa eine Aussterbeschuld. Sie wird erst beglichen sein, wenn die aktuelle Flächenausdehnung die Artenvielfalt besser erklärt als die historische Ausdehnung.

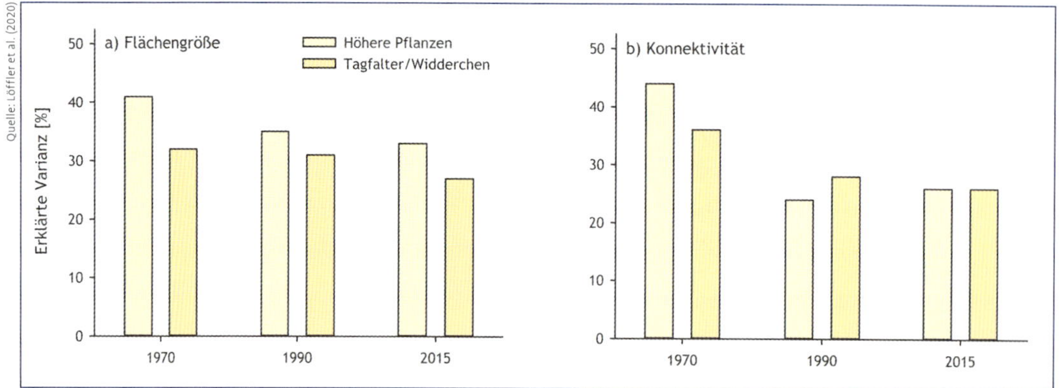

Grafik 4-4 Einfluss (erklärte Varianz) der Flächengröße von Kalkmagerrasen (a) sowie ihrer Konnektivität (b) in den Jahren 1970, 1990 und 2015 auf die aktuelle Artenvielfalt von höheren Pflanzen und Tagfaltern/Widderchen (jeweils Habitatspezialisten) im Oberen Ahrtal (Eifel, Nordrhein-Westfalen).

Synthese

Der Landnutzungswandel hat zu gravierenden Veränderungen des Störungsregimes geführt. Störungen sind ein Schlüsselfaktor für die Artenvielfalt. Nach der Hypothese der mittleren Störung sind die Artenzahlen, aber auch die Abundanzen bei mittlerer Störungsintensität bzw. -frequenz am höchsten. Seltene Insektenarten sind insbesondere auf frühe Sukzessionsstadien angewiesen, d.h. frühe Entwicklungsphasen nach dem Eintreten eines Störereignisses. Früher dominierten aufgrund der nahezu flächendeckend extensiven Nutzung mittlere Störungsintensitäten. In Kombination mit der Nährstoffarmut der damaligen Zeit prägten frühe bis mittlere Sukzessionsstadien das Bild der Landschaft. Mit der Industrialisierung, insbesondere nach dem Zweiten Weltkrieg, haben sich die Störungsintensitäten und -frequenzen hin zu den beiden Extremen verschoben: Es erfolgt entweder so gut wie keine Nutzung mehr oder eine sehr intensive. Flächen, die hierzwischen vermitteln und eine hohe Pflanzen- und Tierartenvielfalt aufweisen, kommen kaum noch vor. Auch die für seltene Insektenarten so wichtigen frühen Sukzessionsstadien sind weitestgehend verschwunden, da die Vegetationsentwicklung nach einem Störungsereignis aufgrund der flächendeckenden Eutrophierung der Landschaft (Kapitel 3.3) heute viel schneller abläuft, als es unter den oligo- bis mesotrophen Bedingungen früherer Zeiten der Fall war.

Eine weitere Folge des Landnutzungswandels mit stark negativen Auswirkungen auf Insekten ist die wachsende Fragmentierung der Habitate. Aus den ehemals zusammenhängenden Lebensräumen sind zunehmend Habitatinseln geworden, die von einer für Insekten lebensfeindlichen Matrix umgeben sind. Der Prozess der Habitatfragmentierung geht in der Regel mit einer Abnahme der Qualität der verbliebenen Habitatinseln als Lebensraum für Insekten einher, da auch sie oft von Nutzungsintensivierung oder -aufgabe sowie von Stoffeinträgen aus angrenzenden Flächen oder der Atmosphäre betroffen sind. Das Überleben von Insekten in fragmentierten Landschaften wird also durch die Qualität, die Größe und die Isolation der Habitate bestimmt.

Das Phänomen der Aussterbeschuld beschreibt ein zeitverzögertes Aussterben von Lebensgemeinschaften oder Arten nach einer Umweltveränderung. Ein Zeitversatz zwischen dem Auftreten einer Umweltveränderung und dem Aussterben von Populationen oder Arten kann dazu führen, dass die Ursachen von Bestandsrückgängen nicht erkannt werden oder gar falsche Schlüsse gezogen werden. Dies ist oft insbesondere bei schleichenden Veränderungen der Fall, beispielsweise der langsamen

Abnahme der Habitatqualität. Im ungünstigsten Fall wird die eigentliche (Haupt-)Ursache nicht als solche in Betracht gezogen, weil sie schon mehrere Jahre oder auch Jahrzehnte zuvor gewirkt hat. Sehr viel weniger gravierende Veränderungen oder Schwankungen der Umweltbedingungen, die in einem engeren zeitlichen Zusammenhang mit dem Aussterben der Population oder Art stehen, wird dagegen übermäßig viel Bedeutung beigemessen, obwohl sie oft bestenfalls der Tropfen waren, der das Fass zum Überlaufen brachte. Zudem kann Aussterbeschuld dazu führen, dass der Erhaltungszustand einer Art übermäßig optimistisch eingeschätzt wird (Sang et al. 2010). Bleiben zum Beispiel nach Habitatverlust oder Habitatverschlechterung Restpopulationen einer Art über mehrere Jahre bestehen, kann das darüber hinwegtäuschen, dass diese Populationen langfristig nicht lebensfähig sind und irgendwann ebenfalls erlöschen werden, auch ohne weitere Verschlechterungen der Lebensbedingungen. Selbst wenn jetzt wirksame Maßnahmen ergriffen werden, kann es daher für einige Arten bereits zu spät sein.

4.1.2 Klimawandel

Bezüglich der Auswirkungen des Klimawandels auf Insekten dominieren vor allem Prognosen bzw. Abschätzungen (zum Beispiel Behrens et al. 2009) und experimentelle Studien (zum Beispiel Stuhldreher & Fartmann 2014). Bei der Analyse der Effekte des Klimawandels auf Insekten stehen oftmals ausgewählte, durch den Klimawandel induzierte Veränderungen im Fokus, zum Beispiel der Phänologie (Hassall et al. 2007, Ott 2010, Roy & Sparks 2000) oder des Areals (Fartmann 2012, Hickling et al. 2006, Konvička et al. 2003, Willigalla & Poniatowski et al. 2018b, 2000a). Kaum Kenntnisse gibt es dagegen auf der Ebene von Lebensgemeinschaften (siehe aber Nieto-Sánchez et al. 2015, Pizzolotto et al. 2014). Die bereits vorliegenden Studien dokumentieren positive, neutrale und negative Auswirkungen des Klimawandels auf einzelne Insektenarten bzw. Insektengruppen (Streitberger et al. 2016a). Im Nachfolgenden soll anhand von Beispielen verdeutlicht werden, auf welch komplexe Art und Weise der Klimawandel auf die Insektenfauna wirkt (Kerth et al. 2015, Streitberger et al. 2016a). Die Biodiversität generell und Insektengemeinschaften im Speziellen sind vom Klimawandel insbesondere durch Veränderung der folgenden Parameter betroffen: Physiologie, Phänologie, Habitatnutzung, Habitat, biotische Interaktionen (Interaktionen zwischen Organismen; zum Beispiel durch räumliche oder zeitliche Entkopplungen von Interaktionspartnern) und Areal (Streitberger et al. 2016a). Nachfolgend werden die klimawandelbedingten Veränderungen der sechs Parameter auf Insekten ausführlich vorgestellt.

Physiologie

Temperatur- und Niederschlagsveränderungen beeinflussen die Stoffwechselprozesse und Reproduktion von Arten. Durch die Klimaerwärmung sind insbesondere montan verbreitete bzw. an Kälte angepasste Insektenarten stark gefährdet (Behrens et al. 2009, Rabitsch et al. 2011, Streitberger et al. 2016a, b), indem sich die erhöhten Temperaturen negativ auf Stoffwechselprozesse auswirken. Problematisch für die Überwinterung vieler kälteadaptierter Insektenarten sind vor allem die milder werdenden Winter mit einer verringerten Anzahl an Frosttagen und reduzierter Schneedecke. Dies konnte beispielsweise experimentell für den Rundaugen-Mohrenfalter (*Erebia medusa*) nachgewiesen werden **(Foto 4-7)** (Stuhldreher et al. 2014). Temperaturen von im Mittel 7 °C während der Überwinterung führen zu einer höheren Sterblichkeit der Raupen im Vergleich zu Temperaturen um den Gefrierpunkt **(Grafik 4-5)**. Die milderen Winter der letzten Jahrzehnte dürften somit unter anderem zum Rückgang der Art beigetragen haben. Ähnliche Hinweise auf nachteilige Effekte erhöhter Temperaturen während der Überwinterung wurden in Experimenten mit den Tagfalterarten Kleiner Fuchs (*Aglais urticae*) (Pullin & Bale 1989), Tagpfauenauge (*Inachis io*) (ebd.) und Kanadischer Tigerschwalbenschwanz (*Papilio canadensis*) (Mercader & Scriber 2008), einer Gallfliege (*Eurosta solidaginis*) (Irwin & Lee

Foto: Gregor Stuhldreher

Foto 4-7 Der Rundaugen-Mohrenfalter (*Erebia medusa*) ist eine kontinentale Art, bei der wärmere Winter zu einer höheren Raupensterblichkeit führen.

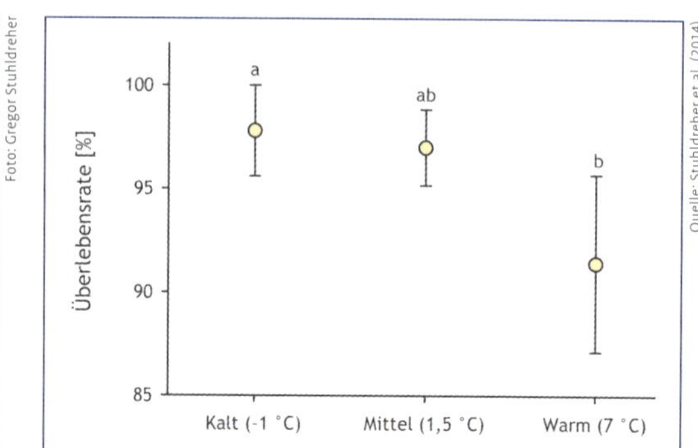

Grafik 4-5 Mittlere Überlebensrate (arithmetisches Mittel ± Standardfehler) von Diapauseraupen des Rundaugen-Mohrenfalters (*Erebia medusa*) bei unterschiedlichen Temperaturregimen.

2000, 2003) und einer Gallwespe (*Diplolepis spinosa*) (Williams et al. 2003) gefunden. Enge Korrelationen zwischen der Abundanz des Nachtfalters Brauner Bär (*Arctia caja*) und abnehmenden Winterniederschlägen bzw. steigenden Frühjahrstemperaturen legen einen kausalen Zusammenhang zwischen Klimawandel und Rückgang der Art in Großbritannien nahe (Fox 2013). Im Gegensatz dazu profitieren vor allem viele wärmebedürftige Arten von der zunehmenden Erwärmung, beispielsweise durch einen höheren Reproduktionserfolg (siehe unten).

Phänologie

Infolge der Erwärmung kommt es zu einer Vorverlegung des Frühlingsbeginns und einer Verlängerung der Vegetationsperiode (BMUB 2015, Menzel et al. 2006). Eine Vorverlagerung und Verlängerung der Aktivitätsperioden wurde bereits für eine große Zahl von Artengruppen dokumentiert, so unter anderem für Tagfalter und Libellen (Fartmann 2006b, Hassall et al. 2007, Ott 2010, Roy & Sparks 2000). Einige Schmetterlingsarten reagieren auf die Erwärmung mit zusätzlichen Generationen pro Jahr (Fartmann 2004, Roy & Sparks 2000). Grundsätzlich dürfte sich dies positiv auf die Arten auswirken, da mehr Individuen für eine Ausbreitung zur Verfügung stehen. Allerdings kann das Auftreten einer weiteren Generation auch mit Risiken verbunden sein. Beispielsweise könnte der starke Populationsrückgang des Mauerfuchses (*Lasiommata megera*) in Nordwesteuropa auch auf das Auftreten einer klimawandelbedingten dritten Generation im Frühherbst zurückzuführen sein (Van Dyck et al. 2015). Die Autoren gehen davon aus, dass die dritte Generation eine Entwicklungsfalle für den Mauerfuchs darstellt, weil im Herbst die für Partnerfindung, Eiablage und Wachstum der Raupen bis zum überwinterungstauglichen Stadium erforderlichen Schönwetterphasen oft zu kurz sind.

Höhere Frühjahrstemperaturen können sich auch direkt positiv auf den Reproduktionserfolg von Insekten auswirken. Die zunehmende Erwärmung im Frühjahr verringert die Larvensterblichkeit bei Roesels Beißschrecke (*Roeseliana roeselii*) deutlich (Poniatowski & Fartmann 2011b) (siehe auch Exkurs 7, Seite 94). Infolge des dadurch bedingten Dichtestresses treten gehäuft langflügelige (makroptere) und somit flugfähige Individuen auf **(Foto 4-8)** (Poniatowski & Fartmann 2011b, Poniatowski et al. 2012). Diese makropteren Tiere besitzen eine höhere Mobilität als kurzflügelige Individuen (Poniatowski & Fartmann 2011a) und sind maßgeblich für die aktuelle Ausbreitung der Art verantwortlich (Poniatowski & Fartmann 2011b, Poniatowski et al. 2012, 2018).

Habitatnutzung

Aufgrund des Klimawandels kann es zu Veränderungen der Habitatnutzung einer Art kommen. Positive Auswirkungen ergeben sich vor allem dann, wenn der Klimawandel es Arten ermöglicht, ein größeres Spektrum unterschiedlicher Habitate zu besiedeln. In England war der Komma-Dickkopffalter (*Hesperia comma*) beispielsweise ursprünglich nur auf wärmebegünstigten süd- und südwestexponierten Hängen verbreitet (Thomas et al. 2001). Mittlerweile wird die thermophile Schmetterlingsart zunehmend auf West-, Ost- oder Nordhängen beobachtet. Infolge der Erwärmung kann der Komma-Dickkopffalter auch diese kühleren Habitate nutzen und sich daher in bislang unbesiedelten Bereichen ausbreiten. Ähnliches wurde auch für den Kleinen Sonnenröschen-Bläuling (*Aricia agestis*) nachgewiesen (Thomas et al. 2001). Diese Art hat sich ebenfalls stark in England ausgebreitet, vor allem nach Norden. Infolge der Erwärmung kann *A. agestis* nun auch vormals zu kühle Habitate besiedeln, in denen die präferierte Wirtspflanze (Sonnenröschen [*Helianthemum nummularium*]) allerdings nicht vorkommt. Stattdessen werden in den neu besiedelten Gebieten Storchschnabelarten (*Geranium* spp.) als Wirtspflanze genutzt. Auch in Teilen Deutschlands – so in Westfalen – ist eine deutliche Arealerweiterung des Kleinen Sonnenröschen-Bläulings als Reaktion auf den Klimawandel festgestellt worden (Fartmann et al. 2002).

Habitat

Besonders starke Veränderungen der Habitate aufgrund des Klimawandels sind bereits jetzt für nasse und feuchte sowie montane und alpine Lebensräume mit ihren Insektengemeinschaften zu beobachten **(Foto 4-9 und 4-10)** (Streitberger et al. 2016a, b). Aber auch in allen anderen Lebensräumen ist zunehmend mit Veränderungen zu rechnen. Habitatänderungen ergeben sich beispielsweise, indem bestimmte Arten vom Klimawandel profitieren und durch ihre Ausbreitung Strukturveränderungen bewirken. Als ein Beispiel hierfür kann die Ausbreitung der Aufrechten Trespe (*Bromus erectus*) in den Kalkmagerrasen des Diemeltals (Ostwestfalen/Nordhessen) genannt werden. Diese Grasart profitiert vom Klimawandel und breitet sich in den Kalkmagerrasen – wo sie bis in die 1990er-Jahre noch sehr selten war – stark aus (Poniatowski et al. 2018c). Stellenweise bildet die Aufrechte Trespe bereits Dominanzbestände, die sich strukturell stark von der umliegenden Vegetation unterscheiden. Die Bestände sind deutlich dichter und hochwüchsiger als die typische Kalkmagerrasenvegetation. Dementsprechend weisen sie eine eigene Zikadenartengemeinschaft auf, die im Gegensatz zu der der umliegenden Vegetation deutlich weniger spezialisierte Arten beheimatet.

Foto: Thomas Fartmann

Foto 4-8 Die langflügeligen Individuen von Roesels Beißschrecke (*Roeseliana roeselii*) sind maßgeblich für die aktuelle Arealerweiterung der Art verantwortlich.

Im Gegensatz dazu kann der Klimawandel aber auch zur Entstehung neuer Habitate führen und somit die Ausbreitung von Arten fördern. Durch das Sturmereignis „Lothar“ im Jahr 1999 entstanden im Schönbuch (Baden-Württemberg) Windwurfflächen, die rasch als Habitat für den Schlüsselblumen-Würfelfalter (*Hamearis lucina*) geeignet waren und von der Art neu besiedelt wurden (Anthes et al. 2008) **(Grafik 4-6)**.

Biotische Interaktionen

Auch biotische Interaktionen in Ökosystemen werden durch den Klimawandel beeinflusst, und es entstehen neue Lebensgemeinschaften. Wie im obigen Beispiel zur Ausbreitung

Foto: Thomas Fartmann

Foto 4-9 Sumpf-Dotterblumen und ihre Biozönosen sind insbesondere aufgrund von sinkenden Grundwasserständen durch den Klimawandel gefährdet (Uckermark, Brandenburg).

der Aufrechten Trespe dargestellt, kann die klimawandelbedingte Dominanz einer bestimmten Art weitreichende Konsequenzen für das Ökosystem haben. Die Untersuchung der Zikadenfauna in den trespendominierten Kalkmagerrasen zeigte, dass nicht nur Habitat-, sondern auch Nahrungsspezialisten mit weniger Arten vertreten waren als in den angrenzenden Kalkmagerrasen ohne Aufrechte Trespe (Poniatowski et al. 2018c). Die Ursache hierfür ist vor allem die reduzierte Phytodiversität, die durch die Dominanz der Trespe hervorgerufen wird.

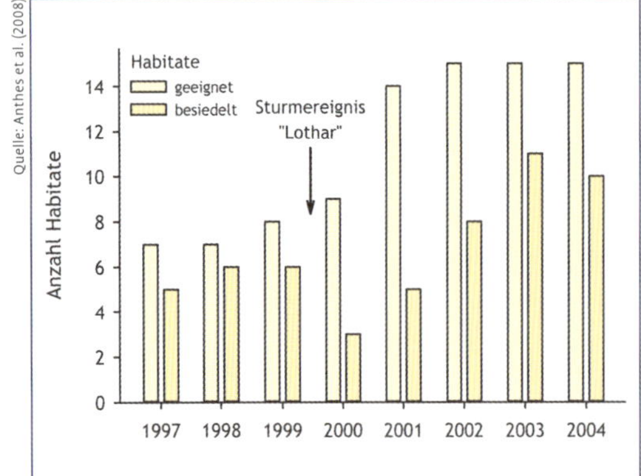

Grafik 4-6 Durch den Schlüsselblumen-Würfelfalter (*Hamearis lucina*) vor und nach dem Sturmereignis „Lothar" im Winter 1999/2000 besiedelte Waldflächen im Schönbuch (Baden-Württemberg). Die Zahl der geeigneten sowie der tatsächlich besiedelten Habitate stieg in den Jahren nach dem Sturmereignis deutlich an.

Darüber hinaus beeinflusst der Klimawandel biotische Interaktionen, wenn Interaktionspartner unterschiedlich stark auf den Klimawandel reagieren. Dies kann weitreichende Folgen nach sich ziehen, vor allem für Arten, die von einem bestimmten Interaktionspartner abhängig sind. Dies ist beispielsweise bei vielen phytophagen Insekten der Fall, die für ihre Entwicklung auf eine spezifische Pflanzenart angewiesen sind (monophage Arten). Für den Zwerg-Bläuling (*Cupido minimus*) wurde in Belgien nachgewiesen, dass sich der kurzfristige Rückgang der Wirtspflanze (Gewöhnlicher Wundklee [*Anthyllis vulneraria*]) infolge des extremen Dürresommers im Jahr 2003 stark negativ auf den Bestand der Schmetterlingsart ausgewirkt hat (Piessens et al. 2009). Vor allem kleine Populationen unterlagen durch die Abnahme der Wirtspflanzenabundanz infolge der Trockenheit einem hohen Aussterberisiko.

Prognosen zu zukünftigen Verbreitungsarealen von Arten verdeutlichen, dass durch den Klimawandel ein erhöhtes Risiko der räumli-

Foto: Thomas Fartmann

Foto 4-10 Die beerstrauchreichen Bergheiden zählen ebenfalls zu den Verlierern des Klimawandels (Winterberger Hochfläche, Hochsauerland, Nordrhein-Westfalen).

chen Entkopplung von Interaktionspartnern besteht. Dies kann der Fall sein, wenn zum Beispiel die Interaktionspartner infolge unterschiedlicher Mobilität und Ausbreitungstendenzen ungleich auf klimatische Veränderungen durch Arealverlagerung reagieren. Für den Natternwurz-Perlmutterfalter (*Boloria titania*) gehen die Vorhersagen, bei uneingeschränkter Ausbreitung der Wirtspflanze (Schlangen-Knöterich, *Polygonum bistorta*), beispielsweise von einer deutlichen Erweiterung des Areals der Art im Zuge des Klimawandels aus (Schweiger et al. 2008). Im Falle einer begrenzten Ausbreitung der Wirtspflanze werden hingegen deutliche Arealverluste für die Schmetterlingsart prognostiziert. Aufgrund des geringen Ausbreitungsvermögens zahlreicher Pflanzenarten und der hohen Fragmentierung von Lebensräumen in der heutigen Landschaft, wodurch die Ausbreitung von Arten zusätzlich stark einschränkt ist (siehe Kapitel 4.1.1), sind derartige Szenarien für viele Arten vermutlich sehr realistisch (siehe auch Exkurs 7, Seite 94 und Hill et al. 1999, Warren et al. 2001).

Phänologische Entkopplungen entstehen hingegen, wenn Interaktionspartner zeitlich unterschiedlich auf die veränderten Klimabedingungen reagieren (Van Asch & Visser 2007). Eine zunehmende erwärmungsbedingte Desynchronisation zwischen dem Schlupf von Raupen und der Blattentfaltung von Eichen wurde zum Beispiel für den Kleinen Frostspanner (*Operophtera brumata*) nachgewiesen, der sich unter anderem von Eichen ernährt (Visser & Holleman 2001). In welchem Ausmaß sich die zeitliche Entkopplung von Interaktionspartnern bereits auf Insekten ausgewirkt hat, ist bislang allerdings noch weitgehend unbekannt.

Areal

Arealerweiterungen (Arealtransgression) treten vor allem bei thermophilen Arten auf, die eine hohe Mobilität aufweisen oder die sich aufgrund einer hohen Habitatverfügbarkeit und -vernetzung schnell ausbreiten und somit vergleichsweise gut mit dem Klimawandel schritthalten können. Typisch für sich aufgrund des Klimawandels ausbreitende Arten ist die Verlagerung des Areals nach Norden und/oder in höhere Lagen der Gebirge. Derartige Arealerweiterungen sind für eine große Zahl an Insektenarten und -gruppen nachgewiesen **(Grafik 4-7 und 4-8)** (Hickling et al. 2005, 2006, Konvička et al. 2003, Ott 2010, Poniatowski et al. 2018b, 2020a, Willigalla &

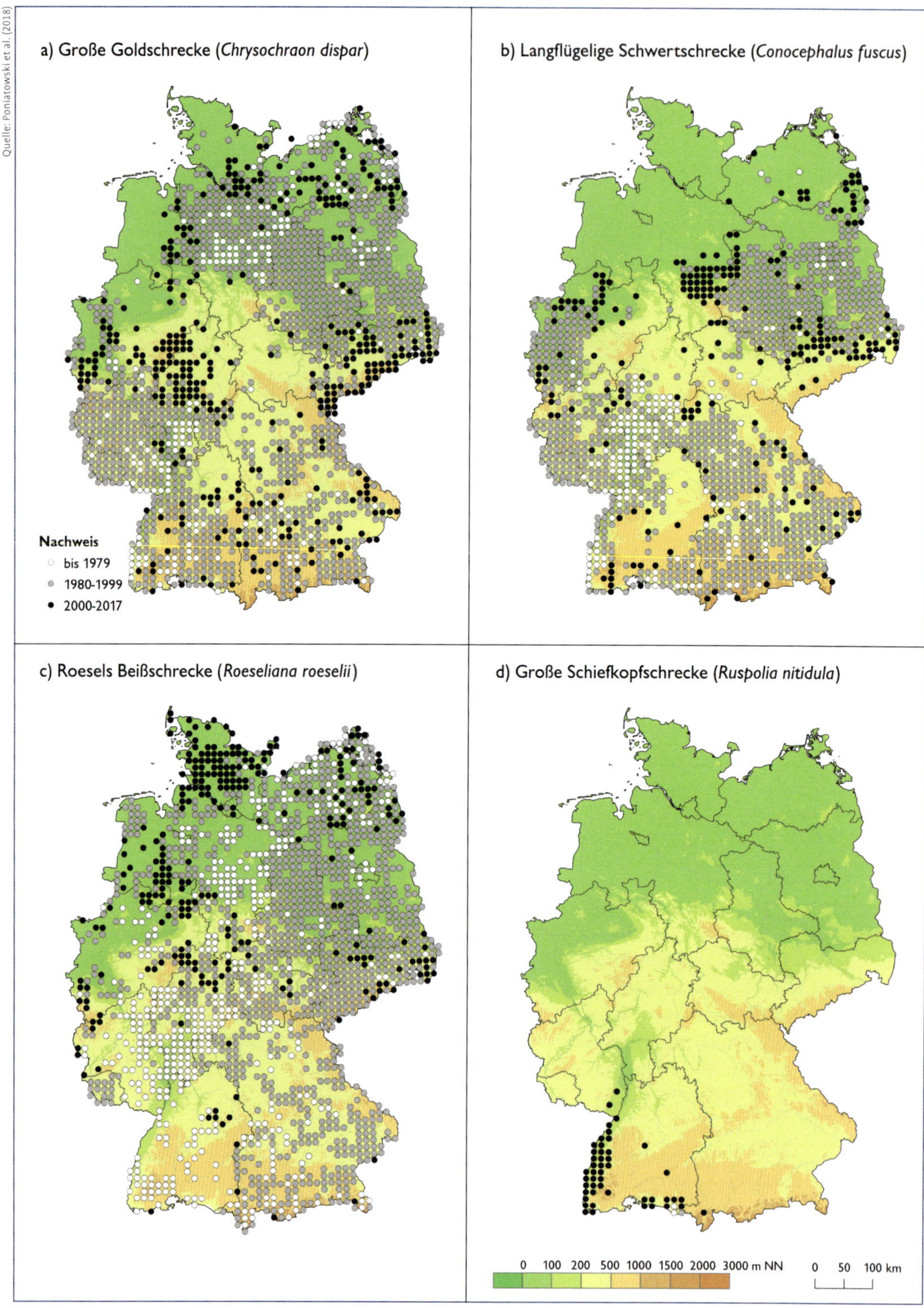

Grafik 4-7 Arealveränderung von Heuschreckenarten in Deutschland auf Basis von Messtischblättern.

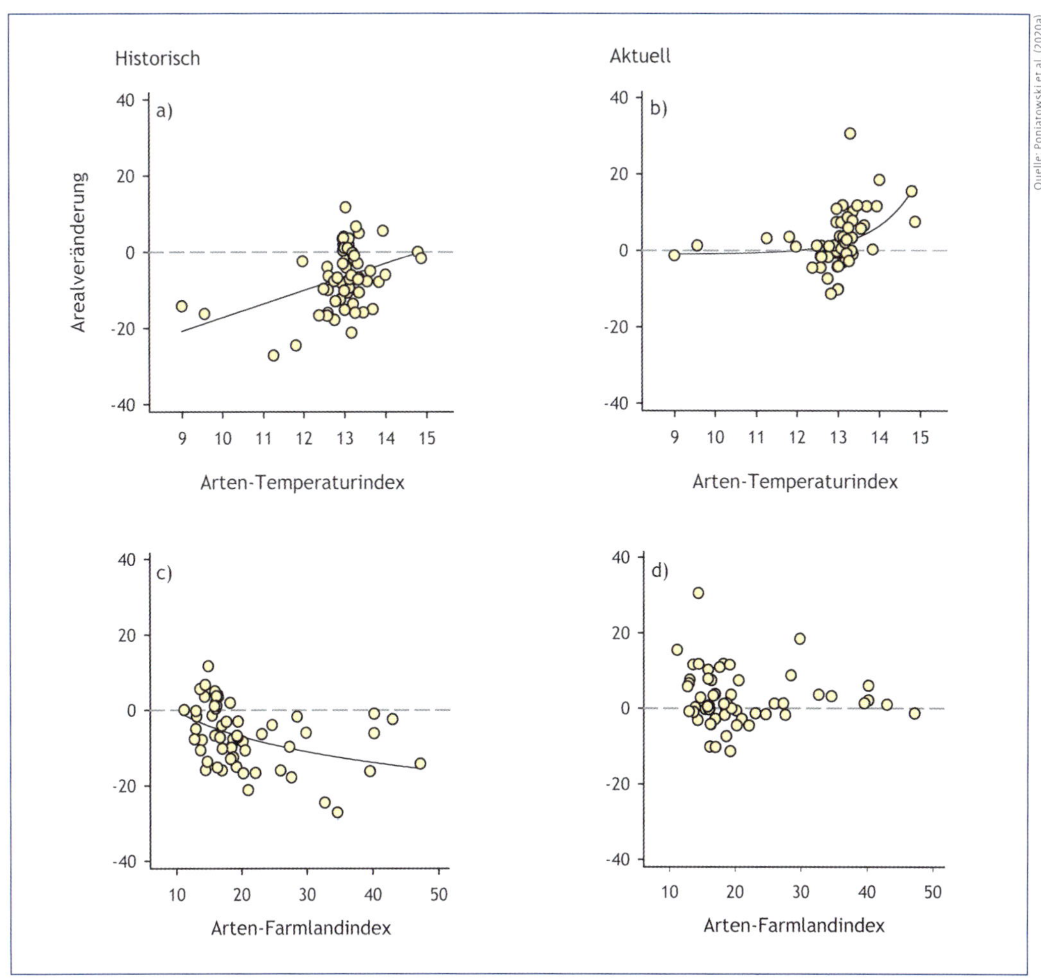

Grafik 4-8 Zusammenhang zwischen historischer (vor 1999 vs. 1990–1999) (a und c) und aktueller (1990–1999 vs. 2000–2017) (b und d) Arealveränderung von Heuschrecken (N = 58 Arten) in Deutschland in Abhängigkeit vom Arten-Temperaturindex (a und b) und Arten-Farmlandindex (c und d). Je höher der Temperaturindex einer Art, umso stärker präferiert sie sommerwarme Gebiete; je höher der Farmlandindex, umso stärker ist die Art an HNV-Farmland gebunden. Sofern eine Regressionsgerade/-kurve dargestellt ist, besteht ein signifikanter Zusammenhang ($P < 0{,}01$). Bestimmtheitsmaß (R^2): a) = 0,15, b) = 0,17 und c) = 0,17.

Fartmann 2012, Wilson et al. 2007). Bis in die 1990er-Jahre wiesen beispielsweise wärmeliebende Heuschreckenarten deutlich geringere Arealrückgänge auf als weniger wärmeliebende Arten. Seit den 1990er-Jahren haben viele, vor allem die besonders wärmeliebenden Arten, ihr Areal erweitert **(Grafik 4-8)**.

Bei Arten, die negativ auf den Klimawandel reagieren, kann es aber auch zur Verkleinerung des Areals (Arealregression) kommen. In Nordamerika und Europa haben sich beispielsweise die südlichen Arealgrenzen vieler Hummelarten nach Norden verschoben, während die nördlichen Verbreitungsgrenzen konstant blieben (Kerr et al. 2015). Ähnliche Beobachtungen gibt es auch für die Höhenverbreitung bei Tagfaltern: ein Aussterben in tieferen Lagen, aber keine Ausbreitung in höhere Lagen (Wilson et al. 2007). Aufgrund der eingeschränkten vertikalen Ausdehnung in vielen Gebirgen werden somit Arealverkleinerungen oder sogar das Aussterben von Arten begünstigt. Vor allem montan verbreitete Arten sind daher besonders stark durch den Klimawandel bedroht (Behrens et al. 2009, Streitberger et al. 2016a, b).

Neben der Verkleinerung und Vergrößerung des Verbreitungsgebiets kann es aber auch zu Verlagerungen des Areals kommen, bei denen die Größe des Areals mehr oder weniger gleich bleibt. Derartige Verschiebungen können sowohl latitudinal als auch altitudinal erfolgen (Streitberger et al. 2016a, b).

Trotz der vielfach belegten Arealerweiterungen bei Insekten **(Foto 4-11 bis 4-13)** gibt es keine Insektengruppe, die mit dem derzeitigen Tempo des Klimawandels schritthalten kann. Libellen gehören zu den Insektentaxa mit überdurchschnittlich vielen mobilen und gleichzeitig thermophilen Arten, die sich aufgrund des Klimawandels stark ausgebreitet haben **(Foto 4-11** und **Grafik 4-9)** (Hickling et al. 2006, Ott 2010, Termaat et al. 2019, Willigalla & Fartmann 2012). Aber selbst diese Gruppe kann dem Klimawandel aufgrund eingeschränkter Habitatverfügbarkeit nur zeitverzögert folgen (Termaat et al. 2019).

Synthese

Aufgrund der unterschiedlichen biologischen und ökologischen Eigenschaften der jeweiligen Arten ist die Bedeutung des Klimawandels als Rückgangsursache für die Insektenfauna oft nicht einheitlich quantifizierbar (Fox 2013). Vor allem Studien auf der Ebene von Populationen oder Lebensgemeinschaften fehlen weitgehend. Zudem ist es mitunter schwierig zu beurteilen, ob insbesondere Bestandsrückgänge auf den Klimawandel oder den Landnutzungswandel zurückzuführen sind. Selbst dann, wenn Arten aus dem Tiefland verschwinden, ihre Vorkommen in höheren Lagen aber mehr oder weniger stabil bleiben, sollte dies nicht vorschnell als Folge des Klimawandels interpretiert werden. Solch ein Rückgang könnte auch eine Folge der landwirtschaftlichen Intensivierung sein, die im Tiefland meist stärker und schneller abgelaufen ist als im schwieriger zu bewirtschaftenden Bergland (MacDonald et al. 2000). Ein Beispiel für eine Insektenart, deren Rückzug in klimatisch kühlere Gebiete nicht vom Klima-, sondern vom Landnutzungswandel (vor allem durch eine veränderte Waldbewirtschaftung) ausgelöst wurde, ist der Gelbringfalter (*Lopinga achine*) (Streitberger et al. 2012; für Näheres zu den Ursachen des Rückgangs dieser Art siehe Kapitel 4.2.2).

Dennoch können für gut untersuchte Insektengruppen zumindest Trends hinsichtlich ihrer Reaktion auf den Klimawandel benannt werden. Sowohl Heuschrecken als auch Libellen weisen sehr viele Arten auf, die positiv auf die Erwärmung reagieren und sich ausbreiten (Fartmann et al. 2012b, Hickling et al. 2005, Ott 2010, Poniatowski et al. 2018b, 2020a, Termaat et al. 2019, Willigalla & Fartmann 2012). Negativ auf die direkten Auswirkungen des Klimawandels reagieren bei diesen Gruppen bislang nur wenige Arten. Für Nordrhein-Westfalen wird beispielsweise auf Basis von Experteneinschätzungen für 40 % der Libellenarten und 55 % der Heuschreckenarten eine positive Reaktion auf den Klimawandel vermutet; demgegenüber stehen 14 % bzw. 10 % der Arten der jeweiligen Gruppe, für die gegenwärtig von einem negativen Einfluss des Klimawandels ausgegangen wird (Fartmann et al. 2012b). Die übrigen Arten wurden als indifferent eingestuft oder es lagen keine Daten vor. Diese Einschätzungen werden durch die Beobachtung der aktuellen Arealerweiterung von 33 % der deutschen Heuschreckenarten aufgrund des Klimawandels gestützt (Poniatowski et al. 2018b). Dem stehen nur wenige Heuschreckenarten gegenüber, die aktuell klimawandelbedingt zurückgehen. Anders ist die Situation dagegen bei Tagfaltern, die deutlich komplexere Ansprüche an ihren Lebensraum stellen (Fartmann 2017, Fartmann & Hermann 2006, García-Barros & Fartmann 2009). Viele Arten haben eine hohe Wirtspflanzenspezifität (Munguira et al. 2009) und bilden Metapopulationen aus (Fartmann 2017). Sie sind somit auf ein Netz geeigneter Habitate in räumlicher Nachbarschaft angewiesen (siehe Exkurs 1, Seite 80). Für Nordrhein-Westfalen werden 34 % der Tagfalterarten als Gewinner und 20 % als Verlierer des Klimawandels eingestuft (Fartmann et al. 2012b).

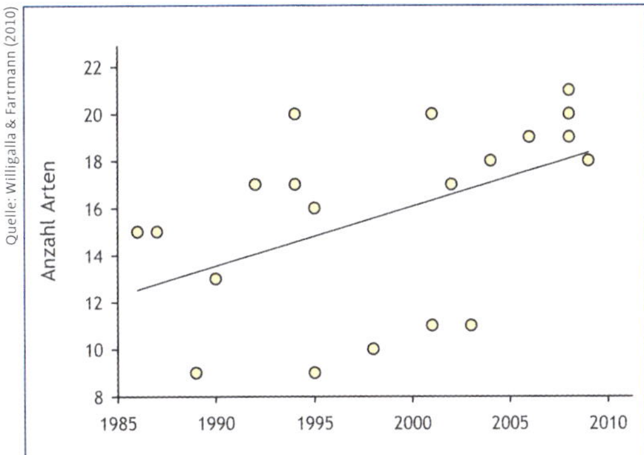

Grafik 4-9 Veränderung der Anzahl mediterraner Libellenarten in mitteleuropäischen Städten von 1986 bis 2009. Bestimmtheitsmaß (R^2) = 0,25, $P < 0{,}05$.

Foto 4-11 Die mediterrane Feuerlibelle (*Crocothemis erythraea*) profitiert vom Klimawandel in Mitteleuropa und hat sich ausgebreitet.

Der Klimawandel wirkt sich vor allem im Zusammenspiel mit dem Landnutzungswandel stark auf die Insektenfauna aus. Infolge des allgemeinen Habitatverlusts und der Habitatfragmentierung (siehe Kapitel 4.1.1) fehlt vielen Arten die Möglichkeit, durch Habitatverlagerung oder Arealverschiebung auf den Klimawandel zu reagieren (Behrens et al. 2009, Fartmann et al. 2012b, Hill et al. 1999, Rabitsch et al. 2011, Streitberger et al. 2016a, b, Warren et al. 2001). Nicht einmal hochmobile Insektengruppen – wie Libellen – schaffen es daher, mit der Geschwindigkeit des Klimawandels schrittzuhalten (Termaat et al. 2019).

Im Gegensatz zu kontinuierlichen Temperaturanstiegen oder kontinuierlichen Veränderungen der Niederschläge, an die sich Arten zumindest teilweise anpassen können, entfalten durch den Klimawandel hervorgerufene Extremereignisse oft eine besonders starke populationsbiologische Wirkung, insbesondere in den fragmentierten Landschaften Mitteleuropas (Anthes et al. 2008, Piessens et al. 2009) (siehe Exkurs 7, Seite 94).

Generell zu den Profiteuren des Klimawandels zählen vor allem thermophile, mobile Habitatgeneralisten (Behrens et al. 2009, Fartmann et al. 2012b, Rabitsch et al. 2011, Streitberger et al. 2016a, b). Eher zu den Verlierern zu rechnen sind dagegen wenig mobile Habitatspezialisten, da diese aufgrund des geringen Habitatangebots und der Ha-

Foto 4-12 Die Blauschwarze Holzbiene (*Xylocopa violacea*) – hier beim Blütenbesuch an Aufrechtem Ziest (*Stachys recta*) – hat ihr Areal aufgrund des Klimawandels deutlich nach Norden und Osten erweitert.

Foto 4-13 Die Heuschrecken-Sandwespe (*Sphex funerarius*) war früher äußerst selten in Mitteleuropa, breitet sich nun aber mit zunehmender Erwärmung aus.

bitatfragmentierung nur begrenzt auf den Klimawandel reagieren können (Hill et al. 1999, Warren et al. 2001). Bezogen auf die Lebensraumtypen weisen insbesondere Insektenarten feucht-nasser und boreal-montaner Lebensräume ein hohes Gefährdungsrisiko aufgrund des Klimawandels auf (Behrens et al. 2009, Fartmann et al. 2012b, Morecroft et al. 2009, Rabitsch et al. 2011, Streitberger et al. 2016a, b).

4.1.3 Stickstoffdepositionen

Die ökologischen Auswirkungen der atmosphärischen Stickstoffdeposition sind in Bezug auf Wasser- und Bodenchemie sowie Pflanzen und Vegetation bereits gut untersucht (Bobbink et al. 1998, 2010, WallisDeVries & Bobbink 2017). Hinsichtlich der Tierwelt besteht hingegen noch Forschungsbedarf, da das gegenwärtige Wissen überwiegend auf deskriptiven und korrelativen Studien basiert und die zugrundeliegenden Wirkmechanismen noch nicht umfassend erforscht sind (Nijssen et al. 2017). Dennoch werden atmosphärische Stickstoffdeposition auch immer häufiger für den Rückgang der Insekten mitverantwortlich gemacht (Fartmann 2017, Fox 2013, Kurze et al. 2018, Nijssean et al. 2017, Schirmel & Fartmann 2014, Thomas 2016, Van Swaay et al. 2010, WallisDeVries & van Swaay 2006). Anhand des derzeitigen Kenntnisstands lassen sich sechs verschiedene Mechanismen identifizieren, wie sich Stickstoffdepositionen auf Tiere auswirken (Nijssen et al. 2017). Hierbei handelt es sich um: chemischen Stress, die mikroklimatische Abkühlung, den Verlust von Reproduktionshabitaten, den Rückgang von Nahrungspflanzen, Veränderungen der Qualität von Nahrungspflanzen und Veränderungen der Verfügbarkeit von Beute oder Wirtsorganismen.

Alle genannten Punkte werden nachfolgend ausführlich auf Grundlage des aktuellen Reviews von Nijssen et al. (2017) behandelt **(Grafik 4-10)**.

Chemischer Stress

Dieser Schadmechanismus beschränkt sich auf Gewässer und nasse Böden. In Bezug auf die Insektenfauna ist er für diejenigen Arten relevant, die einen Teil ihres Lebenszyklus in Gewässern absolvieren. Chemischer Stress umfasst direkte toxische Wirkungen von Stickstoffverbindungen und deren versauernden Effekt sowie indirekte Beeinträchtigungen durch die düngende Wirkung des Stickstoffs. Steigerungen der pflanzlichen Biomasse in Gewässern und die damit einhergehenden gesteigerten Abbauraten organischer Substanz können zu Sauerstoffmangel und zur Bildung giftiger Stoffe wie Schwefelwasserstoff führen. Außerdem begünstigen hohe Nährstoffgehalte Massenvermehrungen von Algen und anderen Kleinstlebewesen, von denen einige giftige Stoffe produzieren.

Mikroklimatische Abkühlung

Stickstoffeinträge haben eine dichtere und höhere Gras- und Krautschicht zur Folge. Das Mikroklima solcher Vegetationsbestände ist erheblich kühler und feuchter als das von schütter bewachsenen, niedrigwüchsigen Flächen (Stoutjesdijk & Barkman 1992). Für Insekten, die als wechselwarme Organismen Temperaturen von 30–35 °C für optimales Wachstum benötigen (Speight et al. 2008), ist die Verdichtung der Vegetation aus mikroklimatischer Sicht im Allgemeinen von Nachteil (zum Beispiel Fartmann et al. 2012a, Helbing et al. 2014). Vor allem die Jugendstadien können negativ davon betroffen sein, weil sich ihre Entwicklungsgeschwindigkeit verlangsamt und die Überlebensraten sinken. Tatsächlich sind Tagfalter, die als Ei oder Raupe überwintern und somit auf ausreichend Wärme nach der Überwinterung angewiesen sind, in europäischen Ländern mit hohen Stickstoffdepositionen und zeitigem Beginn der Vegetationsperiode (atlantisches Klima) stärker zurückgegangen als in solchen mit geringeren Depositionsraten **(Grafik 4-11, Foto 4-14)** (WallisDeVries & van Swaay 2006).

Besonders problematisch ist das Phänomen der mikroklimatischen Abkühlung für viele der ohnehin schon seltenen und gefährdeten Arten, da sie meist per se auf Habitate mit niedrigwüchsiger, lückiger Vegetation und warmem Mikroklima angewiesen sind (siehe Exkurse 2

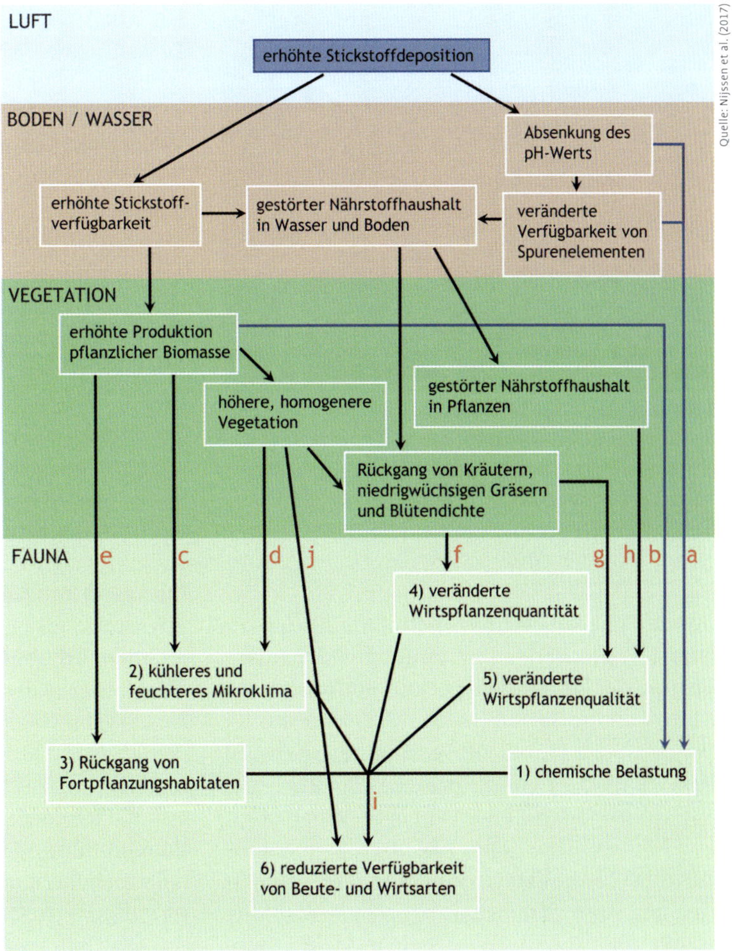

Grafik 4-10 Direkte und indirekte Auswirkungen von erhöhten Stickstoffdepositionen über Boden und Wasser auf Vegetation und Fauna. Die einzelnen Einflusspfade (a–j) und die grundlegenden Effekte (1–6) werden detailliert in diesem Kapitel vorgestellt. Die Einflusspfade a und b (blaue Pfeile) sind nur in aquatischen Systemen relevant, alle anderen haben sowohl in aquatischen als auch terrestrischen Habitaten eine Bedeutung.

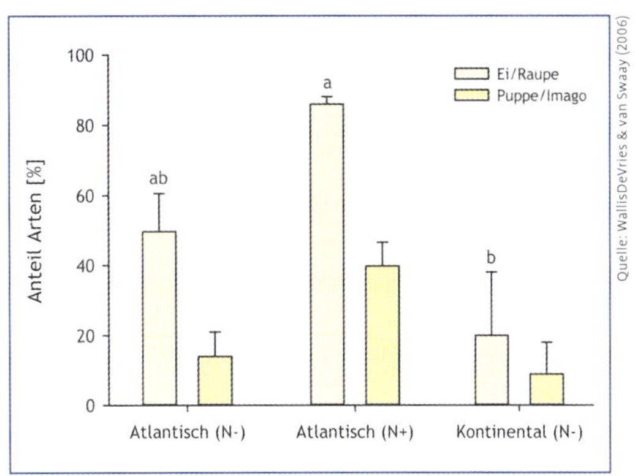

Grafik 4-11 Anteil zurückgehender Tagfalterarten (arithmetisches Mittel + Standardfehler), die als Ei/Raupe oder Puppe/Imago überwintern, in Abhängigkeit von den Stickstoffdepositionen und der Kontinentalität des Klimas von West- bis Osteuropa. Bei Ei-/Raupenüberwinterern liegt ein signifikanter Unterschied zwischen den Gruppen vor, die keinen gemeinsamen Buchstaben aufweisen ($P < 0{,}05$). N- = Stickstoffdepositionen < 2000 mg/m²; N+ = Stickstoffdepositionen > 2000 mg/m². Atlantisch (N-): Irland, Großbritannien, Luxemburg, Dänemark; Atlantisch (N+): Belgien, Niederlande, Deutschland; Kontinental (N-): Polen, Weißrussland.

Foto 4-14 Der Wegerich-Scheckenfalter (*Melitaea cinxia*) zählt zu den vielen als Raupe überwinternden Tagfalterarten, die durch die mikroklimatische Abkühlung negativ von Stickstoffeinträgen betroffen sind.

und 3, Seite 82 und 84; Fartmann 2017, Fartmann et al. 2019). Der zunehmend frühere Beginn der Vegetationsperiode aufgrund des Klimawandels (siehe Kapitel 3.2) und die im Vergleich zu früher oft geringere Intensität bzw. Häufigkeit von Störungen im Wald und auf Grenzertragsstandorten wie Magerrasen und Heiden (siehe Kapitel 3.1.2) trägt ebenfalls zur Ausbildung dichterer und höherer Vegetation bei, was die mikroklimatische Abkühlung weiter fördert. Als Folge weisen viele Offenland- und Waldhabitate trotz des Klimawandels heutzutage ein kühleres Mikroklima auf, als es früher der Fall war (Gatter 2000).

Verlust von Reproduktionshabitaten

Verschlechterung und Verlust von Reproduktionshabitaten sind die am besten belegten negativen Auswirkungen atmosphärischer Stickstoffeinträge. Zahlreiche Insektenarten sind für die Fortpflanzung (zum Beispiel für die Eiablage) auf unbewachsene Stellen mit offenem Boden angewiesen (siehe Exkurse 2 und 3; Fartmann 2017, Fartmann et al. 2019). Das erhöhte Nährstoffangebot führt jedoch zu dichterer und schneller wachsender Vegetation, sodass solche Bereiche erst gar nicht entstehen oder rasch wieder zuwachsen.

Rückgang von Nahrungspflanzen

Stickstoffeinträge aus der Luft führen genauso zu einer Erhöhung des Nährstoffangebots für Pflanzen, wie dies bei der Düngung der Fall ist. Dementsprechend sind auch die Effekte denen der Düngung sehr ähnlich (siehe Kapitel 3.1.2). Die Diversität und Häufigkeit der Pflanzenarten, die für Insekten eine große Bedeutung als Raupennahrung oder Nektar- und Pollenquelle haben (siehe Exkurs 4, Seite 88), nehmen ab, da einige wenige konkurrenzkräftige Pflanzen die Oberhand gewinnen **(Grafik 4-12)** (Fart-

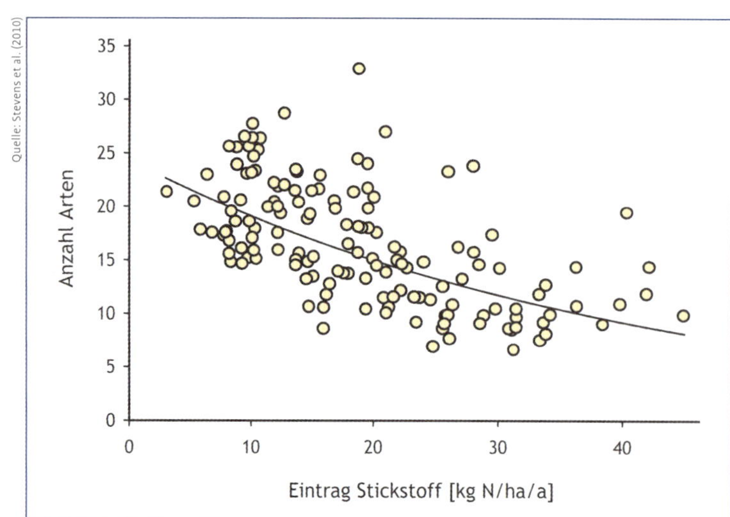

Grafik 4-12 Negativ-exponentieller Zusammenhang zwischen mittlerer Artenzahl der Pflanzen und atmosphärischer Stickstoffgesamtdeposition in Borstgrasrasen im atlantischen Europa. Bestimmtheitsmaß (R^2) = 0,40, P < 0,001.

mann 2017, Fartmann et al. 2019, Kukowski et al. 2020, Stevens et al. 2010). Zudem sind in bodensauren Magerrasen und Heiden unter dem Einfluss von Stickstoffeinträgen aus der Luft oft eine Verdrängung von krautigen Pflanzen und Zwergsträuchern durch Gräser („Vergrasung“) und ein Verschwinden ohnehin schon besonders seltener Pflanzenarten zu beobachten (Bobbink & Hettelingh 2011, Bobbink et al. 1998, Ellenberg & Leuschner 2010, Lindemann 1993).

Veränderungen der Qualität von Nahrungspflanzen

Atmosphärische Stickstoffeinträge können die Qualität von Nahrungspflanzen der Insekten auf die gleiche Weise verändern, wie es in Kapitel 3.1.2 für die gezielte Düngung geschildert wird.

Veränderungen der Verfügbarkeit von Beute oder Wirtsorganismen

Stickstoffeinträge wirken sich auch indirekt auf den Jagderfolg oder durch die Verfügbarkeit von Wirtsorganismen von Insektenarten aus. Dies ist beispielsweise der Fall, wenn die Beutetiere oder Wirtsorganismen von Insekten aufgrund von Stickstoffeinträgen seltener werden oder diese wegen der dichteren Vegetation schwerer aufspürbar und zu erbeuten sind.

Synthese

Atmosphärische Stickstoffeinträge führen zu dichterer und höherer Vegetation und zu einem Rückgang der Phytodiversität. Die strukturellen Veränderungen bewirken eine mikroklimatische Abkühlung bis hin zum Verlust von Reproduktionshabitaten wie offenen Bodenstellen (siehe auch Exkurse 2 und 3, Seite 82 und 84) – mit stark negativen Auswirkungen auf Insekten. Der immer zeitigere Beginn der Vegetationsperiode aufgrund des Klimawandels und die im Vergleich zu früher oft geringere Intensität bzw. Häufigkeit von Störungen im Wald und auf Grenzertragsstandorten wie Magerrasen und Heiden fördern neben den Stickstoffeinträgen ebenfalls die Ausbildung dichterer und höherer Vegetation. Die Folge ist heutzutage in vielen Offenland- und Waldhabitaten – trotz Klimawandels – ein kühleres Mikroklima, als es in früheren Zeiten der Fall war. Der Rückgang der Phytodiversität zieht darüber hinaus einen Verlust an Nahrungspflanzen sowie an Nektar- und Pollenquellen nach sich, mit ebenfalls gravierenden Auswirkungen auf Insekten. Da das Gros der Insektenarten an nährstoffarme Kost adaptiert ist, wirkt sich auch die veränderte chemische Zusammensetzung aufgrund der Stickstoffeinträge negativ auf viele Insektenarten aus. Stickstoffeinträge verändern darüber hinaus auch die Verfügbarkeit von Beute- oder Wirtsorganismen für Insekten aufgrund der strukturellen Veränderungen oder generell aufgrund neuer Lebensgemeinschaften.

4.1.4 Neobiota

Eine Gefährdung der Artenvielfalt kann von Neobiota (Definition von Neobiota siehe Kapitel 3.4) ausgehen, wenn sie invasiv sind. Als invasiv werden Arten bezeichnet, wenn sie die Biodiversität und die damit verbundenen Ökosystemleistungen von Lebensräumen gefährden oder nachteilig beeinflussen (EU 2014). Folgende Gefährdungen der Biodiversität durch invasive Neobiota wurden bislang festgestellt (Nehring et al. 2013, 2015):

- Verschärfung des Konkurrenzdrucks,
- Veränderung von Lebensgemeinschaften und Ökosystemen,
- Hybridisierung mit heimischen Arten,
- Ausbreitung von Pathogenen und Parasiten,
- Prädation und Herbivorie heimischer Arten.

Konkrete Beispiele sind die Veränderung der Phytodiversität eines Standorts durch konkurrenzstarke Neophyten (Lavoie 2017) und die Verschleppung von Parasiten und Pathogenen durch nichteinheimische Arten, gegen die heimische Arten keinen Abwehrmechanismus entwickelt haben. Ein typisches Beispiel ist die Krebspest (*Aphanomyces astaci*), die durch amerikanische Flusskrebse nach Europa eingeschleppt wurde und massive Rückgänge der europäischen Flusskrebsarten hervorgerufen hat (Holdich et al. 2009).

Ähnlich wie beim Klimawandel wirken sich Neobiota auf sehr komplexe Art und Weise auf die Insektenfauna aus. Sie können sich einerseits direkt (zum Beispiel durch toxische Wirkungen), andererseits indirekt durch ökosystemare Veränderungen oder die Veränderung biotischer Interaktionen auf Insekten auswirken (Stout & Morales 2009, Vanbergen et al. 2018).

Hinsichtlich der Auswirkungen von Neobiota auf Insekten stehen vor allem bestäubende Insekten im Fokus der Forschung (Stout & Morales 2009, Vanbergen et al. 2018). Dies dürfte einerseits durch ihre große ökologische Bedeutung und andererseits durch die Kommerzialisierung der Honigbiene (*Apis mellifera*) und anderer Bestäuber begründet sein, wovon zum Teil erhebliche Gefahren für wildlebende Bestäuberpopulationen ausgehen (vor allem durch die Ausbreitung von Pathogenen und Parasiten, Stout & Morales 2009).

Invasive Pflanzenarten

In Deutschland kommen über 430 etablierte Neophyten vor. Während von einem Großteil der Neophyten keine Gefährdung der Biodiversität ausgeht, sind mindestens 38 dieser Arten invasiv und somit aus Naturschutzsicht problematisch (Nehring et al. 2013). Die Hauptgefahr für die Biodiversität besteht vor allem in der Verschärfung der interspezifischen Konkurrenz und in Ökosystemveränderungen.

Litt et al. (2014) zeigten anhand einer Literaturstudie, dass sich invasive Arten in vielen Fällen negativ auf die Diversität bzw. Abundanz von Arthropoden auswirken. Dies trifft auf räuberische Arten (Prädatoren) und pflanzenfressende Arten (Herbivoren) in stärkerem Maße zu als auf Zersetzer (Saprophagen). Schirmel et al. (2016) kommen in einer anderen Metaanalyse zu ähnlichen Ergebnissen. Demnach sind besonders herbivore Arten negativ durch invasive Pflanzenarten betroffen. Aus taxonomischer Sicht wurden negative Effekte durch invasive Pflanzen vor allem für Vögel und Insekten nachgewiesen. Generell ist der Kenntnisstand zum Einfluss invasiver Arten auf Insekten für Mitteleuropa jedoch noch vergleichsweise gering. Der Großteil der Studien zum Einfluss invasiver Pflanzen auf Tiere stammt aus Nordamerika (Litt et al. 2014, Schirmel et al. 2016). Allerdings belegen auch Untersuchungen aus Mitteleuropa den negativen Einfluss von invasiven Pflanzenarten auf die Insektenfauna. In der Schweiz nahm die Tagfalterdiversität mit der Anzahl invasiver Pflanzenarten ab (Gallien et al. 2017). Vor allem bei wenig mobilen Arten war dies der Fall. Zu ähnlichen Erkenntnissen kommt eine Studie zu bestäubenden Insekten (Tagfalter, Schwebfliegen und Wildbienen) in polnischen Feuchtwiesen (Moroń et al. 2009). Die Ausbreitung der neophytischen Goldrutenarten Kanadische Goldrute (*Solidago canadensis*) und Riesen-Goldrute (*Solidago gigantea*), die ursprünglich aus Nordamerika stammen und vor allem Ruderalflächen und Feuchtgrünlandbrachen besiedeln (Nehring et al. 2013), führte zu einer Abnahme der Phytodiversität sowie der Diversität und Abundanz der Bestäuber.

Generell besteht durch die starke Ausbreitung invasiver Pflanzenarten und den dadurch bedingten Verlust der Pflanzenartenvielfalt vor allem für herbivore Insekten ein hohes Risiko, dass Nahrungsquellen ganz verloren gehen oder sie infolge der eingeschränkten Phytodiversität einer Mangelversorgung mit Nährstoffen ausgesetzt sind (Vanbergen et al. 2018). Negativ betroffen sind dabei vor allem Artengruppen, die eng an spezifische Nahrungspflanzen gebunden sind und nur bei einer hohen Phytodiversität artenreich vertreten sind.

Dies wurde durch Untersuchungen zur Ausbreitung der Kanadischen Goldrute in Slowenien bestätigt (de Groot et al. 2007). Vor allem Schmetterlinge waren negativ von der Zunahme der Art betroffen und kamen in den Goldrutenbeständen in geringerer Arten- und Individuenzahl vor als in den Kontrollflächen. Im Gegensatz dazu war der Effekt bei Laufkäfern und Schwebfliegen weniger stark ausgeprägt. Bei Laufkäfern hatte das Vorkommen der Goldrute keinen Einfluss auf die Artenvielfalt, die Abundanzen waren aber in den von der Goldrute dominierten Beständen geringer. Bei Schwebfliegen wurde ein zeitlicher Einfluss auf die Diversität und Abundanz festgestellt. Lediglich vor der Blüte der Goldrute wurden weniger Schwebfliegen in den Goldrutenbeständen nachgewiesen als in den Kontrollflächen, wohingegen während der Blüte kein negativer Effekt festgestellt wurde. Ähnliches konnten auch Moroń et al. (2019) durch tiefergehende Untersuchungen zum Einfluss unterschiedlicher Deckungen der Goldrute auf Bestäuber nachweisen. Sie stellten ebenfalls fest, dass besonders Schmetterlinge empfindlich auf die Ausbreitung der Art reagieren. Deutlich negative Auswirkungen auf die Artenvielfalt und Abundanz von Tagfaltern wurden ab Schwellenwerten von etwa 30–40 % Deckung nachgewiesen. Bei Wildbienen nahm die Artenvielfalt und Abundanz bei einer Deckung von etwa 50 % ab. Für Schwebfliegen wurde hingegen kein Einfluss festgestellt. Die heterogenen Reaktionen der Insektengruppen lassen sich vor allem durch die unterschiedliche Nahrungsnischenbreite erklären.

Auch am Beispiel des Drüsigen Springkrauts (*Impatiens glandulifera*) lassen sich die komplexen Auswirkungen invasiver Pflanzenarten auf Bestäuber verdeutlichen (Schweiger et al. 2010). Das Drüsige Springkraut ist ein Neophyt aus dem westlichen Himalaya und wurde im 19. Jahrhundert in Europa eingeführt. Mittlerweile ist die Art weit in Mittel- und Westeuropa verbreitet, vor allem an Gewässerufern und in Hochstaudenfluren (Nehring & Skowronek 2017). Dominiert die Art in einem Ökosystem, können Veränderungen von Bestäubergemeinschaften infolge des Rückgangs der Phytodiversität ausgelöst werden (Schweiger et al. 2010, Vanbergen et al. 2018). Während generalistische Arten von dem Nahrungsangebot der Art profitieren, gehen spezialisierte Bestäuber zurück. Ursachen hierfür sind vor allem der Rückgang der Phytodiversität und das sich daraus ergebende zeitlich und qualitativ eingeschränkte Blütenangebot. Die hohe Attraktivität des Springkrauts für generalistische Bestäuber kann außerdem eine reduzierte Bestäubung heimischer Arten begünstigen.

Invasive Tierarten

Die Ausbreitung nichteinheimischer Tierarten wird als eine Gefährdung für Insekten eingestuft (zum Beispiel Potts et al. 2016c, Stout & Morales 2009, Vanbergen et al. 2018). Negative Folgen der Ausbreitung von Neozoen können unter anderem ein erhöhtes Prädationsrisiko heimischer Arten oder ein zunehmender Konkurrenzdruck sein (Nehring et al. 2013, Nehring & Skowronek 2017, Stout & Morales 2009, Vanbergen et al. 2018). Für viele der in Mitteleuropa verbreiteten Neozoen sind die Effekte auf Insekten allerdings noch weitgehend unbekannt.

Ein Beispiel für eine sich ausbreitende nichtheimische Insektenart ist die Asiatische Hornisse (*Vespa velutina*). Diese Art hat sich stark in weiten Teilen Europas (vor allem Süd- und Westeuropa) etabliert und eine weitere Ausbreitung in Europa erscheint wahrscheinlich (Keeling et al. 2017). In Deutschland ist die Art bislang allerdings noch selten (Nehring & Skowronek 2017). Die Asiatische Hornisse steht im besonderen Fokus der Wissenschaft, da ihre Nahrung zu einem Großteil aus Honigbienen (*Apis mellifera*) besteht (Monceau et al. 2014). Ob *V. velutina* als Prädator Wildbienen und andere Insekten bedroht, ist noch unklar, wird aber für möglich gehalten (Nehring & Skowronek 2017).

Ein erhöhter Prädationsdruck auf Insekten könnte auch von sich ausbreitenden polyphagen nichteinheimischen Säugetieren ausgehen, wie zum Beispiel dem aus Asien stammenden Marderhund (*Nyctereutes procyonoides*). Untersuchungen zeigten, dass Invertebraten (vor allem Käfer) regelmäßig vom Marderhund gefressen werden und eine seiner wichtigsten Nahrungsquellen darstellen (Elmeros et al. 2018). Belege, dass diese Neozoen zum Rückgang von Insekten beigetragen haben, gibt es allerdings nicht. Bislang dürften diese Effekte – wenn überhaupt – nur lokal relevant für den Rückgang von Insekten sein, in Abhängigkeit vom Vorkommen und der Häufigkeit der jeweiligen nichteinheimischen Tierart.

Neozoen, die ähnliche ökologische Ansprüche wie heimische Arten haben und somit ein ähnliches Spektrum an Ressourcen nutzen, stellen ebenfalls für heimische Arten eine potenzielle Gefahr dar, indem sie den Konkurrenzdruck um Ressourcen (zum Beispiel Nahrung oder Nistplätze) erhöhen (Stout & Morales 2009). Untersuchungen zu diesem Themenkomplex liegen vor allem zu Wildbienen vor, für die die künstliche Einbringung der Honigbiene (*Apis mellifera*) oder anderer Bestäuber wie der Erdhummel (*Bombus terrestris*) in weiten Teilen der Welt eine Gefahr darstellt (Geldmann & González-Varo 2018, Mallinger et al. 2017). Die negativen Auswirkungen der Einführung von Honigbienen oder Hummeln auf Wildbienen aufgrund der Zunahme des Konkurrenzdrucks sind durch zahlreiche Untersuchungen nachgewiesen (Mallinger et al. 2017).

Folgen dieser verschärften Konkurrenzsituation können unter anderem eine geminderte Vitalität und ein reduzierter Fortpflanzungserfolg bei Wildbienen sein (Goulson et al. 2008, 2015). Honigbienen und Erdhummeln sind zwar in weiten Teilen Europas heimisch. Durch die künstliche Einbringung als Bestäuber bzw. als Nutztier treten sie allerdings lokal in unnatürlich hoher Abundanz auf, mit negativen Folgen für andere heimische Bestäuber. In Südschweden kamen wildlebende Insekten (unter anderem Wildbienen) in Rapsfeldern mit eingeführten Honigbienen in geringerer Dichte vor als in Kontrollflächen ohne Honigbienen (Lindström et al. 2016). In der Lüneburger Heide war die Zahl der Blütenbesuche durch Wildbienen und die Anzahl der in Stängeln nistenden Arten dort geringer, wo Honigbienen eingeführt worden waren (Hudewenz & Klein 2013).

Problematisch ist auch die künstliche Einbringung von nichteinheimischen Unterarten heimischer Bestäuber. Hierdurch kann die intraspezifische Konkurrenz verschärft werden. Beispielsweise wird die aus Südosteuropa stammende Unterart der Erdhummel (*B. terrestris dalmatinus*) in Teile Europas (vor allem England) als Bestäuber eingeführt. Diese Art ist gegenüber der in England heimischen Unterart *B. terrestris audax* effizienter bei der Nahrungsaufnahme, was sich positiv auf die Reproduktion auswirkt (Ings et al. 2006). Demnach besteht ein hohes Risiko, dass die Unterart die heimische Unterart oder andere Wildbienen verdrängt, wenn sie sich ausbreitet. Weitere Gefährdungen, die von der Domestizierung von Bestäubern ausgehen, sind die Hybridisierung mit heimischen Arten und die Verdrängung heimischer Unterarten durch die Kreuzung mit nichteinheimischen, kommerziell genutzten Unterarten (Stout & Morales 2009, Potts et al. 2010, 2016b).

Außerdem werden Parasiten und Pathogene durch den überregionalen und internationalen Transport und Handel von Bienen- und Hummelvölkern weltweit verschleppt.

Problematisch ist vor allem die Ausbreitung der aus Ostasien stammenden Varroa-Milbe, die im Zuge der Kommerzialisierung der Imkerei weltweit verschleppt wurde. Die Milbe begünstigt die Übertragung diverser Pathogene auf die Honigbiene, so unter anderem auch des Flügeldeformationsvirus (Iflavirus), das weltweit zu den massiven Rückgängen von Honigbienenpopulationen beigetragen hat (Wilfert et al. 2016). Übertragungen bestimmter Pathogene auf Wildbienen durch nichteinheimische bzw. domestizierte Bienen wurden zum Teil bereits nachgewiesen (Goulson et al. 2008, 2015, Potts et al. 2010, Stout & Morales 2009, Vanbergen et al. 2018). Der Flügeldeformationsvirus überträgt sich beispielsweise von der Honigbiene auch auf wildlebende Hummeln (*Bombus* spp.) (Fürst et al. 2014). Eine Infizierung mit dem Virus führte bei der Erdhummel zu einer Verkürzung der Lebenszeit. Daher wird angenommen, dass die Verschleppung von Pathogenen und Parasiten auch für wildlebende Bestäuber ein Gefährdungsrisiko darstellt. Dies ist ein weiterer Grund, warum die starke kommerzielle Nutzung von domestizierten Bestäubern kritisch gesehen wird (Goulson et al. 2008, 2015, Potts et al. 2016b, Stout & Morales 2009). Inwiefern Wildbienen durch die Ausbreitung von Krankheiten bereits zurückgegangen sind, ist allerdings noch überwiegend unklar (Mallinger et al. 2017).

Die Verbreitung von Pathogenen und Parasiten durch Neozoen stellt auch für andere Insektengruppen ein Gefährdungsrisiko dar. Ein typisches Beispiel für ein Neozoon mit nachweislich negativen Auswirkungen auf heimische Insekten ist der aus Asien stammende Asiatische Marienkäfer (*Harmonia axyridis*). Die Art hat sich unter anderem durch die beabsichtigte Einführung als Schädlingsbekämpfer in weiten Teilen der Welt etabliert, so auch in Europa (Camacho-Cervantes et al. 2017). Im Zuge der Ausbreitung der Art in Europa wurden Rückgänge einiger heimischer Marienkäferarten verursacht bzw. beschleunigt (zum Beispiel Zweipunkt-Marienkäfer [*Adalia bipunctata*] in Großbritannien und Belgien, Roy et al. 2012; Zehnpunkt-Marienkäfer [*A. decempunctata*] in Tschechien, Honek et al. 2016). Ursachen für die Bestandseinbrüche werden – in Abhängigkeit von der Biologie und Ökologie der heimischen Arten – unter anderem in der Prädation und in der interspezifischen Konkurrenz durch *H. axyridis* gesehen (Brown et al. 2015, Brown & Roy 2018, Honek et al. 2016, Kenis et al. 2017, Roy et al. 2012). Als problematisch wird auch die Prädation von *H. axyridis* durch heimische Marienkäfer angesehen, wodurch die Übertragung von Parasiten (vor allem die einzelligen, zu den Pilzen gehörenden Mikrosporidien), die der Asiatische Marienkäfer in sich trägt, begünstigt wird (Vilcinskas et al. 2013, Vilcinskas 2015, Vilcinskas et al. 2015). Am Beispiel des Zweipunkt-Marienkäfers wurde nachgewiesen, dass Larven durch die Aufnahme infizierter Eier und Larven des Asiatischen Marienkäfers infiziert werden und absterben (Vogel et al. 2017). Im Vergleich zum Zweipunkt-Marienkäfer besitzt der Asiatische Marienkäfer ein effektives Immunsystem zur Abwehr der Parasiten (Vogel et al. 2017). Dadurch hat die Art gegenüber heimischen Arten einen Konkurrenzvorteil, was als mitverantwortlich für den drastischen Bestandseinbruch des Zweipunkt-Marienkäfers angesehen wird.

Synthese

Aus globaler Sicht wird die Ausbreitung von Neobiota als bedeutende Gefahr für die Biodiversität angesehen. Wie groß die Bedeutung für Insekten und vor allem, wie die Situation in Mitteleuropa ist, lässt sich aufgrund des geringen Kenntnisstands derzeit nicht genau einschätzen. Viele Studien zum Thema fokussieren auf den Einfluss von Neophyten auf Insektengemeinschaften und konzentrieren sich auf bestäubende Insekten. Vor allem dominanzbildende Arten wie etwa das Drüsige Springkraut (*Impatiens glandulifera*) oder Goldrutenarten (*Solidago* spp.) können durch Verdrängung heimischer Pflanzenarten sowie durch Veränderung von Lebensgemeinschaften und Ökosystemen einen Einfluss auf die Insektenfauna ausüben und zum Rückgang insbesondere spezialisierter Arten beitragen.

Im Zusammenhang mit Neozoen und der kommerziellen Nutzung von Bienen und Hummeln erscheint vor allem die Ausbreitung von Parasiten und Pathogenen problematisch.

Verallgemeinernde Aussagen zur Bedeutung von Neobiota, insbesondere Neozoen, für den Rückgang von Insekten sind bislang allerdings nur eingeschränkt möglich, denn generell ist der Wissensstand zu diesem Thema noch sehr gering. In den meisten Fällen dürften die Auswirkungen von Neobiota bislang nur auf lokaler Ebene bzw. nur für einzelne Arten relevant sein. Die Bedeutung invasiver nichteinheimischer Arten als Rückgangsursache von Insekten wird somit im Vergleich zu anderen großflächig wirkenden Rückgangursachen wie dem Landnutzungswandel als sekundär eingestuft. Künftig könnte die Bedeutung invasiver Arten für Insekten allerdings steigen. Es wird prognostiziert, dass die Ausbreitung vieler Neophyten durch den Klimawandel gefördert wird (Kleinbauer et al. 2010).

Generell gibt es bislang nur wenige Studien, die den Einfluss kommerziell genutzter Bienen (Übertragung von Pathogenen, erhöhte Konkurrenz, Hybridisierung) auf die Fitness, Reproduktion und Populationsentwicklung heimischer Wildbienen untersucht haben (Mallinger et al. 2017). Verallgemeinernde Aussagen, ob die Kommerzialisierung von Bienen und Hummeln zum Rückgang von Insekten beigetragen hat, sind daher bislang nicht möglich.

Exkurs 1 Persistenz von Arten in fragmentierten Landschaften: geschlossene Population versus Metapopulation

Die Verbreitung von Insektenarten in den verbliebenen Habitatinseln fragmentierter Landschaften wird entscheidend von Mobilität und Populationsstruktur der Taxa bestimmt (Fartmann 2017). Arten mit geringer Mobilität haben oft geschlossene Populationen, die nicht – wie bei Metapopulationen – mit anderen lokalen (Sub-)Populationen durch Individuenaustausch miteinander verbunden sind. Sie können auch in isolierten Habitaten über längere Zeiträume überleben, wenn diese groß genug sind und dauerhaft eine günstige Habitatqualität aufweisen (Tab. 4-1) (Poniatowski & Fartmann 2010, Poniatowski et al. 2018a).

Ein typisches Beispiel für eine Art, die geschlossene Populationen ausbildet, ist die flugunfähige Kurzflügelige Beißschrecke (*Metrioptera brachyptera*) **(Foto 4-15)** (Poniatowski & Fartmann 2010). Das Vorkommen von *M. brachyptera* in den Kalkmagerrasen des Diemeltals (Ostwestfalen/Nordhessen) hängt von ausreichender Feuchte (Habitatqualität) – da die Eier relativ austrocknungsempfindlich sind – und Größe der Habitate ab. Die Konnektivität der Magerrasen spielt dagegen keine Rolle für das Vorkommen der Art.

Flugfähige und somit deutlich mobilere Arten – wie zahlreiche Tagfalter – bilden demgegenüber oft Metapopulationen aus (Fartmann 2017). Neben der Habitatqualität und Habitatgröße ist die Habitatkonnektivität ein entscheidender Faktor für die Verbreitung dieser Arten (Anthes et al. 2003, Eichel & Fartmann 2008, Stuhldreher & Fartmann 2014).

Ein typisches Beispiel für eine Metapopulationsart ist der Ehrenpreis-Scheckenfalter (*Melitaea aurelia*) **(Foto 4-16)** (Eichel & Fartmann 2008). In den Kalkmagerrasen des Diemeltals (Ostwestfalen/Nordhessen) ist das Vorkommen der Art abhängig von einer ausreichenden Wirtspflanzendeckung (Mittlerer Wegerich [*Plantago media*]), dem Vorhandensein einer Streuschicht (beides Faktoren der Habitatqualität), einer hinreichenden Flächengröße und einer hohen Konnektivität der Magerrasen. Kleine, isolierte Habitate werden von dieser Art nicht dauerhaft besiedelt. Folglich sind Arten, die geschlossene Populationen ausbilden, vor allem als Indikatoren für die Habitatqualität geeignet (Fartmann 2017). Metapopulationsarten sind darüber hinaus Indikatoren für die Landschaftsqualität (Landschaftsstruktur): Sie sind auf einen Verbund von Habitaten mit günstiger Qualität und hinreichender Größe in räumlicher Nachbarschaft angewiesen. Viele Arten sind nicht klar dem einen oder anderen Typ zuzuordnen, vielmehr gibt es fließende Übergänge.

Die relative Bedeutung der Umweltfaktoren Habitatqualität, -größe und -konnektivität für das langfristige Überleben hängt nicht nur von der Mobilität bzw. Populationsstruktur der Taxa ab, sondern auch

Tab. 4-1 Populationsstrukturen bei Arten und Schlüsselfaktoren für die Persistenz in fragmentierten Landschaften. Einfluss: „+“ = positiv; „.“ = kein Einfluss. Quellen: Kurzflügelige Beißschrecke – Poniatowski & Fartmann (2010); Ehrenpreis-Scheckenfalter – Eichel & Fartmann (2008).

Parameter	Geschlossene Population	Metapopulation
Art	**Kurzflügelige Beißschrecke (*Metrioptera brachyptera*)**	**Ehrenpreis-Scheckenfalter (*Melitaea aurelia*)**
Schlüsselfaktoren		
Habitatqualität	+[1]	+[2]
Habitatgröße	+	+
Habitatkonnektivität	•	+

Faktoren, die die Habitatqualität für die jeweilige Art bestimmen: [1] Habitatfeuchte; [2] Wirtspflanzendeckung (Mittlerer Wegerich [*Plantago media*]) und Streuschichthöhe.

Grafik 4-13 Einfluss (erklärte Varianz; arithmetisches Mittel + Standardfehler) von Habitatqualität, -größe und -konnektivität auf das Vorkommen von 13 Magerrasenspezialisten (Heuschrecken, Tagfalter und Zikaden) in Kalkmagerrasen des Diemeltals (Hessen). Signifikante Unterschiede zwischen den Parametern liegen vor, sofern sie keine gemeinsamen Buchstaben aufweisen (P < 0,05).

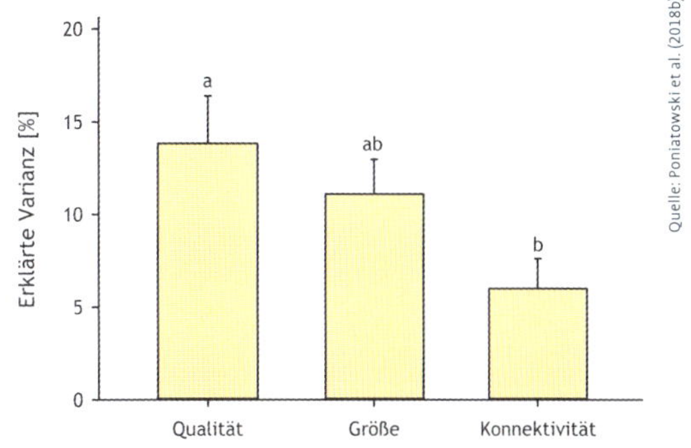

Foto 4-15 Kurzflügelige Beißschrecke (*Metrioptera brachyptera*): eine flugunfähige Heuschreckenart, die geschlossene Populationen ausbildet.

Foto 4-16 Ehrenpreis-Scheckenfalter (*Melitaea aurelia*): eine Tagfalterart, die Metapopulationen ausbildet.

von der Landschaftsstruktur. In schwach fragmentierten Landschaften, die noch eine große Zahl an Habitatinseln und somit eine gute Vernetzung aufweisen, ist meist die Habitatqualität der wichtigste Faktor (**Grafik 4-13**) (Krämer et al. 2012a, Löffler & Fartmann 2017, Münsch et al. 2019, Poniatowski et al. 2018a). Mit zunehmender Fragmentierung steigt die Bedeutung der Habitatkonnektivität.

Exkurs 2 Mikroklima: Viele mögen's heiß

Bei ektothermen Organismen wie Insekten sind Aktivität, Verhalten und Fortpflanzungserfolg von den Umgebungstemperaturen abhängig (Speight et al. 2008). Mikroklimatisch begünstigte Mikrohabitate, wie sie für frühe Sukzessionsstadien typisch sind (Stoutjesdijk & Barkman 1992, Streitberger & Fartmann 2015), werden daher von vielen Arten bevorzugt (Fartmann 2004, 2006a; Fartmann et al. 2012a, 2013; García-Barros & Fartmann 2009, Helbing et al. 2014). Die Gelbe Wiesenameise (*Lasius flavus*) legt beispielsweise in Trockenrasen oberirdische Erdnester an, um eine erfolgreiche Entwicklung der Brut sicherzustellen (Streitberger & Fartmann 2015). Diese Nester erwärmen sich stärker als die umgebende Matrixvegetation (**Grafik 4-14**). Derart wärmebegünstigte Nesthügel mit niedrigwüchsiger Vegetation und hohem Offenbodenanteil werden auch als Eiablagehabitat vom Komma-Dickkopffalter (*Hesperia comma*) präferiert. Die Art ist für eine erfolgreiche Reproduktion zwingend auf ein warmes Mikroklima angewiesen (**Grafik 4-15**) (Fartmann & Mattes 2003). Vor allem für seltene und gefährdete Insektenarten sind frühe bis mittlere Sukzessionsstadien in der Landschaft von großer Bedeutung (Fartmann 2006a, 2017). Exemplarisch illustrieren das die Heuschreckenzönosen der Steppenrasen im Nationalpark Unteres Odertal (Brandenburg) (Fartmann et al. 2012a). Die Artenvielfalt der Trockenrasenspezialisten war in den frühen bis mittleren Sukzessionsstadien signifikant am höchsten. Aufgrund regelmäßiger Bewirtschaftung wiesen diese Stadien eine niedrigwüchsige und lückige Vegetation auf. Für andere Lebensraumtypen des Offenlandes (Heiden: Schirmel et al. 2011, Schirmel & Fartmann 2014), aber auch für Wälder (Fartmann et al. 2013, Helbing et al. 2014), lassen sich diese Muster in gleicher Weise für Tagfalter und Heuschrecken bestätigen. Auch die aktuellen Roten Listen der Tagfalter und Heuschrecken Deutschlands belegen diesen Zusammenhang zwischen starker Gefährdung (Rote-Liste-Kategorie: 1 bis 3) und Bindung an frühe Sukzessionsstadien (**Grafik 4-16**) (Fartmann 2017). Insbesondere bei den Heuschrecken, aber auch bei den Tagfaltern domi-

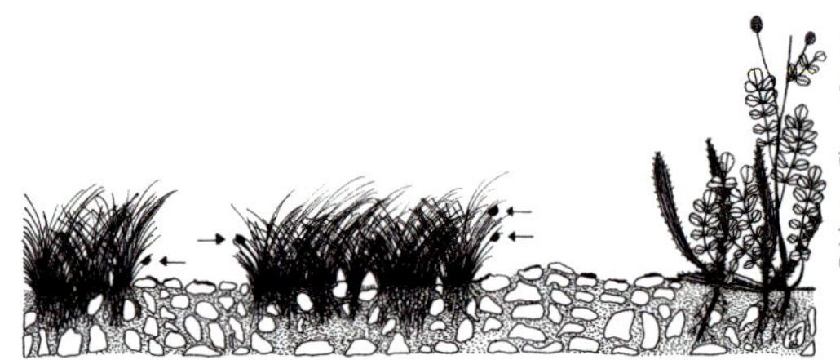

Grafik 4-15 Der Komma-Dickkopffalter (*Hesperia comma*) legt seine Eier (Pfeile) bevorzugt an kleinwüchsige und häufig vom Weidevieh verbissene Horste des Schaf-Schwingels (*Festuca ovina* agg.) unmittelbar über dem sich gut erwärmenden Grus oder Offenboden ab.

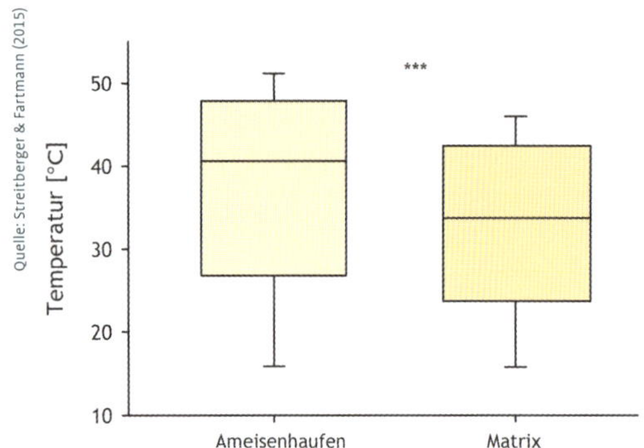

Grafik 4-14 Temperatur (tagsüber: 6 bis 21 Uhr) an Ameisennestern im Vergleich zur Matrix-Vegetation (Kalkmagerrasen) an einem Strahlungstag im Sommer (Diemeltal; Nordrhein-Westfalen, Hessen; 19. Juli 2014). *** $P < 0,001$.

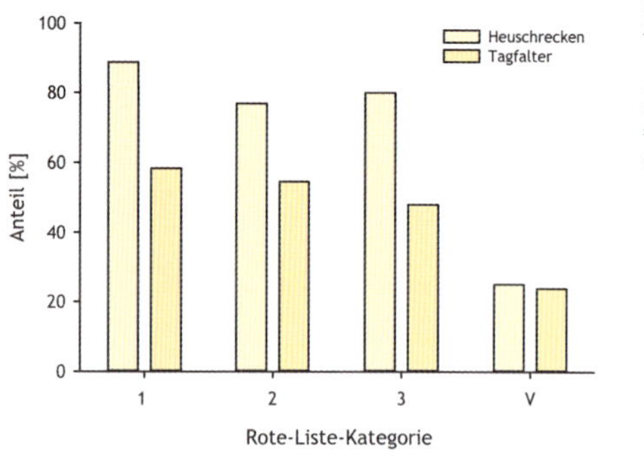

Grafik 4-16 Anteil von Arten früher Sukzessionsstadien in den jeweiligen Rote-Liste-Kategorien bei Heuschrecken und Tagfaltern in Deutschland. 1 = vom Aussterben bedroht, 2 = stark gefährdet, 3 = gefährdet und V = Vorwarnliste.

Foto: Thomas Fartmann

Foto 4-17 Die Kreiselwespe (*Bembix rostrata*) – mit ihren ausgeprägten Grabbeinen – ist eine typische Art, die in lückigen Silbergrasfluren (Foto 4-18) nistet.

Foto: Thomas Fartmann

Foto 4-18 Lückige Silbergrasfluren sind ein wichtiges Eiablage- und Nisthabitat für viele Insekten (Uckermark, Brandenburg).

Foto: Thomas Fartmann

Foto: Thomas Fartmann

Foto 4-19 Die Weiden-Sandbiene (*Andrena vaga*) (links) ist oligolektisch (Pollenquelle: Weiden – *Salix* spp.) und nistet in größeren Kolonien im offenen Boden (rechts).

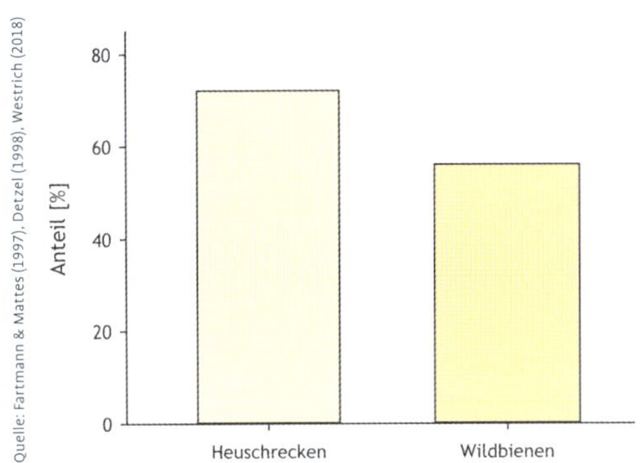

Grafik 4-17 Anteil der Heuschrecken- und Wildbienenarten in Deutschland, die überwiegend den Boden zur Eiablage nutzen.

nieren in den Gefährdungskategorien 1 bis 3 Arten der frühen Sukzessionsstadien mit Anteilen von 75–90 % bzw. 50–60 %. Innerhalb der Vorwarnliste machen Arten stark störungsabhängiger Habitate dagegen nur noch ein Viertel aus.

Besonnte, offene Bodenstellen sind bedeutende Eiablage- und Nisthabitate für zahlreiche Insekten, wie etwa viele Heuschrecken- und Hautflüglerarten (Foto 4-17 bis 4-19) (Fartmann & Mattes 1997, Schuhmacher & Fartmann 2003, Westrich 2018, Wünsch et al. 2012). Unter den in Deutschland vorkommenden Heuschrecken- und Wildbienenarten nutzen 72 % bzw. 56 % der Arten überwiegend den Boden zur Fortpflanzung (Grafik 4-17). Besonnte offene Bodenstellen, Steine und Totholz sind auch für die Thermoregulation vieler adulter Insekten und ebenso Reptilien zentral (siehe etwa Dennis 2010, Günther 1996).

Exkurs 3 Ökosystemingenieure: Tierische Baumeister und Pflanzenfresser fördern Insekten

Ökosystemingenieure (*ecosystem engineers*) sind Arten, die direkt oder indirekt die Verfügbarkeit von Ressourcen für andere Organismen beeinflussen, indem sie den physischen Zustand von biotischen oder abiotischen Bestandteilen der Umwelt verändern (Jones et al. 1994). Für Insekten ist vor allem die Schaffung von Mikrohabitaten bzw. Lebensräumen durch Ökosystemingenieure von besonderer Bedeutung (zum Beispiel Ewacha et al. 2016, Romero et al. 2015, Streitberger & Fartmann 2017). Der Einfluss eines Ökosystemingenieurs ist vor allem abhängig von der räumlichen Ausdehnung und der Dauerhaftigkeit der Umweltveränderung sowie den populationsökologischen Eigenschaften des Ökosystemingenieurs (Jones et al. 1994, 1997). Biber (Amerikanischer Biber [*Castor canadensis*] und Eurasischer Biber [*C. fiber*]) zählen zu den prominentesten Beispielen von Ökosystemingenieuren (Simon 2021). Durch Auflichtung der Vegetation (Fällen von Bäumen), Beweidung, Damm- und Burgenbau verändern Biber Lebensräume nachhaltig (Nummi et al. 2014, Sommer et al. 2019). Hiervon profitieren nicht nur viele aquatische Organismen, sondern auch Arten terrestrischer Habitate wie zum Beispiel die Sumpfschrecke (*Stethophyma grossum*) (siehe Titelbild), die durch die Entstehung von Verlandungszonen an den Biberteichen gefördert wird (Dalbeck 2011).

Darüber hinaus sind im Boden lebende Ameisen und bodenwühlende Säugetiere (zum Beispiel Davidson et al. 2012, Hansell 1993, Streitberger & Fartmann 2017) besonders gut untersuchte Beispiele für Ökosystemingenieure. Auch in den europäischen Graslandhabitaten gibt es bodenstörende Arten aus diesen Gruppen, die durch ihre Grabtätigkeit die Strukturvielfalt erhöhen und somit als Ökosystemingenieure aktiv werden. Typische Beispiele sind die Gelbe Wiesenameise (*Lasius flavus*), der Europäische Maulwurf (*Talpa europaea*), das Europäische Wildkaninchen (*Oryctolagus cuniculus*) und das Wildschwein (*Sus scrofa*) (Gálvez Bravo et al. 2009, de Schaetzen et al. 2018, Streitberger & Fartmann 2017).

Insbesondere die Gelbe Wiesenameise und der Europäische Maulwurf sind in Mitteleuropa weit verbreitet und besiedeln eine große Vielfalt an unterschiedlichen Graslandlebensräumen (Streitberger & Fartmann 2017). Daher soll hier ausführlicher

Foto: Thomas Fartmann

Foto 4-20 Typisches Mikrorelief aufgrund der Grabaktivität der Gelben Wiesenameise (*Lasius flavus*) in Kalkmagerrasen.

Foto: Merle Streitberger

Foto 4-21 Detailansicht eines Nesthügels der Gelben Wiesenameise (*Lasius flavus*) mit Frühblühendem Thymian (*Thymus praecox*) auf der Südseite und Fiederzwenke (*Brachypodium pinnatum*) auf der Nordseite.

dargestellt werden, wie diese Arten als Ökosystemingenieure wichtige Mikrohabitate für Insekten schaffen. Während die Gelbe Wiesenameise oberirdische Erdnester anlegt, die unter günstigen Umständen mehrere Jahrzehnte erhalten bleiben (King 1977b, Seifert 2007), sorgt der Europäische Maulwurf durch seine Grabtätigkeit für temporäre Störstellen (Streitberger & Fartmann 2017).

Die **Gelbe Wiesenameise** kommt bevorzugt im mesophilen Grasland vor, besiedelt aber auch Magerrasen, Moore und Wälder (Seifert 1993, 2007). Sie lebt im Boden (hypogäisch) und legt oberirdische Erdnester an (Foto 4-20), die eine Höhe bis zu 60 cm und einen Durchmesser bis zu 1 m erreichen können (Dlussky 1981). Die Anlage der Erdnester dient dazu, möglichst günstige mikroklimatische Bedingungen für die Nachkommen im Nest zu schaffen (Dlussky 1981, King 2006). Die Ameise ernährt sich hauptsächlich von Wurzelläusen und deren Honigtau (Pontin 1978). Durch die unterirdische Aktivität wird der Boden regelmäßig im Nest bewegt und aufgeworfen. Aufgrund der Störung weisen die Nester spezifische Bodenverhältnisse (Dauber et al. 2008, Dostál 2005, Streitberger et al. 2017) und eine charakteristische Vegetation auf, die sich von der der Umgebung unterscheidet (Foto 4-21) (Dean et al. 1997, King 1977a, Lenoir 2009, Streitberger et al. 2017). Die Intensität des Nestbaus ist vor allem von der Vegetationsstruktur, dem Mikroklima und den Bodenverhältnissen im Habitat abhängig. Vor allem in Brachen bzw. an Standorten mit hochwüchsiger Vegetation werden besonders große Erdnester angelegt, um so mikroklimatisch günstige Verhältnisse zu gewährleisten (Blomqvist et al. 2000).

Der **Europäische Maulwurf** kommt in einer großen Zahl unterschiedlicher Lebensräume vor, so etwa in Wäldern, im Grasland und urbanen Habitaten wie Gärten und Parkanlagen (Atkinson 2013, Gorman & Stone 1990, Mellanby 1971, Witte 1997). Er lebt solitär, territorial und mehr oder weniger vollständig unterirdisch (MacDonald et al. 1997). Die Nahrung besteht aus Invertebraten, insbesondere Regenwürmern (Atkinson 2013, Gorman & Stone 1990, Mellanby 1971). Im Boden ist der Maulwurf grabend tätig, um Nester und Tunnel für die Nahrungssuche anzulegen. Hierdurch wird der Boden gestört und die Vegetation lokal verändert (zum Beispiel Canals & Sebastià 2000, Seifan et al. 2010). Typisch sind vor allem die Bodenauswürfe in Form von Maulwurfshaufen, die bei der Anlage unterirdischer Tunnel entstehen (Atkinson 2013, Mellanby 1971). Neben den charakteristischen Maulwurfshaufen ruft die Art unter bestimmten Bedingungen weitere Bodenstörungen hervor, wie oberflächennahe Tunnel und sogenannte Burgen, oberirdisch angelegte Nester (Atkinson 2013, Mellanby 1971).

Die Bedeutung der durch die Ökosystemingenieure Gelbe Wiesenameise und Europäischer Maulwurf geschaffenen Störstellen in Kalkmagerrasen und im mesophilen Grünland als Reproduktionshabitat für Schmetterlinge wurde detailliert untersucht (Streitberger & Fartmann 2013, 2015, 2016; Streitberger et al. 2014). Die vier betrachteten Arten Kleiner Feuerfalter (*Lycaena phlaeas*), Kleiner Würfel-Dickkopffalter (*Pyrgus malvae*), Komma-Dickkopffalter (*Hesperia comma*) und Thymian-Widderchen (*Zygaena purpuralis*) sind in den jeweiligen Untersuchungsgebieten mono- oder oligophag und für die Larvalentwicklung auf Offenboden mit dem damit verbundenen warmen Mikroklima angewiesen (Fartmann & Mattes 2003, Fartmann 2004, 2006; Streitberger et al. 2014). Die durch die Ökosystemingenieure hervorgerufenen Störstellen wurden von allen vier Schmetterlingsarten gegenüber der Matrixvegetation zur Eiablage bzw. als Larvalhabitat präferiert. Die zur Reproduktion genutzten Ameisen- bzw. Maulwurfshaufen wiesen aufgrund eines höheren Offenbodenanteils, einer geringeren Krautschichtdeckung und/oder niedrigerer Vegetation ein wärmeres Mikroklima als die umgebende Vegetation auf (Tab. 4-2). Zudem war die Deckung der Wirtspflanzen in drei der vier Studien auf den Haufen höher (Foto 4-21). Hinweise auf eine bevorzugte Nutzung von Ameisen- und Maulwurfshaufen als Eiablagehabitat gibt es auch bei verschiedenen Feldheuschrecken (Fartmann & Mattes 1997, Reck 1993, Schulz 2003, Waloff 1950).

Das **Europäische Wildkaninchen** zählt ebenfalls zu den bodenwühlenden Ökosystemingenieuren in Graslandökosystemen (siehe oben). Neben der Grabtätigkeit wirkt es sich aber auch – bei entsprechenden Dichten – durch die Schaffung von großflächig kurzrasiger Vegetation als Folge des Verbisses positiv auf andere Organismen aus (Kämpfer & Fartmann 2019). Für Großbritannien ist eindrucksvoll belegt, wie die nachlassende Kaninchenbeweidung

Tab. 4-2 Unterschiede in der Vegetationsstruktur an Ameisen- und Maulwurfshaufen, die von störungsabhängigen Schmetterlingsarten zur Eiablage (*Hesperia comma*, *Lycaena phlaeas* und *Pyrgus malvae*) oder als Larvalhabitat (*Zygaena purpuralis*) genutzt werden, im Vergleich zu zufällig ausgewählten Wirtspflanzen in der Matrixvegetation. Wirtspflanzen: *H. comma – Festuca ovina* agg., *L. phlaeas – Rumex acetosa* und *R. acetosella*, *P. malvae – Agrimonia eupatoria* und *Potentilla tabernaemontani*, *Zygaena purpuralis – Thymus praecox* und *T. pulegioides*. „↑" signifikant höhere Werte im Vergleich zur Matrix, „↓" signifikant niedrigere Werte im Vergleich zur Matrix. Quellen: Streitberger & Fartmann (2013, 2015, 2016), Streitberger et al. (2014).

Parameter	**Ameisenhaufen**		**Maulwurfshaufen**	
	Hesperia comma	*Zygaena purpuralis*	*Lycaena phlaeas*	*Pyrgus malvae*
Deckung				
Wirtspflanzen	↑	↑	↑	•
Krautschicht	↓	•	↓	↓
Offenboden	↑	↑	↑	↑
Vegetationshöhe	•	↓	↓	•

aufgrund der Myxomatose seit den 1950er-Jahren zu höherer Vegetation in den Magerrasen und damit zu einem kühleren Mikroklima geführt hat, was schließlich den Zusammenbruch der Populationen von Komma-Dickkopffalter und Schwarzgeflecktem Ameisenbläuling (*Phengaris arion*) (Foto 4-22) zur Folge hatte (Asher et al. 2001). Kaninchenverbiss fördert durch die Schaffung warmer Mikrohabitate nicht nur Insekten, sondern verbessert auch für insektivore Arten die Zugänglichkeit zur Beute. Viele insektivore Vogelarten sind Bodenjäger und daher auf vegetationsarme oder kurzrasige Vegetation angewiesen (Gatter 2000). Die elementare Bedeutung derartiger durch Kaninchen geschaffener Strukturen wurde jüngst für den Steinschmätzer (*Oenanthe oenanthe*) auf den Ostfriesischen Inseln gezeigt (Foto 4-23) (Kämpfer & Fartmann 2019).

Insgesamt sind die durch die Ökosystemingenieure geschaffenen Störstellen aufgrund der spezifischen Vegetationsstruktur, der teilweise erhöhten Deckung bestimmter Wirtspflanzen und des günstigen Mikroklimas wichtige Fortpflanzungshabitate für

Foto: Thomas Fartmann

Foto 4-22 Der Rückgang der Kaninchenbeweidung war maßgeblich mitverantwortlich für das Aussterben des Schwarzgefleckten Ameisen-Bläulings (*Phengaris arion*) in den 1970er-Jahren in Großbritannien.

Foto: Thomas Fartmann

Foto 4-23 Der insektivore Steinschmätzer (*Oenanthe oenanthe*) profitiert von der Grabaktivität und dem Verbiss von Wildkaninchen (*Oryctolagus cuniculus*).

thermophile Insekten (Asher et al. 2001, King 2006, Streitberger & Fartmann 2017) und bei großflächigem Vorkommen wichtige Jagdhabitate für insektivore Vögel (Kämpfer & Fartmann 2019). Dies gilt in besonderer Weise für produktive und dichtwüchsige Graslandbestände sowie Brachen (Streitberger & Fartmann 2013, 2015; Streitberger et al. 2014). Hier können die Ökosystemingenieure durch ihre Grabtätigkeit bzw. ihren Verbiss die negativen Auswirkungen der Sukzession und von Stickstoffeinträgen für eine gewisse Zeit kompensieren oder zumindest abmildern (Streitberger & Fartmann 2017).

Foto: Thomas Fartmann

Großer Fuchs (*Nymphalis polychloros*) bei Blütenbesuch an Schlehe (*Prunus spinosa*).

Exkurs 4 Phytodiversität und Insektendiversität: das eine bedingt das andere

Viele Insektenarten sind auf ein ausreichendes Pollen-, Nektar- oder Wirtspflanzenangebot angewiesen, um zu überleben. Insbesondere bei eng nahrungsspezialisierten (stenophagen) Insekten – wie beispielsweise viele Tagfalter-, Wildbienen- oder Zikadenarten – hängt die Diversität in einem Habitat daher direkt von der Phytodiversität ab (Foto 4-24 und 4-25) (Helbing et al. 2017, Krämer et al. 2012a, Westrich 2018). Exemplarisch wurde dies für präalpine Kalkmagerrasen (Buckelwiesen) des Werdenfelser Landes (Bayern) gezeigt: Die Artenzahl der Habitatspezialisten unter den Tagfalterarten nahm mit der Anzahl der Wirtspflanzen im Habitat zu (Grafik 4-18) (Krämer et al. 2012a). Eine große Pflanzenartenvielfalt ist in aller Regel auf Nährstoffarmut und extensive Nutzung zurückzuführen (Ellenberg & Leuschner 2010). Konkurrenzkräftige Pflanzenarten werden dadurch geschwächt, es gelangt ausreichend Licht in Bodennähe und Regenerationsnischen für konkurrenzschwache Pflanzenarten entstehen (Fleischer et al. 2013, Streitberger et al. 2017).

Foto: Thomas Fartmann

Foto 4-24 Ruderalisierter Sandtrockenrasen, der eine außerordentlich hohe Phytodiversität und Insektenvielfalt aufweist (Uckermark, Brandenburg).

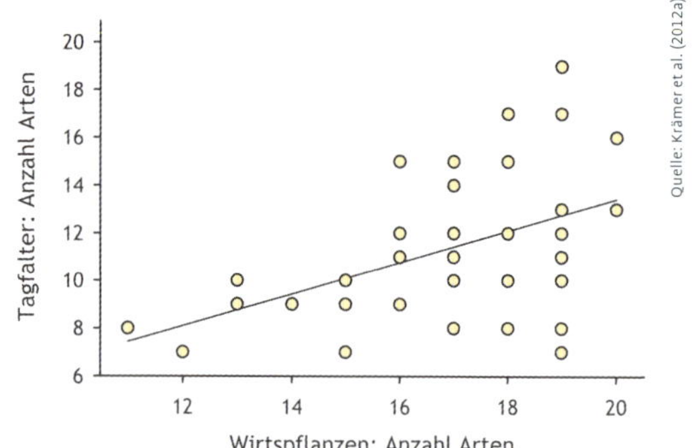

Grafik 4-18 Zusammenhang zwischen Artenzahl der Wirtspflanzen und Tagfalter (Habitatspezialisten) in präalpinen Trockenrasen (Buckelwiesen) (Werdenfelser Land, Bayern). Bestimmtheitsmaß (R^2) = 0,23, P <0,05.

Foto 4-25 Beispiele für Vegetationsbestände mit hoher Phytodiversität: Salbei-Glatthaferwiese (a), Kalkhalbtrockenrasen (b), Kalkvolltrockenrasen (c), Sandtrockenrasen (d und e) und Schwermetallrasen (f). Aspektbildende Arten: a – Gewöhnliche Margerite (*Chrysanthemum leucanthemum* agg.), Roter Wiesen-Klee (*Trifolium pratense*), Wiesen-Salbei (*Salvia pratensis*); b – Gewöhnliche Margerite (*Chrysanthemum leucanthemum* agg.), Kugelige Teufelskralle (*Phyteuma orbiculare*); c – Kugel-Lauch (*Allium sphaerocephalon*), d – Gewöhnlicher Reiherschnabel (*Erodium cicutarium*), Knollen-Hahnenfuß (*Ranunculus bulbosus*), Wildes Stiefmütterchen (*Viola tricolor*); e – Ähriger Ehrenpreis (*Veronica spicata*), Karthäuser-Nelke (*Dianthus carthusianorum*), Natternkopf-Habichtskraut (*Hieracium echioides*), Skabiosen-Flockenblume (*Centaurea scabiosa*); f – Sand-Grasnelke (*Armeria elongata*), Galmei-Veilchen (*Viola calaminaria*).

Exkurs 5 Habitatheterogenität – Vielfalt ist der Schlüssel

Foto: Thomas Fartmann

Foto 4-26 Der Warzenbeißer (*Decticus verrucivorus*) benötigt heterogene Offenlandhabitate und ist daher ein sehr guter Indikator für extensive Landnutzung.

Foto: Thomas Fartmann

Foto 4-27 Reliefierte Dünenlandschaft mit Habitatmosaik aus offenen Sandflächen, flechtenreicher Graudünen- und Heidevegetation (Hiddensee, Mecklenburg-Vorpommern).

Habitatheterogenität bedeutet eine größere Vielfalt an Mikrohabitaten in einem Lebensraum (Foto 4-27 bis 4-29), wodurch in aller Regel sowohl die Phytodiversität (Brose 2001, Ellenberg & Leuschner 2010, Holtmann et al. 2019a) als auch die Zoodiversität (Fartmann et al. 2012a, 2013; Helbing et al. 2017; Krämer et al. 2012b, Löffler & Fartmann 2017, Schirmel et al. 2010) gefördert werden. Dieser Zusammenhang wurde exemplarisch für die Heuschrecken in präalpinen Kalkmagerasen (Buckelwiesen) des Werdenfelser Landes (Oberbayern) und Zikaden in Silikatmagerrasen der Medebacher Bucht (Südwestfalen) nachgewiesen (Grafik 4-19).

Viele Insektenarten sind darüber hinaus zwingend auf eine hohe Habitatheterogenität angewiesen, da ihre Entwicklungsstadien unterschiedliche Habitatansprüche besitzen und sie daher im Laufe ihrer Individualentwicklung Mikrohabitatwechsel vollziehen müssen (Speight et al. 2008, Fartmann 2017). Bei Insekten besonders gut belegt ist dies beispielsweise für große Langfühlerschrecken wie den Warzenbeißer (*Decticus verrucivorus*) (Foto 4-26) (Schirmel et al. 2010, Schuhmacher & Fartmann 2003, Wünsch et al. 2012). Aber auch bei kleineren Arten wie der Gefleckten Keulenschrecke (*Myrmeleotettix maculatus*) und der Westlichen Beißschrecke (*Platycleis albopunctata*) unterscheiden sich die Eiablagehabitate, die Mikrohabitate der jungen und der alten Larven sowie der Imagines deutlich (Wünsch et al. 2012). Mit zunehmender Größe und voranschreitender Vegetationsperiode – verbunden mit höheren Temperaturen – suchen die Tiere verstärkt höhere Vegetation auf, die genügend Schutz vor Feinden und zu hohen Temperaturen sowie ausreichend Nahrung bietet.

Habitatheterogenität ist zudem ein wirksamer Puffer gegenüber klimatischen Extremereignissen (Fartmann 2006b, Streitberger et al. 2016a, b, Stuhldreher & Fartmann 2018). Heterogene Habitate sind resilienter gegenüber solchen Ereignissen und die Wahrscheinlichkeit für ein langfristiges Überleben der Arten in derartigen Lebensräumen ist größer. Die Arten haben hier mehr Möglichkeiten, durch Mikrohabitatwechsel auf extreme Wetter- und Witterungsbedingungen zu reagieren.

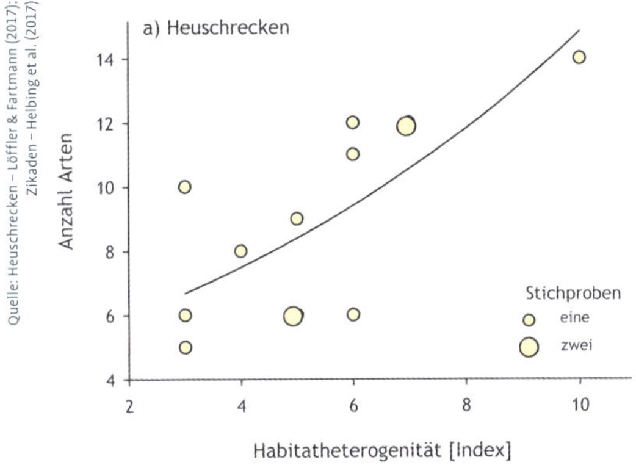

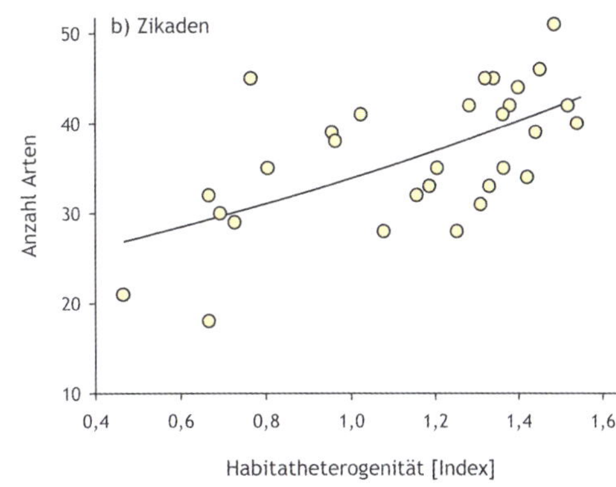

Grafik 4-19 Zusammenhang zwischen Artenzahl der Heuschrecken in präalpinen Trockenrasen (Buckelwiesen; Werdenfelser Land; Bayern) (a) bzw. der Zikaden in Silikatmagerrasen (Medebacher Bucht; Nordrhein-Westfalen) (b) und der Habitatheterogenität. Bestimmtheitsmaß (R^2, Nagelkerke): a) $R^2 = 0{,}70$, $P < 0{,}05$; b) $R^2 = 0{,}55$, $P < 0{,}001$.

Foto: Thomas Fartmann

Foto 4-28 Reliefierte Extensivweide mit unterschiedlichen Ausbildungen von Sandtrockenrasen und Magerweiden (Emsland, Niedersachsen).

Foto: Gregor Stuhldreher

Foto 4-29 Durch hohe Reliefenergie und Strukturreichtum gekennzeichnete nährstoffarme Rinderweiden, die ursprünglich als Allmende genutzt wurden und heute von einer Weidegenossenschaft bewirtschaftet werden (Diemeltal, Nordrhein-Westfalen).

Exkurs 6 Flächengröße – viel ist häufig mehr

Foto: Alexander Salz

Foto 4-30 Das Areal des Mittleren Perlmutterfalters (*Argynnis niobe*) in Deutschland ist im letzten Jahrhundert um mehr als 90 % geschrumpft.

Die Heterogenität eines Habitats korreliert in aller Regel mit der Flächengröße (Holtmann et al. 2019a, Löffler & Fartmann 2017), was sich – wie geschildert – per se positiv auf die Insektendiversität auswirkt. Darüber hinaus sind große Habitate deutlich weniger stark von Randeffekten betroffen als kleine Habitatinseln, zum Beispiel durch Pestizideinträge aus angrenzenden landwirtschaftlichen Flächen. Außerdem gibt es artspezifische Mindestflächengrößen, die für den Aufbau langfristig überlebensfähiger minimaler Populationsgrößen (*minimum viable population*) erforderlich sind (Fartmann & Remy 2019). Auch Insekten können – ähnlich wie große Wirbeltiere (Suter 2017) – hohe Raumansprüche haben.

Exemplarisch soll dies am Beispiel des Mittleren Perlmutterfalters (*Argynnis niobe*) dargestellt werden (Foto 4-30). Die Art war ursprünglich in Deutschland weit verbreitet und kam in allen Bundesländern vor (Salz & Fartmann 2009, 2017). Innerhalb der letzten 100 Jahre ist es aber zu dramatischen Bestandseinbrüchen gekommen. In mehr als 90 % der ehemals besiedelten Messtischblätter ist *A. niobe* heute nicht mehr nachgewiesen (Salz & Fartmann 2017). Einer der wenigen verbliebenen Verbreitungsschwerpunkte sind die Ostfriesischen Inseln in Niedersachsen. Hier besiedelt *A. niobe* Graudünen mit Hunds-Veilchen (*Viola canina*) als wichtigster Wirtspflanze (Salz & Fartmann 2009). Wie eine vergleichende Betrachtung der Inseln in der Nordsee von Texel (Niederlande) bis Skallingen (Dänemark) zeigt, benötigt *A. niobe* mindestens 100 ha zusammenhängender Graudünenfläche für ein dauerhaftes Vorkommen (Grafik 4-20). Anhand dieser Zahl wird deutlich, warum die Art in Deutschland so selten geworden ist (siehe Kapitel 1.1): Mehr oder weniger zusammenhängendes mageres Offenland mit reichlichem Vorkommen von Veilchen (*Viola* spp.) in einer Flächenausdehnung von 100 ha oder mehr gibt es heute schlichtweg so gut wie nicht mehr (Salz & Fartmann 2009, 2017).

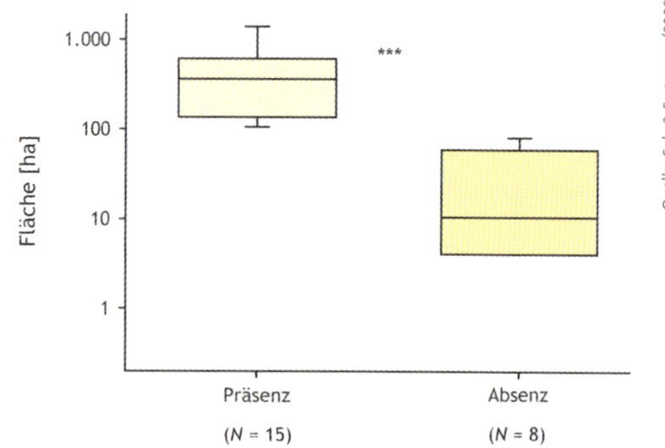

Grafik 4-20 Vorkommen des Mittleren Perlmutterfalters (*Argynnis niobe*) in Abhängigkeit von der Flächengröße potenzieller Larvalhabitate (Graudünen mit Hunds-Veilchen [*Viola canina*]) auf den Nordseeinseln von Texel (NL) bis Skallingen (DK). Dargestellt sind Median, 1. und 3. Quartil sowie 10 % und 90 % Perzentil. *** P <0,001.

Foto: Thomas Fartmann

Trockenrasen-Grüneule (*Calamia tridens*).

Exkurs 7 Auswirkungen des Klimawandels in fragmentierten Landschaften

Aufgrund des generellen Verlusts und der Verinselung von Lebensräumen fehlt vielen Arten die Möglichkeit, durch räumliche Verlagerung des Lebensraumes oder Verbreitungsgebiets auf den Klimawandel zu reagieren (Streitberger et al. 2016a, b). Selbst hochmobile Insektengruppen wie Libellen können daher nicht mit der Geschwindigkeit der klimatischen Veränderungen schritthalten. Extremereignisse wie beispielsweise Hitzewellen und Starkregenereignisse, die durch den Klimawandel zunehmend hervorgerufenen werden, verschärfen diese Problematik, da sie oft eine noch stärkere populationsbiologische Wirkung entfalten als die kontinuierliche Veränderung des Klimas. Sie können zum plötzlichen Aussterben von lokalen Populationen führen, was aufgrund des heutzutage meist fehlenden Biotopverbundes häufig nicht durch Wiederbesiedlung aus anderen Populationen ausgeglichen werden kann.

Wie komplex das Zusammenspiel aus Klima- und Landnutzungswandel auf die Insektenfauna in fragmentierten Landschaften wirkt, soll exemplarisch am Beispiel der Heuschreckengruppe der Beißschrecken und einer Tagfalterart, dem Schlüsselblumen-Würfelfalter (*Hamearis lucina*) (Grafik 4-21), erläutert werden. Sowohl die Kurzflügelige Beißschrecke (*Metrioptera brachyptera*) als auch Roesels Beißschrecke (*Roeseliana roeselii*) sind normalerweise kurzflügelig und flugunfähig (Poniatowski & Fartmann 2009). Hinsichtlich der besiedelten Lebensräume unterscheiden sie sich aber deutlich: *M. brachyptera* ist ein Habitatspezialist, die Art kommt vor allem in Magerrasen und Mooren vor. *R. roeselii* besiedelt dagegen sehr unterschiedliche Offenland-Lebensräume. Bei Dichtestress in der frühen Larvalphase wird bei beiden Arten ein Stresshormon ausgeschüttet, das zur Ausbildung langflügeliger (makropterer) Formen führt (Poniatowski & Fartmann 2009, 2011a, 2011b), die flugfähig sind (Poniatowski & Fartmann 2011c). Stress verleiht hier also im Wortsinn Flügel.

Aufgrund des Klimawandels waren die Frühjahre in der jüngsten Vergangenheit oft überdurchschnittlich warm, was eine geringe Larvensterblichkeit und höhere Populationsdichten zur Folge hatte (Grafik 4-22). Im Freiland sind die Dichten von *M. brachyptera* jedoch in aller Regel gering, auch unter besonders günstigen Bedingungen. Bei *M. brachyptera* werden daher im Freiland – trotz Klimawandels – so gut wie nie Larvendichten erreicht, die zur Ausbildung langflügeliger Tiere ausreichend wären. Selbst wenn dieser Fall eintritt, sind die Chancen auf eine erfolgreiche Ausbreitung gering, da in der modernen Landschaft kaum noch geeignete Lebensräume in erreichbarer Nähe vorhanden sind (Poniatowski & Fartmann 2011b). Zudem hat die Art austrocknungsempfindliche Eier. Entsprechend wirkt sich die zunehmende Sommertrockenheit aufgrund des Klimawandels zusätzlich negativ auf sie aus (Poniatowski et al. 2019).

Deutlich anders ist die Situation beim Habitatgeneralisten *R. roeselii*. Die durchschnittlichen Freilanddichten sind generell deutlich höher als bei *M. brachyptera*, und in warmen Frühjahren kommt es inzwischen regelmäßig zur Ausbildung makropterer Tiere; Makropterenanteile von über 20 % innerhalb der Populationen sind inzwischen keine Seltenheit (Poniatowski & Fartmann 2011a, b). Diese makropteren Tiere sind deutlich mobiler als die kurzflügeligen Individuen (Poniatowski & Fartmann 2011c). Da

Zeichnung: Axel M. Schulte

Grafik 4-21 Der Schlüsselblumen-Würfelfalter (*Hamearis lucina*) ist durch Habitatfragmentierung und Frühjahrstrockenheit in Kalkmagerrasen gefährdet.

geeignete Habitate für die Art weit verbreitet sind, kann sich *R. roeselii* ausbreiten und dem Klimawandel folgen.

In den Kalkmagerrasen des Diemeltals (Ostwestfalen/Nordhessen) bevorzugt *H. lucina* (Grafik 4-21) Westhänge mit Vorkommen der Wiesen-Schlüsselblume (*Primula veris*) als Wirtspflanze zur Eiablage (Fartmann 2006b). Süd- und Südwesthänge werden dagegen weitestgehend gemieden, da die Gefahr des Vertrocknens der Wirtspflanzen im Frühjahr sehr hoch ist. Durch zunehmende Frühjahrstrockenheit im Zuge des Klimawandels steigt künftig auch das Vertrocknungsrisiko für *P. veris* in westexponierten Kalkmagerrasen (Foto 4-31). Wie eine Studie in verschiedenen Lebensräumen in Deutschland zeigt, passt *H. lucina* die Gelegegröße an das Vertrocknungsrisiko der Wirtspflanze an (Anthes et al. 2008). Je größer das Vertrocknungsrisiko ist, desto kleiner sind die Gelege. In den Kalkmagerrasen des Diemeltals verfolgt die Art aufgrund des generell hohen Vertrocknungsrisikos der Wirtspflanze bereits eine Strategie der Risikostreuung. Die Eier werden meist in Form von Zweiergelegen oder sogar nur einzeln abgelegt. Eine weitere Anpassung der Gelegegröße ist also kaum möglich. Die Besiedlung nord- und ostexponierter Flächen ist auch nahezu ausgeschlossen, da kaum noch offene Kalkmagerrasen mit dieser Exposition im Diemeltal vorhanden sind (Fartmann 2006b). Da die Art zudem nur über eine geringe Mobilität verfügt, sind Ausweichbewegungen im Zuge des Klimawandels eher unwahrscheinlich. In Übereinstimmung hiermit wiesen von 47 besiedelten Kalkmagerrasen Ende der 1990er-Jahren im Jahr 2014 nur noch 32 Flächen (68 %) Vorkommen von *H. lucina* auf (Schwarz 2014).

Grafik 4-22 Auswirkungen des Klimawandels auf den Habitatspezialisten Kurzflügelige Beißschrecke (*Metrioptera brachyptera*) und den Habitatgeneralisten Roesels Beißschrecke (*Roeseliana roeselii*).

Fotos: Thomas Fartmann

Foto 4-31 Vitaler Bestand der Wiesen-Schlüsselblume (*Primula veris*) (links) und Pflanzen an einem Südhang, die bereits vor Abschluss der Samenbildung vertrocknet sind (rechts). Durch zunehmende Frühjahrstrockenheit im Zuge des Klimawandels steigt das Vertrocknungsrisiko für die Wiesen-Schlüsselblume – die Wirtspflanze des Schlüsselblumen-Würfelfalters (*Hamearis lucina*) – nun auch in westexponierten Kalkmagerrasen.

Exkurs 8 Matrix ist nicht gleich Matrix

In den fragmentierten Landschaften von heute sind die verbliebenen Habitatinseln umgeben von einer Matrix, die für viele Insektenarten eher lebensfeindlich ist und die Ausbreitung hemmt (siehe Kapitel 4.1.1). Wenngleich die Matrix für viele Arten – insbesondere Habitatspezialisten – inzwischen nur noch eine geringe Bedeutung als Lebensraum hat, wirkt sich die Zusammensetzung der Matrix dennoch auf die Wanderbewegungen und das langfristige Überleben der Arten in den Habitatinseln aus.
In einer Studie zu Zikaden in Silikatmagerrasen der Medebacher Bucht (Südwestfalen) nahm die Artenvielfalt der relativ mobilen Habitatgeneralisten und langflügeligen Arten mit steigendem Anteil des Ackerlandes im 200 m Radius um den Magerrasen ab (Grafik 4-23, Foto 4-32 und 4-33) (Helbing et al. 2017). Bei den weniger mobilen gefährdeten Arten, den kurzflügeligen Arten und den Habitatspezialisten hatte die umgebende Ackerfläche dagegen keinen Einfluss auf die Artenanzahl.
Ähnliche Befunde liegen auch für Schmetterlinge im Magergrünland des Oberen Diemeltals (Nordhessen) vor (Münsch et al. 2019). Ein hoher Anteil an Ackerflächen im Umfeld des Magergrünlandes wirkte sich hier negativ auf das Vorkommen des mobilen Rundaugen-Mohrenfalters (*Erebia medusa*) aus (Grafik 4-24). Bei der weniger mobilen der beiden untersuchten Arten – dem Ampfer-Grünwidderchen (*Adscita statices*) – hingegen konnte kein Einfluss der Ackerflächen auf das Vorkommen in den Magergrünlandinseln festgestellt werden. Heutige Ackerflächen sind für beide Insektengruppen in aller Regel als Lebensraum ungeeignet, da beispielsweise Nektarquellen sowie Wirtspflanzen weitgehend fehlen und die mikroklimatischen Bedingungen eher ungünstig sind (Konvička et al. 2016, Nickel 2003, Nickel et al. 2002, Nilsson et al. 2013). Zudem wirken sich die eingesetzten Insektizide direkt negativ auf die Insekten aus (Meek et al. 2002). Die Ergebnisse der vorgestellten Studien verdeutlichen, dass eine lebensfeindliche Matrix im Umfeld von Habitatinseln vor allem für mobile Arten, die ihre Lebensräume deutlich häufiger verlassen als weniger mobile Arten, als ökologische Senken fungieren.
In Studien zu den Schlüsselfaktoren, die das Überleben in fragmentierten Landschaften bestimmen, wurde die Konnektivität von Habitaten in aller Regel anhand von Luftliniendistanzen (euklidische Distanzen) ermittelt (Anthes et al. 2003, Eichel & Fartmann 2008, Stuhldreher & Fartmann 2014). Welchen

Foto: Thomas Fartmann

Foto 4-32 Artenreiche Agrarlandschaft der Medebacher Bucht mit den sogenannten „Ginsterköpfen“ auf den Kuppen (Hochsauerland, Nordrhein-Westfalen).

Foto: Thomas Fartmann

Foto 4-33 Die Gemeine Blutzikade (*Cercopis vulnerata*) zählt zu den langflügeligen Habitatgeneralisten, die negativ auf hohe Ackeranteile im Umfeld von Magerrasen reagieren.

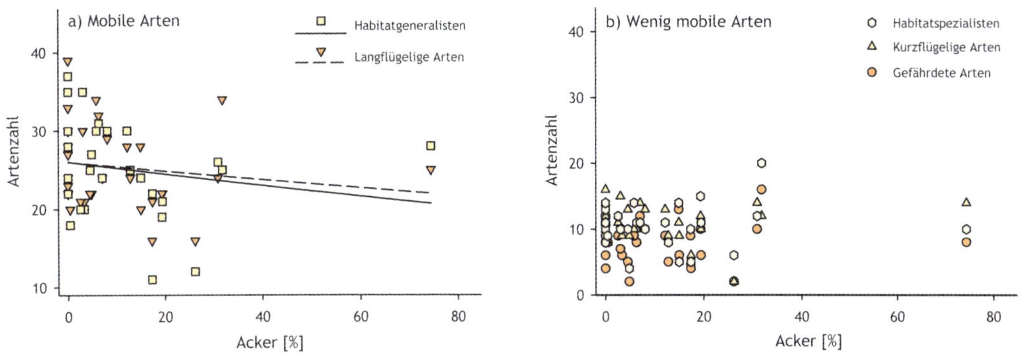

Grafik 4-23 Zusammenhang zwischen Anzahl der Zikadenarten in Silikatmagerrasen und dem Anteil von Ackerflächen im Umkreis von 200 m um die Magerrasen (Medebacher Bucht, Nordrhein-Westfalen).
a) Arten mit signifikantem Zusammenhang (P < 0,05), b) Arten ohne signifikanten Zusammenhang.

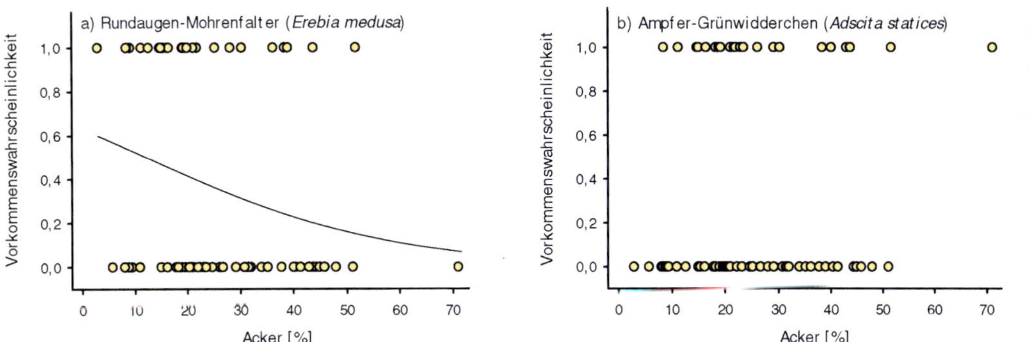

Grafik 4-24 Vorkommenswahrscheinlichkeit von Rundaugen-Mohrenfalter (*Erebia medusa*) (a) und Ampfer-Grünwidderchen (*Adscita statices*) (b) im Magergrünland in Abhängigkeit vom Anteil des Ackerlandes im Umkreis von 500 m um die Magergrünlandinseln (Oberes Diemeltal, Hessen). Nur bei *E. medusa* bestand ein signifikanter Zusammenhang (P < 0,05).

Einfluss die Landschaftsstruktur auf die Vernetzung der Habitate (funktionelle Konnektivität) hat, wurde dagegen bislang kaum untersucht. Eine aktuelle Studie anhand von Heuschrecken, Tagfaltern und Zikaden in Kalkmagerasen des Diemeltals (Nordhessen) belegt nun einen signifikanten Einfluss der Struktur der umgebenden Landschaft auf die Wanderbewegungen von Insekten zwischen den Habitatinseln (Poniatowski et al. 2016). Insbesondere Landschaftsstrukturen, die strukturell denen in den Kalkmagerasen ähnelten, erleichtern die Ausbreitung der Insektenarten. Die Zusammensetzung der Matrix spielt also eine entscheidende Rolle für Wanderbewegungen von Insekten in fragmentierten Habitaten.

4.2 Auswirkungen auf Ebene der Landnutzungstypen

4.2.1 Agrarlandschaften

In der Agrarlandschaft lassen sich vier Komplexe von Beeinträchtigungen identifizieren, die auf die Insektenfauna wirken:

- Habitatverlust,
- Habitatdegradation (Abnahme der Habitatqualität),
- direkte Schädigungen von Individuen und
- Veränderungen der Interaktionen zwischen Arten.

Der Habitatverlust umfasst den Totalverlust von Habitaten, die Abnahme der Habitatgröße bei gleichzeitig steigender Isolation der verbliebenen Flächen (Habitatfragmentierung) sowie die Abnahme der Habitatvielfalt auf der Landschaftsebene (siehe Kapitel 4.1.1). Die Habitatdegradation beinhaltet insbesondere eine Abnahme geeigneter Nahrungsressourcen und Mikrohabitate für eine erfolgreiche Fortpflanzung.

Habitatverlust und Habitatdegradation werden von zahlreichen Autoren als wichtige Gründe für den Rückgang von Insekten und oft als dessen Hauptursache angesehen (zum Beispiel Baude et al. 2016, Bianchi et al. 2006, Bubova et al. 2015, Diacon-Bolli et al. 2012, Fartmann 2017, Fartmann et al. 2019, Fox 2013, Goulson et al. 2008, Niemelä 2001, Ollerton et al. 2014, Potts et al. 2010, 2011, 2016a, 2016b, Skórka & Lenda 2011, Thomas 2016, Van Swaay et al. 2010, Warren et al. 2001, 2015). Besonders stark davon betroffen sind Insektenarten, die auf nährstoffarme Habitate angewiesen sind, einen hohen Flächenanspruch haben und eine gute Vernetzung ihrer Lebensräume benötigen (Metapopulationsarten; siehe auch Exkurs 1, Seite 80) (Fartmann 2017, Fartmann et al. 2019). Ein gutes Beispiel hierfür ist der Mittlere Perlmutterfalter (*Argynnis niobe*). Die Art war früher in Deutschland weit verbreitet, kommt heute aber nur noch in weniger als 10 % der ehemals besiedelten Messtischblätter vor (siehe Kapitel 1.1; Salz & Fartmann 2009, 2017).

Für Habitatverlust und Habitatdegradation in der Agrarlandschaft ist eine große Zahl von Faktoren verantwortlich, von denen der überwiegende Teil entweder mit der Intensivierung der landwirtschaftlichen Nutzung oder mit deren Aufgabe in Zusammenhang steht (siehe Kapitel 4.1.1). Daneben sind vor allem der Klimawandel und atmosphärische Stickstoffeinträge an der Habitatdegradation beteiligt (Kapitel 4.1.2 und 4.1.3). Direkte Schädigungen von Individuen sind in erster Linie eine Folge der Intensivierung der landwirtschaftlichen Nutzung, insbesondere des Einsatzes von Pestiziden sowie der modernen Acker- und Grünlandbewirtschaftung. Veränderungen der Interaktionen zwischen Arten können sehr unterschiedliche Gründe haben, sind aber oft auf den Klimawandel (Kapitel 4.1.2) und teilweise auch auf das Auftreten von Neobiota zurückzuführen (Kapitel 4.1.4).

Im Folgenden werden die Auswirkungen von Habitatverlust, Habitatdegradation und direkten Schädigungen von Individuen auf Insektenpopulationen dargestellt und die Wirkmechanismen erläutert. Basierend auf den vorherigen Ausführungen werden die nachfolgenden Prozesse als besonders relevant für Habitatverlust, Habitatdegradation und direkte Schädigung von Insekten in Agrarlandschaften angesehen:

- Nutzungsintensivierung,
- Nutzungsaufgabe,
- Fragmentierung der verbliebenen Habitatinseln und
- Stickstoffdepositionen.

Da sich die Nutzungsintensivierung viel stärker negativ auf die Biodiversität ausgewirkt hat als die drei anderen Punkte (Kapitel 4.1.1), wird dieser Prozess deutlich ausführlicher behandelt und in die Unterkapitel Allgemeine Auswirkungen, Pestizide und Mahd von Grünland untergliedert. Bezüglich der Ursachen veränderter Interaktionen zwischen Arten sei auf die generellen Ausführungen zum Klimawandel (Kapitel 4.1.2) und zu invasiven Arten verwiesen (Kapitel 4.1.4).

Nutzungsintensivierung

Allgemeine Auswirkungen

Insbesondere die folgenden, ausführlich in Kapitel 3.1.2 vorgestellten Aspekte der Nutzungsintensivierung und ihre großflächige Umsetzung haben – neben dem Einsatz von Pestiziden und einer intensiveren Grünlandmahd (siehe unten) – zum Verlust und einer Degradation von Habitaten für Insekten in Agrarlandschaften geführt (Bianchi et al. 2006, Bubova et al. 2015, Diacon-Bolli et al. 2012, Fox 2013, Goulson et al. 2008, 2015, Ollerton et al. 2014, Potts et al. 2010, 2011, 2016b, Thomas 2016, Settele et al. 2009, Van Swaay et al. 2010):

- Melioration und Drainage von Feuchtgebieten, Mooren, Heiden und landwirtschaftlichen Nutzflächen,
- Flurbereinigung,
- Anwendung des Kunstdüngers (Eutrophierung der Landschaft),
- generelle Intensivierung der landwirtschaftlichen Nutzung und
- Umwandlung von Grünland in Ackerland.

Die Auflösung der Allmenden (Markenteilung als frühe Form der Flurbereinigung) im 19. Jahrhundert war die Grundlage für die großflächigen Meliorationen und die Intensivierung der landwirtschaftlichen Nutzung (siehe Kapitel 3.1.2). Damit verbunden war der Zusammenbruch der Hutungs- und Transhumanzsysteme mit dem Verlust von Millionen an Weidetieren (zur Bedeutung von Dung und Dungkäfern siehe **Grafik 3-16**). Ursprünglich bedeckten Allmenden zwei Drittel der Fläche Mitteleuropas (Schulze-Hagen 2005, 2019). Wie Arbeiten aus den wenigen verbliebenen Allmendweiden in Mitteleuropa zeigen, sind derartige Weidesysteme aufgrund von Nährstoffarmut, Strukturvielfalt und der Kontinuität der extensiven Nutzung Hotspots der Arten- und Insektenvielfalt **(Foto 4-34 bis 4-37)** (zum Beispiel Fumy et al. 2020, Helbing et al. 2014, Lederbogen et al. 2004, Sachteleben 1995, Schwarz et al. 2018). So kommt beispielsweise der insektenfressende Baumpieper (*Anthus trivialis*) hier in besonders hoher Abundanz vor **(Grafik 4-25)**.

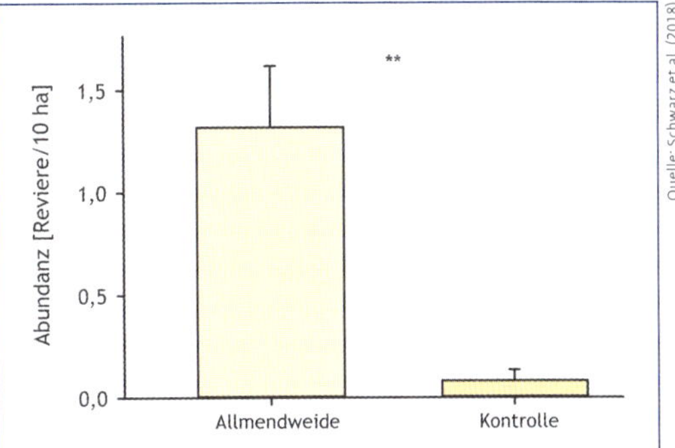

Grafik 4-25 Revierdichte des Baumpiepers in bayerischen Allmendweiden im Vergleich zur umgebenden Landschaft. ** $P < 0,01$.

Feuchtgebiete, Moore und Heiden haben heute nur noch einen Bruchteil der Ausdehnung, die sie vor der Industrialisierung der Landwirtschaft hatten (Kapitel 3.1). Die verbliebenen Restflächen (insbesondere die Hochmoorrelikte) befinden sich zudem vielfach in einem mehr oder weniger stark degradierten Zustand (Succow & Joosten 2001, Ellenberg & Leuschner 2010). Der größte Teil der Moore und des Feuchtgrünlands wurde durch Entwasserung und Düngung in Acker- oder intensiv genutztes Grünland umgewandelt (Poschlod 2017). Dementsprechend sind besonders oft hygrophile

Foto 4-34 Der Erdbock (*Dorcadion fuliginator*) ist eine flugunfähige Käferart, die aufgrund ihrer geringen Mobilität auf eine Kontinuität der extensiven Nutzung angewiesen ist. Derartige Bedingungen findet die Art beispielsweise in den noch bestehenden ausgedehnten Allmendweiden mit Trockenrasen.

Foto: Thomas Fartmann

Foto 4-35 Innerhalb der Hochgebirgsweiden schaffen die Rinder Habitate wie etwa Lägerfluren. Die Weidetiere sorgen dort für Eutrophierung und schaffen offene Bodenstellen mit spezifischen Pflanzen- und Insektengemeinschaften (Valle de Aísa, Aragonien, Spanische Pyrenäen).

Foto: Thomas Fartmann

Foto 4-36 Allmendweide mit Blühaspekt der Rostblättrigen Alpenrose (*Rhododendron ferrugineum*) in den Alpen (Bockarttal, Pongau, Österreich).

Foto: Thomas Fartmann

Foto 4-37 Reichstrukturierte Flügelginster-Weiden sind typisch für Allmendweiden im Südschwarzwald (Oberer Hotzenwald, Baden-Württemberg).

Insektenarten bestandsgefährdet (Binot-Hafke 2011, Gruttke et al. 2016). Beispiele hierfür aus der Gruppe der Tagfalter sind der Braunfleckige Perlmutterfalter (*Boloria selene*) **(Foto 4-38)**, das Große Wiesenvögelchen (*Coenonympha tullia*), der Hochmoor-Bläuling (*Agriades optilete*) **(Foto 4-39)** und der Hochmoor-Gelbling (*Colias palaeno*) **(Foto 4-40 und 4-41)**. Auch bei den Heiden hat – neben anderen Faktoren wie Nutzungsaufgabe und Aufforstung (Kapitel 3.1.2) – die Umwandlung in Acker- oder Grünland zum Rückgang dieses Habitattyps und seiner spezifischen Insektenfauna beigetragen (Borchard et al. 2013, 2014; Borchard & Fartmann 2014, Fartmann et al. 2015, Schirmel et al. 2011, Schirmel & Fartmann 2014, Symes & Day 2003).

Bereits in der zweiten Hälfte des 19. Jahrhunderts wurden die massiven Auswirkungen der Markenteilung auf Vögel, beispielsweise in Nordwestdeutschland, dokumentiert (Bolsmann 1874, Westhoff 1889). So waren die Bestände von Arten wie Alpenstrandläufer (*Calidris alpina*), Goldregenpfeifer (*Pluvialis apricaria*) und Triel (*Burhinus oedicnemus*) in den Moorheiden bereits stark rückläufig oder auf Kleinstpopulationen zusammengeschrumpft.

Auch bei den charakteristischen Insektenarten derartiger Lebensräume dürften deutliche Veränderungen stattgefunden haben. Allerdings gibt es dazu wesentlich weniger Informationen. Gefleckte Schnarrschrecke (*Bryodemella tuberculata*) und Rotflügelige Schnarrschrecke (*Psophus stridulus*) **(Foto 4-42)** sind zwei Heuschreckenarten, die früher im Norddeutschen Tiefland weiter verbreitet waren **(Grafik 4-26)** und zu den typischen Elementen vegetationsarmer Auen und Hutungssysteme zählen (Fischer et al. 2020, Schlumprecht & Waeber 2003). Heute sind sie in Norddeutschland ausgestorben (*B. tuberculata*) oder haben nur noch kleine Restvorkommen auf ehemaligen militärischen Übungsplätzen (*P. stridulus*). Diese stellen aufgrund der typischerweise extensiven Bewirtschaftung, der häufigen mechanischen Störungen und der Nährstoffarmut infolge fehlender Düngung auch für andere Insektenarten der historischen Kulturlandschaft

Foto 4-38 Zu den typischen Lebensräumen des Braunfleckigen Perlmutterfalters (*Boloria selene*) zählen saure Moore und nährstoffarmes Feuchtgrünland.

Foto 4-39 Der Hochmoor-Bläuling (*Agriades optilete*) macht seinem deutschen Namen alle Ehre – er ist eine charakteristische Art der Hochmoore.

letzte Refugien dar, etwa für den Genetzten Puppenräuber (*Callisthenes reticulatus*) (Schnitter 2015) und die Heideschrecke (*Gampsocleis glabra*) (Fischer et al. 2020).

Ebenfalls negativ vom Zusammenbruch der großflächigen Weidesysteme auf nährstoffarmen Standorten betroffen waren der Apollofalter (*P. apollo*), der Mittlere Perlmutterfalter (*A. niobe*) und der Steppenheiden-Würfeldickkopffalter (*P. carthami*) (zum Beispiel Bräu et al. 2013, Salz & Fartmann 2009, 2017). Sie hatten bereits vor dem Zweiten Weltkrieg große Arealverluste in Mitteleuropa erlitten **(Grafik 1-1 und 1-2)**. Insbesondere bei Apollofalter und Steppenheiden-Würfeldickkopffalter war dies aber weniger eine Folge der Nutzungsintensivierung als vielmehr der Nutzungsaufgabe und Aufforstung der Allmenden (siehe auch unten unter Nutzungsaufgabe).

Die Flurbereinigungen insbesondere nach 1950 bildeten eine Grundlage für die weitere Intensivierung der Landnutzung und waren verantwortlich für den großflächigen Verlust vieler für Insekten wichtiger Landschaftselemente wie Steinmauern, Hohlwege, Sand-, Mergel- und Tongruben, Säume, Hecken, Feld-

Foto 4-40 Der Hochmoor-Gelbling (*Colias palaeno*) besiedelt Hoch- und Zwischenmoore mit der Rauschbeere (*Vaccinium uliginosum*) als Wirtspflanze.

Foto 4-41 Vom Hochmoor-Gelbling (*Colias palaeno*) besiedeltes Moor mit Rauschbeere (*Vaccinium uliginosum*) (Oberer Hotzenwald, Baden-Württemberg).

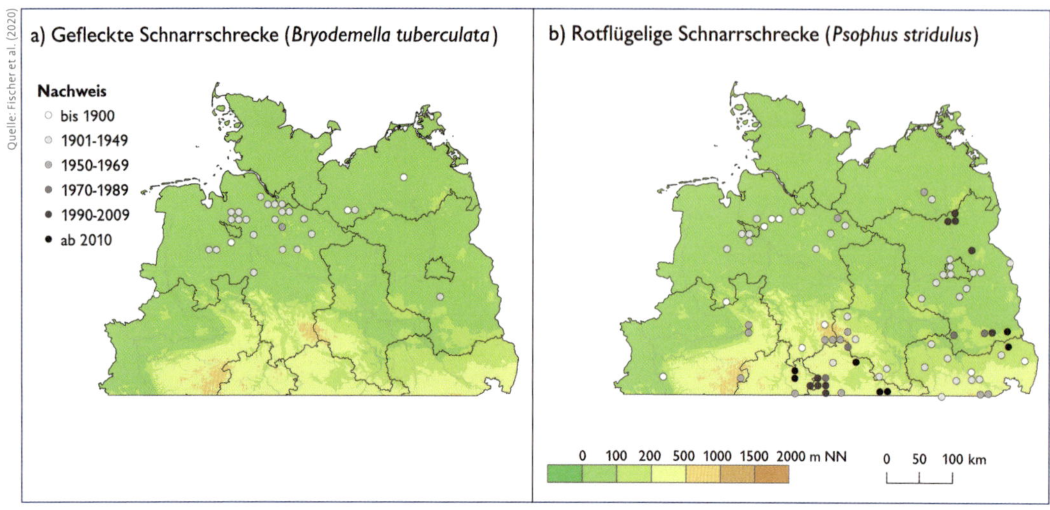

Grafik 4-26 Veränderung der Verbreitung von Gefleckter Schnarrschrecke (*Bryodemella tuberculata*) (a) und Rotflügeliger Schnarrschrecke (*Psophus stridulus*) (b) in der Nordhälfte Deutschlands.

Foto 4-42 Entscheidend für das Vorkommen der Rotflügeligen Schnarrschrecke (*Psophus stridulus*) sind trockene, magere und kurzrasige Habitate in größerer Flächenausdehnung.

gehölze und Kleingewässer in der Agrarlandschaft (Kapitel 3.1.2). Das Verschwinden dieser Lebensräume wird als mitverantwortlich für den Insektenrückgang angesehen (Bianchi et al. 2006, Diacon-Bolli et al. 2012, Fox 2013, Goulson et al. 2008, Settele et al. 2009).

Negative Auswirkungen einer veränderten ackerbaulichen Nutzung auf Insekten wurden bereits frühzeitig dokumentiert. Mit besserer Nährstoffversorgung verschwanden vor dem Zweiten Weltkrieg beispielsweise Esparsettefelder und Brachen aus Mitteleuropa (Kapitel 3.1.2). Dies hatte etwa massive Rückgänge beim Streifen-Bläuling (*Polyomamtus damon*) zur Folge, dessen Raupen monophag an Esparsette (*Onobrychis* ssp.) leben (Fartmann 2004). Das Ende der Brachäckerwirtschaft wird auch als Ursache für das Aussterben des Englischen Bärs (*Arctia festiva*) in Deutschland angesehen (Weidemann & Köhler 1996).

Heutiges Ackerland ist wegen der häufigen und intensiven Bewirtschaftung als Lebensraum für die meisten Insektengruppen kaum noch relevant und meist deutlich weniger bedeutsam als Grünland (zum Beispiel Basedow 1987, Ewald et al. 2015, Kaule 1991). Besonders schwerwiegend ist der flächendeckende Einsatz von Herbiziden und Insektiziden (siehe unten). Die meisten Insekten in Ackerflächen sind auf eine reiche Segetalflora angewiesen (Exkurs 4, Seite 88) (Newton 2017, Potts 1991). Für viele phytophage Insektenarten fehlen aufgrund der Herbizidbehandlung Nahrungspflanzen **(Grafik 4-27)**, und bedingt durch die regelmäßige Insektizidanwendung ist auch für zoophage Insekten eine dauerhafte Besiedlung der Äcker oft unmöglich; viele Arten müssen daher immer wieder aus der Umgebung neu einwandern.

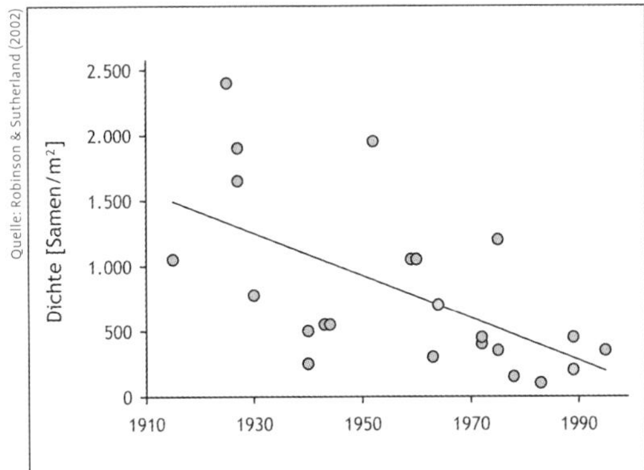

Grafik 4-27 Abnahme der Samendichte von Segetalpflanzen im obersten Bodenzentimeter von Getreideäckern in Großbritannien und Dänemark im letzten Jahrhundert. Bestimmtheitsmaß (R^2) = 0,35.

Das heutzutage für die Insektenfauna als Lebensraum wichtigere Grünland hat deutschlandweit in der zweiten Hälfte des 20. Jahrhunderts massive Flächenverluste erlitten **(Grafik 3-12)**, vor allem durch Umwandlung in Ackerland (Grünlandumbruch), daneben auch durch Überbauung und Aufforstung (Gatter 2000). Dieser Trend hat sich seit der Jahrtausendwende fortgesetzt (UBA 2017). Besonders nachteilig ist der Umbruch von nährstoffarmen, extensiv genutzten Wiesen und Weiden, die bevorzugter Lebensraum vieler Insektenarten sind (zum Beispiel Burkart et al. 2004, Bosshard 2016).

Die Folgen der intensivierten Grünlandwirtschaft sind auf den ersten Blick weniger offensichtlich als die des Grünlandumbruchs, aber dennoch ähnlich schwerwiegend. Bei der intensiven Grünlandwirtschaft spielt Düngung eine zentrale Rolle. Mithilfe des Kunstdüngers konnten der Nährstoffgehalt und die Produktivität von Äckern und Grünland stark erhöht werden. Dies hatte eine Fülle von Auswirkungen auf die Insektenfauna. Wichtigster Effekt einer erhöhten Stickstoffverfügbarkeit ist die Förderung einiger weniger konkurrenzkräftiger Pflanzenarten (Kapitel 4.1.3). Das Resultat ist eine artenarme **(Grafik 4-12)**, strukturell homogene Vegetation. Eine hohe Phytodiversität ist aber ein Garant für Insektenartenvielfalt (siehe Exkurs 4). Aufgrund der höheren Produktivität können Wiesen häufiger gemäht werden, und auf Weiden ist eine höhere Viehbesatzdichte möglich. Dies wiederum führt zum Rückgang weniger schnitt- bzw. beweidungstoleranter Pflanzenarten und damit der Pflanzenartenvielfalt insgesamt (Ellenberg & Leuschner 2010) sowie zu höheren Schädigungs- und Prädationsraten der Insekten (Brandt 2017, Ehlert et al. 2012, Fartmann & Mattes 1997, Van de Poel & Zehm 2014) (Kapitel 3.1.2).

Infolge der Düngung und der dadurch bedingten Dominanz hochproduktiver Grasarten zeichnen sich intensiv genutzte Grünlandsysteme außerdem durch eine hoch- und dichtwüchsige Vegetation mit kühlem Mikroklima aus (siehe Kapitel 4.1.3), die arm an offenen Bodenstellen ist. Extensiv genutzte Grünlandsysteme wie Magerrasen weisen hingegen infolge der geringeren Biomasseproduktion eine wesentlich niedrigwüchsigere und offenere Vegetation auf, wodurch vor allem wärmeliebende Insektenarten gefördert werden (siehe Exkurse 2 und 3, Seite 82 und 84). Der Rückgang niedrigwüchsiger und offener Vegetation im Grünland aufgrund der Düngung hat demnach ebenfalls einen negativen Effekt auf viele Insekten.

Höhere Stickstoffgehalte des Bodens führen in der Regel auch zu höheren Stickstoffgehalten im Gewebe der Pflanzen. Früher wurde generell angenommen, dass pflanzenfressende Tiere davon profitieren, weil die Aufnahme ausreichender Mengen an Stickstoff für den Aufbau von körpereigenen Eiweißen essenziell ist (White 1993). Mehrere Studien an phytophagen Insekten haben inzwischen jedoch belegt, dass es artspezifische Optima der Stickstoffkonzentration im Gewebe der Nahrungspflanzen gibt, deren Überschreitung Wachstum, Reproduktion oder Überlebensraten negativ beeinflusst (Nijssen et al. 2017). Für die Raupen einiger Tag- und Nachtfalter wurde jüngst gezeigt, dass diese Optima auch schon bei Düngermengen, wie sie in der Landwirtschaft üblich sind, überschritten werden **(Grafik 4-28, Foto 4-43)** (Kurze et al. 2018). Ein weiterer Effekt erhöhter Stickstoffverfügbarkeit sind veränderte Mengenverhältnisse zwischen Stickstoff und ande-

Foto: Thomas Fartmann

Foto 4-43 Zu viel Stickstoff in den Wirtspflanzen führt zu erhöhter Raupensterblichkeit beim Braunen Feuerfalter (*Lycaena tityrus*).

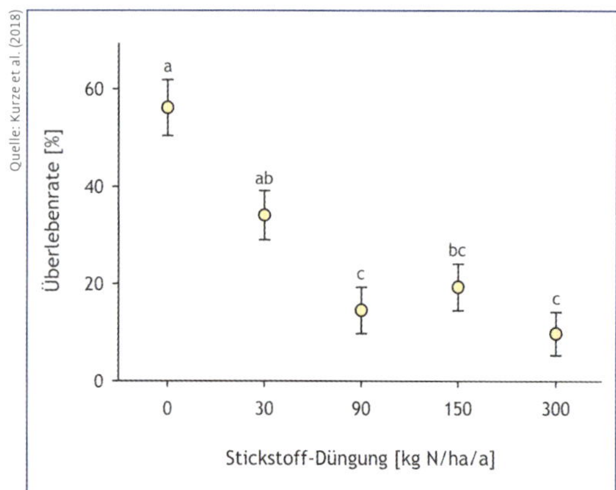

Grafik 4-28 Überlebensraten von Raupen des Braunen Feuerfalters (*Lycaena tityrus*) in Abhängigkeit von der Düngermenge, mit der die Wirtspflanzen (Kleiner Sauerampfer – *Rumex acetosella*) der Raupen behandelt wurden. Signifikante Unterschiede liegen zwischen den Varianten vor, die keinen gemeinsamen Buchstaben aufweisen (P < 0,05).

ren Nährstoffen im Pflanzengewebe. Wie sich dieser Effekt auf pflanzenfressende Insekten auswirkt, ist bislang nur in wenigen Studien untersucht worden. Es gibt aber erste Hinweise, dass sich veränderte Mengenverhältnisse zwischen Stickstoff und anderen Nährstoffen sowohl positiv als auch negativ auf Vitalität und Überlebensraten von Tagfaltern auswirken können (Nijssen et al. 2017).

Neben der Düngung gibt es noch weitere Methoden der Intensivierung der Grünlandnutzung, die ebenfalls allesamt zu einer Verringerung der Habitatqualität führen (Ellenberg & Leuschner 2010). Hierzu zählen der Umbruch und die Neueinsaat mit einigen wenigen besonders produktiven Grasarten, eine erhöhte Mahdfrequenz und -geschwindigkeit, intensive Portionsweidenutzung, der Herbizideinsatz zur Bekämpfung unerwünschter Pflanzenarten und die Umwandlung von Wiesen und Weiden in Mähweiden.

Der Verlust an Brachflächen und die Zunahme von intensiv ackerbaulich genutzten Flächen – insbesondere der verstärke Maisanbau – haben sich in den letzten Jahren besonders stark negativ auf die Biodiversität in der Agrarlandschaft ausgewirkt. Dies ist vor allem am Beispiel der Feldvögel gut dokumentiert (Flade 2012, Flade & Schwarz 2011, Joest et al. 2016). Nicht nur für viele Feldvögel, sondern auch für Insekten haben Brachen eine sehr hohe Bedeutung als Lebensraum. Im Vergleich zu bewirtschafteten Äckern zeichnen sie sich durch eine hohe Phytodiversität sowie deutlich höhere Vielfalt und Abundanzen an Insekten aus (Kovács-Hostyánszki et al. 2011, Van Buskirk & Willi 2004). In agrarisch genutzten Räumen tragen Stilllegungsflächen demnach wesentlich zum Erhalt der Artenvielfalt bei (Nitsch et al. 2017).

Die Auswirkungen der Landnutzungsintensivierung auf die Biodiversität in der Agrarlandschaft lassen sich gut anhand der Bestandsentwicklung von typischen Arten des HNV-Farmlandes („High Nature Value Farmland", Kapitel 3.1.2) unter den Vögeln und Insekten nachvollziehen. Eine typische Vogelart extensiv genutzter Argrarlandschaften ist der Weißstorch (*Ciconia ciconia*) **(Foto 4-44)** (Schneider-Jacoby 2012). Die Nahrung dieses Schreitvogels variiert zeitlich und örtlich, je nach Angebot (Glutz von Blotzheim & Bauer 1987). Eine besondere Bedeutung haben insbesondere Mäuse, Großinsekten (vor allem Heuschrecken, Käfer und Schmetterlingsraupen) und Regenwürmer, aber auch Froschlurche und weitere kleine Wirbeltiere (Glutz von Blotzheim

Foto: Jonas Brüggeshemke

Foto 4-44 Der Weißstorch (*Ciconia ciconia*) erreicht in extensiv genutzten Agrarlandschaften hohe Brutpaardichten.

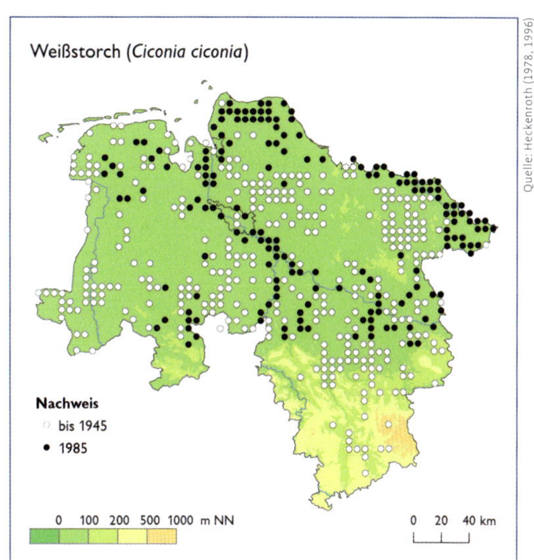

Grafik 4-29 Veränderung der Verbreitung des Weißstorchs (*Ciconia ciconia*) in Niedersachsen im letzten Jahrhundert.

& Bauer 1987, Zbyryt et al. 2020). Neben einer ausreichenden Menge an Nahrung ist eine nicht zu hohe Vegetation wichtig, wie es beispielsweise in Rinderweiden der Fall ist (Zbyryt et al. 2020), damit die Vögel beim Durchschreiten der Habitate genügend Beute machen können (Schneider-Jacoby 2012). Sowohl ausreichend Beutetiere als auch die für eine erfolgreiche Jagd notwendigen Habitatstrukturen sind vor allem im HNV-Farmland gegeben. Im Jahr 1907 war der Weißstorch in Niedersachsen noch weit verbreitet (insbesondere im Tiefland), die Brutpopulation umfasste 4500 Paare (Heckenroth 1978). Ende der 1980er-Jahre erreichte der Bestand seinen Tiefpunkt mit unter 250 Brutpaaren (Heckenroth 1996). Die Vorkommen konzentrierten sind nun insbesondere auf Elb-, Weser- und Allerniederung **(Grafik 4-29)**. Für den Rückgang verantwortlich waren insbesondere großflächige Flurbereinigungen, wasserwirtschaftliche Maßnahmen und die landwirtschaftliche Intensivierung (Heckenroth 1996).

Bis in die 1990er-Jahre haben Insektenarten, die an HNV-Farmland gebunden sind, starke Arealverluste erlitten. Exemplarisch kann dies für Heuschrecken gezeigt werden. Unter

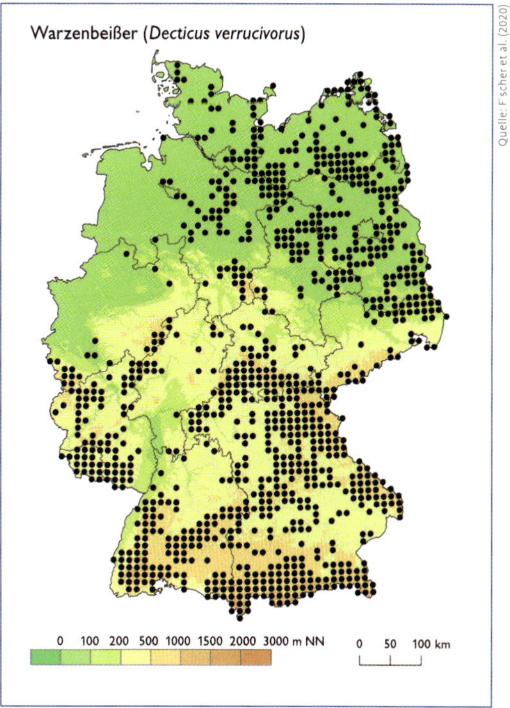

Grafik 4-30 Verbreitung des Warzenbeißers (*Decticus verrucivorus*) in Deutschland.

den mitteleuropäischen Arten kann beispielsweise der Warzenbeißer (*Decticus verrucivorus*) als Indikatorart für HNV-Farmland gelten (Poniatowski et al. 2020a). Der Warzenbeißer führt im Laufe seiner Individualentwicklung einen Habitatwechsel durch (Schirmel et al. 2010, Schuhmacher & Fartmann 2003, Wünsch et al. 2012; siehe auch Exkurs 5, Seite 90). Für die Eiablage werden besonnte offene Bodenstellen benötigt. Junglarven nutzen diese wärmebegünstigen Mikrohabitate ebenfalls. Ältere Larven und Imagines halten sich dagegen verstärkt in höherer und dichterer Vegetation auf, die sie vor Fressfeinden schützt. Nur wo derart heterogene Lebensräume vorhanden sind, kann die Art überleben. Entsprechend deckt sich die Verbreitung des Warzenbeißers **(Grafik 4-30)** relativ gut mit den Verbreitungsschwerpunkten des HNV-Farmlandes in Deutschland **(Grafik 3-19)**.

Wie in Kapitel 3.1.2 ausführlich dargelegt, erfolgte die Nutzungsintensivierung im östlichen Mitteleuropa zeitverzögert und nahm mit der Aufnahme in die EU deutlich an Geschwindigkeit zu. Dies lässt sich anhand der Häufigkeit verschiedener Vogelarten des Offenlandes und einer Tagfalterart – der Rostbinde (*Hipparchia semele*) – entlang eines West-Ost-Gradienten in Mitteleuropa nachvollziehen. Im Jahr 2004 waren die Brutpaardichten des Weißstorchs im ostdeutschen Tiefland sechsmal und in Polen 24-mal höher als im westdeutschen Tiefland **(Grafik 4-31)**. Aufgrund der zunehmenden Nutzungsintensivierung in Ostdeutschland und insbesondere in Polen, aber auch infolge der verstärken Bejagung der über Kleinasien in das Winterquartier ziehenden Teilpopulation schrumpfen die Bestände gegenwärtig stark. Im Gegensatz dazu wächst die kleine Population in Westdeutschland aufgrund von Auenrenaturierung und Artenhilfsprogrammen (teilweise mit Freilassung von Vögeln) sowie aufgrund des zunehmend kürzeren Zugwegs für die nach Südwesten ziehende Teilpopulation als Folge des Klimawandels (Gedeon et al. 2014, Heckenroth 1996). Weitere Beispiele für einen West-Ost-Dichtegradienten bei den Vögeln des Offenlandes sind Braunkehlchen (*Saxicola rubetra*), Graumammer (*Emberiza calandra*) oder Steinschmätzer (*Oenanthe oenanthe*) (**Grafik 4-32**, **Foto 4-45 und 4-46**). In allen drei Fällen nehmen die Dichten von den Niederlanden über West- und Ostdeutschland bis nach Polen ab. Bereits kurz nach der Wende wiesen verschiedene Autoren auf die auffallenden Dichteunterschiede zwischen West- und Ostdeutschland aufgrund unterschiedlicher Landnutzungsintensität und Landschaftsheterogenität hin (Bastian et al. 1994, George 1995). Auch bei der Rostbinde liegt der Verbreitungsschwerpunkt heute in Ostdeutschland; früher war die Art in ganz Deutschland weit verbreitet **(Grafik 4-33)**.

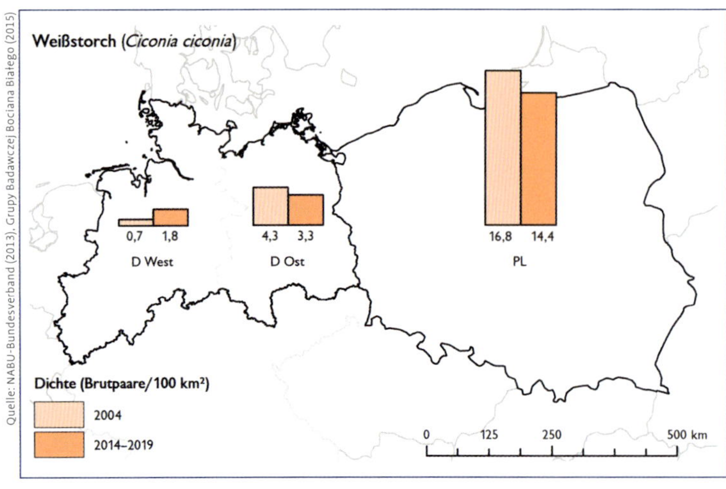

Grafik 4-31 Brutpaardichten des Weißstorchs (*Ciconia ciconia*) im nördlichen Westdeutschland und Ostdeutschland sowie in Polen in den Jahren 2004 und 2014 bis 2019.

Grafik 4-32 Brutpaardichten von Braunkehlchen (*Saxicola rubetra*) (a), Grauammer (*Emberiza calandra*) (b) und Steinschmätzer (*Oenanthe oenanthe*) (c) Mitte der 2010er-Jahre in den Niederlanden, in Westdeutschland, in Ostdeutschland und in Polen.

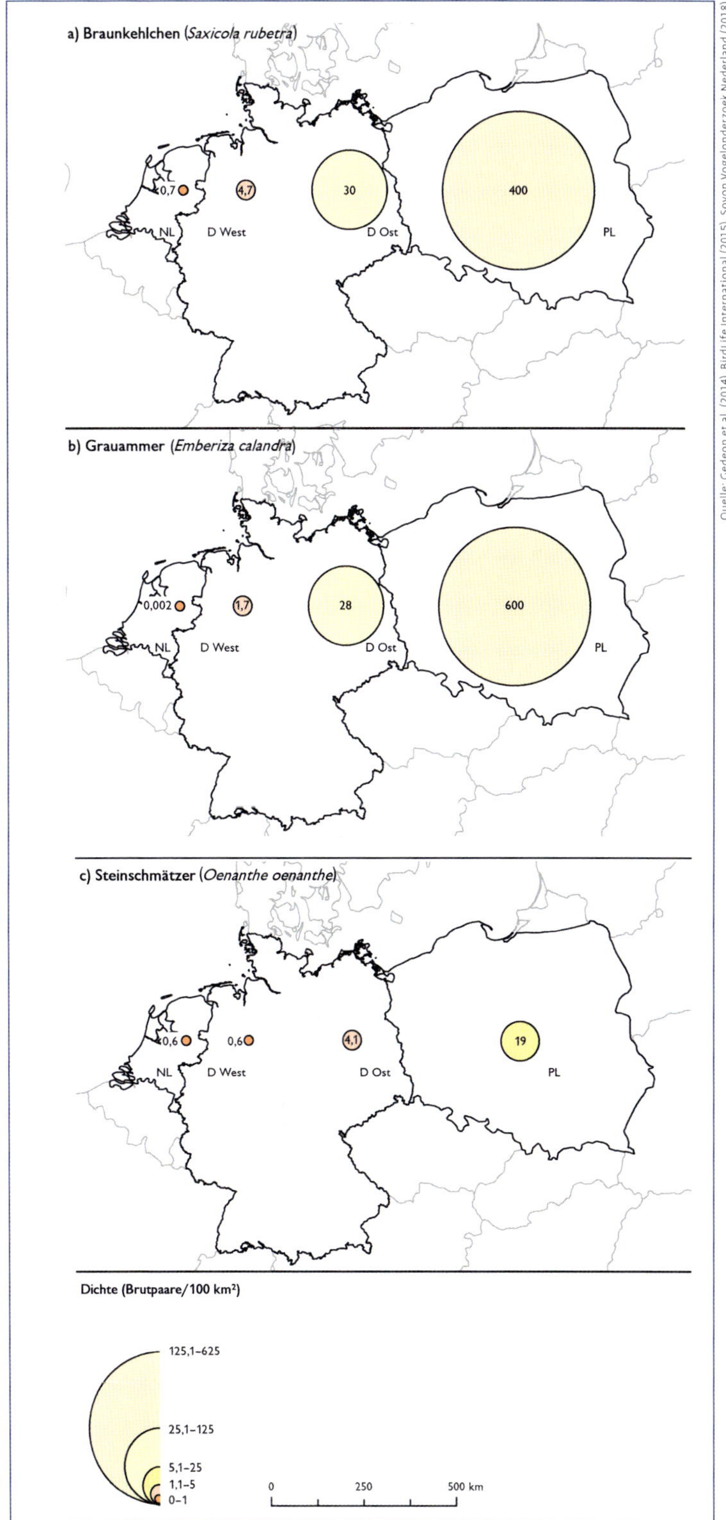

Foto 4-45 Die Bestände des Braunkehlchens (*Saxicola rubetra*) nehmen mit der extensiven Offenlandnutzung zum östlichen Mitteleuropa hin zu.

Fotos: Thomas Fartmann

Foto 4-46 Die Grauammer (*Emberiza calandra*) ist eine typische Art extensiv genutzter Agrarlandschaften.

Pestizide

Die Frage nach dem Einfluss von Pestiziden (vor allem Insektiziden) auf Insekten wird seit einigen Jahren wieder verstärkt diskutiert.

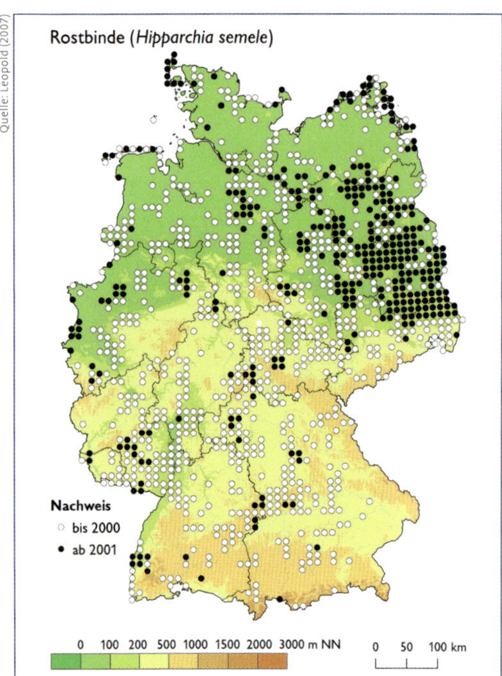

Grafik 4-33 Frühere und heutige Verbreitung der Rostbinde (*Hipparchia semele*) in Deutschland.

Innerhalb des Ursachenkomplexes Landnutzungswandel wird der Einsatz von Pestiziden als eine der wichtigsten Rückgangursachen von Insekten angesehen (Cardoso et al. 2020, Sánchez-Bayo & Wyckhuys 2019, Wagner 2020). Ausgelöst wurde die Diskussion nicht zuletzt durch die Einführung der neuen, hocheffektiven Stoffklasse der Neonicotinoide in den 1990er-Jahren und den seitdem sich mehrenden Hinweisen auf nachteilige Effekte auf Honigbienen und wildlebende Insekten (Lundin et al. 2015). Insektizide wirken unspezifisch und töten Schädlinge und Nützlinge unter den Insekten gleichermaßen (Heydemann 1983, Kaule 1991, Lundin et al. 2015, Newton 2017). Aber auch Herbizide und Fungizide können neben den Unkräutern und pathogenen Pilzen, die sie bekämpfen sollen, Insekten direkt beeinträchtigen. Dies kann selbst dann der Fall sein, wenn der Kontakt mit Pestiziden oder deren Aufnahme mit der Nahrung nicht unmittelbar zum Tod des betroffenen Individuums führt. Auch länger anhaltende bis irreversible subletale Beeinträchtigungen, die durch Pestizide hervorgerufen werden, können erhebliche Konsequenzen für die Fitness ganzer Populationen haben, wenn eine größere Zahl von Individuen betroffen ist (Desneux et al. 2007).

Die subletalen Auswirkungen von Pestiziden lassen sich grob einteilen in physiologische und ethologische (das Verhalten betreffende) Effekte (Desneux et al. 2007). Zu den bislang an Arthropoden (darunter vielen Insekten) in Experimenten beobachteten physiologischen Effekten zählen nach Desneux et al. (2007) Störungen biochemischer und neurophysiologischer Prozesse, die verschiedene Organsysteme (Kreislauf, Nervensystem, Immunsystem) und biologische Funktionen (Stoffwechsel, Thermoregulation) betreffen. Zu den physiologischen Effekten gehören außerdem Störungen der Individualentwicklung (Wachstums- und Missbildungsraten), Verringerung der Lebensdauer und Fruchtbarkeit von Imagines sowie Veränderungen des Geschlechterverhältnisses in einer Population. Ethologische Effekte können die Fortbewegung, das Orientierungsvermögen, die Nahrungssuche und -aufnahme, das Eiablageverhalten und das Lernvermögen betreffen (Desneux et al. 2007). Eine Studie an der Honigbiene hat gezeigt, dass selbst ein Wirkstoff, der lange Zeit als unbedenklich für Insekten und Tiere allgemein galt (das Herbizid Glyphosat), erhebliche negative Auswirkungen auf die Vitalität von Insektenindividuen haben kann (Motta et al. 2018). Glyphosat schädigte die Bienen zwar nicht direkt, dezimierte aber vier der acht wichtigsten symbiontischen Bakterienarten im Darm der Bienen stark. Am empfindlichsten reagierte ein Bakterium, das nicht nur für die Verdauung eine wichtige Rolle spielt, sondern auch für die Abwehr von Krankheitserregern. Dementsprechend waren die Überlebensraten von Bienen, die mit glyphosathaltiger Zuckerlösung gefüttert worden waren, nach Infektion mit einem bakteriellen Krankheitserreger etwa fünfmal niedriger als bei nicht vorbelasteten Individuen.

Von allen Pestiziden dürften Insektizide, allen voran die Neonicotinoide, die hinsichtlich ihrer Auswirkungen auf Insekten bestuntersuchte Stoffklasse sein. Neonicotinoide wirken auf das Nervensystem von Insekten, indem sie an neuronale Rezeptoren binden bzw. mikromorphologische Strukturen im Zentralnervensystem verändern und so die Weiterleitung von Reizen stören (Schäffer et al. 2018). Entweder werden sie auf die Kulturpflanzen gesprüht oder sie werden zur Behandlung („Beizung“) von Saatgut eingesetzt. Nach der Aussaat verteilen sich die Wirkstoffe im Boden um das Saatkorn und werden von der Jungpflanze aufgenommen und im Gewebe verteilt. Auf diese Weise gelangen sie in alle Teile der Pflanze, einschließlich Blättern, Blüten, Pollen und Nektar. Es werden jedoch nur 2–20 % der Beize von der Pflanze aufgenommen. Der Rest verbleibt mehr oder weniger lange im Boden. Im ungünstigsten Fall kann die Halbwertszeit bei über 1000 Tagen liegen (Goulson 2013).

Es gibt inzwischen eine große Zahl an wissenschaftlichen Publikationen zu den Auswirkungen von Neonicotinoiden, der überwiegende Teil davon nutzte allerdings die Honigbiene als Modellorganismus. Studien an anderen Insekten sind selten. Ausnahmen sind einige Untersuchungen zu Hummeln (*Bombus* spp.), die wie die Honigbiene kommerziell als Bestäuber eingesetzt werden (Godfray et al. 2015, Lundin et al. 2015). Außerdem wurden bislang in erster Linie Laborexperimente durchgeführt. Hier zeigte sich eine breite Palette letaler und subletaler Effekte von Neonicotinoiden auf die Individuen (Godfray et al. 2014, 2015, Potts et al. 2016a, 2016b). Inwieweit sich die im Labor festgestellten subletalen Beeinträchtigungen auf die Entwicklung von Populationen unter Freilandbedingungen auswirken, ist bislang aber größtenteils noch unklar, vor allem bezüglich eventueller Langzeiteffekte (Potts et al. 2016a, 2016b). Entsprechende Studien sind aufgrund der großen Zahl anderer im Freiland wirkender Einflussfaktoren methodisch sehr schwierig (Goulson et al. 2008, Pisa et al. 2015, Woodcock et al. 2016). Verlässliche Aussagen darüber, wie stark Neonicotinoide zum beobachteten Insektenrückgang beigetragen haben, sind daher nicht möglich (Godfray et al. 2014). Zudem scheint es erhebliche Unterschiede zwischen den Arten bezüglich der Reaktionen auf Neonicotinoide zu geben, was generelle Aussagen erschwert (Potts et al. 2016a, 2016b). Welche Auswirkungen der Kontakt mit Neonicotinoiden auf Insekten hat, hängt schließlich ganz wesentlich davon ab, ob gleichzeitig weitere Stressfaktoren auftreten (Godfray et al. 2014, 2015, Goulson et al. 2015, Potts et al. 2016a).

Die wichtigsten bislang festgestellten Konsequenzen der Aufnahme von Neonicotinoiden über Pollen oder Nektar durch bestäubende Insekten wie Bienen lassen sich wie folgt zusammenfassen (Baron et al. 2017, Gill et al. 2012, Godfray et al. 2014, 2015, Goulson et al. 2015, Potts et al. 2016a, Raine & Gill 2015, Rundlöf et al. 2015, Sánchez-Bayo 2014, Whitehorn et al. 2012):

- Schwächung des Immunsystems,
- Reduktion des Lern- und Orientierungsvermögens,
- Störung des Nahrungsaufnahmeverhaltens,
- geringere Lebenserwartung,
- erhöhte Sterblichkeit während der Überwinterung,
- verringerte Fortpflanzungsrate und Königinnenproduktion,
- negative Synergieeffekte zwischen Neonicotinoiden, anderen Pflanzenschutzmitteln, Krankheitserregern und Parasiten sowie Nahrungsmangel bzw. einseitiger Ernährung (ein besonders eindrückliches Beispiel solcher sich gegenseitig verstärkenden Effekte ist die Steigerung der Giftigkeit von Neonicotinoiden und anderen Insektiziden um das Hundert- bis Tausendfache, wenn gleichzeitig bestimmte Fungizide aufgenommen werden [**Grafik 4-34**]), und die
- Meidung der Umgebung von mit Neonicotinoiden behandelten Kulturen bei der Auswahl des Brutplatzes (festgestellt bei der Roten Mauerbiene [*Osmia bicornis*]).

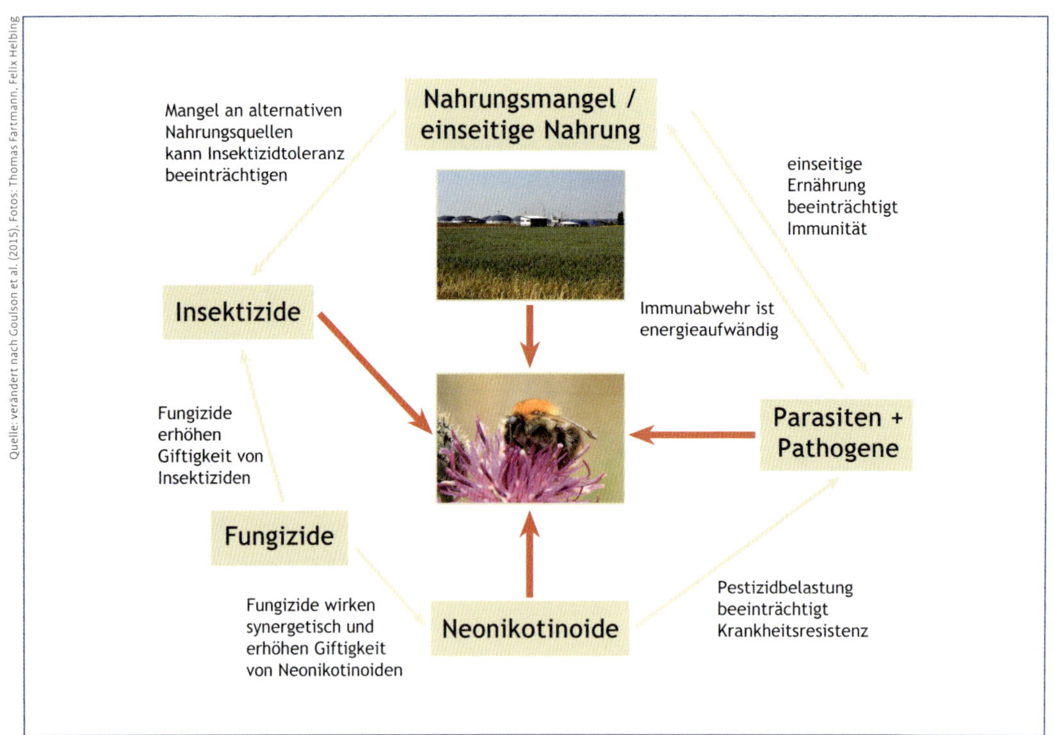

Grafik 4-34 Negative Synergieeffekte, die durch das Zusammenwirken verschiedener Belastungsfaktoren auf Honig- und Wildbienen wirken und die Auswirkungen der einzelnen Faktoren potenzieren. So kann die Aufnahme einiger Fungizide die Giftigkeit von Insektiziden erhöhen. Umgekehrt reduzieren Insektizide die Resistenz gegenüber Krankheitserregern und Parasiten. Nahrungsmangel oder einseitige Nahrung beeinträchtigen die Krankheitsresistenz der Bienen.

Die Giftigkeit von Neonicotinoiden für andere wirbellose Organismen wie Ameisen und die im Wasser lebenden Larven von Eintagsfliegen, Köcherfliegen, Steinfliegen und Mücken wird als ähnlich hoch wie für Bienen und Hummeln eingeschätzt (Sánchez-Bayo 2014). Der weit verbreitete Einsatz von Neonicotinoiden und anderen Insektiziden dürfte daher zum Rückgang auch vieler anderer Insektengruppen beigetragen haben (Fox 2013, Pisa et al. 2015, Potts et al. 2010, 2011, Settele et al. 2009).

Das Schädigungspotenzial von Pestiziden wird verstärkt durch den Umstand, dass die Wirkstoffe vom Ort ihrer Freisetzung aus auch in andere Habitate gelangen können. Werden Pestizide durch Sprühen ausgebracht, kann dabei unter Umständen ein Teil mit dem Wind verdriftet werden und so auch auf umliegende Flächen gelangen. Beispielsweise brachte in den 1980er-Jahren die Behandlung von Weinkulturen an den Hängen des Moseltals mit Pestiziden vom Helikopter aus eine isolierte Population des Apollofalters (*Parnassius apollo*), der dort die benachbarten Felshänge besiedelt, an den Rand des Aussterbens (Pisa et al. 2015). Wasserlösliche Pestizide, darunter die Neonicotinoide, können über Sickerwasser ins Grundwasser und durch oberflächliche Abspülung und künstliche Drainagen in Oberflächengewässer gelangen und dort aquatische Insekten und andere Wirbellose (Invertebraten) schädigen (Sánchez-Bayo 2014, Schäffer et al. 2018). Aufgrund der Tatsache, dass erhebliche Anteile der eingesetzten Neonicotinoide unter Umständen über längere Zeit im Boden verbleiben, können Neonicotinoide auch in nachfolgend angebaute, unbehandelte Kulturpflanzen, zur Gründüngung angebaute Pflanzen, Blühstreifen oder spontan aufkommende Wildpflanzen gelangen. Dies erhöht die Wahrscheinlichkeit, dass herbivore Insekten Neonicotinoide mit der Nahrung aufnehmen (Goulson 2013, Schäffer et al. 2018).

Herbizide werden in erster Linie zur Bekämpfung von Ackerwildkräutern eingesetzt. Die Unterdrückung von Ackerwildkräutern bedeutet eine massive Reduktion des Nahrungsangebots für phytophage und blütenbesuchende Insekten (Goulson et al. 2015, Potts et al. 2010, 2011, 2016a, 2016b, Schäffer et al. 2018, Settele et al. 2009). Dies trägt substanziell dazu bei, dass weite Bereiche des Ackerlandes ein für diese Insektengruppen ungeeigneter Lebensraum sind (Goulson et al. 2015). Dementsprechend lassen sich positive Effekte lokaler Reduktionen des Herbizideinsatzes auf Insekten feststellen – indem zum Beispiel Pflanzenarten aus der Umgebung einwandern oder aus der Diasporenbank erfolgreich keimen (Frampton & Dorne 2007). Allerdings sind nach 20 bis 30 Jahren kontinuierlichen Herbizideinsatzes nahezu alle Segetalarten aus der Diasporenbank verschwunden, da pro Jahr durchschnittlich 3–6% der Samen in der Diasporenbank keimen (Roberts & Ricketts 1979). Wenn erst dann der Herbizideinsatz reduziert wird, kann sich für lange Zeit trotzdem keine artenreiche Segetalflora mehr einstellen.

Die Auswirkungen des Einsatzes von Antiparasitika bei Weidetieren auf die Insektenfauna sind erst in jüngster Zeit stärker in den Fokus der Forschung gerückt (zum Beispiel Lumaret 2012, Schoof & Luick 2019). Den besten Kenntnisstand gibt es zu Ivermectin, einem der häufigsten Entwurmungsmittel (Mahdjoub et al. 2020, Schoof & Luick 2019). Die Halbwertszeit im Boden bzw. einer Mischung aus Boden und Fäzes beträgt im Winter zwischen 91 und 217 Tagen und im Sommer zwischen 7 bis 14 Tagen (Halley et al. 1993). Neben der direkten Tötung von Nichtzielorganismen (zum Beispiel Mistkäferlarven im Dung, Wardhaugh et al. 2001) sind bei Antiparasitika wie Ivermectin weitere negative Effekte auf den Lebenszyklus von Nichtzielorganismen bekannt. Hierzu zählen bespielsweise eine verzögerte Entwicklung und reduzierte Körpergröße bei Dungfliegen (Blanckenhorn et al. 2013, Mahdjoub et al. 2020, Van Koppenhagen et al. 2020) und Mistkäfern (Errouissi et al. 2001, González-Tokman et al. 2017). Dies wiederum führt zu geringerem Fortpflanzungserfolg selbst bei geringen Ivermectin-Konzentrationen (Conforti et al. 2018, Van Koppenhagen et al. 2020), langsamerer Fortbewegung und früherem Tod **(Grafik 4-35)** (Verdú et al. 2015).

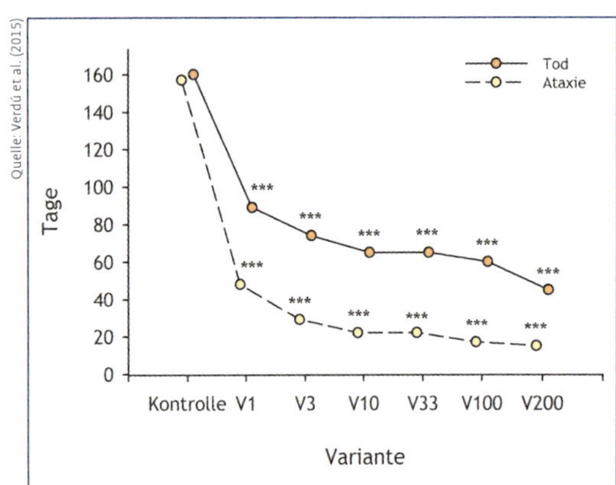

Grafik 4-35 Auswirkungen unterschiedlicher Ivermectin-Konzentrationen im Dung als Ursache für Störungen der Bewegungskoordination (Ataxie) und den Tod des Pillendrehers (*Scarabaeus cicatricosus*). Varianten: 1,0, 3,3, 10,0, 33,3, 100,0 und 200,0 µg Ivermectin pro kg Dung sowie eine unbehandelte Kontrolle. *** P < 0,001.

Mahd von Grünland

In den vergangenen Jahrzehnten haben sich sowohl die Technik als auch die Methoden, die beim Mähen von Wiesen zum Einsatz kommen, stark verändert. Während früher Geräte mit schneidenden Werkzeugen wie Balkenmäher Standard waren, kommen heute fast ausschließlich Geräte mit rotierenden Werkzeugen wie Kreisel- und Scheibenmäher zum Einsatz (Van de Poel & Zehm 2014, von Nordheim 1992).

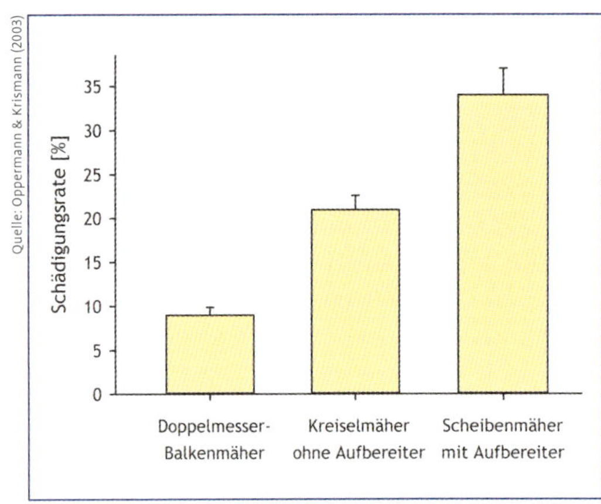

Grafik 4-36 Anteil verletzter oder toter Heuschreckenindividuen nach Mahd mit verschiedenen Gerätetypen.

Verschiedene Studien haben gezeigt, dass der Prozentsatz verletzter und getöteter Individuen von Heuschrecken, Schmetterlingsraupen und Amphibien bei der Mahd mit Kreisel- oder Scheibenmähern viel höher ist als bei der Mahd mit Balkenmähern **(Grafik 4-36)** (Oppermann & Krismann 2003, von Nordheim 1992). Während die Wiesenmahd früher vor allem der Produktion von Heu diente (siehe Kapitel 3.1.2.), wird das Mahdgut heute meist vor Beginn der Samenbildung geerntet und zu Silage verarbeitet (Bosshard 2016). Das früher übliche Trocknen auf der Wiese entfällt somit. Insekten, die sich noch im Mahdgut befinden, haben so kaum noch Chancen, dieses rechtzeitig zu verlassen (Brandt 2017, Ehlert et al. 2012, Van de Poel & Zehm 2014). Für die Silageproduktion werden manchmal Aufbereiter (auch als „Konditionierer“ bezeichnet) eingesetzt, die das Mahdgut unmittelbar nach dem Schnitt zwecks besserer Trocknung quetschen. Dies lässt die beim Ernteprozess entstehenden Individuenverluste weiter ansteigen (Brandt 2017, Ehlert et al. 2012). Ebenfalls problematisch sind die heute üblichen homogenen Flächen ohne Bodenunebenheiten und die geringen Schnitthöhen. Zudem werden heutzutage infolge der Technisierung oftmals größere Gebiete innerhalb kürzester Zeit gemäht, sodass den aus einer gerade gemähten Wiese flüchtenden Individuen keine noch ungemähten Bereiche als Versteckmöglichkeiten zur Verfügung stehen. Infolgedessen steigt das Risiko stark an, Beutegreifern zum Opfer zu fallen (Brandt 2017, Ehlert et al. 2012).

Auf Feuchtwiesen im Münsterland konnte Poschmann (2011) aufgrund der Mahd Anfang Juli mit Kreiselmäher und Abtransport des Mahdgutes Rückgänge der Heuschreckendichten um im Mittel 97 % feststellen **(Grafik 4-37)**. Verantwortlich hierfür dürften insbesondere die direkte Tötung der Individuen durch die Mahd und die anschließenden Arbeitsprozesse, aber auch die zunehmende Prädation beispielsweise durch Vögel auf den nun kurzrasigen Flächen gewesen sein. Nur ein Teil der Heuschreckenindividuen konnte in die Säume am Rand der Wiesen abwandern. Mit zunehmend höher werdender Vegetation im Laufe der Vegeta-

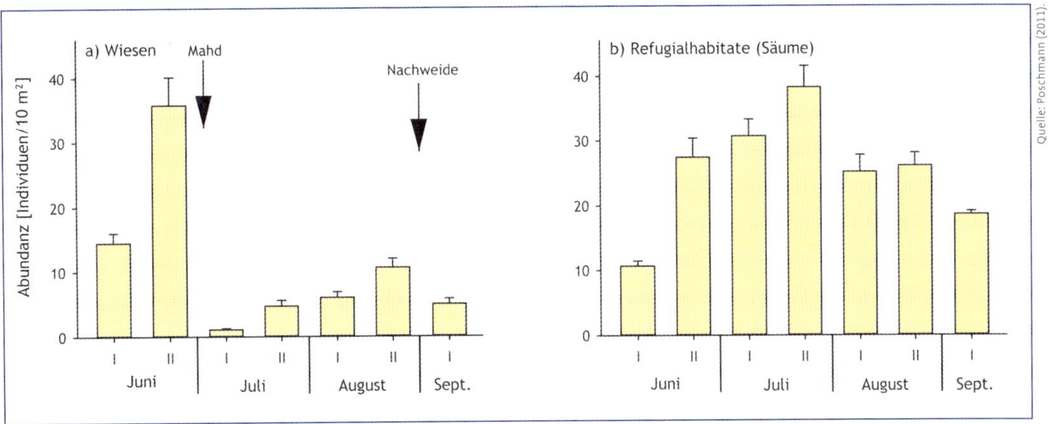

Grafik 4-37 Auswirkungen der Mahd von Feuchtwiesen mit einem Kreiselmäher auf die Heuschreckendichten in den Wiesen und angrenzenden Säumen (Münsterland, Nordrhein-Westfalen).

tionsperiode kehrte ein Teil der Heuschrecken wieder aus den Refugialhabitaten auf die Wiesen zurück.

Alle diese nachteiligen Effekte moderner Mahd- und Erntemethoden werden potenziert durch den Umstand, dass der überwiegende Teil der Wiesen heute drei- bis fünfmal pro Jahr gemäht wird statt nur ein- bis zweimal, wie es noch bis in die Mitte des 20. Jahrhunderts Standard war (Bosshard 2016, Brandt 2017, Ehlert et al. 2012). Dementsprechend wird die heutige intensive Wiesenbewirtschaftung von vielen Autoren als eine wichtige Rückgangsursache von Insekten des Offenlandes angesehen (zum Beispiel Brandt 2017, Ehlert et al. 2012, Potts et al. 2016a, b, Settele et al. 2009, Van Swaay et al. 2010).

Nutzungsaufgabe

Wird in landwirtschaftlich genutzten Flächen die Bewirtschaftung aufgegeben, so führt dies – für Arten des Offenlandes – langfristig zu einer Abnahme der Habitatqualität und schließlich zum Verlust des Habitats. Dafür sind die immer dichter und höher werdende Vegetation, die Akkumulation abgestorbenen Pflanzenmaterials und das Aufkommen von Sträuchern und Bäumen ausschlaggebend. Diese strukturellen Veränderungen gehen mit starken Veränderungen des Mikroklimas sowie der Zusammensetzung der Pflanzen- und Tiergemeinschaften einher. Endpunkt dieser Entwicklung ist in weiten Teilen Mitteleuropas die Wiederbewaldung, wodurch die betroffene Fläche als Lebensraum für Offenlandarten vollständig ungeeignet wird. Daher stellt nicht nur die Nutzungsintensivierung, sondern auch die Nutzungsaufgabe eine bedeutende Rückgangsursache für zahlreiche Insektenarten dar (Bubova et al. 2015, Fox 2013, Potts et al. 2016b, Settele et al. 2009, Thomas 2016, Thomas et al. 2009, Van Swaay et al. 2010). Zumindest für Tagfalter hat die Nutzungsaufgabe als Rückgangsursache aber eine etwas geringere Bedeutung als die Nutzungsintensivierung (Van Swaay et al. 2010).

Der Prozess von Habitatdegradation und -verlust nach Nutzungsaufgabe wird massiv beschleunigt, wenn gezielt aufgeforstet wird. Im 19. und 20. Jahrhundert geschah dies in Magerrasen und Heiden in großem Stil, um die nicht mehr benötigten und für den Ackerbau untauglichen kargen Weideflächen der Allmenden für die Holzproduktion zu nutzen (Ellenberg & Leuschner 2010, Gatter 2000, Poschlod 2017). Durch diese Aufforstungen mit Waldkiefer (*Pinus sylvestris*) oder Gemeiner Fichte (*Picea abies*) gingen große Flächen naturschutzfachlich wertvollen nährstoffarmen Offenlandes mit ihren Insektenzönosen verloren.

Ein Beispiel für die negativen Auswirkungen der Auflösung der Allmendweiden auf die Biodiversität ist das Aussterben von Triel

(*Burhinus oedicnemus*) und Lachseeschwalbe (*Gelochelidon nilotica*) in Bayern. Im 19. Jahrhundert waren beide Arten entlang der alpinen Wildflüsse – wie dem Lech – verbreitet, verschwanden aber bis in die erste Hälfte des 20. Jahrhunderts als Brutvögel (Reichholf 1989). Entscheidend hierfür war der großflächige Verlust der insektenreichen Nahrungshabitate, die in den als Allmendweide genutzten Magerrasen – den Flussschotterheiden – entlang der Flüsse lagen. Sie verschwanden nach Einstellung der Beweidung aufgrund von Sukzession und Aufforstung. Die Flussschotterheiden waren ursprünglich räumlich eng verzahnt mit Sand- und Kiesbänken in den dynamischen Flussauen. Durch Ausbau der Fließgewässer, unter anderem für die Energiegewinnung, verschwanden auch diese Lebensräume und mit ihnen die typischen Arten (Helbing et al. 2014, Lemke et al. 2010, Plachter 1986, 1998, Reich 1991, 2006). Gefleckte Schnarrschrecke (*Bryodemella tuberculata*), Kiesbank-Grashüpfer (*Chorthippus pullus*) und Türks Dornschrecke (*Tetrix tuerki*) sind drei Heuschreckenarten, die nur oder fast nur noch (*C. pullus*) an Wildflussauen und natürlichen Schotterfächern in Bayern vorkommen (**Grafik 4-38**, **Foto 4-47 und 4-48**). Mit dem Zusammenbruch der Allmenden und ihrer Weidewirtschaft gingen nicht nur Abermillionen Weidetiere als unersetzbare Habitatgestalter verloren, sondern es verschwanden wichtige Vektoren für die Ausbreitung von Diasporen, aber auch Insekten (Fischer et al. 1995, 1996, Ozinga et al. 2009, Poschlod 2017). Der Viehdung als elementare Nahrungsgrundlange für viele Insekten verschwand ebenfalls aus der Landschaft **(Foto 4-49 und 4-50)** (siehe hierzu auch Nichols et al. 2009).

Foto: Thomas Fartmann

Foto 4-47 Der Kiesbank-Grashüpfer (*Chorthippus pullus*) kommt in Süddeutschland und den Alpen nur in Wildflussauen und natürlichen Schotterfächern vor.

Foto: Thomas Fartmann

Foto 4-48 Eine der letzten naturnahen Wildflussauen Mitteleuropas an der Oberen Isar (Oberbayern).

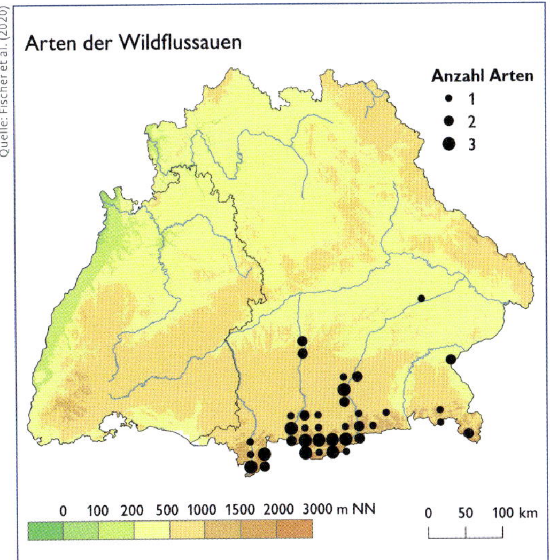

Grafik 4-38 Verbreitung der drei typischen Wildflussauenarten Gefleckte Schnarrschrecke (*Bryodemella tuberculata*), Kiesbank-Grashüpfer (*Chorthippus pullus*) und Türks Dornschrecke (*Tetrix tuerki*) in Bayern.

Fragmentierung der verbliebenen Habitatinseln

Die in der Agrarlandschaft heute noch vorhandenen Habitatinseln (zum Beispiel Heiden, Magergrünland, Magerrasen und Säume) beherbergen oft einen großen Teil der Insektenvielfalt eines agrarisch geprägten Landschaftsausschnitts. Prinzipiell laufen in den Habitatinseln der Agrarlandschaft dieselben Prozesse ab, wie sie generell in fragmentierten Habitaten zu beobachten sind (siehe hierzu Kapitel 4.1.1, Exkurs 1, Seite 80). Eine Besonderheit der Habitatfragmente in der Agrarlandschaft ist allerdings die hohe Lebensfeindlichkeit der Matrix für viele Insekten, insbesondere im Fall von angrenzenden Ackerflächen (siehe Exkurs 8, Seite 96). Darüber hinaus gibt es oftmals ausgeprägte Randeffekte durch Dünger- und Pestizideinträge aus der angrenzenden Landwirtschaft.

Stickstoffdepositionen

Stickstoffdepositionen sind nicht auf die Agrarlandschaft beschränkt, sondern betreffen alle Lebensräume in Abhängigkeit von den regionalen Depositionen gleichermaßen. Besonders stark negativ betroffen sind die oligo- bis mesotrophen Habitate mit ihren Insektengemeinschaften (zu den ökologischen Belastungsgrenzen [*critical loads*] der einzelnen Lebensraumtypen siehe Tab. 4-3, Seite 118). Auf den ohnehin schon intensiv gedüngten Acker- und Grünlandflächen sind die Stickstoffdepositionen daher von untergeordneter Bedeutung für Insekten, ganz im Gegensatz zu den verbliebenen Habitatinseln in der Agrarlandschaft mit oligo- bis mesotraphenter Vegetation (zum Beispiel Moore, Heiden oder Silikatmagerrasen) **(Foto 4-51 und 4-52)**. Die generellen Auswirkungen der Stickstoffeinträge auf Insekten sind in Kapitel 4.1.3 dargestellt.

Foto 4-49 Viehdung ist eine wichtige Nahrungsgrundlage für viele Insekten wie die Gelbe Dungfliege (*Scathophaga stercoraria*).

Foto 4-50 Fliegen – wie die im vorherigen Bild dargestellten Dungfliegen – zählen zur bevorzugten Beute der Wiesenschafstelze (*Motacilla flava*).

Foto: Thomas Fartmann

Foto 4-51 Borstgrasrasen mit reichlich Arnika (*Arnica montana*) ohne Eutrophierungserscheinungen (Oberer Hotzenwald, Südschwarzwald, Baden-Württemberg).

Foto: Thomas Fartmann

Foto 4-52 Aufgrund von atmosphärischen Stickstoffeinträgen stark vergraste Bergheide (Winterberger Hochfläche, Nordrhein-Westfalen).

Fazit für die Praxis

- Die Nutzungsintensivierung auf produktiven Standorten ist der wichtigste Treiber des Insektenrückgangs in der Agrarlandschaft.
- Die Folgen für Insekten waren insbesondere Habitatverlust, Habitatdegradation (Abnahme der Habitatqualität) und direkte Schädigungen.
- Vor allem die folgenden Aspekte der Nutzungsintensivierung und ihre großflächige Umsetzung haben zum Rückgang von Insekten geführt: Melioration und Drainage, Flurbereinigung, Anwendung des Kunstdüngers (Eutrophierung der Landschaft), Ausbringung von Pestiziden, generelle Intensivierung der landwirtschaftlichen Nutzung und Umwandlung von Grünland in Ackerland.
- Unmittelbar in Zusammenhang mit der Nutzungsintensivierung stehen die Nutzungsaufgabe auf Grenzertragsstandorten, die Fragmentierung der verbliebenen Habitatinseln und Stickstoffdepositionen.
- Alle drei Faktoren sind verantwortlich für einen Rückgang der Habitatqualität in den Habitatfragmenten der Agrarlandschaft.
- Die Folge der skizzierten Veränderungen ist eine starke Nivellierung der Standorteigenschaften, die eine biotische Homogenisierung auf der Habitat- und Landschaftsebene zur Folge hatte.
- In keinem anderen Landnutzungstyp war der Rückgang der Insektenfauna so dramatisch wie in der Agrarlandschaft.
- Im östlichen Mitteleuropa erfolgte der Rückgang der Insektenfauna zeitverzögert. Erst mit dem Beitritt zur EU setzte eine massive Nutzungsintensivierung mit den aus dem westlichen Mitteleuropa bekannten negativen Folgen für Insekten ein.

4.2.2 Waldlandschaften

Ähnlich wie in Agrarlandschaften sind auch im Wald Habitatverlust, -fragmentierung und -degradation die wichtigsten Ursachen des Rückgangs von Insekten (Bubova et al. 2015, Fartmann et al. 2013, Seibold et al. 2015, Van Swaay et al. 2010, Vodka et al. 2009). Direkte Schädigungen von Insekten durch mechanische Eingriffe oder den Einsatz von Pestiziden, wie sie in Agrarlandschaften großflächig und regelmäßig stattfinden, spielen dagegen im Wald aktuell nahezu keine Rolle mehr.

In den folgenden Abschnitten wird dargestellt, welche menschlichen Einflüsse als Rückgangsursachen für Waldinsekten angesehen werden und auf welche Weise sie die Insektenfauna beeinträchtigen. Als wichtigste Einflussgrößen gelten die historische Waldzerstörung, Fragmentierung, veränderte Waldbewirtschaftung, Stickstoffdepositionen, Insektizidausbringung in der Vergangenheit sowie sonstige Rückgangsursachen.

Historische Waldzerstörung

Insekten, die auf Totholz angewiesen sind (saproxylische Arten), zählen zu den besonders gefährdeten Arten in mitteleuropäischen Wäldern **(Foto 4-53)** (Grove 2002, Seibold et al. 2015). Die weitreichende Zerstörung der Wälder Mitteleuropas im Mittelalter und der frühen Neuzeit (Kapitel 3.1.2) gilt somit als einer der wichtigsten Auslöser für die aktuelle Gefährdung vieler Waldinsekten, die auf naturnahe Wälder angewiesen sind (Grove 2002). Entsprechend der historischen Waldzerstörung sind die heutigen Wälder Mitteleuropas überwiegend durch vergleichsweise junge Waldbestände charakterisiert. Trotz der Ausweitung der Waldfläche insbesondere seit dem 19. Jahrhundert (Kapitel 3.1.2) haben sich die Bestände vieler Arten, die auf alte Wälder angewiesen sind, bis heute nicht ausreichend erholt und sind demnach akut bedroht. Ursachen hierfür sind vor allem das geringe Flächenangebot an naturnahen Wäldern und ihr hoher Fragmentierungsgrad in der heutigen Landschaft (siehe unten). Historisch alte Wälder bzw. Wälder mit kontinuierlicher Habitattradition und ausreichend Alt- und Totholz haben in Mitteleuropa daher eine besonders hohe Bedeutung als Refugiallebensräume für viele seltene und hochgefährdete Arten.

Beispiele für solche Urwaldreliktarten unter den Käfern sind Eichen-Heldbock (*Cerambyx cerdo*, **Foto 4-54**), Eremit (*Osmoderma eremita*) und Gefleckter Eichen-Prachtkäfer (*Acmaeodera degener*) (Eckelt et al. 2018, Müller et al. 2005). Infolge der modernen forstlichen Bewirtschaftung von Wäldern, die die Entstehung alt- und totholzreicher Waldentwicklungsphasen weitgehend verhindert (siehe unten), wird die Erholung der Bestände

Foto: Thomas Fartmann

Foto 4-53 Altholzreiche Laubwälder wärmebegünstigter Lagen sind der Lebensraum des Hirschkäfers (*Lucanus cervus*).

Foto: Thomas Fartmann

Foto 4-54 Der Eichen-Heldbock (*Cerambyx cerdo*) zählt in Mitteleuropa zu den Urwaldreliktarten.

dieser Arten zusätzlich eingeschränkt und sogar der Rückgang von Arten weiter gefördert (Grove 2002). Entsprechend konnten Modellierungen zeigen, dass saproxylische Käfer mit einem Verbreitungsschwerpunkt im Tiefland und solche, die auf Alt- und Totholz mit einem großen Durchmesser angewiesen sind, einem erhöhten Aussterberisiko unterliegen (Seibold et al. 2015).

Fragmentierung

Die Fragmentierung von Waldlebensräumen wird unter anderem für Schmetterlinge und insbesondere für ausbreitungsschwache wald-

Tab. 4-3 Belastungsgrenzen (*critical loads*) von jährlichen Stickstoffeinträgen für mitteleuropäische Lebensraumtypen. Quelle: Bobbink & Hettelingh (2011).

Habitattyp	Belastungsgrenze (kg N/ha/a)
Marine Habitate	
Obere Salzwiese	20–30
Untere Salzwiese	20–30
Küstenhabitate	
Primärdünen	10–20
Graudünen	8–15
Küstendünen-Heide	10–20
Feuchte Dünentäler	10–20
Stillgewässer	
Oligotroph	3–10
Oligotroph in Dünentälern	10–20
Dystroph	3–10
Moore	
Hochmoor	5–10
Nährstoffarme Flach- und Zwischenmoore	10–15
Nährstoffreiche Flachmoore (Tiefland)	15–30
Nährstoffreiche Flachmoore (Bergland)	15–25
Grünland	
Kalkmagerrasen	15–25
Silikatmagerrasen	10–15
Dünen-Pionierrasen (Binnenland)	8–15
Dünen-Silikatmagerrasen (Binnenland)	8–15
Frischwiesen (planare bis kolline Stufe)	20–30
Bergmähwiesen	10–20
Feuchtgrünland	
Pfeifengraswiesen	15–25
Borstgrasrasen feuchter Standorte	10–20
Subalpine und alpine Silikatmagerrasen	5–10
Subalpine und alpine Kalkmagerrasen	5–10
Alpine Windheiden	5–10
Heiden	
Subalpine und alpine Zwergstrauchheiden	5–15
Feuchtheiden	10–20
Trockene *Calluna*-Heiden	10–20
Wälder	
Buchenwälder	10–20
Bodensaure Eichenwälder	10–15
Eichen-Hainbuchenwälder	15–20
Tannen-Buchenwälder	10–20
Tannen- und Fichtenwälder	10–15

bewohnende Käferarten als bedeutendes Gefährdungsrisiko angesehen (Clarke et al. 2011, Whitehouse 2006). Die Fragmentierung von Lebensräumen trägt dazu bei, dass der genetische Austausch mit anderen Populationen eingeschränkt wird. Außerdem können die Arten infolge der Isolation nur begrenzt auf Umweltveränderungen reagieren und geeignete Habitate oftmals nicht besiedeln (siehe auch Kapitel 4.1.1).

Veränderte Waldbewirtschaftung

Der Wandel der Waldbewirtschaftung im Laufe des 19. und 20. Jahrhunderts hat zu tiefgreifenden Veränderungen der Waldstruktur geführt (Kapitel 3.1.2). Für viele Waldinsekten hat dies eine Verschlechterung der Habitatqualität bedeutet. Insbesondere folgende Entwicklungen haben sich negativ auf Waldinsekten ausgewirkt: die Aufgabe traditioneller Waldnutzungsformen (vor allem Waldweide, Nieder- und Mittelwaldnutzung), die Unterdrückung der natürlichen Walddynamik, die Beseitigung von Alt- und Totholz sowie die Veränderung der Baumartenzusammensetzung und die Anlage von Monokulturen.

Aufgabe traditioneller Waldnutzungsformen

Traditionell genutzte Wälder wie Nieder-, Mittel- und Hudewälder, die zum Teil noch bis Mitte des 20. Jahrhunderts in Mitteleuropa weit verbreitet waren (Kapitel 3.1.2), zeichneten sich durch deutlich lichtere Verhältnisse aus als die heutigen Wirtschaftswälder. Charakteristisch für Nieder- und Mittelwälder war zudem das kleinräumige Nebeneinander unterschiedlicher Sukzessionsstadien (Fartmann et al. 2013, Gatter 2000). Heute kommen derartige Wälder nur noch sehr selten in Mitteleuropa vor. Die verbliebenen Restbestände traditionell genutzter Wälder weisen spezifische Artengemeinschaften auf, die an lichte und mikroklimatisch warme Verhältnisse gebunden sind **(Foto 4-53 bis 4-56)** (Fartmann et al. 2013, Hartel & Plieninger 2014, Helbing et al. 2014, LANUV 2007, Sachteleben 1995, Sebek et al. 2016, Seibold et al. 2015, Streitberger et al. 2012).

Foto 4-55 Der Maivogel (*Euphydryas maturna*) besiedelt sehr lichte und feuchte, eschenreiche Laubwälder.

Foto 4-56 Die wichtigsten Lebensräume des Blauschwarzen Eisvogels (*Limenitis reducta*) sind Kahlschläge, Windwurfflächen und wärmebegünstigte Hangwälder.

Generell fördern lichte Waldbereiche die Insektendiversität, da hier günstige mikroklimatische Verhältnisse für wärmeliebende Insekten vorherrschen und die Krautschicht wesentlich üppiger und artenreicher ausgeprägt ist, als dies in dunklen Hochwäldern der Fall ist (Fartmann et al. 2013). Besonnten, frei stehenden Bäumen bzw. Waldrändern kommt beispielsweise eine hohe Bedeutung als Lebensraum für Käfer und andere Arthropoden zu (Sebek et al. 2016). Für die untersuchten Artengruppen (Ameisen, Bienen, Käfer, Spinnen und Wespen) war die Artenvielfalt an besonnten Solitärbäumen im Vergleich zu geschlossenen Waldbereichen deutlich höher, während sie am Waldrand in den meisten Fällen intermediär war. In zwei anderen Studien war die Vielfalt diverser Käferfamilien (Bockkäfer [Cerambycidae], Prachtkäfer [Buprestidae] und Schnellkäfer [Elateridae]) innerhalb besonnter Waldbereiche bzw. an offenstehenden, besonnten Bäumen deutlich höher als in beschatteten Bereichen (Horák & Rébl 2013, Vodka et al. 2009). Der Eichen-Heldbock (*Cerambyx cerdo*) ist ebenfalls eine Art, die bevorzugt besonnte Bäume (Alteichen) besiedelt (**Grafik 4-39**). In Schneeheide-Kiefern-Wäldern der Isaraue in Südbayern ist die Heuschreckenfauna in den lichtdurchfluteten frühen und mittleren Sukzessionsstadien arten- und individuenreicher als in den späten Sukzessionsstadien (Helbing et al. 2014). Insgesamt wird der Verlust lichter Waldstrukturen, unter anderem durch die Aufgabe traditioneller Waldnutzungsformen, als eine der wichtigsten Gefährdungsursachen für

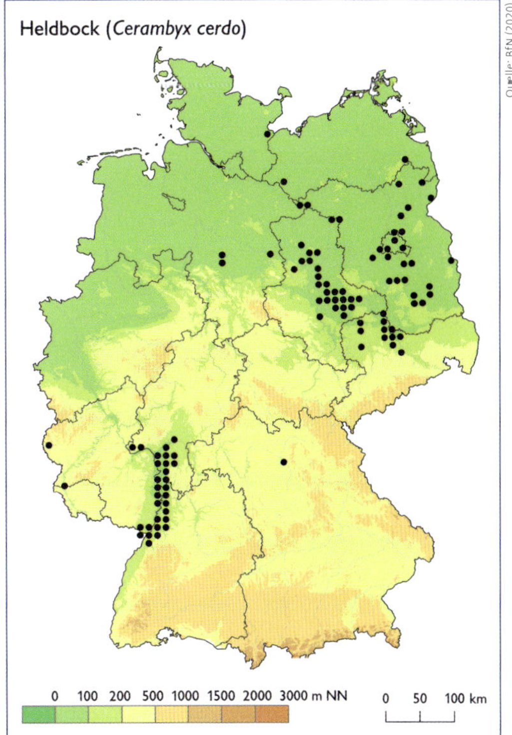

Grafik 4-39 Verbreitung des Eichen-Heldbocks (*Cerambyx cerdo*) in Deutschland.

Waldinsekten angesehen (Horák et al. 2012, Seibold et al. 2015).

Gut dokumentiert ist die Bedeutung traditionell genutzter Wälder vor allem für Tagfalter. Im Elsass wiesen beispielsweise frühe bis mittlere Mittelwaldstadien im Vergleich zu den stärker beschatteten älteren Stadien eine besonders vielfältige Tagfalterfauna mit zahlreichen gefährdeten Arten auf (Fartmann et al. 2013). Aufgrund der weitgehend fehlenden Baumschicht sind frühe Mittelwaldstadien im Vergleich zu den älteren Stadien durch einen deutlich höheren Lichteinfall gekennzeichnet und haben somit eine gut ausgebildete, artenreiche Krautschicht. Hierdurch wird eine hohe Tagfaltervielfalt gefördert. Infolge der lichten Verhältnisse ist auch das Mikroklima in frühen Mittelwaldstadien deutlich günstiger als in dicht bestockten Wäldern, was vor allem thermophilen (wärmeliebenden) Schmetterlingsarten zu Gute kommt.

Neben Nieder- und Mittelwäldern haben auch beweidete Wälder (Hudewälder) eine hohe Bedeutung als Lebensraum für gefährdete Schmetterlingsarten. Zwei besonders typische Arten, die auf traditionell genutzte Wälder angewiesen und durch besonders massive Rückgänge gekennzeichnet sind, sind der Gelbringfalter (*Lopinga achine*) und das Wald-Wiesenvögelchen (*Coenonympha hero*) (siehe Kapitel 1.1; **Grafik 1-1**). Anhand des Gelbringfalters soll die große Bedeutung traditionell genutzter Wälder für Tagfalter näher erläutert werden.

Der Gelbringfalter präferiert nährstoffarme, lichte Wälder mit einer grasreichen Krautschicht (Streitberger et al. 2012). Der aktuelle Verbreitungsschwerpunkt der Art befindet sich im bayerischen Steigerwald und am Alpenrand. Hier kommt die Art in Mittel- bzw. Weidewäldern vor, die in diesen Regionen noch vergleichsweise großflächig vorhanden sind (Streitberger et al. 2012). Durch die lichten Verhältnisse infolge der traditionellen Nutzung weisen die Wälder eine üppige Krautschicht auf. Hier sind die Wirtspflanzen der Art (vor allem konkurrenzschwache Seggen wie *Carex alba* oder *C. montana*) in hoher Deckung vertreten, was für die Entwicklung der Larven eine wichtige Voraussetzung ist. In weiten Teilen Deutschlands sind derartig strukturierte Wälder kaum noch anzutreffen, da traditionelle Waldnutzungsformen zugunsten der modernen Forstwirtschaft spätestens in der ersten Hälfte des letzten Jahrhunderts großflächig aufgegeben wurden (Kapitel 3.1.2). Heute dominieren überwiegend dicht bestockte Wälder, die aufgrund der starken Beschattung und schwach entwickelten Krautschicht ungünstige Habitatbedingungen für viele Waldschmetterlinge aufweisen. Der massive Rückgang der traditionellen Waldnutzungsformen und der damit einhergehende Verlust lichter und strukturreicher Wälder stellt somit eine bedeutende Rückgangsursache vieler waldbewohnender Schmetterlingsarten dar (Brereton et al. 2011, Clarke et al. 2011, Fartmann et al. 2013, Fox 2013, Settele et al. 2009, Thomas 2016). Auch die Aufgabe weiterer traditioneller Waldnutzungen wie Streuentnahme und der Verlust von Waldwiesen oder anderen offenen Bereichen, die durch gezieltes Abbrennen erhalten wurden, werden als Rückgangsursachen von lichtliebenden waldbewohnenden Schmetterlingsarten angesehen (Clarke et al. 2011, Settele et al. 2009).

Unterdrückung der natürlichen Walddynamik

Trotz der Abnahme der Nutzungsintensität, die die Aufgabe der Nieder- und Mittelwaldwirtschaft zugunsten der Hochwaldwirtschaft mit sich brachte (Kapitel 3.1.2), bieten die modernen Wirtschaftswälder Insektenarten, die auf Alt- und Totholz angewiesen sind, im Allgemeinen immer noch schlechte Lebensbedingungen. Ein wesentlicher Grund dafür ist, dass die meisten Bäume bereits in jungem bis mittlerem Alter geerntet werden, sodass die Ausbildung der Alters- und Zerfallsphase weitgehend unterdrückt wird (Grove 2002). Alt- und Totholz kommt daher nur mit einem geringen Anteil in unseren Wäldern vor (Kapitel 3.1.2).

Neben einem hohen Alt- und Totholzanteil weisen die älteren Waldstadien aufgrund des Zerfalls alter Bäume und ihrer höheren Anfälligkeit für Eis-, Schnee- oder Windbruch sowie Sturmwurf eine lichtere Bestandsstruktur auf als die mittleren Phasen der Waldentwicklung, sodass sich auch wärmeliebende Waldinsekten ansiedeln können. Die Entstehung lichter Waldstrukturen wird auch dadurch verhindert, dass in Wirtschaftswäldern weitere Elemente der natürlichen Walddynamik wie Brände und Massenvermehrungen von Baumschädlingen so weit wie möglich unterdrückt und die wenigen von solchen Störungsereignissen betroffenen Flächen schnell wieder aufgeforstet werden (Gatter 2000).

Das Fehlen älterer Waldstadien und die Unterdrückung der natürlichen Walddynamik werden als wichtige Rückgangsursache saproxylischer Insektenarten angesehen (Grove 2002). Zahlreiche Studien belegen den positiven Zusammenhang zwischen Totholzreichtum, großem Baum- und Totholzdurchmesser bzw. dem Vorhandensein alter ungenutzter Waldbestände und einer hohen Diversität an saproxylischen Insekten **(Grafik 4-40)** (Grove 2002, Müller & Bütler 2010). Die Unterdrückung von Bränden wird vor allem für einige saproxylische Käferarten, die obligatorisch an abgebrannte Waldflächen gebunden sind, als Rückgangsursache angesehen (Grove 2002, Whitehouse 2006). Aber auch andere saproxylische Arten können durch das Abbrennen von Wäldern gefördert werden, da hierdurch größere Mengen an besonntem Totholz entstehen (Whitehouse 2006).

Beseitigung von Alt- und Totholz

Auch die aktive Beseitigung von Gehölzen und Alt- und Totholz im Zuge von Durchforstungen sowie das Fällen alter und kranker Bäume aus Gründen der Verkehrssicherung tragen dazu bei, dass viele der heutigen Wälder einen geringen Totholzanteil aufweisen, was zum Rückgang totholzabhängiger Insekten beiträgt (Clarke et al. 2011, Grove 2002, Whitehouse 2006). Zwar ist der Totholzanteil im Laufe der letzten Jahrzehnte aufgrund diverser sozioökonomischer Entwicklungen angestiegen (Gatter 2000), dennoch sind die heutigen Mengen noch nicht ausreichend, um die Bestände saproxylischer Insekten ausreichend zu fördern **(Grafik 4-41)** (Müller & Bütler 2010). Dies trifft insbesondere auf das für saproxylische Insekten besonders wichtige Totholz mit einem großen Durchmesser (Seibold et al. 2015) und besonntes Totholz (Vodka et al. 2009, Whitehouse 2006) zu.

Veränderung der Baumartenzusammensetzung und Anlage von Monokulturen

Die Baumartenzusammensetzung hat einen erheblichen Einfluss auf die Zusammensetzung der Artengemeinschaften im Wald. Heute dominieren großflächig Monokulturen, die zum Teil aus standortfremden Gehölzen aufgebaut sind (Kapitel 3.1.2). Die Anlage von Monokultu-

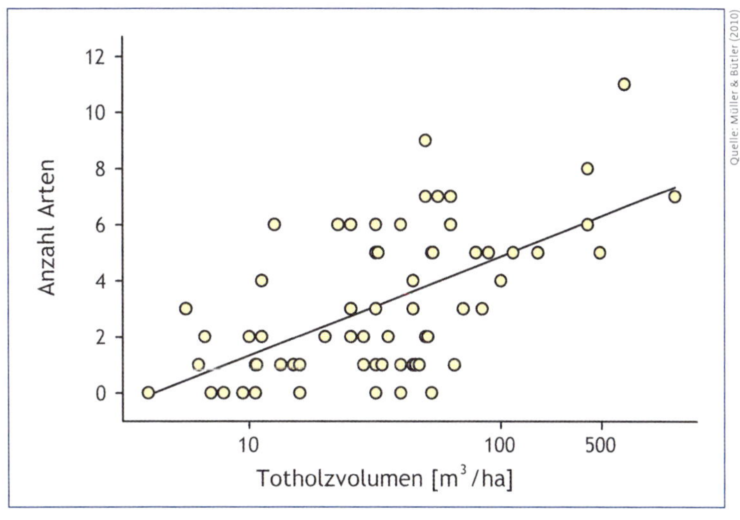

Grafik 4-40 Zusammenhang zwischen der Anzahl stark gefährdeter saproxylischer Käferarten und dem Totholzvolumen (logarithmische Skala) im nördlichen Steigerwald (Bayern). Bestimmtheitsmaß (R^2) = 0,39, $P < 0,001$.

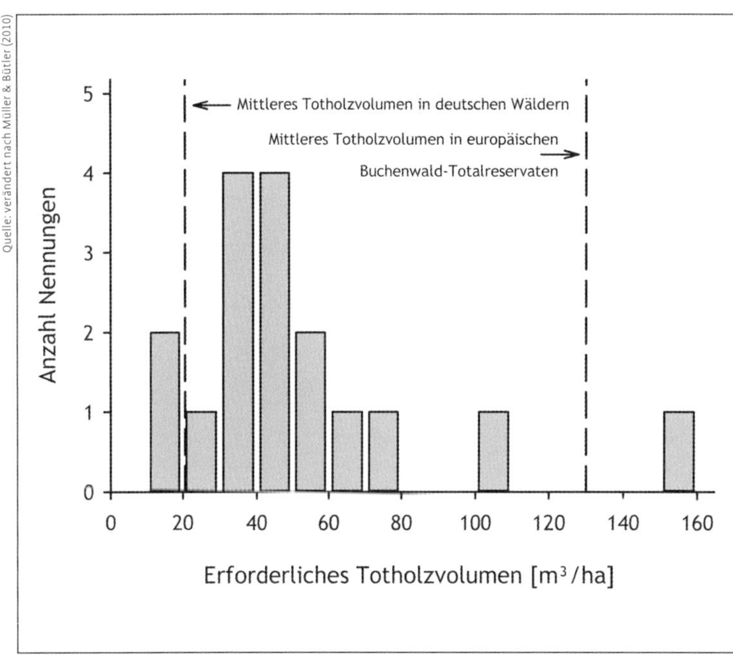

Grafik 4-41 Schwellenwerte des Totholzvolumens, das für die Existenz verschiedener auf Totholz angewiesener Arten oder Artengemeinschaften in europäischen Buchen-Eichen-Wäldern des Tieflands erforderlich ist. Je höher ein Balken ist, desto häufiger wurde das entsprechende Totholzvolumen als Schwellenwert in der Literatur genannt. Die linke gestrichelte Linie gibt das mittlere Totholzvolumen in deutschen Wäldern laut Dritter Bundeswaldinventur (BMEL 2016, 2019b) an, die rechte das mittlere Totholzvolumen von 20 mindestens 50 Jahre alten Buchenwald-Totalreservaten im europäischen Tiefland laut Christensen et al. (2005).

ren sowie die einseitige Förderung bestimmter Baumarten haben weitreichende Konsequenzen für die Vielfalt an Insekten. Dies gilt vor allem für die Umwandlung von Laubwäldern in standortfremde Nadelwälder, was als bedeutendes Gefährdungsrisiko für viele Schmetterlings- und Käferarten gilt (Clarke et al. 2011, Seibold et al. 2015). Durch die Anlage von Monokulturen bzw. die einseitige Förderung bestimmter Baumarten kommt es einerseits zu einem Rückgang an Nahrungsressourcen. Dies betrifft zum Beispiel Schmetterlingsarten, die an bestimmte Baumarten gebunden sind (Clarke et al. 2011). Andererseits bewirken die Anlage von Monokulturen und die einseitige Förderung bestimmter Baumarten einen Verlust der Habitatvielfalt (Clarke et al. 2011), was einen Rückgang der Insektendiversität nach sich zieht. Beispielsweise konnte in baumartenreicheren Buchenwäldern eine deutlich höhere Vielfalt an Käferarten nachgewiesen werden als in buchendominierten Beständen (Sobek et al. 2009).

Stickstoffdepositionen

Atmosphärische Stickstoffdepositionen führen nicht nur in Agrarlandschaften, sondern auch im Wald zu erheblichen Habitatveränderungen (Dirnböck et al. 2014, Ellenberg & Leuschner 2010, Perring et al. 2018). Besonders ausgeprägt zeigt sich dies in Gebieten mit hohen Depositionsraten, wie etwa in Nordwestdeutschland (Kapitel 3.3). Zusammen mit dem nicht mehr stattfindenden Nährstoffentzug durch Waldweide, Streuentnahme und andere heute nicht mehr praktizierte Formen der Waldnutzung (Kapitel 3.1.2) führen atmosphärische Stickstoffdepositionen zu einem schnelleren Kronenschluss und einem dichteren Unterwuchs in den Waldbeständen (Ellenberg & Leuschner 2010, Gatter 2000). Einige wenige stickstoffliebende Gräser, Kräuter oder gar Gehölze (zum Beispiel Brombeeren) verdrängen die artenreichere Flora nährstoffarmer Waldböden und bewirken starke strukturelle und mikroklimatische Veränderungen. Insbesondere thermophile und auf stickstoffarme Pflanzen angewiesene Insekten werden hierdurch verdrängt. Beispielsweise dürften die Eutrophierung von Wäldern und die damit einhergehenden Veränderungen der Waldbodenvegetation zum regionalen Aussterben des Gelbringfalters (*Lopinga achine*), der auf lichte Waldstrukturen und konkurrenzschwache Pflanzenarten als Nahrung angewiesen ist, beigetragen haben (Konvička et al. 2008, Streitberger et al. 2012).

Insektizidausbringung in der Vergangenheit

Die großflächige Ausbringung von hochtoxischen und unspezifischen Insektiziden (Chlorierte Kohlenwasserstoffe wie DDT oder Dieldrin) ab den 1950er-Jahren bis in die 1970er-Jahre in mittel- und westeuropäischen Wäldern (Kapitel 3.1.2) war für dramatische Zusammenbrüche von Insektenpopulationen verantwortlich (Gatter 2000, Gatter & Mattes 2018). Bedingt durch die klar belegten und massiven negativen Auswirkungen auf Nicht-Zielorganismen (zum Beispiel Vögel) wurden die meisten dieser Insektizide Anfang der 1970er-Jahre in Mitteleuropa verboten (Conrad 1977, Sierro & Erhardt 2019). Seitdem ist die Anwendung von Insektiziden weitestgehend aus dem Wald verschwunden. Entsprechend konnten seit den 1980er- und zeitverzögert bei Arten mit langen Generationszyklen – wie zum Beispiel Maikäfer (*Melolontha* spp.) oder Alpenbock (*Rosalia alpina*) **(Grafik 2-8)** – seit den 1990er-Jahren wieder Zunahmen der Insektenpopulationen im Wald beobachtet werden (Gatter 2000, Gatter & Mattes 2018, Kahrer et al. 2011, Sierro & Erhardt 2019, Zimmermann 2004).

Die Erholung der Insektenpopulationen oder die teilweise Zunahme der Abundanzen von Insekten in Wäldern nach Aufgabe der Insektizidanwendung spiegelt sich auch in der Bestandsentwicklung von insektivoren Säugetieren wider. Beispiele hierfür sind seit den 1980er-Jahren wachsende Populationen an Waldfledermäusen in Süddeutschland **(Grafik 2-10 und 2-11)** (Gatter 2000, Gatter & Mattes 2018, Meschede & Rudolph 2010), aber auch in ganz Europa (Haysom et al. 2013). Ein ähnliches Bild ergibt sich bei den Waldvögeln. Die Bestände sind in Europa und Deutschland seit den 1980er-Jahren weitgehend stabil, ganz im Gegensatz zu den stark zurückgehenden Feldvögeln **(Grafik 2-12)** (Kapitel 2.2).

Sonstige Rückgangsursachen

Neben den zuvor behandelten Einflussgrößen werden in der Literatur weitere Rückgangsursachen genannt. Zum Beispiel werden forstliche Meliorationsmaßnahmen (gezielte Drainage feuchter Waldgebiete oder die Befestigung von Waldwegen), Randeffekte durch an Wälder angrenzende landwirtschaftliche Nutzung oder Strukturveränderungen durch erhöhte Wilddichten infolge von Hegemaßnahmen für Rückgänge von Waldschmetterlingen verantwortlich gemacht (Clarke et al. 2011). Diese Faktoren dürften aber aufgrund ihrer oftmals kleinräumigen Wirkung nur auf lokaler Ebene zu Bestandsrückgängen geführt haben.

Fazit für die Praxis

- Die wichtigsten Ursachen für den Rückgang der Insekten in Waldlandschaften sind – ähnlich wie in Agrarlandschaften – Verlust, Fragmentierung und Degradation von Habitaten.
- Hauptgrund für Habitatdegradationen ist die veränderte Waldbewirtschaftung.
- Bei der Veränderung der Waldbewirtschaftung waren insbesondere 1. die Aufgabe traditioneller Waldnutzungsformen (vor allem Nieder- und Mittelwaldnutzung sowie Waldweide), 2. die Unterdrückung der natürlichen Walddynamik, 3. die Beseitigung von Alt- und Totholz sowie 4. die Veränderung der Baumartenzusammensetzung und Anlage von Monokulturen für den Rückgang der Insekten verantwortlich.
- Darüber hinaus sind auch Stickstoffdepositionen ein bedeutender Grund für die Abnahme von Insekten.
- In früheren Zeiten war die Insektizidausbringung ein wichtiger Faktor für Zusammenbrüche von Insektenpopulationen im Wald.
- Direkte Schädigungen von Insekten durch Pestizide spielen dagegen heute nahezu keine Rolle mehr.

4.2.3 Siedlungslandschaften

Die Zunahme der Verstädterung (Urbanisierung) ist ein zentrales Merkmal des rezenten Landnutzungswandels (siehe Kapitel 3.1.1). Die damit verbundene Ausweitung der Siedlungs- und Verkehrsfläche trägt maßgeblich zur Zerstörung und Fragmentierung von Insektenlebensräumen bei (Fartmann 2017, Fox 2013, Goulson et al. 2008, Jones & Leather 2012, Settele et al. 2009, Tamayo Muñoz et al. 2015, Van Swaay et al. 2010). Siedlungen weisen zudem unmittelbare Gefahren für Insekten auf, die im Umland eine deutlich geringere Rolle spielen. Dies sind zum einen die große Zahl künstlicher Lichtquellen, die wegen ihrer anlockenden Wirkung viele nachtaktive Insekten in ihrem Verhalten beeinträchtigen oder gar als tödliche Falle wirken können (Kolligs & Mieth 2001, Schmiedel 2001, Schroer et al. 2019). Zum anderen führen Kollisionen mit Fahrzeugen zu Individuenverlusten (Baxter-Gilbert et al. 2015, Tamayo Muñoz et al. 2015). Als wichtigste Gefährdungsursachen in Siedlungen werden nachfolgend vorgestellt: Urbanisierung und Habitatverlust, Grünflächenmanagement und Gartengestaltung, künstliche Beleuchtung und Verkehr.

Nichtsdestotrotz beherbergen Städte mitunter eine artenreichere Insektenfauna als strukturarme, intensiv genutzte Agrarlandschaften (Baldock et al. 2015, Settele et al. 2009). Gründe hierfür sind unter anderem das Vorkommen spezifisch urbaner Lebensräume (zum Beispiel Botanische Gärten, Industriebrachen, Parks und Regenrückhaltebecken), die mitunter eine hohe Diversität und hohe Dichten bei bestimmten Insektengruppen aufweisen können **(Foto 4-57 bis 4-59)** (Fartmann & Timmermann 2006, Holtmann et al. 2018, 2019b, Jones & Leather 2012). Zudem weisen Siedlungsbereiche viele lineare Habitatelemente wie Bahnlinien und Straßenränder auf, die zur Vernetzung von Lebensräumen beitragen (Settele et al. 2009) und dadurch Insekten (zum Beispiel Bestäuber wie Wildbienen oder Schmetterlinge) fördern (Potts et al. 2016b).

Urbanisierung und Habitatverlust

Anhand einer Metaanalyse stadtökologischer Studien konnten Beninde et al. (2015) nachweisen, dass Habitatqualität, -größe und -isolation auch im Siedlungsbereich die Schlüsselfaktoren für die Artenvielfalt sind (siehe auch Kapitel 4.1.1). Als wichtigster dieser drei Faktoren wurde die Größe naturnaher Habitate identifiziert. In Bezug auf die Habitatqualität ist ein reichhaltiges Angebot unterschiedlicher Habitatstrukturen besonders bedeutsam. Die weiter voranschreitende Urbanisierung verbunden mit der Umwandlung von Nutz- in Ziergärten sowie zunehmender Nachverdichtung und Versiegelung und der damit einhergehende Verlust naturnaher Strukturen und Habitate (Kapitel 3.1.2) wird als wichtige Gefahr bzw. Rückgangsursache für viele Insekten angesehen (Fartmann 2017, Fox 2013, Goulson et al. 2008, Jones & Leather 2012, Settele et al. 2009, Tamayo Muñoz et al. 2015, Van Swaay et al. 2010).

Grünflächenmanagement und Gartengestaltung

Wie in Agrarlandschaften behindert eine intensive Nutzung (Grünflächenmanagement und Gartengestaltung) der verbliebenen Habitate in Siedlungen mit häufiger Mahd und Einsatz von Pestiziden eine Besiedlung der Flächen durch Insekten oder wirkt sich direkt negativ auf Insekten aus (Buchholz et al. 2018, Fox 2013, Jones & Leather 2012). Eine extensive Nutzung städtischer Grünflächen kann somit einen wertvollen Beitrag zur Förderung der Insektenvielfalt leisten. Beispielsweise zeigten Untersuchungen zur Heuschreckenfauna auf städtischen Grünflächen in Tübingen, dass eine extensive Nutzung mit einer einmaligen späten Mahd im Vergleich zu einer intensiven Nutzung (mehrmalige Mulchmahd) positive Effekte auf die Heuschreckendiversität und -abundanz hat (Hiller & Betz 2014). Dies traf auch auf weitere Insektengruppen wie etwa Tagfalter zu (Kricke et al. 2014).

Neben der zumeist intensiven Nutzung städtischer Grünflächen und der isolierten Lage von urbanen Lebensräumen zeichnen sich Städte und Siedlungen infolge der Bepflanzung von Gärten und Parkanlagen durch ein gehäuftes Vorkommen nichteinheimischer Pflanzenarten aus. Bislang liegen nur wenige Untersuchungen vor, wie sich nichteinheimische Pflanzenarten auf Insekten in Städten auswirken. Ein vieldiskutiertes Phänomen ist das Massensterben von Hummeln in Städten, das immer wieder im Spätsommer an der nichteinheimischen Silber-Linde (*Tilia tomentosa*) zu beobachten ist (Koch & Stevenson 2017). Lange Zeit wurden toxische Effekte des Nektars oder des Pollens als Hauptursache dieser Massensterben angesehen. Nach gegenwärtigem Stand der Forschung können diese aber weitgehend ausgeschlossen werden. Das Phänomen dürfte in erster Linie dadurch verursacht werden, dass im Spätsommer allgemeiner Nahrungsmangel herrscht, da dann andere Lindenarten und weitere wichtige Nektarpflanzen das Ende ihrer Blühperiode erreicht haben, während die Silber-Linden noch blühen. Hummeln und Bienen konzentrieren sich bei der Nektarsuche dann auf die noch vorhandenen Nektarquellen, darunter die Silber-Linden, wo sie miteinander um die schwindenden Ressourcen konkurrieren und schließlich verhungern. Die experimentelle Überprüfung dieser Hypothese steht aber noch aus. Als weitere Ursache diskutiert werden Duftstoffe der Blüten und das im Lindennektar enthaltene Koffein, die das Verhalten der Hummeln beeinflussen und zu einer übermäßigen Fixierung der nektarsammelnden Individuen auf Lindenblüten führen könnten.

Künstliche Beleuchtung

Künstliche Lichtquellen üben eine erhebliche Anlockwirkung auf Insekten aus (Eisenbeis 2001, Firebaugh & Haynes 2019, Kolligs 2000, Kolligs & Mieth 2001, Owens et al. 2020, Owens & Lewis 2018, Schroer et al. 2019). Dabei ist die Anlockung von verschiedenen Faktoren abhängig wie der Art der Lichtquelle (vor allem des Lichtspektrums) und anderen abiotischen Einflussgrößen wie den klimatischen Bedingungen und der Mondphase (Eisenbeis 2001, 2013, Kolligs 2000, Kolligs & Mieth 2001). Auch wenn nicht genau belegt ist, in welchem

Foto: Thomas Fartmann

Foto 4-57 Bienenwolf (*Philanthus triangulum*) beim Blütenbesuch an einer Zierform des Flachblatt-Mannstreus (*Eryngium planum*) im Botanischen Garten im Zentrum der Stadt Münster.

Foto: Thomas Fartmann

Foto 4-58 Die wärmeliebende und oligolektische Efeu-Seidenbiene (*Colletes hederae*) – hier beim Blütenbesuch an Efeu (*Hedera helix*) – ist inzwischen in vielen mitteleuropäischen Städten regelmäßig zu finden.

Foto: Thomas Fartmann

Foto 4-59 Die Garten-Blattschneiderbiene (*Megachile willughbiella*) kommt auch in Siedlungen vor. Auf dem Foto ist ein Weibchen beim Blütenbesuch an Breitblättriger Platterbse (*Lathyrus latifolius*) zu sehen.

Ausmaß sich künstliche Lichtquellen auf den Insektenbestand auswirken, herrscht Einigkeit darüber, dass die Anlockung durch künstliche Lichtquellen aufgrund der folgenden Faktoren eine Gefährdung für Insekten darstellt (Kolligs & Mieth 2001, Owens et al. 2020, Owens & Lewis 2018, Schmiedel 2001):

- Verletzung oder Tötung von Individuen durch Aufprall an die Leuchtengehäuse (vor allem bei größeren Insekten),
- Verletzung oder Tötung von Individuen durch Hitzewirkung (vor allem bei kleinen Insekten),
- Fallenwirkung des Lampengehäuses,
- Erhöhung des Prädationsrisikos,
- Erhöhung des Risikos, durch Tritt oder Straßenverkehr beschädigt zu werden,
- erhöhter Energieverlust durch gesteigerte Flugaktivität und künstlich verlängerte Aktivitätszeiten,
- Herauslockung von Insekten aus ihren Fortpflanzungshabitaten, sodass das Wiederfinden der Ursprungshabitate, Nahrungspflanzen oder Geschlechtspartner verhindert wird, und
- Störung der zeitlichen Synchronisation (zum Beispiel zur Paarfindung und Nahrungsaufnahme).

Ein erhöhtes Gefährdungsrisiko durch Lichtemissionen wird vor allem für Arten mit geringer Populationsdichte und Reproduktionsrate (K-Strategen) angenommen (Kolligs 2000, Kolligs & Mieth 2001). Dies gilt vor allem dann, wenn Arten standorttreu bzw. wenig mobil sind und nur noch in isolierten Populationen vorkommen und somit höhere Verluste schlechter kompensieren können (Kolligs & Mieth 2001). Außerdem sind Arten stärker gefährdet, die generell besonders stark von Licht angezogen werden, bei denen ein hoher Weibchenanteil angelockt wird oder die als Imago nur kurze Zeit leben (Schmiedel 2001). Eine neuere Untersuchung aus England zeigt außerdem, dass sich künstliche Lichtquellen stark auf die Zusammensetzung der Invertebratengemeinschaften auswirken. Unterhalb von Straßenbeleuchtungen herrschten deutlich andere Gemeinschaften vor als in benachbarten unbeleuchteten Bereichen; vor allem räuberische und aasfressende Arten waren unter den Lichtquellen stark vertreten (Davies et al. 2012). Dieser Effekt konnte auch tagsüber nachgewiesen werden. Somit ist davon auszugehen, dass Straßenleuchten dazu beitragen, Artengemeinschaften nachhaltig zu verändern, und hierdurch das Potenzial haben, zum Rückgang bestimmter Arten beizutragen. Allerdings wird nicht davon ausgegangen, dass die künstliche Beleuchtung zu erheblichen Bestandsverlusten der Insektenfauna insgesamt beiträgt (Schmiedel 2001).

Verkehr

Bislang gibt es nur wenige Untersuchungen zu den Auswirkungen von Straßen und Straßenverkehr auf Insekten. Review-Artikel verdeutlichen, dass sich Verkehrswege in vielfältiger Weise auf Insekten auswirken können (Jones & Leather 2012, Tamayo Muñoz et al. 2015). Negative Auswirkungen auf Insekten ergeben sich beispielsweise durch die Zerschneidung von Lebensräumen oder durch den Eintrag von Schadstoffen am Straßenrand (Jones & Leather 2012, Tamayo Muñoz et al. 2015). Ein Gefährdungsrisiko für Insekten besteht auch in der direkten Schädigung von Individuen durch Verkehr (Tamayo Muñoz et al. 2015). Genaue Erkenntnisse darüber, wie sich der Straßenverkehr direkt auf Insektenbestände auswirkt und wie stark er zum Rückgang von Insekten in Mitteleuropa beigetragen hat, gibt es bislang aber kaum. Erste Erkenntnisse zur Quantifizierung des Einflusses des Straßenverkehrs auf Insekten liefert eine Studie aus Polen. Anhand von Transektbegehungen entlang von Straßen wurde festgestellt, dass mindestens 6,8 % der erfassten Schmetterlinge dem Straßenverkehr zum Opfer gefallen waren (Skórka et al. 2013). Weitere Erkenntnisse liefert eine Studie aus Kanada (Baxter-Gilbert et al. 2015). Auf einem 2 km langen Straßenabschnitt wurden alle vom Verkehr getöteten Insekten dokumentiert. In zwei Untersuchungsjahren wurden bei täglicher Begehung des Straßenabschnitts während der Vegetationsperiode (Mai bis August) mehr als 117 000 tote Insektenindividuen erfasst. Für die drei am häufigsten vom Straßenverkehr betroffenen Insektenordnungen (Zweiflügler [Diptera], Hautflügler [Hymenoptera], Schmetterlinge [Lepidoptera]) wurde hochgerechnet, dass in ganz Nordamerika jährlich viele Milliarden Individuen durch den Straßenverkehr getötet werden.

Allerdings sind weitere Untersuchungen erforderlich, um die Bedeutung des Straßenverkehrs für den Rückgang der Insekten genauer beurteilen zu können (Baxter-Gilbert et al. 2015). Martin et al. (2018) untersuchten in der kanadischen Provinz Ontario, wie viele Insekten auf unterschiedlich stark befahrenen Straßen durch Verkehr erfasst werden. Sie konnten nachweisen, dass an wenig befahrenen Straßen im Vergleich zu hochfrequentierten, räumlich benachbarten Straßen, die in eine ähnliche Landschaftsstruktur eingebettet waren, deutlich mehr Fluginsekten pro Fahrzeug getötet werden. Die Autoren erklären dieses Ergebnis damit, dass der hochfrequente Straßenverkehr die Dichten der Insektenpopulationen in der Nähe der Straßen durch die anhaltende Tötung eines relativ hohen Anteils der Individuen bereits so stark reduziert hat, dass die Populationsdichten hier inzwischen geringer sind als im Bereich wenig befahrener Straßen. Skórka et al. (2013) konnten hingegen für Tagfalter einen positiven Zusammenhang zwischen der Anzahl getöteter Individuen und der Höhe des Verkehrsaufkommens nachweisen, wobei dieser Faktor nicht entscheidend war für die Tagfalterabundanz im Umfeld der Straßen. Sie stellten außerdem fest, dass weniger Tagfalter durch Verkehr erfasst wurden, wenn das Umfeld von Straßen günstige Lebensbedingungen für Tagfalter aufwies, wie zum Beispiel eine hohe Phytodiversität. Für bessere Erkenntnisse, wie der Verkehr zu Bestandsrückgängen von Insekten beiträgt, sind weitergehende Untersuchungen notwendig – unter anderem zum Verhalten von Insekten an Straßen.

Fazit für die Praxis

- Die Verstädterung (Urbanisierung) ist ein zentrales Merkmal des rezenten Landnutzungswandels und damit maßgeblich für den Verlust und die Fragmentierung von Insektenlebensräumen verantwortlich.
- Im Gegensatz zu Agrar- und Waldlandschaften weisen Siedlungen aber spezifische Gefahren für Insekten auf, die vor allem hier wirken (Lichtverschmutzung, Verkehr).
- Andererseits sind Städte durch spezifische Lebensräume (zum Beispiel Industriebrachen, Parks oder Regenrückhaltebecken) gekennzeichnet, die eine große Bedeutung für insektenreiche Lebensgemeinschaften haben können.
- Darüber hinaus sind diese Habitate mitunter über die vielen linearen Strukturen wie Bahnlinien und Straßenränder in Städten gut miteinander vernetzt.
- Habitatqualität, -größe und -isolation sind auch im Siedlungsbereich die Schlüsselfaktoren für die Artenvielfalt.
- Die Versiegelung und Nachverdichtung und der damit verbundene Habitatverlust sind sicherlich die wichtigsten Gründe für den Rückgang von Insekten in Städten.
- Das Grünflächenmanagement bzw. die Gartengestaltung, die künstliche Beleuchtung und der Verkehr sind weitere Gefährdungsfaktoren.

5 Grundlagen und Voraussetzungen für einen wirksamen Insektenschutz

ECKHARD JEDICKE

Lange noch nicht alle Ursachen und Zusammenhänge des Insektensterbens sind durch die Wissenschaft aufgeklärt, viele Fragen bleiben offen. Dennoch hat sie zahlreiche wichtige Fakten bewiesen, die in den vorherigen Kapiteln des vorliegenden Buches anhand eines umfassenden Literaturreviews komprimiert zusammengefasst sind. Damit wissen wir schon heute genug, um handeln zu können (Cardoso et al. 2020, Harvey et al. 2020, Samways et al. 2020). Die folgenden Kapitel fassen wesentliche Handlungsfelder zusammen, gegliedert nach generellen Grundlagen und Voraussetzungen (Kapitel 5), Maßnahmen in Agrarlandschaften (Kapitel 6), Waldlandschaften (Kapitel 7) und Siedlungslandschaften (Kapitel 8).

Im vorliegenden Kapitel 5 werden einige grundlegende Voraussetzungen, Strategien und Planungen des Naturschutzes angesprochen, die nicht immer spezifisch auf den Insektenschutz ausgerichtet sind, aber dennoch auch als entscheidende Maßnahmen gegen das Insektensterben wirken. Dies sind:

- Maßnahmen zum Klimaschutz und zur Anpassung an die Folgen des Klimawandels (Kapitel 5.1),
- verschiedene Planungsinstrumente wie Zielartenkonzepte, Schutzgebietssysteme, Biotopverbund und Landschaftsplanung (Kapitel 5.2),
- als ganz zentraler Punkt eine grundsätzliche Förderung der Habitatqualität durch adäquate extensive Landnutzung, weniger Nährstoffe und Pestizide sowie das Zulassen natürlicher Dynamik (Kapitel 5.3),
- die Entwicklung einer stärkeren Landschafts- und Habitatheterogenität (Strukturvielfalt; Kapitel 5.4),
- ein reflektierter Umgang mit invasiven Neobiota (Kapitel 5.5),
- ein Bewusstsein für die begrenzte Wirksamkeit des Artenschutzes für Insekten, einerseits durch limitierte gesetzliche Regelungen, andererseits aufgrund der Erreichbarkeit nur weniger (und häufig nicht der besonders gefährdeten) Insektenarten durch Artenschutzprojekte – was am Beispiel der Wildbienennisthilfen erläutert wird (Kapitel 5.6).

5.1 Klimaschutz und Klimaanpassung

Insekten sind – artspezifisch und räumlich differenziert – gleichermaßen Leidtragende als auch Profiteure des Klimawandels (Kapitel 4.1.2). Die in Kapitel 3.2 beschriebenen Wirkungen und Wechselwirkungen aufgrund des Klimawandels sind so gravierend und in großen Teilen unwägbar (weil erst ansatzweise erforscht), dass auch aus Sicht des Insektenschutzes eine bestmögliche Begrenzung des Klimawandels ein zentrales Ziel sein muss. Klima- und Insektenschutz dürfen nicht gegeneinander ausgespielt werden. Mögliche Risiken wie Lockwirkungen von Wind- und Solarenergieanlagen (und damit zugleich für nahrungssuchende Vögel und Fledermäuse) oder die Entstehung von Trachtlücken nach dem Abblühen von Energiepflanzen wie dem Raps (SRU & WBBGR 2018) dürfen nicht als Pauschalargumente gegen den Ausbau Erneuerbarer Energien angeführt werden. Denn je gravierender der Klimawandel ausfällt, desto schwerwiegender wirkt er auch auf Insektenpopulationen, unter anderem indem er die Fragmentierung weiter fördert (Kapitel 4.1.2., Exkurs 8, Seite 96). Nach Extremereignissen wie zum Beispiel Sommerdürre schaffen es viele Arten nicht mehr, die verwaisten Habitate wieder zu besiedeln.

Foto: Eckhard Jedicke

Foto 5-1 Maßnahmen zur Wiedervernässung und generell ein verstärkter Wasserrückhalt in der Landschaft tragen sowohl zu Klimaschutz und Klimaanpassung als auch zur Förderung von Insekten bei (Ökokontomaßnahme bei Nauen-Lietzow an der Havel, Brandenburg).

Im Interesse des Insektenschutzes gilt es gleichermaßen, (i) den Energieverbrauch zu verringern, (ii) Emissionen zu vermeiden, (iii) Emissionen durch Substituierung fossiler Brennstoffe zu reduzieren und (iv) eine kohlenstoffschonende bzw. -neutrale Landnutzung zu fördern. Letztere beinhaltet zum Beispiel den Erhalt und die Wiedervernässung von Mooren (Beispiel aus der Praxis 1, Seite 131 ff.), die Paludikultur, die Anhebung des Grundwasserspiegels, die generelle Wasserrückhaltung in der Landschaft **(Foto 5-1 und 5-2)**, die umbruchfreie Erhaltung von artenreichem Dauergrünland und der humusfördernde Ackerbau. Gerade der Wasserrückhalt in der Landschaft ist ein zentraler Aspekt, der nahezu alle Habitattypen betrifft. Der größte Teil der Flächen, insbesondere in der Landwirtschaft, ist drainiert und das Wasser wird über begradigte und ausgebaute Vorfluter rasch abgeführt. Ange-

Foto: Thomas Fartmann

Foto 5-2 Der vor allem insektivore Kiebitz (*Vanellus vanellus*) ist zum Brüten und zur Nahrungssuche am Boden auf niedrigwüchsige Vegetation angewiesen.

Foto: Eckhard Jedicke

Foto 5-3 Anbauflächen von Raps sollten von mindestens 5 % blütenreichen Strukturen flankiert werden, um den durch den kurzzeitigen intensiven Blühaspekt angezogenen Insekten nach Abblühen der Kultur weiterhin Nahrung zu bieten.

sichts zunehmender Dürreperioden sind Maßnahmen zur Erhöhung des Wasserrückhalts immer essenzieller. Hier besitzt die konsequente Renaturierung von Fließgewässern durch Umsetzung der EU-Wasserrahmenrichtlinie eine hohe Bedeutung.

Im Bereich der Erneuerbaren Energien kommt es auf eine sachgerechte Standortwahl an, zum Beispiel für Solaranlagen abseits von Gewässern, da Solarpaneele für Wasserinsekten eine ähnliche Attraktionswirkung wie Wasserflächen haben können (Herden et al. 2009). Generell sind Wind- und Solarparks vorrangig in ausgeräumten, bereits anderweitig intensiv genutzten Landschaften zu realisieren. Wo Nachwachsende Rohstoffe angebaut werden, die wie der Raps kurzzeitig intensive Blühaspekte und damit eine Attraktionswirkung für Blütenbesucher haben, könnten Mindestanteile von blütenreichen Strukturen (zum Beispiel 5 % der Fläche), die über die gesamte Vegetationsperiode Blühaspekte bieten, die negativen Folgen mindern **(Foto 5-3)**.

Vom Klimaschutz zu unterscheiden ist die Klimaanpassung. Im Kontext des Insektenschutzes sind hier Maßnahmen relevant, welche die Anpassungsfähigkeit von Insektenarten an die Folgen des Klimawandels fördern (Streitberger et al. 2016a). Dabei sind Maßnahmen zur Erhöhung der Habitatqualität und -heterogenität (Kapitel 5.3, 5.4, 6, 7 und 8) sowie der Konnektivität der Lebensräume auf vertikaler (Höhengradienten in Mittel- und Hochgebirgen) und horizontaler Ebene von besonderer Bedeutung (Streitberger et al. 2016a, b) (Beispiel aus der Praxis 2, Seite 141). Hier greift das Konzept des Biotopverbunds (Kapitel 5.2.3).

Beispiel aus der Praxis 1 Moorrenaturierung durch Wiedervernässung

Von THOMAS FARTMANN, MERLE STREITBERGER, GREGOR STUHLDREHER, THORSTEN MÜNSCH und DOMINIK PONIATOWSKI

Moore sind der wichtigste terrestrische Kohlenstoffspeicher und übernehmen elementare Ökosystemleistungen wie Klimaregulation und Wasserspeicherung (Andersen et al. 2017, Parish et al. 2008, Rydin & Jeglum 2013). Darüber hinaus beherbergen sie eine hochspezifische Flora und Fauna, darunter viele charakteristische Insektenarten (Beadle et al. 2015, Spitzer & Danks 2006, van Kleef et al. 2012). Wie die beiden nachfolgenden Studien zeigen, sind Wiedervernässungen ein wirksames Mittel, um die Ökosystemfunktionen von degradierten Mooren wiederherzustellen und typische Insektenarten – in diesem Fall seltene Libellenarten – zu fördern.

Das Murnauer Moos (Oberbayern) ist die größte zusammenhängende Moorlandschaft Süddeutschlands (Strohwasser 1994). Im Verbund mit den Mooren westlich des Staffelsees und den Loisachmooren hat das Gebiet eine national herausragende Bedeutung für den Schutz vieler gefährdeter Pflanzen- und Tierarten (Burmeister 1982, Kuhn 1997, Strohwasser 1994). Dennoch mussten die Moore in dem Raum in den letzten 120 Jahren großflächige Eingriffe in den natürlichen Wasserhaushalt hinnehmen (Strohwasser 1994). Davon waren zum Teil auch die Hochmoore im Murnauer Moos und westlich des Staffelsees betroffen. Um der anhaltenden Degradation der Hochmoorkörper und dem damit einhergehenden Rückgang vieler spezialisierter Pflanzen- und Tierarten entgegenzuwirken, wurden Anfang der 2000er-Jahre Wiedervernässungen durchgeführt. Hierzu wurden Stauwehre in die vorhandenen Entwässerungsgräben eingesetzt (Münsch et al. 2020). Im Jahr 2014 wurden das Vorkommen und die Exuviendichten der in Deutschland stark gefährdeten Arktischen Smaragdlibelle (*Somatochlora arctica*) vergleichend an den aufgestauten Gräben (Foto 5-4), an natürlichen Moorkolken und an Torfstichgewässern untersucht (Münsch et al. 2020). Die Arktische

Foto: Thorsten Münsch

Foto 5-4 Durch den Aufstau eines Entwässerungsgrabens entstandenes Kleingewässer im Hochmoor.

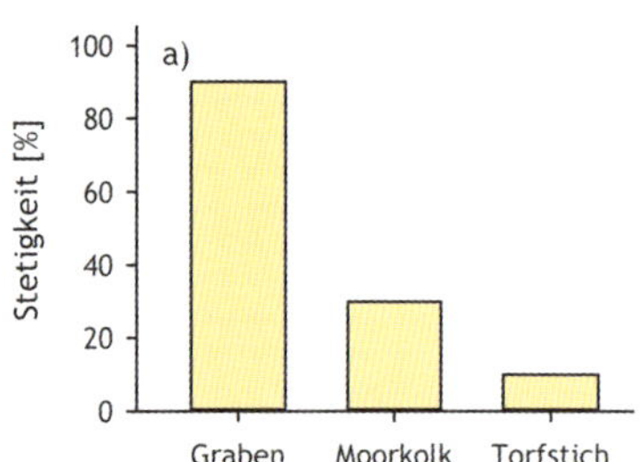

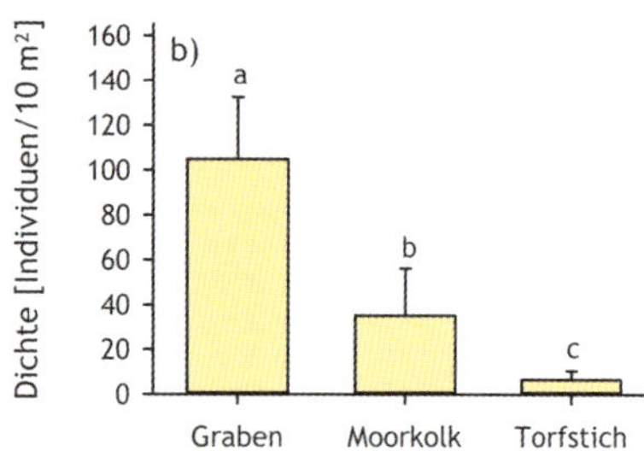

Grafik 5-1 Stetigkeit (nur bodenständige Vorkommen) (a) und Mittelwerte (+ Standardfehler) der maximalen Exuviendichte (b) der Arktischen Smaragdlibelle (*Somatochlora arctica*) in angestauten Moorgräben, naturnahen Moorgewässern und durch Handtorfstich entstandenen Gewässern. Signifikante Unterschiede zwischen den Typen liegen vor, sofern sie keine gemeinsamen Buchstaben aufweisen (P < 0,05).

Smaragdlibelle ist auf kleinste Moorgewässer spezialisiert und präferierte die Kleingewässer der angestauten Gräben als Reproduktionsgewässer (**Grafik 5-1**). An 90 % der untersuchten Gräben war die Art bodenständig. An Moorkolken und Torfstichen betrug die Stetigkeit der Art dagegen maximal 30 %. Die Exuviendichten waren an den angestauten Gräben elfmal höher als an Moorkolken und sogar 34-mal höher als an Torfstichgewässern. Zwei weitere gefährdete Libellenarten nutzen die neu entstandenen Gewässer in den Gräben ebenfalls regelmäßig zur Reproduktion. Die Torf-Mosaikjungfer (*Aeshna juncea*) kam an 70 % der Gräben und die Kleine Moosjungfer (*Leucorrhinia dubia*) sogar an allen angestauten Gräben bodenständig vor.

Im Nordwestdeutschen Tiefland findet immer noch industrieller Abbau von Torf auf größerer Fläche statt (Krieger et al. 2019). Nach Abschluss der Torfgewinnung sind die Betreiber aber rechtlich verpflichtet, die Flächen wiederzuvernässen. Bei diesen Renaturierungsflächen lassen sich in aller Regel zwei Typen von Gewässern unterscheiden:

1. Nährstoffarme renaturierte Moorgewässer. Diese Gewässer befinden sich in ehemals entwässerten Hochmooren, die nach industrieller Torfgewinnung wiedervernässt wurden. Die Wollgräser *Eriophorum angustifolium* oder *E. vaginatum* sind meist aspektbestimmend.
2. Nährstoffreiche renaturierte Moorgewässer. Im Unterschied zum vorherigen Typ wurden die entwässerten Hochmoore vor der Torfgewinnung noch als Grünland genutzt. Aufgrund der landwirtschaftlichen Düngung sind die Standorte deutlich nährstoffreicher, und an den wiedervernässten Moorgewässern herrscht Flatter-Binse (*Juncus effusus*) vor.

In der Diepholzer Moorniederung (Südwestniedersachsen) wurden die Libellenzönosen von bäuerlichen Handtorfstichen in Hochmooren (Kontrolle), nährstoffarmen renaturierten Moorgewässern und nährstoffreichen renaturierten Moorgewässern verglichen (Krieger et al. 2019). Die Artenvielfalt und Exuviendichten der Hochmoorarten waren in den Kontrollgewässern signifikant am höchsten und in den nährstoffreichen Moorgewässern am geringsten (**Grafik 5-2**). Bei den Zwischenmoorarten war es genau umgekehrt: Hier wiesen die nährstoffreichen Moorgewässer die höchsten Artenzahlen und Dichten auf. Die nährstoffarmen Moorgewässer waren bei beiden Artengruppen durch jeweils mittlere Werte gekennzeichnet. In der Studie wurden die vier Hochmoorarten Hochmoor-Mosaikjungfer (*Aeshna subarctica*), Kleine Moosjungfer, Mond-Azurjungfer (*Coenagrion lunulatum*) und Nordische Moosjungfer (*Leucorrhinia rubicunda*) als Indikatorarten für die Hand-

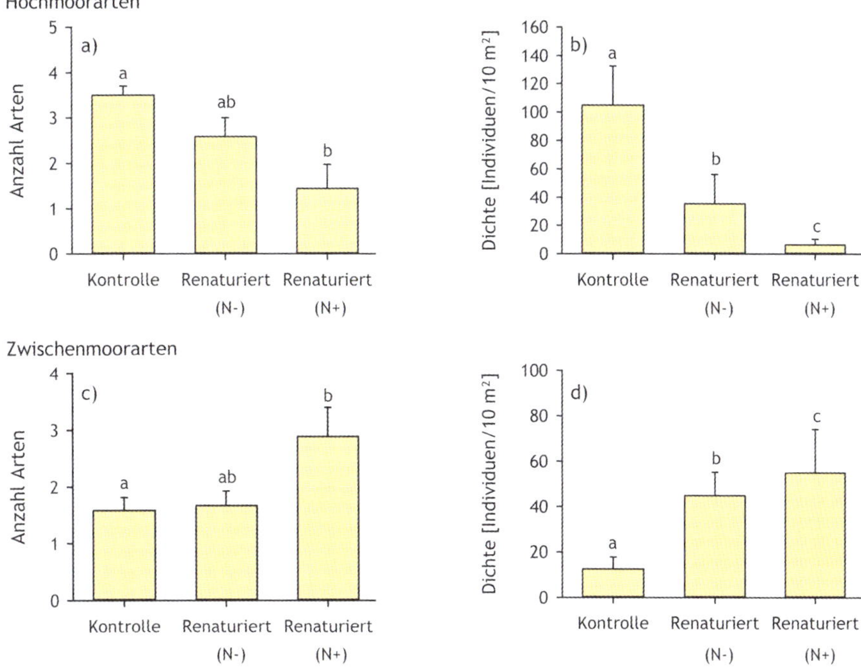

Quelle: Krieger et al. (2019)

Grafik 5-2 Mittelwerte (+ Standardfehler) der Artenzahl (a und c) und Exuviendichte (b und d) von Hochmoor- (a und b) und Zwischenmoor-Libellenarten (c und d) an bäuerlichen Handtorfstichen (Kontrolle), renaturierten nährstoffarmen (renaturiert N-) und renaturierten nährstoffreichen (renaturiert N+) Moorgewässern. Signifikante Unterschiede liegen vor, sofern die Säulen keine gemeinsamen Buchstaben aufweisen ($P < 0{,}05$).

torfstiche ermittelt (Tab. 5-1). Die nährstoffreichen Moorgewässer wiesen neun Indikatorarten auf, darunter mit Großer Moosjungfer (*Leucorrhinia pectoralis*) **(Foto 5-5)**, Kleiner Binsenjungfer (*Lestes virens*) und Später Adonislibelle (*Ceriagrion tenellum*) drei typische Zwischenmoorarten. Die sechs übrigen Indikatorarten zählen zu den eher weiter verbreiteten Libellenarten.

Foto: Thomas Fartmann

Foto 5-5 Die Große Moosjungfer (*Leucorrhinia pectoralis*) ist eine typische Art von Gewässern in Übergangs- oder Niedermooren.

Quelle: Krieger et al. (2019)

Tab. 5-1 Anhand einer Indikatorartenanalyse statistisch ermittelte Indikatorarten unter den Libellen für die drei untersuchten Gewässertypen bäuerlicher Handtorfstich (Kontrolle), renaturierte nährstoffarme und renaturierte nährstoffreiche Moorgewässer. ✓ = Art ist Indikatorart für den jeweiligen Typ.

Arten	Kontrolle	Renaturierte Moorgewässer	
		nährstoffarm	nährstoffreich
Hochmoor-Mosaikjungfer (*Aeshna subarctica*)	✓	•	•
Kleine Moosjungfer (*Leucorrhinia dubia*)	✓	•	•
Mond-Azurjungfer (*Coenagrion lunulatum*)	✓	•	•
Nordische Moosjungfer (*Leucorrhinia rubicunda*)	✓	•	•
Blutrote Heidelibelle (*Sympetrum sanguineum*)	•	•	✓
Gemeine Heidelibelle (*Sympetrum vulgatum*)	•	•	✓
Große Heidelibelle (*Sympetrum striolatum*)	•	•	✓
Große Königslibelle (*Anax imperator*)	•	•	✓
Große Moosjungfer (*Leucorrhinia pectoralis*)	•	•	✓
Herbst-Mosaikjungfer (*Aeshna mixta*)	•	•	✓
Hufeisen-Azurjungfer (*Coenagrion puella*)	•	•	✓
Kleine Binsenjungfer (*Lestes virens*)	•	•	✓
Späte Adonislibelle (*Ceriagrion tenellum*)	•	•	✓

5.2 Planungen

Für eine vorausschauende Steuerung von anthropogenen Nutzungen von Natur und Landschaft steht ein vielfältiges und räumlich hierarchisch organisiertes System von Planungsverfahren zur Verfügung, insbesondere die der formellen und der informellen Landschaftsplanung im weiteren Sinne (Riedel et al. 2016). Nachfolgend werden nur die wichtigsten Verfahren und Methoden angesprochen.

5.2.1 Zielarten

Strategisch sinnvolle, anhand definierter Kriterien ausgewählte Zielarten helfen, komplexe Ansprüche des Schutzes von Insektenarten und Lebensgemeinschaften (Biozönosen) zu vereinfachen und damit für Planungen handhabbar zu gestalten. Zielarten sind Stellvertreter von Biozönosen in den charakteristischen Biotoptypen eines Planungsraumes (Bernotat et al. 2002). Sie dienen dazu, die Ziele des Arten- und Biotopschutzes zu definieren und den Erfolg von durchgeführten Maßnahmen zu beurteilen. Zugleich ermöglichen sie, Schutzziele in der Öffentlichkeit nachvollziehbar zu kommunizieren. Auch Insekten können geeignete Zielarten sein (Fartmann 2017, Fartmann et al. 2019), jedoch ist wichtig, dass ihr Raumanspruch in einer adäquaten Relation zur Größe des Planungsraumes steht (siehe auch Exkurs 6, Seite 92).

Methodisch werden Zielartenkonzepte wie folgt geplant (Jedicke 2016):

- Klären der Aufgabenstellung bzw. Zielsetzung – denn nur bei klarer Zielorientierung kann die Artenauswahl effizient erfolgen.
- Festlegung des zu bearbeitenden Landschaftsausschnitts und der darin relevanten Biotoptypen.
- Erstellung einer Artenliste der hier nachgewiesenen (und gegebenenfalls zusätzlich zu erwartenden) Arten.
- Bewertung jeder einzelnen Art anhand von definierten und mit Punkten bewerteten Auswahlkriterien. Hierzu gehören die Seltenheit, Charakterarten eines Biotoptyps, Schlüsselarten (sie sind die Voraussetzung für das Vorkommen anderer Arten; siehe auch Exkurs 3, Seite 84), arealgeografische Besonderheiten, die Verantwortlichkeit Deutschlands (eines Bundeslands) für den globalen Arterhalt, die Klimasensibilität, die Gefährdung, die ausreichende Erfass- und Bestimmbarkeit sowie die Attraktivität. Letzteres ist insbesondere für die Öffentlichkeitsarbeit wichtig. Ausgeschlossen sind schlecht untersuchte Artengruppen, im Planungsgebiet ausgestorbene oder verschollene Arten sowie verbreitete oder generell ungefährdete Arten.
- Vorauswahl der verbliebenen Arten anhand der Punkt-Summen-Werte, indem zu seltene Arten und solche ohne Mitnahmeeffekt ausgeschlossen werden, ebenso Arten mit einem niedrigen Gesamtpunktwert. Anschließend Auflistung der verbleibenden Arten anhand abnehmenden Gesamtpunktwerts für jeden Biotoptyp.
- Experteneinschätzung der verbliebenen Arten auf ihre Eignung, um neben quantitativ leicht bewertbaren Auswahlkriterien noch weitere Kriterien zu berücksichtigen, insbesondere anhand der Hauptgefährdung der Arten (flächen-, ressourcen-, prozess- und ausbreitungslimitierte Arten sollten gleichermaßen vertreten sein), Flächenanspruch der Arten sowie Zugehörigkeit des resultierenden Artensets zu verschiedenen taxonomischen und ökologischen Gruppen (Gilden).

Wenn dieses Vorgehen zu aufwendig erscheint, dann kann stattdessen ein vereinfachtes, pragmatisches Verfahren auf der Basis von Experteneinschätzungen anhand folgender eher qualitativer Kriterien gewählt werden: Charakterarten für die ausgewählten Biotoptypen, seltene, aber nicht zu seltene Arten mit realistischer Überlebenschance im Gebiet, gefährdete Arten, in der Regel gut erfass- und bestimmbare Arten, überwiegend attraktive Arten (Eignung für die Öffentlichkeitsarbeit), gegebenenfalls Vorrang für klimawandelsensitive Arten. Darüber hinaus können auch Umsetzungsaspekte wie die Zugehörigkeit zu den Anhängen von FFH- und

Vogelschutzrichtlinie berücksichtigt werden (vgl. Jedicke 2016).

Anhand des festgelegten Sets an Zielarten können dann mit Blick auf die Ökologie und Gefährdung dieser Arten für den Planungsraum konkrete Anforderungen an Schutz und Entwicklung der Lebensräume formuliert und nach Möglichkeit auch quantifiziert werden. Somit lassen sich geplante Maßnahmen für Dritte leichter nachvollziehbar begründen.

Insekten spielen in Zielartenkonzepten bisher nur zum Teil eine Rolle, das Konzept ist aber grundsätzlich für die Planung von Maßnahmenpaketen für eine insektenfreundliche Gestaltung von Landschaftsausschnitten gut geeignet (Fartmann 2017, Fartmann et al. 2019). Um die Insektenvielfalt insgesamt und möglichst effizient zu fördern, sollten in einem gegebenen Planungsgebiet hinsichtlich ihrer raum-zeitlichen Habitatansprüche repräsentative Arten für alle relevanten Biotoptypen ausgewählt werden, die zugleich verschiedenen Insektengruppen und Anspruchstypen (ökologischen Gilden) angehören. Dabei wird man sich pragmatisch in der Regel auf die besser untersuchten und zugleich leichter für die Öffentlichkeitsarbeit einsetzbaren Gruppen konzentrieren, wie Tagfalter, Heuschrecken, Libellen, Wildbienen, Ameisen und xylobionte Käfer. Wo jedoch Artenkenner anderer Gruppen verfügbar sind, sollten weitere Taxa selbstverständlich auch berücksichtigt werden.

5.2.2 Schutzgebietssysteme

Das Bundesnaturschutzgesetz (BNatSchG, 2010) und die jeweiligen Landesnaturschutzgesetze definieren sechs Schutzgebietstypen für den Flächenschutz und zwei für den Objektschutz. Sie unterscheiden sich hinsichtlich ihrer durchschnittlichen Flächengröße und des Schutzgrades (**Grafik 5-3, Foto 5-6**). Die meisten von ihnen eignen sich auch für den Schutz von Insektenpopulationen, jedoch mit unterschiedlichen Prioritätensetzungen. Diese lassen sich kurz so skizzieren (vgl. Jedicke 2016):

Naturschutzgebiete: Die Erhaltung, Entwicklung oder Wiederherstellung von Lebensstätten, Biotopen oder Lebensgemeinschaften bestimmter wildlebender Tier- und Pflanzenarten ist eine wesentliche Zweckbestimmung und dominiert vielfach in der Begründung ihrer Ausweisung. Naturschutzgebiete unterliegen einem relativ strengen Schutz, ausgenommen ist in der Regel jedoch die land-, forst- und fischereiwirtschaftliche Nutzung – für den Insektenschutz ein maßgeblicher einschränkender Faktor (siehe Kapitel 4.2.1 und 4.2.2).

Nationalparks: Auf dem überwiegenden Teil ihres Gebietes soll ein ungestörter Ablauf der natürlichen Dynamik gewährleistet werden, das heißt, hier steht der Prozessschutz im Vordergrund. Dieser ist insbesondere für die auf die natürliche Walddynamik mit sehr hohen Vorräten an Alt- und Totholz angewiesenen Insekten (insbesondere Urwaldrelikten) von großer Relevanz (siehe Kapitel 4.2.2). Die meisten terrestrischen Nationalparks in Deutschland sind zwischen 10000 und 20000 ha groß.

Nationale Naturmonumente: Von bundesweit herausragender Relevanz und vergleichbar zu schützen wie Naturschutzgebiete, spielen sie bisher in der Praxis noch keine große Rolle.

Biosphärenreservate: Diese sollen, von der UNESCO anerkannt, als Modellregionen für nachhaltige Nutzungen entwickelt werden. Zentrale Aufgabe ist, einen Ausgleich zwischen Naturschutz und einer nachhaltigen Wertschöpfung zu schaffen in einer Kulturlandschaft, in welcher der nutzende Mensch die Elemente der Landschaftsdynamik bewusst steuert. Belange des Insektenschutzes können einen zu stärkenden Aspekt in der Zonierung der Biosphärenreservate und auch Begründungen für deren Ausweisung bieten: In Kernzonen stehen Insektengemeinschaften des Alt- und Totholzes im Vordergrund, in Pflegezonen spezifische Artenschutzaspekte bei einer an die Schutzziele angepassten (häufig historisch entwickelten) Landnutzung und in Entwicklungszonen die Integration des Insektenschutzes in eine nachhaltige Landnutzung, auch unter Erprobung neuer Nutzungskonzepte.

Landschaftsschutzgebiete: Sie besitzen in der Regel lediglich eine geringe Schutzwirkung und sind stark auf Erholungsaspekte ausgerichtet. Spezifisch für den Insektenschutz sind sie meist nicht relevant.

Naturparks: Sie umfassen 27 % des terrestrischen Bundesgebietes und besitzen je nach individueller Zielbestimmung und Leitung sehr unterschiedliche Relevanz. Insektenvorkommen können eines von zahlreichen Ausweisungskriterien sein, sind in der Praxis aber eher nachrangig. Naturparkverwaltungen können jedoch durchaus anspruchsvolle Projekte zum Insektenschutz durchführen – ähnlich den Biosphärenreservaten.

Naturdenkmäler: Als solche werden Einzelschöpfungen der Natur ausgewiesen wie Solitärbäume, Baumgruppen, Geotope, aber auch flächenhafte Naturdenkmale bis 5 ha Größe wie aufgelassene Steinbrüche, Heidebestände oder beispielsweise naturnahe Stillgewässer. Hier können bedeutsame Insektenvorkommen durchaus ein Schutzgrund sein.

Geschützte Landschaftsbestandteile: Von den Schutzobjekten ähnlich gelagert wie Naturdenkmale, kann mithilfe einer einzigen Verordnung der Gesamtbestand zu definierender Objekte einer Gemarkung oder auch größerer administrativer Einheiten unter Schutz gestellt werden.

Darüber hinaus sind durch § 30 BNatSchG eine Reihe von Biotoptypen pauschal geschützt und einem Schutzgebiet praktisch gleichgestellt, ohne dass diese förmlich ausgewiesen werden müssen. Dabei handelt es sich um verschiedene Gewässer- und Uferbiotope **(Foto 5-7)**, Feuchtbiotope **(Foto 5-8)**, trockene Biotope, Waldbiotope, Felsbiotope sowie Küstenbiotope. Die Bundesländer haben diese Liste zum Teil noch ergänzt, beispielsweise sind teilweise die Streuobstwiesen pauschal geschützt.

Foto: Eckhard Jedicke

Foto 5-6 Vor allem Naturschutzgebiete sind gut geeignet, als Instrument des Gebietsschutzes für Insekten eingesetzt zu werden. Erforderlich ist hierbei jedoch die Anpassung der land- und forstwirtschaftlichen Nutzung an die Schutzziele, was in der Regel nicht geschieht.

Das BNatSchG setzt weiter das europäische Schutzgebietsnetz Natura 2000 in nationales Recht um, bestehend aus europäischen Vogelschutzgebieten (Besondere Schutzgebiete) gemäß EU-Vogelschutzrichtlinie und Gebieten gemeinschaftlicher Bedeutung gemäß Fauna-Flo-

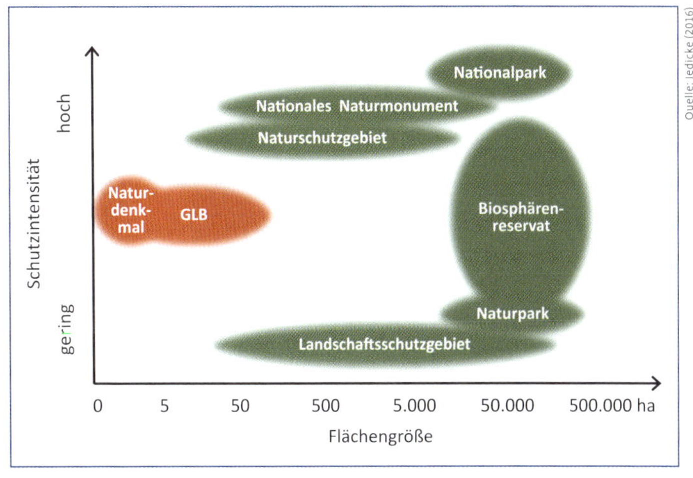

Grafik 5-3 Näherungsweise Einordnung der Schutzgebietstypen nach §§ 23–29 BNatSchG hinsichtlich der Kriterien Flächengröße und Schutzwirksamkeit. Rot = Objektschutz, grün = Flächenschutz. Die Schutzintensität von Naturparken hängt besonders stark von der individuellen Schutzverordnung ab. Vor allem in Ostdeutschland bestehen Naturparke mit stärkerer Schutzintensität, während das Gros der Naturparke ansonsten auf dem Niveau der Landschaftsschutzgebiete einzuordnen ist.

ra-Habitat-Richtlinie (FFH) der EU. Natura 2000 soll ein kohärentes europäisches Schutzgebietsnetz bilden. Die hierfür gemeldeten und rechtlich verbindlich ausgewiesenen Schutzgebiete werden definiert anhand von (i) Lebensraumtypen des Anhangs I der FFH-Richtlinie, (ii) Schirmarten nach Anhang II der FFH-Richtlinie, welche die Lebensraumtypen-Liste ergänzen, sowie (iii) anhand der in Anhang I der Vogelschutzrichtlinie gelisteten Arten. Von den 138 in Deutschland vorkommenden Anhang-II-Arten der FFH-Richtlinie sind 32 Arten Insekten – 15 Käfer-, sechs Libellen- und elf Schmetterlingsarten. Als prioritär stuft die EU von diesen Arten ein: Hochmoor-Großlaufkäfer (*Carabus menetriesi* ssp. *pacholei*), Eremit (*Osmoderma eremita*), Rothalsiger Düsterkäfer (*Phryganophilus ruficollis*), Alpenbock (*Rosalia alpina*) sowie Spanische Flagge (*Euplagia quadripunctaria*) **(Foto 5-9)** (BfN 2019b). Diese Arten sollen Strukturen repräsentieren, die sich in der Lebensraumtypen-Liste in Anhang I nicht ausreichend widerspiegeln. Insofern ist festzuhalten, dass Insektenschutz in FFH-Gebieten primär über den Schutz ihrer Lebensräume und nur ergänzend über Repräsentanten bestimmter Habitatstrukturen erfolgt.

In vielen Fällen überlagern sich unterschiedliche Schutzgebietstypen. Schutzgebiete nach Naturschutzrecht werden gemäß Landesrecht zum geschützten Teil von Natur und Landschaft erklärt (§ 22 BNatSchG), in der Regel durch Erlass einer Rechtsverordnung.

Vorranggebiete für den Schutz von Insekten liegen vielfach in bereits rechtlich geschützten Gebieten oder sollten als solche gesichert werden. Besonders geeignet hierfür sind – je nach Flächengröße – Naturschutzgebiete und Naturdenkmale. Darüber hinaus sollten innerhalb von Nationalparks, insbesondere aber in Biosphärenreservaten und Naturparks, Schwerpunkträume mit besonderen Projekten und Maßnahmen für den Insektenschutz gewählt werden, um die Potenziale dieser Schutzgebiete zu nutzen. Bei der Auswahl geeigneter Gebiete mit möglichst vielfältigen Insektenbiozönosen

Foto: Eckhard Jedicke

Foto 5-7 Extensive Beweidung in den Auen spielt für den Biotopverbund im Günztal eine große Rolle, hier mit der bedrohten Haustierrasse Original Braunvieh (nahe Ottobeuern, Bayern).

Foto: Eckhard Jedicke

Foto 5-8 Streuwiesen zählen zu den nach § 30 BNatSchG besonders geschützten Biotoptypen, die grundsätzlich auch ohne Ausweisung eines Schutzgebietes nicht geschädigt oder zerstört werden dürfen. Die scharfe Parzellengrenze belegt, wie stark die Nutzungsintensität diesen Biotoptyp verändern kann (Obergünzburg, Bayern).

kann das in Kapitel 5.2.1 beschriebene Zielartenkonzept helfen.

Die Wirksamkeit der Schutzgebiete hängt in aller Regel von einem bewussten Management ab, welches über Pflege- und Entwicklungspläne oder Bewirtschaftungs- bzw. Managementpläne (Natura 2000) geplant werden kann. Allerdings mangelt es häufig an einer ausreichenden Umsetzung dieser Pläne, hierdurch ließe sich auch der Insektenschutz in den Schutzgebieten wirksam verbessern.

Foto: Eckhard Jedicke

Foto 5-9 Die Spanische Flagge (*Euplagia quadripunctaria*) gehört zu den 32 in Deutschland vorkommenden Insektenarten, die gemäß Anhang II der FFH-Richtlinie besonders zu schützen sind.

5.2.3 Biotopverbund

Biotopverbund meint einen räumlichen Kontakt (Austausch) zwischen Lebensräumen, der nicht zwingend durch ein unmittelbares Nebeneinander gewährleistet sein muss. Das Ziel ist, dass sich die Pflanzen- und Tierarten, die in diesem Biotoptyp die charakteristische Biozönose bilden, zwischen den einzelnen Teilflächen austauschen können, sodass die Biodiversität im betrachteten Raum langfristig erhalten bzw. gefördert wird (Jedicke 1994). Hierzu sind eine ausreichende Populationsgröße betrachteter Arten (siehe Exkurs 6, Seite 92) und ein Individuenaustausch zwischen besiedelten Teilflächen erforderlich (siehe Exkurs 1, Seite 80). Biotopverbund herzustellen, ist eine wichtige Anpassungsmaßnahme an den Klimawandel (Streitberger et al. 2016a, b): Er ermöglicht klimasensiblen Arten, den Folgen des Klimawandels vertikal im Höhengradienten der Gebirge und horizontal durch Verschiebung ihrer Arealgrenzen auszuweichen.

Bestandteile eines Biotopverbundsystems müssen drei Elemente sein:

- Kernbereiche als stabile Dauerlebensräume,
- Verbundelemente als Flächen, die den genetischen Austausch zwischen den Populationen der Kernbereiche sowie Wanderungs-, Ausbreitungs- und Wiederbesiedlungsprozesse gewährleisten bzw. erleichtern sollen (Trittsteine oder Korridore) **(Foto 5-10)**,
- die umgebende Landschaftsmatrix, die für Organismen weniger lebensfeindlich und damit durchgängiger werden soll (siehe Kapitel 4.1.1 und Exkurs 7, Seite 94) (BfN 2019c).

Biotopverbund für Insekten kann sich stets nur auf ausgewählte Zielarten (Kapitel 5.2.1) beziehen, für die der spezifische Bedarf bezüglich der Biotoptypen, deren Flächengröße und Vernetzung untereinander (bestimmbar anhand von Wanderungsdistanzen) und besonderer Requisiten innerhalb ihrer Habitate zu ermitteln ist. Dabei sollte stets eine größere Auswahl verschiedener Insektenarten, nicht nur eine oder wenige, berücksichtigt werden und sich das Maßnahmenpaket auf definierte Biotoptypen beziehen. Exemplarisch zeigt das Beispiel aus der Praxis 2 (Seite 141) auf, wie ein Biotopverbund für Insektenarten gestaltet werden kann. Zum Biotopverbund generell existieren vielfältige Fachgrundlagen und Handlungsanleitungen, auf die an dieser Stelle verwiesen wird (zum Beispiel Jedicke 2015, Klein et al. 2018, LUBW 2017).

5.2.4 Landschaftsplanung

Landschaftsplanung ist die Fachplanung des Naturschutzes, wie § 8 BNatSchG definiert: „Die Ziele des Naturschutzes und der Landschaftspflege werden als Grundlage vorsorgenden Handels im Rahmen der Landschaftsplanung überörtlich und örtlich konkretisiert und die Erfordernisse und Maßnahmen zur Verwirklichung dieser Ziele dargestellt und begründet.“ Unterschieden werden vier räumliche Ebenen der sogenannten formellen Landschaftsplanung (vgl. Riedel et al. 2016 und weitere dort genannte Literatur): das Landschaftsprogramm auf Landesebene (Planersteller ist das Ministerium), der Landschaftsrahmenplan auf regionaler Ebene (Regionalverband bzw. Regierungspräsident), der Landschaftsplan auf der Ebene des gemeindlichen Flächennutzungsplans sowie der Grünordnungsplan auf der Ebene des Bebauungsplangebietes – Planersteller in den beiden letzten Fällen ist die Gemeinde als Träger der Bauleitplanung. Für den Insektenschutz ist primär die örtliche Ebene relevant: Im Landschaftsplan auf der Ebene der Kommune und im Grünordnungsplan, welcher für jedes einzelne Bebauungsgebiet aufzustellen ist, können ganz konkrete Ziele und Maßnahmen definiert werden, wie sie in den Kapiteln 5 bis 8 dieses Buches beschrieben werden.

Landschaftsplanung bearbeitet die Schutzgüter Arten und Lebensgemeinschaften, Boden, Wasser, Klima und Luft sowie Landschaftsbild. Auf der kommunalen Ebene erlaubt der Landschaftsplan neben der Definition von Zielen auch, konkrete Flächen und dort angestrebte Maßnahmen festzulegen, die jedoch keine Verbindlichkeit für den Einzelnen beinhalten. Somit ist der Landschaftsplan vor allem als Zielkonzept wichtig, welches dann der Umsetzung beispielsweise über Kompensationsmaßnahmen für Eingriffe in Natur und Landschaft, durch Förderprojekte und Handlungen der Verwaltung, Verbände und Initiativen Einzelner dient.

Im Grünordnungsplan lassen sich ganz konkrete und auch für den Einzelnen rechtsverbindliche Festlegungen für den Insektenschutz treffen. Beispiele sind eine insektenfreundliche Beleuchtung, das Verbot von Schottergärten, Pflanzung von hochstämmigen Obstbäumen, Empfehlungen für den Verzicht auf Koniferen, die blütenreiche Gestaltung und extensive Nutzung von öffentlichen Grünflächen.

Foto: Eckhard Jedicke

Foto 5-10 Biotopverbund wird häufig mit einem engen Heckennetz assoziiert, bedeutet aber weit mehr. Hecken können als lineare Verbundelemente den Individuenaustausch von Arten fördern, für manche Offenlandarten jedoch auch hemmen (Altenberg im Osterzgebirge, Sachsen).

Neben dieser Landschaftsplanung im engeren Sinne zählen weitere Verfahren auf Basis einschlägiger Rechtsgrundlagen zur formellen Landschaftsplanung, etwa Umweltverträglichkeitsprüfungen, FFH-Verträglichkeitsprüfungen, spezielle artenschutzrechtliche Prüfungen (saP), landschaftspflegerische Begleit- und Ausführungspläne. Informellen Verfahren der Landschaftsplanung als spezifischen Fachplanungen fehlt dagegen eine Rechtsgrundlage und sie haben nur selbstbindende Wirkung. Hierzu gehören beispielsweise Arten- und Biotopschutzprogramme, Landschaftspflegekonzepte, Biotopverbundplanungen, Schutzgebietsplanungen sowie Pflege- und Entwicklungspläne. Auch sie können bzw. müssen vielfach für spezifische Anliegen des Insektenschutzes genutzt werden.

Beispiel aus der Praxis 2 Biotopverbund als grün-blaue Infrastruktur für Insekten im Günztal

Die Stiftung KulturLandschaft Günztal in Ottobeuren (Unterallgäu) führt seit ihrer Gründung im Jahr 2000 Projekte zum Biotopverbund entlang der Günz und ihrer Zuläufe in einer landwirtschaftlichen Intensivregion durch. Aktuell realisiert sie mit Förderung des Bundesprogramms Biologische Vielfalt durch das Bundesamt für Naturschutz ein Projekt zur biodiversitätsfördernden Landwirtschaft mit Fokus auf dem Insektenschutz. Der Biotopverbund Günztal soll als grün-blaue Infrastruktur für ein möglichst weites Spektrum naturraumtypischer Insektenarten zwischen Donautal und Allgäu funktionsfähig entwickelt werden. Dazu wird eine Biotopverbund-Raumstruktur für anspruchsvolle Arten aufgebaut, die sich durch zielartenspezifisch erforderliche hochwertige Biotoptypen und extensive Nutzungsformen auszeichnet. Da die Intensität der landwirtschaftlichen Nutzung für den Insektenschutz insbesondere in Intensiv-Agrarlandschaften die entscheidende Rolle spielt (Kapitel 4.2.1), sollen insektenfreundliche Bewirtschaftungsverfahren erprobt und in eine breite Anwendung gebracht werden. Bearbeitet werden drei Handlungsfelder:

Biotopverbund für Insekten: Es werden Lebensraumstrukturen für Insekten geschaffen, insbesondere durch Mikrohabitatinseln als Nist- und Nahrungsrequisiten etwa für Wildbienen, Totholzbewohner und (semi-)aquatische Insekten sowie durch Strukturelemente wie Säume, Brachen, Hecken und Feuchtstellen. In Weiterführung bisheriger Projekte sollen Kerngebiete, Trittsteine und Verbundkorridore zwischen den Kerngebieten für den Biotopverbund fortgesetzt entwickelt werden, auch durch Kooperationen mit Nachbarakteuren zur Einbindung in den überregionalen Biotopverbund.

Insektenfreundliche Landwirtschaft: Es wird ein Verbundsystem für das Grünland – als elementaren Insektenlebensräumen – durch insektenschonende Bewirtschaftung und Extensivierung geschaffen, da die Grünlandflächen die flächenbedeutsamsten Lebensräume für Insekten der Region sind. Dazu sollen die gesamte Bandbreite an erprobten extensiven Bewirtschaftungsmethoden zum Einsatz kommen (Streuwiesen, Heuwiesen, Weiden, Mähweiden [Foto 5-7 und 5-8]) und zusätzlich neue Nutzungsregime wie die Kombination von Frühjahrsvorweide oder Frühmahd mit einem späten Heuschnitt und/oder Nachweide. In der Umgebung der Biotopverbundachse sollen im Sinne einer allgemeinen „hellgrünen" Extensivierung Maßnahmen der insektenfreundlichen Bewirtschaftung entwickelt werden. Dazu zählen die Bewirtschaftung mit Doppelmessermähwerk, eine Reduktion der Schnitthäufigkeit sowie die Verringerung der Gülle- und Mineraldüngergaben. Das Wissen zu insektenfreundlichen Landnutzungstechniken und Bewirtschaftungsmethoden soll bei Landwirten und anderen Akteuren in der Landschaft (wie beispielsweise Bauhöfen und Straßenbauverwaltung) in der Region verbessert werden.

Fitness-Check zur Wirksamkeit des Biotopverbunds für Insekten: Die Wirksamkeit des Biotopverbunds Günztal als grün-blaue Infrastruktur für Insekten wird wissenschaftlich überprüft anhand populationsgenetischer Methoden und Monitoring potenzieller Ausbreitungswege.

Quelle und Kontakt: www.guenztal.de

5.3 Förderung der Habitatqualität

Die wichtigsten Faktoren, die die Habitatqualität beeinflussen sind: (i) die Art und Weise der Landnutzung, (ii) die Trophie des Lebensraums, (iii) der Einsatz von Pestiziden und (iv) das Vorhandensein von natürlicher Dynamik in den Lebensräumen (Kapitel 4.2.1 und 4.2.2). Formen der extensiven Landnutzung, welche die Habitatqualität und das Vorkommen von Insekten fördern, werden ausführlich in den Kapiteln 6 bis 8 behandelt. Das Zulassen der natürlichen Dynamik zur Erhöhung der Habitatqualität betrifft besonders die Hochgebirge, Auen, Küsten und Wälder. Ausführlichere Darstellungen hierzu finden sich für den Wald in den Kapiteln 7.2 und 7.3. Nachfolgend werden Maßnahmen zur Reduktion des Nährstoffniveaus sowie zur Verringerung des Pestizideinsatzes und die Minderung der Umweltwirksamkeit der Pestizide detailliert beschrieben.

5.3.1 Reduktion des Nährstoffniveaus

Die grundlegende Eutrophierung der Ökosysteme in Mitteleuropa (Kapitel 3.3), sowohl flächendeckend über die Luftverschmutzung als auch durch Düngung in der Landwirtschaft sowie in Gärten, hat auch für Insekten gravierende Wirkungen (Kapitel 4.1.3). Vor allem den Stickstoffdepositionen kommt dabei eine große Bedeutung zu (**Foto 5-11**). Generelle Maßnahmen zur Reduktion der massiven Düngung in der Landwirtschaft ebenso wie zur Senkung von Emissionen an der Quelle – insbesondere Stickstoffverbindungen – durch technischen Umweltschutz (etwa Filteranlagen) sind daher unumgänglich. Auf die erforderlichen Maßnahmen in der Landwirtschaft ganz generell kann an dieser Stelle aus Umfangsgründen nicht näher eingegangen werden.

Auf naturschutzrelevanten Flächen lässt sich das Nährstoffniveau, insbesondere von Stickstoff und Phosphor, vor allem über folgende Maßnahmen reduzieren (Zerbe 2019):

- auf Ackerflächen Nährstoffentzug durch Anbau von Pflanzen mit hohem Nährstoffbedarf wie Saat-Roggen (*Secale cereale*), Mais (*Zea mays*), Weidelgras (*Lolium* spp.) und deren Entnahme durch Mahd;
- im Grünland wiederholte Mahd und Abtransport des Mahdgutes und/oder Beweidung (wobei die Weidetiere nach dem Weiden gegebenenfalls außerhalb des Zielbiotops stehen sollten, um die Nährstoffe nicht zum Teil wieder zurückzuführen) zur kontinuierlichen Aushagerung über mehrere Jahre oder Jahrzehnte;
- Abtrag des Oberbodens oder Inversion durch tiefes Pflügen, vor allem angewendet im Grünland, bei Heiden (Plaggen, **Foto 5-12**)

Foto: Eckhard Jedicke

Foto 5-11 Zu hohe Stickstoffeinträge durch landwirtschaftliche Düngung und Luftverschmutzung sind ein flächenhaftes Problem für den Insektenschutz. Nicht immer wird dieses so offensichtlich wie bei der Algenblüte in diesem austrocknenden Soll – ein Relikt schmelzenden Toteises der letzten Eiszeit (Mecklenburg-Vorpommern). Ab 25 m^2 Fläche sind solche Kleingewässer nach § 30 BNatSchG geschützt.

Foto 5-12 Plaggen nach historischem Vorbild bewirkt einen naturschutzfachlich wünschenswerten Nährstoffentzug auf Heideflächen (Bergheide auf der Kahlen Pön bei Willingen, Hessen).

Foto: Eckhard Jedicke

und zur Moorrenaturierung. Die Nachteile dieser Methoden sind das Freisetzen klimaschädlicher Gase, die Entfernung der Diasporenbank und Bodenfauna, die Störung gewachsener Bodenprofile und ethische Bedenken;

- kontrolliertes Brennen, vor allem in Heiden und Magerrasen (mit bisher geringem Erfolg der Aushagerung);
- Zugabe von Kohlenstoff durch Zucker, Sägemehl, Holzhackschnitzel oder Biokohle aus Pyrolyse oder Hydrothermaler Carbonisierung, sodass Bodenbakterien und -pilze aktiviert und pflanzenverfügbare Nährstoffe immobilisiert werden (bisher nur in Experimenten);
- Auftrag von nährstoffarmen Substraten;
- in Stillgewässern Ernte von Phytomasse durch Mähboote und ähnliches, Absaugen von Seesedimenten oder Ausfällen von Phosphor durch Eisen- oder Aluminiumsalze.

Analysen der Gehalte der Hauptnährstoffe im Boden zeigen den Bedarf der Nährstoffreduktion in Anhängigkeit von den jeweils zu entwickelnden Zielbiotoptypen auf (siehe zum Bei spiel ökologische Stickstoffbelastungsgrenzen in Tab. 4-3, Seite 118).

5.3.2 Reduktion des Einsatzes und der Umweltwirkung von Pestiziden

Auch wenn – mit Ausnahme von Studien zur Honigbiene **(Foto 5-13)** – erstaunlich wenige wissenschaftliche Arbeiten zur direkten und indirekten Wirksamkeit von Pestiziden (PSM), vor allem Insektiziden, auf Insekten und zu ihrem Beitrag zum Insektenrückgang vorliegen, erst recht nicht zu Wechselwirkungen verschiedener Wirkstoffe untereinander und mit anderen Stressfaktoren, so ist dennoch von weitreichenden Konsequenzen auszugehen (Kapitel 4.2.1). Daher bedarf es einer massiven Reduktion des

Foto: Eckhard Jedicke

Foto 5-13 Studien zur Toxizität von Pestiziden auf Insekten werden weit überwiegend nur anhand der Honigbiene als Testorganismus durchgeführt. Dieses reicht zur Bewertung ihrer Wirkungen auf Insekten jedoch keinesfalls aus.

Pestizideinsatzes insgesamt und der resultierenden Umweltwirkungen. Trotz erheblicher Fortschritte in den letzten Jahrzehnten, Pestizidwirkstoffe zielgenauer zu entwickeln und anzuwenden und die unerwünschten Begleitwirkungen auf Mensch und Umwelt zu reduzieren (siehe auch Kapitel 4.2.2), sind weder die Gesamtanwendungsmengen zurückgegangen, noch wurden die negativen Auswirkungen auf Ökosysteme gemindert (SRU 2016; Kapitel 6). Aufgrund der Komplexität des Themas kann hier nur in wenigen Stichpunkten ohne Anspruch auf Vollständigkeit darauf eingegangen werden (zum Beispiel Niggli et al. 2020, SRU 2016, SRU & WBBGR 2019):

- mindestens Anwendung der guten fachlichen Praxis im Pflanzenschutz (BMEL 2010) unter Beachtung der geltenden rechtlichen Grundlagen: Pflanzenschutzgesetz (PflSchG), europäische Pflanzenschutzmittelverordnung (1107/2009/EG), Umsetzung der Rahmenrichtlinie zur nachhaltigen Verwendung von Pestiziden (2009/128/EG) einschließlich des „Nationalen Aktionsplans der Bundesregierung zur nachhaltigen Verwendung von Pflanzenschutzmitteln" (NAP) sowie konkretisierende Weiterentwicklung der Vorschläge im NAP für konkrete Maßnahmen;
- kritische Überprüfung der Zulassung von Pestiziden (nicht allein von Glyphosat, sondern auch weiterer Wirkstoffe) hinsichtlich möglicher Lücken bei der Beurteilung von Wirkungen auf die Biodiversität auf der Basis des neusten Wissensstands und Einbringen dieser Erkenntnisse in die Novellierung des europäischen Zulassungsrechts;
- mindestens integrierter Pflanzenschutz (wie eigentlich vorgeschrieben) und Pestizideinsatz nur bei Überschreiten von definierten Schadensschwellen, Förderung eines umweltgerecht ausgestalteten Precision Farming, Einsatz robuster Sorten, biologische Schädlingskontrolle und agrarökologische Anbaukonzepte; weitere Stärkung integrierter Verfahren durch Forschung und Beratung, in der Züchtung sollte ein Schwerpunkt auf schaderregertolerante oder -resistente Sorten gelegt werden;
- Einsatz abdriftmindernder Technik (vgl. Listen geprüfter Geräte des Julius-Kühn-Instituts, Institut für Anwendungstechnik im Pflanzenschutz);
- Anwendung mechanischer und/oder thermischer statt chemischer Verfahren (Abflamm-, Heißluft-, Infrarot-, Heißwasser- sowie Heißschaumgeräte) zur Wildkrautbeseitigung, wo immer möglich;
- Schaffung von grundsätzlich pestizidfreien Pufferzonen und Ausgleichsflächen in der Agrarlandschaft, unter anderem Uferrandstreifen von mindestens 10 m Breite, Brachflächen und Blühstreifen;
- Selbstbegrünung von Stoppelfeldern bis zur folgenden Einsaat sowie extensiver Feldfruchtanbau ohne Anwendung von Pestiziden mit reduzierter Saatdichte und Düngung;
- Erhalt und Schaffung naturnaher Flächen und Strukturen in der Agrarlandschaft mit mindestens 10–20 % Flächenanteil (siehe HNV-Farmland, Kapitel 6.3.3), insbesondere durch entsprechende Priorisierung in der Gemeinsamen Agrarpolitik der EU (GAP) und der Ausgestaltung der 2. Säule im Europäischen Landwirtschaftsfonds für die Entwicklung des ländlichen Raums (ELER) durch die Bundesländer;
- Stärkung des Verursacher- und Vorsorgeprinzips, einschließlich ordnungsrechtlicher Verpflichtungen;
- Verankerung von Refugien bei der Zulassung von Pestiziden mit besonderem Risiko für die Biodiversität (Breitbandherbizide, Insektizide); ihre Anwendung ist nur dann zulässig, wenn ein definierter Flächenanteil des anwendenden Betriebes bzw. Schlages als Ausgleichsfläche zur Verfügung steht;
- Schaffung von erheblich vergrößerten Anreizen in der Agrarförderung für das Anlegen von Ausgleichsflächen und zur Minderung der Gesamteinträge an Pestiziden;
- Förderung des ökologischen Landbaus, da hier keine synthetischen Pestizide zum Einsatz kommen, unter anderem durch verbesserte Rahmenbedingungen, um rasch das Ziel der Bundesregierung von 20 % Ökolandbau zu erreichen;

- Verzicht auf jeglichen Pestizideinsatz in Schutzgebieten;
- Schaffung positiver und negativer Anreize für die landwirtschaftliche Praxis, um die Anwendung von Pestiziden zu reduzieren, zum Beispiel finanzielle Abgaben auf Pestizide, um eine Lenkungswirkung zu erreichen, und mittelfristig sollte ein wissenschaftlich basiertes System der Internalisierung der Umweltkosten (*true cost accounting*) realisiert werden;
- standardisierte Beurteilung der Insekten- und Biodiversitätsentwicklung durch Einführung eines repräsentativen, umfassenden und auf die Auswirkungen von Pestiziden ausgerichteten Langzeitbiodiversitätsmonitorings.

Kommunen und Verkehrsbetriebe sollten sich auf einen grundsätzlichen Verzicht auf die Anwendung von Pestiziden festlegen (siehe Beispiel aus der Praxis 3). Ebenso sollten diese in Haus- und Kleingärten tabu sein; hier sind die einzelnen Kleingartenvereine in die Pflicht zu nehmen, entsprechende Regeln festzulegen.

Beispiel aus der Praxis 3 Pestizidfreie Kommunen

Bisher haben sich 500 Städte und Gemeinden entschieden, ihre Grünflächen ohne Pestizide oder mindestens ohne Glyphosat zu bewirtschaften. Der Bund für Umwelt und Naturschutz unterstützt diese Aktivitäten und bietet Materialien und Beratung an (BUND 2019). Als Maßnahmen werden genannt:

- bei der Bewirtschaftung kommunaler Flächen auf chemisch-synthetische Pestizide verzichten und hierzu einen Beschluss der kommunalen Gremien fassen;
- wo Wildkrautreduktion notwendig, frühzeitig pflegen, wenn die Pflanzen noch jung sind;
- Einsatz mechanischer Verfahren (Kehrmaschinen, Mähgeräte, Freischneider, Wildkrautbürsten, Fugenkratzer, Handjäten) oder thermischer Verfahren zur Wildkrautreduktion (Abflämmen, Geräte mit Infrarot, heißem Dampf, heißem Schaum oder Wasser);
- bewusste Planung wie eine sorgfältige Auswahl der Materialien, sinnvolles Bauen, Erstellen eines differenzierten Nutzungskonzepts, richtiger Wegebau, frühzeitiges Erneuern;
- bei der Verpachtung kommunaler Flächen für eine landwirtschaftliche Nutzung ein Verbot des Einsatzes von Pestiziden im Pachtvertrag verankern;
- private Firmen mit kommunaler Mehrheitsbeteiligung zur pestizidfreien Bewirtschaftung anhalten;
- insektenfreundliche Projekte schaffen, insbesondere naturnahe Blühflächen, Freiräume extensiv pflegen, standortangepasste Stauden und Gehölze statt aufwendige Wechselbepflanzungen fördern;
- Bürgerinnen und Bürger über die Bedeutung der Artenvielfalt in der Stadt informieren und gleichzeitig Möglichkeiten zum Schutz von Bestäubern wie Honig- und Wildbienen sowie giftfreie Maßnahmen beim Gärtnern aufzeigen – dabei durch Aufklärung ein verändertes Schönheitsideal schaffen.

5.4 Förderung der Landschafts- und Habitatheterogenität

Insektenschutz benötigt ganz wesentlich Strukturvielfalt (zum Beispiel **Foto 5-14 und 5-15**). Landschafts- und Habitatheterogenität wirken neben der hohen Habitatfunktion auch als Puffer gegenüber weiter zunehmenden klimatischen Extremereignissen (siehe Exkurs 5, Seite 90; Streitberger et al. 2016a, b, Stuhldreher & Fartmann 2018). Je mehr unterschiedliche Ressourcen auf engem Raum angeboten werden, für desto mehr Arten können die Habitatanforderungen erfüllt werden (siehe Exkurs 5). In der Ökologie ist das vielfach unter dem Stichwort der Habitat-Heterogenitäts-Hypothese (zum Beispiel Seibold et al. 2016, Tews et al.

Foto: Eckhard Jedicke

Foto 5-14 Die historische Steinrückenlandschaft im Osterzgebirge weist durch Gehölzriegel eine hohe Strukturvielfalt auf. Die Gehölzriegel entstanden auf Lesesteinwällen und erfordern eine regelmäßige Pflege, um ihren Artenreichtum zu erhalten (Altenberg, Sachsen).

2004) oder als Mosaikkonzept (Duelli 1992, vgl. Jedicke 1994) bestätigt worden. Dabei spielen Schlüsselstrukturen (*keystone structures*) eine wichtige Rolle. Dies können auf der Landschaftsebene Elemente wie Steinmauern, Hohlwege, Sand-, Mergel- und Tongruben, Säume, Hecken, Feldgehölze und Kleingewässer sein (siehe Kapitel 3.1.2). Auf der Habitatebene trifft dies beispielsweise für offene Bodenstellen (siehe Exkurs 2, Seite 82) oder Totholz (Kapitel 3.1.2 und 4.2.2) zu. In den einzelnen Kapiteln dieses Buches werden viele weitere Beispiele genannt.

Für das Agrarland wird in Kapitel 6.3.1 das Konzept der differenzierten Bodennutzung beschrieben. Aber auch außerhalb der Agrarlandschaft ist die Förderung der Habitatheterogenität ein zentrales Ziel im Insektenschutz: In waldgeprägten Landschaften wirkt eine hohe Diversität von Waldgesellschaften, Altersklassen, Waldrändern, Ressourcen wie Alt- und Totholz ebenso förderlich auf Insekten wie in Siedlungslandschaften eine große Vielfalt an naturbetonten Strukturen.

5.5 Umgang mit invasiven Neobiota

Bisherige, lückenhafte Erkenntnisse deuten darauf hin, dass invasive Neophyten und Neozoen im Vergleich zum Landnutzungswandel nur eine sekundäre und eher lokale Bedeutung für das Insektensterben besitzen (Kapitel 3.4 und 4.1.4). Problematisch sind vor allem Dominanzbestände – aus Sicht des Insektenschutzes sollten Maßnahmen in erster Linie bei diesen ansetzen. Drüsiges Springkraut (*Impatiens glandulifera*), Staudenknötericharten (*Fallopia* spp.), Riesen-Bärenklau (*Heracleum mantegazzianum*), Spätblühende Trauben-Kirsche (*Prunus serotina*) und Land-Reitgras (*Calamagrostis epigejos*) lassen sich durch extensive Beweidung effektiv zurückdrängen (Kämmer et al. 2015, eigene Erfahrungen). Ansonsten erfordert eine wirksame Zurückdrängung mehrjährig wiederholte Maßnahmen **(Foto 5-16)**.

In vielen Fällen wird jedoch zu akzeptieren sein, dass sich Flora und Fauna durch den Klimawandel und weitere anthropogene Einflüsse

Foto: Eckhard Jedicke

Foto 5-15 Hohe Landschaftsheterogenität mit zahlreichen Ökotonen zwischen Nutzflächen im Steillagenweinbau im UNESCO-Welterbe Oberes Mittelrheintal fördert Insektenvielfalt. Neu geschaffene Querterrassierung knüpft an historische Vorbilder an und hat Vorteile für Bodenschutz, Wasserrückhalt und Biodiversität (Lorch, Hessen).

stark verändern werden – im Fokus der Bemühungen sollte eher die Herstellung einer „friedlichen Koexistenz“ stehen.

5.6 Artenschutz

5.6.1 Gesetzlicher Schutz von Insekten

Ziel des Artenschutzes ist der Erhalt von Arten in ihrer genetischen Vielfalt in überlebensfähigen Beständen. Das Bundesnaturschutzgesetz (BNatSchG, 2010) beinhaltet in Kapitel 5 Bestimmungen für den „Schutz der wild lebenden Tier- und Pflanzenarten“. Dieser umfasst nach § 37 Abs. 1:

1. den Schutz der Tiere und Pflanzen wild lebender Arten und ihrer Lebensgemeinschaften vor Beeinträchtigungen durch den Menschen und die Gewährleistung ihrer sonstigen Lebensbedingungen,
2. den Schutz der Lebensstätten und Biotope der wild lebenden Tier- und Pflanzenarten sowie
3. die Wiederansiedlung von Tieren und Pflanzen verdrängter wild lebender Arten in geeigneten Biotopen innerhalb ihres natürlichen Verbreitungsgebiets.

Recht und Verwaltungspraxis des Artenschutzes sind zu einer sehr komplexen Materie gewachsen, die ausführlich und aktuell durch Trautner (2020) dargestellt wird. An dieser Stelle erfolgt lediglich eine Kurzübersicht über die für den Insektenschutz in Natur und Landschaft relevanten Regelungen bei den sogenannten planungsrelevanten Insektenarten.

Internationale Vereinbarungen zum Handel mit bedrohten Arten sind das Washingtoner Artenschutzübereinkommen und die EU-Artenschutzverordnung. National umgesetzt und erweitert werden diese durch die zuletzt 2013 geänderte Bundesartenschutzverordnung (BArtSchVO), die zusätzlich die nach FFH- und Vogelschutzrichtlinie geschützten Arten sowie heimische Arten enthält, deren Bestand durch menschlichen Zugriff gefährdet ist. Die BArtSchVO unterscheidet besonders geschützte Arten und streng geschützte Arten. Die relevanten Arten lassen sich über das Wissenschaftli-

Foto: Eckhard Jedicke

Foto 5-16 Bestände der Vielblättrigen Lupine (*Lupinus polyphyllus*) in einer Bergmähwiese können durch Handmahd vor der Samenreife reduziert werden – ob dies zur Verdrängung des Neophyten allein ausreicht, ist fraglich (Wasserkuppe bei Gersfeld in der Rhön, Hessen).

che Informationssystem zum Internationalen Artenschutz (WISIA, www.wisia.de) recherchieren.

Besonders geschützt sind auch zahlreiche Wirbellose, teilweise komplette Gattungen oder Familien – etwa alle Bienen, Libellen und Großlaufkäfer sowie fast alle Bockkäfer **(Foto 5-17)** und Prachtkäfer. Streng geschützt sind hingegen nur wenige, recht seltene Schmetterlinge und Käfer sowie einzelne Libellen und Heuschrecken. Bei Eingriffen in Natur und Landschaft müssen diese Arten bearbeitet werden, wenn sie in einem Planungsraum vorkommen oder ihr Vorkommen dort wahrscheinlich ist. Eine (spezielle) artenschutzrechtliche Prüfung (saP, auch als Artenschutzprüfung = ASP bezeichnet) ist nach § 44 Abs. 5 Nr. 5 BNatSchG nur für europarechtlich, nicht jedoch allein bundesrechtlich bedeutsame Arten durchzuführen, sofern eine Planung für diese relevant sein kann. § 44 Abs. 1 definiert drei hier relevante artenschutzrechtliche Verbote:

- Verletzung oder Tötung von Individuen: Das Tötungsrisiko für eine geschützte Art darf sich durch Realisierung eines geplanten Vorhabens nicht in signifikanter Weise erhöhen; Maßnahmen zur Vermeidung oder Minderung des Tötungsrisikos werden bei dieser Einschätzung berücksichtigt. Bei häufigen Arten wird in der Regel kein signifikant erhöhtes Risiko angenommen.
- Störung der lokalen Population: Als lokale Population gelten solche Individuen, die eine Fortpflanzungs- oder Überdauerungsgemeinschaft bilden, deren Erhaltungszustand sich bei Realisierung des geplanten Vorhabens verschlechtern würde. Relevant können für Insekten vor allem Licht und Zerschneidung sein; die Verwaltungspraxis sieht das Störungsverbot meist als nicht relevant an.
- Beschädigung oder Zerstörung von Fortpflanzungs- und Ruhestätten: Ausgenommen hierbei sind Nahrungs- und Jagdhabitate sowie Wanderkorridore.

Das BNatSchG gewährt eine wachsende Schutzintensität für wildlebende Tiere und Pflanzen in dieser Reihenfolge:

(1) Mindestschutz nach § 39 BNatSchG für alle wild lebenden Arten: Es ist verboten, wild lebende Tiere mutwillig zu beunruhigen oder ohne vernünftigen Grund zu fangen, zu verletzen oder zu töten; wild lebende Pflanzen ohne vernünftigen Grund von ihrem Standort zu entnehmen oder zu nutzen oder ihre Bestände niederzuschlagen oder auf sonstige Weise zu verwüsten; Lebens-

Foto 5-17 Der Kleine Eichenbock (*Cerambyx scopolii*) ist wie fast alle Bockkäfer gemäß § 7 Abs. 2 Nr. 13 BNatSchG bzw. Anlage 1 der Bundesartenschutzverordnung seit 1998 in Deutschland besonders geschützt. Damit bestehen verschiedene Zugriffsverbote nach § 44 BNatSchG (siehe Text). Die Larve entwickelt sich in Ästen verschiedener Laubbaumarten, die Käfer ernähren sich von Pollen an sonnigen Waldrändern, Hecken oder Streuobstwiesen.

Foto: Eckhard Jedicke

stätten wild lebender Tiere und Pflanzen ohne vernünftigen Grund zu beeinträchtigen oder zu zerstören. Ausnahmen hiervon gelten unter anderem für zulässige Eingriffe.

(2) Artenschutz für die national besonders geschützten Arten (§§ 44, 45 BNatSchG): Zugriffsverbote bestehen für diese Arten durch das Verbot des Nachstellens, Fangens, Tötens oder der Beschädigung ihrer Entwicklungsformen, der erheblichen Störung während der Fortpflanzungs-, Überwinterungs- und Wanderungszeiten sowie der Entnahme, Beschädigung oder Zerstörung von Fortpflanzungs- und Ruhestätten. Weiter gilt für sie das Besitzverbot sowie das Vermarktungsverbot.

(3) Artenschutz für europäisch geschützte Arten und weitere, nach § 54 Abs. 2 Nr. 1 noch zu bestimmende nationale Arten (besonders Verantwortungsarten) (§§ 44, 45 BNatSchG): Es greifen die identischen Vorgaben wie bei den national besonders geschützten Arten. Für sie gilt, dass bei geplanten Vorhaben nicht nur die Eingriffsregelung angewendet wird, sondern zusätzlich eine artenschutzrechtliche Prüfung erfolgen muss.

Diese artenschutzrechtlichen Regelungen, für die viele Bundesländer Anwendungshilfen anbieten, können helfen, bestehende Vorkommen einzelner Insektenarten oder -familien/-gattungen zu erhalten. Sie greifen aber nicht für die land-, forst- und fischereiwirtschaftliche Nutzung, soweit diese die gute fachliche Praxis einhält (§ 5 BNatSchG). Dann könnte allenfalls ein Biodiversitätsschaden nach Umwelthaftungsgesetz (UHG) festgestellt werden – sofern es sich um in Anhang II oder IV FFH-Richtlinie aufgeführte Arten oder Lebensräume des Anhangs I handelt. Dieses Instrument findet jedoch bislang kaum Anwendung. FFH-relevante Insektenarten des Anhangs II sind zum Teil in Kapitel 5.2.2 genannt, in Anhang IV sind 33 in Deutschland vorkommende Insekten enthalten. Dabei handelt es sich um neun Käfer-, acht Libellen- und 16 Schmetterlingsarten (BfN 2019d).

Unterstützend kann die Anwendung des Artenschutzrechts für ausgewählte Arten(-Gruppen) helfen, den Status quo zu erhalten. Es ist jedoch weder dazu geeignet, Populationen aktiv zu entwickeln, um ihre Überlebensfähigkeit zu erhöhen, noch die erforderlichen umfangreichen Maßnahmen des Biotopschutzes auszulösen.

Beispiel aus der Praxis 4 Wildbienennisthilfen richtig anlegen

Folgende Hinweise können helfen, dass Nisthilfen für Wildbienen (Foto 5-18) erfolgreich besiedelt werden (Westrich 2017, 2019; Wiesbauer 2017), getrennt nach der Art der Niststätten:

- **Pflanzenstängel**
  Bambusrohr, aus dem Baumarkt, Innendurchmesser 3–9 mm, Mindesttiefe 10 cm; Abschneiden jeweils hinter den Knoten, sodass ein natürlicher Abschluss vorhanden ist (andernfalls mit Watte verschließen), Mark mithilfe eines Bohrers, Drahtes oder einer Flaschenbürste entfernen; Unterbringung der Röhren waagerecht – einzeln in Hohllochziegeln oder im Bündel in Holzkisten, Kunststoffrohren (hinten offen zur Luftzufuhr) oder Blechdosen.

Foto: Eckhard Jedicke

Foto 5-18 Nisthilfen für Wildbienen helfen nur einem kleinen Teil der Wildbienenarten und haben eher naturpädagogischen Wert, als dass sie dem Populationserhalt dienen. Im Gegenteil können sie auch eine ökologische Falle darstellen, wenn sich die Larven nicht erfolgreich entwickeln können. Bohrungen in Hölzer müssen grundsätzlich quer zu den Jahresringen erfolgen, was vielfach nicht beachtet wird (im Bild nur teilweise).

  Schilfmatte, auf 30 cm gekürzt und aufgerollt, möglichst mit elektrischer Säge glatt geschnitten.
- **Hartholz**
  entrindetes, abgelagertes Hartholz (idealerweise Esche, aber auch z. B. Buche, Hainbuche, Eiche), etwa in Ziegelsteingröße; Bohrung von Gängen grundsätzlich ins Längsholz (quer zu den Jahresringen, von der ursprünglichen Rinde ins Innere, mit 5–10 cm Länge und, in getrennten Blöcken, mit 2–5 mm bzw. 5–8 mm Durchmesser; Glätten der Schnittfläche nach dem Bohren mit einem Schwingschleifer bzw. nachträgliches 2 mm breites Abschneiden des Holzstücks; Bohrmehl herausklopfen; eine Reinigung sollte im Winter bis spätestens Ende Februar erfolgen, soweit die Gänge nicht mehr belegt sind.
- **Ziegel**
  Stapeln von Strangfalzziegeln (für Baudenkmäler verwendet bzw. beim Abbruch alter Scheunen anfallend) oder deren Einbau in Trockenmauern; Halbieren der Ziegel, Löcher an den Außenseiten nötigenfalls mit Bohrer aufweiten; Reinigung im Winter, soweit Nester verlassen sind.
- **Totholz**
  vorhandenes Totholz stehend am Baum erhalten oder, wenn zur Verkehrssicherung abgesägt, als Stapel aufschichten.
- **Lösssteilwand**
  Lössfüllung (Löss ist mit einem Fingernagel leicht abzuschaben; keinesfalls Ton oder fetten Lehm verwenden, da zu hart) in einen asbestfreien Eternitblumenkasten füllen (am besten in natürlicher Struktur belassen, das heißt, mit Spaten in passender Größe ausstechen), Zwischenräume mit feuchtem Material stopfen; mit Bohrer mehrere kurze Gänge mit 5–8 mm Durchmesser schaffen; als Regenschutz oben Abdeckung mit einem Brett oder einer durchsichtigen Acrylglasplatte.
- **Erdboden**
  Aufschüttungen von Lösslehm, lehmigem Sand oder einfach Bauaushub – keine Abde-

ckung mit humusreichem Oberboden; auch Offenbodenstellen auf Wegen und Weideflächen sind geeignete Lebensräume (siehe Exkurs 2); im Falle einer fortschreitenden Gehölzsukzession kann ein Auslichten der Vegetation sinnvoll sein.

Für die Unterbringung mehrerer Typen von Nisthilfen wie Holzblöcke mit Bohrungen, Bambusröhrchen, Bündel von Schilfstängeln und Strangfalzziegel eignet sich ein Holzregal mit Rückwand und lichtdurchlässigem Dachüberstand (Wind- und Regenschutz, bessere Erwärmung).

5.6.2 Artenschutzprojekte für Insekten

Zumeist funktioniert der Schutz von genetischer Vielfalt und Artenvielfalt nur über einen umfassenden Biotopschutz, verbunden mit ausreichendem abiotischen Ressourcenschutz (Boden, Wasser, Klima/Luft) und Prozessschutz. Auch reine Artenschutzprojekte müssen daher in der Regel Maßnahmen des Biotopschutzes (einschließlich Biotoppflege und -entwicklung) beinhalten. Dennoch beschränken sich viele Artenschutzprojekte auf einzelne Elemente wie die Schaffung von Nistgelegenheiten (siehe Beispiel aus der Praxis 4). Diese können ein Mangelfaktor für die Arten sein, sie bleiben aber in solchen Fällen letztlich wirkungslos, wenn andere essenzielle Habitatanforderungen wie die Existenz benötigter Nahrungspflanzen nicht erfüllt sind (siehe Exkurs 4, Seite 88). Umgekehrt werden sich gewünschte Arten über natürliche Prozesse vielfach von allein ansiedeln, wenn die Konnektivität und die Qualität der Habitate stimmen (siehe Exkurs 1, Seite 80).

Sogenannte „Insekten-“ oder „Wildbienenhotels“ sind beliebte Hilfsangebote, müssen jedoch – abgesehen von ihrem hohen umweltpädagogischen Wert der Erlebbarkeit von Wildbienen – kritisch gesehen werden. Gründe sind unter anderem in vielen Fällen

- eine untaugliche Bauweise, die entweder eine Besiedlung unwahrscheinlich macht oder eine erhöhte Brutsterblichkeit auslöst und somit eine ökologische Falle darstellt (MacIvor & Packer 2015; zur korrekten Konstruktion siehe Beispiel aus der Praxis 4),
- die Förderung nur einen kleinen Teil, meist die häufigsten der heimischen Wildbienenarten betrifft (nur maximal ein Viertel der in Gärten auftretenden Arten kann die Nisthilfen nutzen, der größte Teil der Arten nistet in selbst gegrabenen Höhlungen im Erdboden) (siehe Exkurs 2, Seite 82, Westrich 2019).

Erheblich wirksamer für den Schutz der Wildbienenarten sind das Angebot anderer Nisthilfen (Totholz, markhaltige Stängel, Steilwände, offene Sand- oder Lehmflächen) sowie ein reiches Nahrungsangebot.

Zahlreiche Artenschutzprojekte beziehen sich auf einzelne Insektenarten, insbesondere auf die Arten der FFH-Richtlinie sowie auf gefährdete Arten der Roten Liste. In vielen Fällen stehen sie aber als Zielarten für ganze Biozönosen, das heißt, die für die Art ergriffenen Maßnahmen fördern artenreichere Lebensgemeinschaften. Wichtig sind hierbei eine klare Zieldefinition und evidenzbasiertes Arbeiten, die Wirkung sollte also überprüft werden (Hofer 2016): Als Minimalziel gilt, das Aussterben einer Art zu verhindern bzw. ihre Aussterbewahrscheinlichkeit zu reduzieren. Anspruchsvoller ist die Sicherung der kleinsten überlebensfähigen Population (*minimum viable population*, MVP), also der artspezifisch festzulegenden Mindestzahl an Individuen, mit der eine isolierte Population über einen längeren Zeitraum mit hoher Wahrscheinlichkeit fortbestehen kann (Fartmann & Remy 2019). Drittens kann das Ziel der „günstige Erhaltungszustand“ der Population nach den Kriterien der FFH-Richtlinie sein.

Um ein Artenschutzvorhaben durchzuführen, bedarf es folgender Arbeitsschritte:

(1) Bestandserfassung zum Status quo der Art: Wo kommt sie mit welcher Bestandsgröße im betrachteten Gebiet vor, wie ist ihr Erhaltungszustand überregional, welches sind die wirksamen Gefährdungsfaktoren?

Foto: Eckhard Jedicke

Foto 5-19 Artenschutzziele bedürfen der Vermittlung an die Landnutzenden – eine professionelle Biodiversitätsberatung hat sich hierfür bewährt und sollte von den Bundesländern verstärkt angeboten werden (Beratung auf einer Limousin-Weidefläche im Elbetal, Sachsen).

(2) Zieldefinition: Welches Ziel soll erreicht werden? Die Festlegung soll gemäß dem im Projektmanagement verwendeten Akronym SMART sein: spezifisch (eindeutig), messbar, attraktiv (erstrebenswert, akzeptiert), realistisch und terminiert. Damit wird eine Erreich- und Messbarkeit gewährleistet. Ein Beispiel: Die Populationsgröße der Art X im Landkreis Y soll im Dreijahresmittel binnen zehn Jahren um 30% erhöht werden, sodass ein guter Erhaltungszustand der Art erreicht ist.

(3) Festlegung von Erhaltungsmaßnahmen: Aus dem formulierten Ziel sind konkrete Maßnahmentypen abzuleiten, die erforderlich sind, um das Ziel zu erreichen. Dieses können in Anlehnung an die IUCN (2019) Maßnahmen zur Unterschutzstellung von Gebieten, das Management von Habitaten (Zulassen von natürlicher Dynamik, Pflegemaßnahmen, angepasste Nutzung, Renaturierung), das Management der Art (zum Beispiel Nisthilfen, Wiederansiedlung), Bewusstseinsbildung bei relevanten Akteuren, Gestaltung bzw. Anwendung rechtlicher Instrumente und die Schaffung von Anreizsystemen sein.

(4) Erstellen der Planungsunterlagen: Die Maßnahmen sind kartografisch und am besten mit Maßnahmenblättern flächenkonkret zu planen. Neben der Gesamtplanung (mit Arbeits- und Zeitplan) werden jährlich Arbeitspläne mit noch konkreteren Arbeitsschritten erstellt.

(5) Maßnahmenumsetzung: Kern des Projekts muss die Umsetzung der Maßnahmen sein – eigentlich selbstverständlich, doch viele Projekte bleiben zu stark im Kon-

zeptionellen stecken. Die Umsetzung von Maßnahmen benötigt viel Arbeitszeit und Softskills der Akteure auf der persönlichen, sozialen und methodischen Ebene – hier helfen Leitlinien für die Biodiversitäts- oder Natur-Agrar-Beratung **(Foto 5-19)** (DVL 2018, Oppermann et al. 2018). Effiziente Arbeitsabläufe erfordern Erfahrungen in Gesprächsführung, Moderation und ergebnisorientiertem Arbeiten, in Beratungsmethoden und standardisierten Beratungsabläufen, in der Erarbeitung von Dokumentationen und Berichten sowie in den verschiedenen Methoden der Öffentlichkeitsbeteiligung.

(6) Erfolgskontrolle und Berichte: Die geplanten Maßnahmen sind einer Umsetzungs- und Wirkungskontrolle zu unterziehen. Wirkungsüberprüfungen im Artenschutz können sich auf verschiedene Kriterien aus folgender Auflistung beziehen (ausführlich dargestellt in Hofer 2016):

- Population (Abundanz, Fortpflanzungsrate, Überlebensrate),
- Individuen (Körpermaßzahlen, physiologische Konditionsindizes),
- Raumnutzung durch Populationen/Individuen (Bewegungen/Ortswechsel, Aktionsräume, Habitat- und Ressourcenwahl),
- einzelne Habitate (Makrohabitat, Mikrohabitat, Anwendung von Habitatmodellen) sowie
- die Landschaft (Belegungsrate, Nutzung von Korridoren, Vernetzung von Habitaten als strukturelle Konnektivität, genetische Vernetzung als funktionelle Konnektivität).

Stets sollten Ergebnisse in Berichten dokumentiert und dabei auch Erfolgs- und Misserfolgsursachen herausgearbeitet werden. Werden die Ergebnisse publiziert, können Dritte besser von den gesammelten Erfahrungen profitieren.

Fazit für die Praxis

- Wirksamer Klimaschutz trägt zum Schutz klimasensibler Insektenarten bei.
- Schutzgebiete können als Kernräume für den Insektenschutz entwickelt werden – dies erfordert aber ein aktives Management, welches insbesondere Biotopschutz beinhalten muss.
- Biotopverbund für Insekten zielt einerseits auf die Schaffung spezifischer Biotopstrukturen und Ressourcen, anderseits von Verbundstrukturen und drittens von einer auf großen Flächen insektenfreundlichen Landwirtschaft ab.
- Ziele und Maßnahmen des Insektenschutzes müssen verstärkt Eingang in die Verfahren der Landschaftsplanung (insbesondere in den kommunalen Landschaftsplan und den Grünordnungsplan in der Bebauungsplanung) finden.
- Die Nährstoffbelastung der Landschaft insgesamt bedarf einer starken Reduktion – durch verringerte Düngung in der Landwirtschaft, Reduktion von Emissionen und gezielte Aushagerung von Naturschutzflächen.
- Ausbringungsmenge und Umweltwirkung von Pestiziden, besonders Insektiziden, sind massiv zu reduzieren. Vorranggebiete des Naturschutzes ebenso wie Kommunen müssen pestizidfrei werden.
- Die Heterogenität (Strukturvielfalt) in Landschaften bedarf einer deutlichen Steigerung. Dazu sind die Konzepte der differenzierten Bodennutzung und der Landwirtschaftsflächen mit hohem Naturwert (HNV) geeignet.
- Gesetzlicher Artenschutz hat auch für Insekten Relevanz.
- Artenschutzprojekte sollten sich auf Zielarten mit „Mitnahmeeffekt“ konzentrieren und alle Habitatansprüche der Art berücksichtigen. „Wildbienenhotels“ haben stärker umweltpädagogischen als Artenschutzwert.

6 Agrarlandschaften

ECKHARD JEDICKE

6.1 Grünland

Grünland insgesamt besitzt heute eine höhere Lebensraumfunktion für Insekten als Ackerland (Kapitel 4.2.1). Insbesondere nährstoffarme und extensiv genutzte Grünlandtypen sind bevorzugter Lebensraum von Insekten und weitgehend aus der heutigen Agrarlandschaft verdrängt worden (vgl. Kapitel 3.1.2 und Kapitel 4.2.1). Basierend auf den in Kapitel 4.2.1 dargelegten Gefährdungen sind die im Textkasten auf Seite 155 zusammengefassten Strategien zur Förderung der Insektenfauna im Grünland abzuleiten. Diese werden in den nachfolgenden Textabschnitten konkretisiert.

6.1.1 Grünlanderhalt und -regeneration

Grünland weist eine spezifische Insektenfauna auf, 30 % der mehr als 3700 Gefäßpflanzenarten Deutschlands zeigen eine Bindung an Grünlandökosysteme und von jeder Pflanzenart hängen im Schnitt zehn bis 20 Insektenarten ab (Tischew & Hölzel 2019). Der starke Flächenrückgang des Grünlands in der Kulturlandschaft (Kapitel 3.1.2) – in den ackerbaulichen Gunstlagen bis gegen Null – bedarf der Umkehr. Grundbedingung hierfür ist, dass Betriebe der Landwirtschaft (und/oder Landschaftspflege) bestehen, welche den Grünlandaufwuchs sinnvoll nutzen können, also Tierhaltung betreiben. Die Nutzung des Aufwuchses kann sowohl auf der Weide (Futter auf dem Halm) als auch mittels Silage oder Heu im Stall erfolgen. Intensive stallgebundene Tierhaltungssysteme können jedoch Grünfutter immer weniger verwenden.

Foto: Eckhard Jedicke

Foto 6-1 Bergmähwiesen und andere artenreiche Grünlandbiotoptypen müssten in großem Umfang renaturiert werden – das gilt nicht allein für FFH-Lebensraumtypen. Für die Gewinnung von Saatgut sind Spenderflächen in den einzelnen Naturräumen zu identifizieren und zu nutzen (Biosphärenreservat Rhön, Oberelsbach, Bayern).

Vor diesem Hintergrund muss sowohl die Grünlanderhaltung und -vermehrung – zunächst unabhängig von der Qualität des Grünlandes – als auch die Stärkung von tierhaltenden Betrieben, welche Raufutter verwerten, ein wesentliches Ziel des Insektenschutzes sein. Erst unter dieser Voraussetzung kann mit den Betrieben die konkrete Ausgestaltung der Art und Weise der Grünlandbewirtschaftung ausgehandelt werden. In Kenntnis historisch vorhandener Grünlandanteile können landschaftstypisch anzustrebende Flächenanteile von Grünland definiert werden.

Wie in Kapitel 4.2.1 aufgezeigt, bewirkten neben dem Flächenverlust durch Umwandlung von Grün- in Ackerland vor allem Melioration und Intensivierung der Grünlandwirtschaft eine massive Verringerung der Habitatverfügbarkeit und -qualität für Insekten auf Bruchteile ihrer früheren Dimensionen. Daher genügt es nicht, den heutigen Status quo zu erhalten – zumal für sehr viele Arten in den noch bestehenden Habitaten eine Aussterbeschuld besteht (Kapitel 4.1.1); es handelt sich um „lebende Leichen“. Selbst wenn jetzt Maßnahmen ergriffen werden, ist davon auszugehen, dass der Artenverlust zunächst fortschreitet, weil die

Beispiel aus der Praxis 5 Strategie zum Insektenschutz durch Grünland

- Der Grünlandanteil ist zu erhalten und auf ein – anhand landschaftsgenetischer Analysen festzulegendes – landschaftstypisches Maß zu steigern. Dazu bedarf es landwirtschaftlicher Betriebe, welche den Grünlandaufwuchs nutzen können – vorzugsweise durch extensive Weidesysteme oder eine Kombination von Weide- und Mahdflächen.
- Vorhandene Grünlandnutzung ist extensiv (aber ausreichend intensiv) zu gestalten hinsichtlich Nährstoffniveau, Bodenwasserhaushalt, Weide- und Mahdintensität und -technik.
- Grünlandbiotoptypen werden in ausreichender Flächengröße und mit funktionierendem Biotopverbund renaturiert.
- Weidenutzungen sind zu erhalten und wieder einzuführen, weil sie vielfältige Habitatstrukturen sowie den Biotopverbund fördern und durch Anwesenheit von Tieren sowie Dung für Insekten wichtige Ressourcen bereitstellen. Idealerweise wird Ganzjahresweide praktiziert und auf die prophylaktische Anwendung von Parasitika verzichtet.
- Maschinelle Bewirtschaftung nutzt insektenschonende Technik und schafft raum-zeitliche Nutzungsmosaike im Grünland – durch Belassen von mindestens 5 % Altgrasstreifen, zeitversetzte Mahd, Mähen von innen nach außen und auf den Insektenschutz abgestimmte Mahdzeitpunkte.

verbliebenen Restpopulationen zu klein und/oder isoliert sind. Darüber hinaus müssen verbliebene Reste naturnaher Grünlandbiotope in ihrer Qualität verbessert und vor allem artenreiche Grünlandbiotoptypen durch Regeneration in großem Umfang neu geschaffen werden (siehe Beispiel aus der Praxis 6, Seite 156). Selbst für gemäß FFH-Richtlinie zu schützende Grünlandlebensraumtypen wie Bergmähwiesen **(Foto 6-1)** bestehen hier große Defizite. Die Methoden unterscheiden sich zum Teil je nach Biotoptyp und individuell zu definierendem

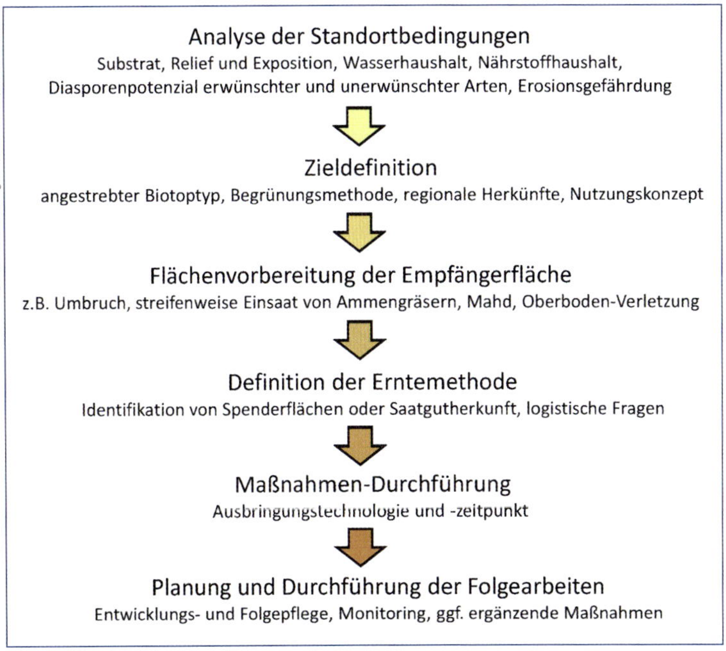

Analyse der Standortbedingungen
Substrat, Relief und Exposition, Wasserhaushalt, Nährstoffhaushalt, Diasporenpotenzial erwünschter und unerwünschter Arten, Erosionsgefährdung

Zieldefinition
angestrebter Biotoptyp, Begrünungsmethode, regionale Herkünfte, Nutzungskonzept

Flächenvorbereitung der Empfängerfläche
z.B. Umbruch, streifenweise Einsaat von Ammengräsern, Mahd, Oberboden-Verletzung

Definition der Erntemethode
Identifikation von Spenderflächen oder Saatgutherkunft, logistische Fragen

Maßnahmen-Durchführung
Ausbringungstechnologie und -zeitpunkt

Planung und Durchführung der Folgearbeiten
Entwicklungs- und Folgepflege, Monitoring, ggf. ergänzende Maßnahmen

Quelle: in Anlehnung an Kirmer et al. (2012), verändert

Grafik 6-1 Planungs- und Umsetzungsschritte der Grünlandregeneration.

Beispiel aus der Praxis 6 Kalkmagerrasenrenaturierung

Von THOMAS FARTMANN, FELIX HELBING, MERLE STREITBERGER, GREGOR STUHLDREHER und DOMINIK PONIATOWSKI

In der größten Kalkmagerrasenlandschaft in der Nordhälfte Deutschlands, dem Diemeltal an der nordrhein-westfälisch-hessischen Landesgrenze, mussten in den vergangenen 150 Jahren viele ehemals beweidete und artenreiche Magerrasen starke Flächenverluste hinnehmen. Hauptursache dafür waren die Nutzungsaufgabe und die Aufforstung der Flächen. So lagen im Jahr 2004 Magerrasen mit einer Ausdehnung von insgesamt 340 ha (45 % der Gesamtfläche der Kalkmagerrasen im Gebiet) brach (Fartmann 2004). Um der großflächigen Verbuschung und dem damit einhergehenden Rückgang vieler spezialisierter Tier- und Pflanzenarten entgegenzuwirken, werden seit 2009 großflächig brachliegende Magerrasen im hessischen Diemeltal entbuscht und anschließend wieder beweidet. Bei den bisherigen wissenschaftlichen Untersuchungen lag das Augenmerk auf den Auswirkungen der Entbuschungen auf den Kreuzdorn-Zipfelfalter (*Satyrium spini*) (Helbing et al. 2014) und die Phytodiversität (Poniatowski et al. 2020).

Foto: Thomas Fartmann

Foto 6-2 Kreuzdorn-Zipfelfalter (*Satyrium spini*) beim Blütenbesuch an Ährigem Ehrenpreis (*Veronica spicata*).

Satyrium spini ist eine deutschlandweit gefährdete Zielart für den Schutz von Trockenrasen (Foto 6-2) (Rote-Liste-Status in Deutschland: gefährdet; die Raupen leben monophag an Purgier-Kreuzdorn [*Rhamnus cathartica*]). Sowohl die Wirtspflanze *R. cathartica* als auch *S. spini* reagieren sehr schnell auf Entbuschungsmaßnahmen. Bei beiden Arten konnten vier Jahre nach Durchführung der Maß-

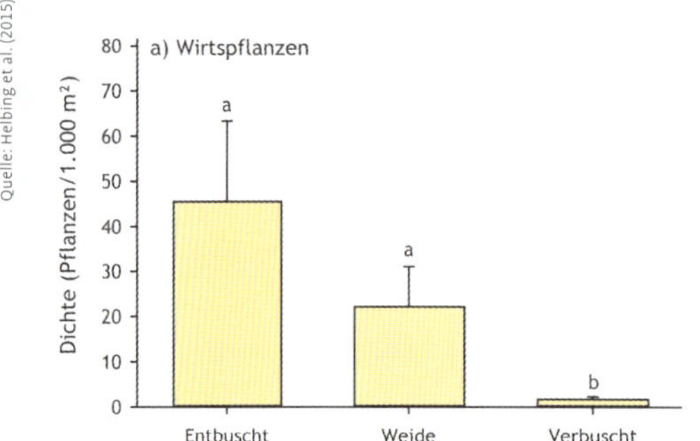

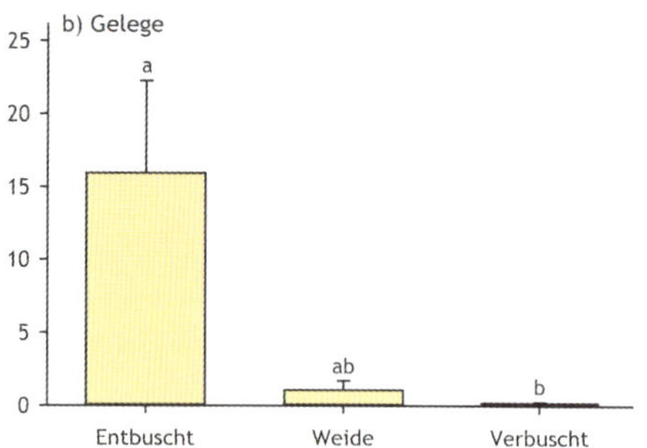

Quelle: Helbing et al. (2015)

Grafik 6-2 Auswirkungen von Kalkmagerrasenentbuschungen auf die faunistische Zielart Kreuzdorn-Zipfelfalter (*Satyrium spini*): Dichte (arithmetisches Mittel + Standardfehler) der Wirtspflanzen (a) und Gelege (b) auf entbuschten, beweideten und brachliegenden, verbuschten Kalkmagerrasen (Diemeltal; Hessen). Signifikante Unterschiede zwischen den Typen liegen vor, sofern sie keine gemeinsamen Buchstaben aufweisen (P < 0,05).

Foto: Thomas Fartmann

Foto 6-3 Der Deutsche Ziest (*Stachys germanica*) profitiert von der Gehölzentfernung in verbuschten Kalkmagerrasen.

Quelle: Poniatowski et al. (2020b)

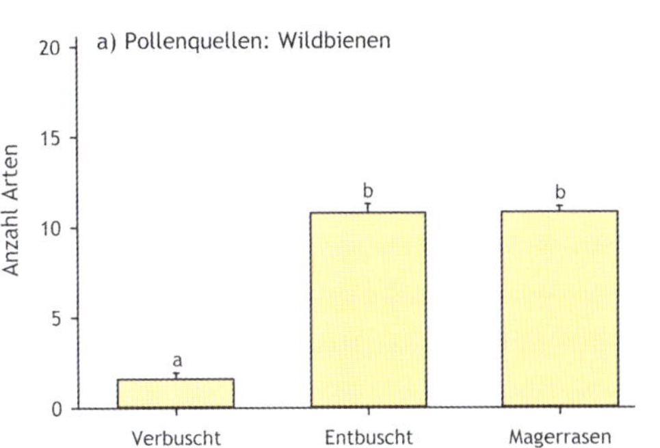

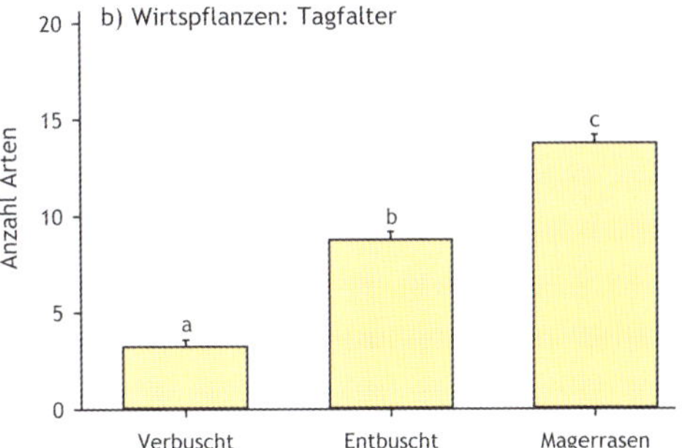

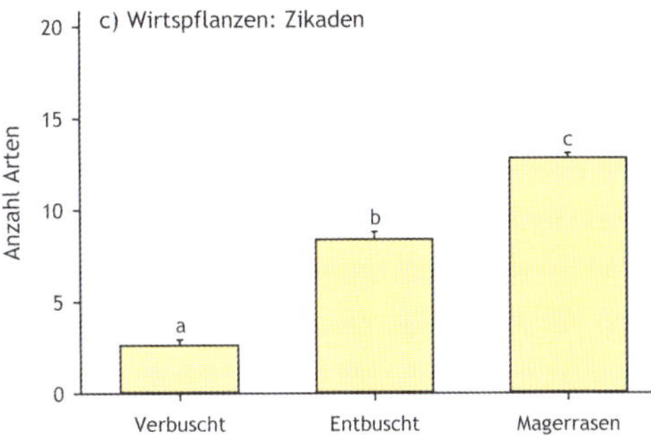

Grafik 6-3 Auswirkungen von Kalkmagerrasenentbuschungen auf die Phytodiversität: Anzahl (arithmetisches Mittel + Standardfehler) der Pflanzenarten, die mono- und oligolektischen Bienenarten als Pollenquelle (a) sowie mono- und oligophagen Tagfalterarten (b) und Zikadenarten (c) als Wirtspflanze in stark verbuschten, entbuschten und beweideten Kalkmagerrasen zur Verfügung stehen (Diemeltal; Nordrhein-Westfalen, Hessen). Signifikante Unterschiede zwischen den Stadien liegen vor, sofern sie keine gemeinsamen Buchstaben aufweisen ($P < 0{,}05$).

nahmen auf den entbuschten Flächen die höchsten Dichten nachgewiesen werden (Grafik 6-2). Besonders augenfällige Unterschiede ergaben sich bei den Gelegedichten. Die Wirtspflanzendichten waren auf den entbuschten Flächen durchschnittlich zweimal so hoch wie auf den beweideten Trockenrasen und etwa 27-mal so hoch wie auf den brachliegenden (Grafik 6-2a). Die Gelegedichten wiesen auf den entbuschten Flächen sogar 15-mal höhere Werte als auf den beweideten und 80-mal höhere als auf den brachliegenden Kalkmagerrasen auf (Grafik 6-2b).

Das Entbuschen der Trockenrasen begünstigt die Verjüngung von *R. cathartica* stark, da zum einen der nötige Offenboden zur Keimung geschaffen wird und die Art zum anderen nach dem Schnitt sehr schnell und in großer Zahl Stockausschläge bildet. Dies verschafft ihr einen Vorteil gegenüber einigen konkurrierenden Gehölzarten wie *Crataegus* spp. oder *Juniperus communis*. *Satyrium spini* wählt im Diemeltal zur Eiablage vorzugsweise

bodennahe Zweiggabeln der Wirtspflanzen an mikroklimatisch begünstigten Standorten aus (Löffler et al. 2013). Die hohe Zahl an kleinwüchsigen, sonnenexponierten Kreuzdornen auf den entbuschten Flächen bot daher optimale Fortpflanzungsbedingungen für S. *spini*.
Die durch die Entbuschungsmaßnahmen freigestellten Flächen können sich langfristig bei Nachpflege der Stockausschläge und Wiederaufnahme der Beweidung zu artenreichen Trockenrasen mit ihren typischen Biozönosen entwickeln. Dieser Prozess erstreckt sich allerdings über einige Jahre. Zunächst stellen sich auf den Flächen äußerst diverse Pionier- und Ruderalstadien ein, die beispielsweise viele Pollenquellen oder Wirtspflanzen für Wildbienen oder Tagfalter und Zikaden aufweisen, die nur hier vorkommen (Grafik 6-3) (Poniatowski et al. 2020b). Hierzu zählt beispielsweise der deutschlandweit gefährdete Deutsche Ziest (*Stachys germanica*), der nur auf den entbuschten Flächen regelmäßig nachgewiesen werden konnte (Foto 6-3). Im Verlauf der Sukzession kommt neben verschiedenen Wald-, Gebüsch-, Fettwiesen- und mesophilen Graslandarten eine Vielzahl an typischen Pflanzenarten der Kalkmagerrasen, thermophilen Säume und thermophilen Ruderalfluren auf. Drei bis acht Jahre nach Durchführung der Entbuschungen und anschließender Beweidung weisen die Flächen floristisch eine intermediäre Stellung zwischen verbuschten Magerrasen und Kalkmagerrasen auf. In Landschaften, in denen viele Magerrasenhabitate degradiert sind oder gar zerstört wurden, kann die Renaturierung von Magerrasen einen wichtigen Beitrag zur langfristigen Erhaltung der typischen Biozönosen leisten (Helbing et al. 2014, Poniatowski et al. 2020).

Leitbild. Voraussetzung für jede Maßnahme sollte sein, dass die Folgenutzung bzw. -pflege sichergestellt ist.

Die Planungs- und Umsetzungsschritte der Grünlandregeneration sind in **Grafik 6-1** illustriert. Durch Keimungsversuche kann der noch keimfähige Diasporenvorrat im Boden von Renaturierungsflächen ermittelt werden (Kirmer et al. 2012). Hieraus kann abgeleitet werden, ob eine einfache Regeneration aus der Samenbank möglich ist und welche unerwünschten Problempflanzen in Zukunft möglicherweise erhöhten Managementaufwand erfordern. In vielen Fällen reicht die Diasporenbank jedoch nicht für eine erfolgreiche Wiederbesiedlung aus, da Weidetiere als Vektoren fehlen (siehe Kapitel 3.1.2 und Kapitel 4.2.1), ihre Weideflächen nicht mit ausreichend artenreichen Flächen des Zielbiotops verknüpft sind oder eine zu dichte Vegetationsdecke die Keimung konkurrenzschwacher Zielarten hemmt (vgl. Zerbe 2019). Diese und weitere Faktoren machen dann weitergehende Maßnahmen zur aktiven Einbringung von Zielarten erforderlich. Die wichtigsten Methoden sind nachfolgend für das Frisch- und Feuchtgrünland in Ablehnung an Kirmer et al. (2012), Tischew & Hölzel (2019) und Zerbe (2019) kurz zusammengefasst:

- Erstpflege: Soll verbuschtes oder mit Gehölzen aufgeforstetes Grünland regeneriert werden, sind die Gehölze vollständig oder – je nach Ziel – bis auf Einzelgehölze oder Gehölzinseln zu roden. Ist der ursprüngliche Grünlandtyp erst seit wenigen Jahren bis maximal 20 bis 30 Jahre bestockt, so ist vielfach noch ein wesentlicher Teil der ursprünglichen Pflanzenarten im Diasporenvorrat des Bodens vorhanden und keimfähig (Beispiel aus der Praxis 6, Seite 156; weitere Beispiele bei Zerbe 2019), sodass sich weitere Maßnahmen erübrigen, insbesondere wenn die Fläche anschließend beweidet wird.
- Nährstoffentzug: Artenreichtum der Vegetation erfordert Nährstoffarmut (siehe Exkurs 4, Seite 88). Düngungsverzicht (insbesondere mit Stickstoff) ist daher essenziell; nur nach langjähriger Aushagerung können im Einzelfall eine behutsame Phosphor- und Kaliumgabe oder Stallmistdüngung angeraten sein (biotoptypenabhängig). Durch häufige Mahd und Abtransport des Mahdgutes kann ein gewisser Nährstoffentzug erreicht werden. Auch der Anbau von Saat-Roggen

und Weidelgras und deren häufige Mahd kann dem Boden Nährstoffe entziehen. Langfristig gelingt ein Nährstoffentzug auch durch Beweidung. Auf stark überdüngten, insbesondere vormaligen Ackerstandorten kann der Oberboden abgetragen werden oder als etwas weniger invasive Methode eine Oberbodeninversion durch Unterpflügen des oberen nährstoffreicheren Bodenmaterials erfolgen. Allerdings sprechen Aspekte des Bodenschutzes, der gleichzeitigen Entfernung von im Boden vorhandenen Diasporen der Zielvegetation und der Umweltethik gegen einen solchen radikalen Eingriff (vgl. Zerbe 2019; siehe auch Kapitel 5.3.1).

- Wiedervernässung **(Foto 6-4)**: Im feuchten Grünland sind Entwässerungsgräben und Drainagerohre zu verschließen. In Auen gehört die Wiederherstellung der natürlichen Überflutungsdynamik durch Gewässerrenaturierung zu den notwendigen Maßnahmen.
- Ansaat: Gewünschte Arten(-Kombinationen) können durch Aussaat eingebracht werden. Hierfür sollte gebietsheimisches Saatgut verwendet werden.
- Mahdgutübertragung: Von artenreichen Beständen mit einer der Zielvegetation möglichst ähnlichen Zusammensetzung in der jeweiligen Region kann Mahdgut gewonnen und auf der Zielfläche ausgebracht werden, welches zugleich typische Wirbellose und Mykorrhizapilze transferieren kann. Sofort anschließende Beweidung kann nach Beobachtungen durch das Eintreten der Diasporen in den Boden den Erfolg verbessen (Heike Weidt, mdl. Mitt.). Wichtig ist, dass mindestens teilweise offener Boden als ein für viele Insektenarten

Foto: Eckhard Jedicke

Foto 6-4 Wiedervernässung von Auen unter Schaffung von Stillgewässern, verknüpft mit extensiver Beweidung, ist ein wichtiger Beitrag zur Renaturierung. Wasserbüffel (im Vordergrund), Auerochsenrückzüchtungen und Koniks sowie die artenreiche Avifauna wirken auch attraktiv für den Tourismus (Beeder Bliesaue, Homburg-Beeden, Biosphärenreservat Bliesgau, Saarland).

Foto: Thomas Fartmann

Foto 6-5 In Teilen Ost- und Südeuropas existieren weiterhin Transhumanzsysteme, die einen lebenden Biotopverbund darstellen und früher auch in Mitteleuropa verbreitet waren. Hier kehren zwei Schäfer Ende September mit ihrer Herde von den Sommerweiden in ihr Heimatdorf zurück (Bukowina, Rumänien). Für traditionelle Weidelandschaften typisch, sind nicht die flächenmäßig klar dominierenden Weiden ausgezäunt, sondern die Wiesen und Gärten.

wie bodennistende Wildbienen sowie Laufkäferarten wichtiger Habitatbestandteil vorhanden ist (siehe Exkurs 3, Seite 84). Inzwischen liegen auch erste Erfahrungen zum Übertragen von Insektengemeinschaften durch Motorsaugeraufsammlungen vor (Helbing et al. 2020).

- Sodenverpflanzung: Dieses Verfahren ist sehr kostenaufwendig und kann daher in der Regel nur bei Kleinflächen eingesetzt werden.
- Förderung von Mykorrhizapilzen: Viele Pflanzenarten kommen in Symbiose mit Mykorrhizapilzen vor. Diese werden durch Mulch- und Bodenmaterial sowie die künstliche Beimpfung (Inokulation) übertragen.
- Lebender Biotopverbund durch Weidetiere: Auf die Wirksamkeit von Weidetieren als Vektoren für die Verbreitung von Pflanzen (und Tieren) wird in Kapitel 4.2.1 und insbesondere Kapitel 6.1.2 eingegangen **(Foto 6-5)**.

Für die notwendige insbesondere biotoptypenspezifische Differenzierung sei auf die Fachliteratur verwiesen.

6.1.2 Weidesysteme

Mitteleuropas Naturlandschaften waren maßgeblich durch große Pflanzenfresser beeinflusst (Bunzel-Drüke et al. 2008), deren Rolle mit Sesshaftwerden des Menschen im Neolithikum vor rund 7500 Jahren nach Aussterben, Ausrottung oder Verdrängung fast aller Arten die weidenden Nutztiere der Viehzüchter und Ackerbauern übernahmen (Kapfer 2019). Daher müssen Fraß und Tritt von Weidetieren sowie deren Funktion als Vektoren für die Ausbreitung von Arten langfristig wesentliche ökologische Faktoren gewesen sein (vgl. Jedicke 2015). Bunzel-Drüke et al. (2008) fassen zusammen, dass die durch Huftiere geprägten, eng verzahnten Landschaftsmosaike aus offenen Böden, Weiderasen, Hochstaudenfluren, Röhrichten, Gebüschen, Wäldern und Sonderstrukturen wie Tränken, Suhlen und Wechseln in erster Linie diejenigen Pflanzen und Tiere förderten, die viel Licht, Wärme und aufgelockerte Vegetationsstrukturen benötigen. Erst seit Mitte des 19. Jahrhunderts sind Wald- und Weideflächen räumlich strikt voneinander getrennt (siehe Kapitel 3.1). Damit und mit der sukzessiven Ausräumung der Offenlandschaften sowie dem heute in vielen Landschaften weitgehenden Fehlen von Weidetieren sind wesentliche Ursachen des Insektensterbens benannt (siehe Kapitel 4.2.1). Da jede Weidetierart ein anderes Fraßverhalten zeigt, ist eine breite Vielfalt an eingesetzten Tierarten und Tierrassen wesentlich **(Foto 6-6 bis 6-8)**. Der massive Rückgang der Schafhaltung etwa hat aber auch negative Folgen für den lebenden Biotopverbund für Pflanzen- und Tierarten. So transportieren gerade Schafe viele Diasporen, aber auch zum Beispiel Heuschrecken. Um Magerrasen, Heiden und andere eher magere, für den Insektenschutz zentrale Grünlandtypen zu erhalten, sind sie unverzichtbar.

Naturnahe Beweidung ist daher in der Agrarlandschaft ein zentraler Faktor, um dem Insektensterben zu begegnen. Nachfolgend sind einige der wichtigsten Rahmenbedingungen hierfür skizziert (in Anlehnung an Jedicke & Weidt 2017; vgl. weiterhin Bunzel-Drüke et al. 2008, 2019, Metzner et al. 2010).

Im Unterschied zur intensiven Weide zeichnen sich extensive Verfahren der Beweidung durch eine Bewirtschaftung mit geringer Intensität hinsichtlich Nährstoffversorgung, Viehbesatz und Pflegeaufwand aus. Ihre Wirtschaftlichkeit wird in der Regel durch öffentliche Fördermittel unterstützt. Auf Stickstoffdüngung und meist jede mineralische Düngung sowie auf Kalkung wird verzichtet. Wichtig ist, vor Beginn sowohl die naturschutzfachlichen als auch die landwirtschaftlichen Ziele zu definieren:

- Bestehen Ziele durch Naturschutzgebiete, gesetzlich geschützte Biotope, Natura-2000-Gebiete, Vorkommen von FFH-Lebensraumtypen, durch Habitate geschützter oder gefährdeter Arten oder durch weitere wertvolle Biotope?
- Ist ein Landwirtschaftsbetrieb willens und in der Lage, die Flächen zu beweiden?
- Verfügt er über geeignete Weidetierarten und -rassen oder ist er bereit, eine entsprechende Herde aufzubauen?
- Sind infrastrukturelle Erfordernisse wie beispielsweise Tränken und Unterstände (falls erforderlich) tolerierbar?
- Welche Absatzmöglichkeiten strebt der Landwirtschaftsbetrieb an und kann er diese Ziele mit der gewünschten Form der Beweidung erreichen?

Eine wichtige Rolle spielen die Mutterkuhhaltung und die Schafhaltung; als weitere Weidetiere sind insbesondere Ziegen, Pferde und Eselartige geeignet. In die (heute fast ausschließlich stallgebundene) Milchviehhaltung kann Beweidung mindestens für die Jungviehaufzucht integriert werden. Aus betrieblicher Sicht ist zu klären, ob die Haupteinnahme aus dem Verkauf von Tieren, Fleisch oder Milch oder aber aus Förderungen für die Leistungen zur Landschaftspflege erzielt wird. Im ersten Fall verursacht die angestrebte Optimierung der Futterqualität Konflikte mit dem Naturschutz, im zweiten fällt es wesentlich leichter, zielorientiert Naturschutz zu realisieren.

Aus diesen verschiedenen Aspekten lässt sich ein Leitbild für die Entwicklung der Flächen und des Betriebes für die nächsten zehn Jahre ableiten. Aus Sicht des Insekten- und Biodiversitätsschutzes sollte dieses Leitbild nicht zu eng gefasst werden, denn Ziel ist die Definition eines Nutzungssystems mit seinen Rahmenbedingungen, die als Effekt eine Förderung der Biodiversität bewirken. Zu beachten sind die verschiedenen rechtlichen Anforderungen wie Cross Compliance, Greening, Nitratrichtlinie, Düngeverordnung, Artenschutzrecht, Vogelschutz- und FFH-Richtlinie, Tierkennzeichnung, Tierschutzrecht und weitere fachrechtliche Bedingungen.

Für abzugrenzende Weideeinheiten werden dann, wie nachfolgend aufgeführt, Maßnahmen und Nutzungsbedingungen festgelegt.

Flächengröße: Anzustreben sind zusammenhängende und möglichst großflächige Weideeinheiten (idealerweise mindestens 10, besser > 50 ha), die sich in der Regel als Standweide ohne Zwischenzäune bewirtschaften lassen. So bildet sich eine stärkere und weidetypische Habitatstrukturierung zwischen kurzrasiger, punktuell auch überweideter und andererseits überständiger Vegetation heraus, welche die Insektendiversität fördert. Aus betrieblicher Sicht reduzieren sich damit Zeit- und Kostenaufwand für Bau und Unterhalt von Zäunen sowie für die Herdenbetreuung. Auch kleinere Weideflächen sind sinnvoll, bedeuten aber einen höheren Betreuungsaufwand.

Foto: Eckhard Jedicke

Foto 6-6 Rinderweide im Osterzgebirge – ein Naturschutzgroßprojekt des Bundes hat zur naturschutzgerechten Nutzung artenreichen Grünlands sowie zur Bereicherung des Landschaftsbildes beigetragen (Altenberg, Sachsen).

Foto: Eckhard Jedicke

Foto 6-7 Eine großflächige Ganzjahrespferdeweide im Biosphärenreservat Rhön hat gegenüber der zuvor auf den Flächen praktizierten Unterbeweidung durch Schafe den Artenreichtum erhöht. Die lockere Gehölzsukzession trägt wesentlich zur Struktur- und Artenvielfalt bei (Bischofsheim-Frankenheim, Bayern).

Foto: Eckhard Jedicke

Foto 6-8 Ziegen eignen sich besonders, um Gehölzsukzession zurückzudrängen, weil sie bevorzugt Gehölze verbeißen (Hilders im Bioshärenreservat Rhön, Hessen).

Weidetiere: Je nach Futterqualität und gegebenenfalls bereits im Landwirtschaftsbetrieb vorhandenem Tierbestand kommen nur bestimmte Tierarten und -rassen für die Beweidung infrage. Bei den Rindern sind als Robustrassen beispielsweise Highland, Galloway, Auerochsenrückzüchtungen oder auch Wasserbüffel auf nassen Standorten am flexibelsten. In vielen Fällen wurden mit regionalen Landrassen sowie fleischbetonten Rassen gute Erfahrungen gesammelt. Bei der Rassenwahl zu beachten ist auch die angestrebte Form der Vermarktung. Naturschutzfachlich förderlich wirkt die Mischbeweidung mit verschiedenen Tierarten, weil diese unterschiedliches Fraß- und Selektionsverhalten besitzen. Eine solche Multispeziesbeweidung ermöglicht eine Steigerung der Besatzstärke, so erhöht sich zum Beispiel die Tragfähigkeit einer Rinderweide bei Hinzustellen von Pferden um 10–20 %.

Weidezeiträume: Ideal für naturschutzfachliche Ziele wirkt eine ganzjährige Beweidung, weil sie zu einer weiteren Strukturierung der Vegetation führt. Zugefüttert werden sollte im Winter nur in Notzeiten. Der Boden muss ausreichend tragfähig sein, die Fläche ganzjährig erreichbar (auch bei hoher Schneelage), Gründe des Tierwohls dürfen der Winterweide nicht entgegenstehen. Wird nur innerhalb der Vegetationsperiode beweidet, so sollte auf vielen Flächen eine frühzeitige Beweidung im Frühjahr realisiert werden, um konkurrenzschwächere Pflanzenarten zu fördern (Poniatowski et al. 2018c). Aus naturschutzfachlichen Gründen kann eine phänologisch terminierte Phase der Weideruhe sinnvoll sein, zum Beispiel zum Schutz von Bodenbrütern (bei ausreichender Großflächigkeit und ganzjähriger Beweidung in der Regel verzichtbar, da ein genügender Weiderest verbleibt).

Weideintensität: Die Besatzdichte gibt den momentanen Tierbestand auf einer Koppel an, gemessen in Großvieheinheiten (GV) pro Hektar (1 GV = ca. 500 kg Lebendgewicht). Besatzstärke bezeichnet den aufgetriebenen Tierbestand auf einer Weidenutzungseinheit im Jahresmittel, bezogen auf das gesamte Jahr, nicht nur die Weideperiode. Anhand der Besatzstärke bemisst man die Optimalnutzung, welche gegeben ist, wenn der Aufwuchs zum Ende der Weideperiode oder bei Ganzjahresweide zu Beginn der nächsten Vegetationsperiode weitgehend abgefressen ist. Die sinnvolle Besatzstärke auf Extensivweiden liegt im Schnitt bei 0,5–0,8 GV/ha und Jahr, die Schwankungsbreite je nach Wüchsigkeit und Futterwert zwischen 0,1 und 1,0 GV/ha und Jahr; bei verkürzter Weideperiode ist entsprechend eine höhere Besatzdichte anhand der Zahl der Weidetage hochzurechnen.

Mähweiden: In der historischen Kulturlandschaft waren die Nutzungen Weide und Mahd häufig kombiniert. Dies ermöglichte das jahrweise je nach Witterung notwendige Reagieren auf geringere oder höhere Futteraufwüchse. Naturschutzfachlich ermöglicht eine Frühjahrsvorweide (vgl. Kapfer 2010) mit anschließender etwa achtwöchiger Weideruhe die Entwicklung von Pflanzen und Bodenbrütern, anschließend kann gemäht werden. Möglich sind auch rotierende Mahdweidesysteme mit einem Wechsel aus kurzen Fresszeiten (maximal vier Wochen) plus möglichst langen Ruhezeiten (etwa acht Wochen); ein eingeschalteter Schnitt ist möglich (insbesondere zur Erhaltung von typischer Mähwiesenvegetation), die Nutzungszeitpunkte sollten zeitlich rotieren. Extensive Mähweiden sollten ebenfalls keine mineralische Stickstoffdüngung erhalten.

Einbeziehung von Strukturelementen: Auf größeren Weideflächen ist auch aus naturschutzfachlicher Sicht die Einbeziehung von Hecken (**Foto 6-9**), Einzelbäumen, Steinrücken, Quellen, Gräben, Fließgewässern und ähnlichen Strukturelementen sinnvoll, mindestens in größeren Anteilen, da so die Strukturvielfalt und sinnvolle Dynamik bei der Entstehung und Erhaltung vielfältiger ökologischer Nischen gewährleistet wird.

Umgang mit Gehölzen: Strukturelemente wie Sträucher, Hecken, Feldgehölze und Baumbestände auf Weiden verursachen regelmäßig Probleme bezüglich der Prämienfähigkeit (Zahlungen aus der 1. Säule, Betriebsprämie) einer Fläche – es muss für jedes einzelne Gehölz differenziert werden nach folgendem Schema (vgl. Jedicke & Metzner 2012):

- Nach Cross Compliance (CC) in der Agrarförderung relevante Gehölze sind Teil der förderfähigen Fläche und dürfen in der Regel nicht beseitigt werden; ihre Pflege ist jedoch keine Beseitigung von CC-relevanten Landschaftselementen;
- traditionelle Landschaftselemente wie Hecken, maximal 2 m breit, können Teil der prämienberechtigten Fläche sein;
- baumbestandene Flächen mit maximal 100 Bäumen/ha können Teil der prämien-

Foto: Eckhard Jedicke

Foto 6-9 Hecken in extensive Weideflächen einzubeziehen bewirkt eine Strukturierung der Gehölze, keine Zerstörung. Sie dienen den Weidetieren als Unterstand und Schattenspender, die Sukzession wird gebremst und es können wertvolle Insektenlebensräume entstehen (Altenberg, Sachsen).

Hinweise für die Praxis 1 Insektenschutz braucht Weidetiere in der Landschaft

- Weidetiere wirken über ihre Hufe, ihr Fell und die Magen-Darm-Passage als Vektoren für die Ausbreitung von Pflanzen und fördern so die Vielfalt an Nahrungspflanzen für viele Insekten. Mindestens 90 % der Pflanzenarten des eurosibirischen Kulturgraslands (Molinio-Arrhenatheretea) und mindestens 70 % der Arten der Heiden und Borstgrastriften (Nardo-Callunetea) werden durch Tiere ausgebreitet (Bonn & Poschlod 1998). Fischer et al. (1995) zählten beispielsweise an einem Schaf 8500 Diasporen von 57 Pflanzenarten.
- Unter den Insekten ist für Käfer und Wanzen (Fischer et al. 1995) sowie vor allem für Heuschrecken nachgewiesen, dass sie durch Schafe bis 700 m weit transportiert werden (Warkus et al. 1997).
- In der historischen Kulturlandschaft wurden Tierherden über große Distanzen über Triebwege getrieben (Kapitel 4.2.1; Foto 6-5) – diesen „lebenden Biotopverbund" gilt es heute, wo noch vorhanden, zu erhalten und über großräumige Weidekonzepte zumindest ansatzweise neu zu schaffen.
- Beweidung löst dynamische Prozesse aus. Verschiedene Struktur- bzw. Habitatelemente können in der heutigen Kulturlandschaft allein oder in größerem Umfang nur durch Weidesysteme bereitgestellt werden (zum Beispiel Foto 6-10). Hierzu zählen: (i) eine starke raumstrukturelle Vielfalt mit Gehölzen, Säumen und besonntem (weil freigestelltem) Alt- und Totholz; (ii) Offenbodenstrukturen (Foto 6-11); (iii) Aas und Dung als essenzielle Ressourcen für nekro- und koprophage Organismen sowie (iv) der strukturelle und funktionale Verbund, welcher genetischen Austausch und Verbreitung von Arten fördert (siehe oben).
- Kadaver auf Weideflächen zu belassen ist veterinärrechtlich nicht zulässig. Damit wird aber ein großes Spektrum an aasfressenden Insekten ausgeschlossen, die mit Weiden verknüpft wären (Gu et al. 2014, Gu & Krawczynski 2012, Krawczynski 2019b).
- Eine besondere Rolle besitzt der Dung von Weidetieren als Insektenlebensraum (Buse 2019, Schoof & Luick 2019) – relevant sind die Anwesenheit bzw. Verteilung von Nutztieren und Nutztierarten in Raum und Zeit (möglichst ganzjährig) (Foto 6-7 und 6-11) und die Vermeidung von Tierarzneimitteln wie Antiparasitika mit toxischer Wirkung auf dungabhängige und dungbesuchende Arten (siehe hierzu auch Kapitel 4.2.1).

Foto: Eckhard Jedicke

Foto 6-10 Die Grünlandvegetation auf Extensivweiden weist eine starke Mikrostruktur auf. Die Vielfalt an Habitatstrukturen wie den Hutebäumen ist im Mähgrünland nicht erreichbar (Biosphärenreservat Rhön, Fladungen, Bayern).

Foto 6-11 Weidetümpel auf einer großflächigen Ganzjahresweide – der Verzicht auf die Auszäunung bremst die Sukzession und schafft wertvolle Offenbodenhabitate (Stiftungsland Schäferhaus bei Harrislee, Schleswig-Holstein).

Foto: Eckhard Jedicke

- Für eine große Zahl von Lebensraumtypen des Anhangs II der FFH-Richtlinie wirkt Beweidung als ein wichtiger Erhaltungsfaktor (ausführlich dargestellt in Bunzel-Drüke et al. 2019) und hat in vielen Fällen eine arten- und biomassereiche Insektenfauna zur Folge. Die Weideabhängigkeit der (relativ wenigen) nach FFH-Richtlinie geschützten Insektenarten sind in demselben Werk beschrieben (Käfer: Buse 2019, Krawczynski 2019a; Libellen: Joest 2019; Schmetterlinge: Kolligs & Grell 2019).
- Die Einbeziehung von Gewässerufern, Kleingewässern und Gräben in die Beweidung fördert deren Offenhaltung (zum Beispiel als Lebensraum für Libellen) und die Entstehung halboffener Trittstellen als wichtige Strukturen (Foto 6-11).

Quelle: Jedicke (2015)

berechtigten Fläche sein, wenn die Nutzung nicht beeinträchtigt ist;
- alle anderen Gehölze dürfen entfernt werden, dabei ist jedoch – ebenso wie bei der Pflege – das Schnittverbot bei Hecken und Bäumen zwischen 01.03. und 30.09. zu beachten.

Wasserversorgung: Den Tieren muss permanent ausreichend sauberes und frisches Wasser zur Verfügung stehen, nach Möglichkeit Wasser „aus der fließenden Welle" durch freien Zugang zu Fließgewässern, Gräben oder Quellen, in der Regel auf der gesamten Gewässeruferlänge **(Foto 6-11)**. Gegebenenfalls bestehende Einschränkungen durch Wasser- oder Naturschutzbehörden sind zu beachten. Die Anlage von Quellfassungen ist jedoch als nach § 30 BNatSchG geschützter Biotoptyp unzulässig. Wasser über Wasserfässer anzubieten ist zeit-, energie- und kostenintensiv und nach Möglichkeit zu vermeiden.

Witterungsschutz: Baum- und Strauchgruppen sowie Hecken bieten Weidetieren in der Regel ausreichend Witterungsschutz (auch ganzjährig; jedoch nicht genügend für Wasserbüffel). Wo sie fehlen, muss ein künstlicher Witterungsschutz durch einen zwei- oder dreiseitig geschlossenen Unterstand aus Holz, Strohgroßballen, Windschutznetze oder Ähnlichem geschaffen werden. Die Bedeutung von Bäumen als Sonnenschutz nimmt gerade in Zeiten des Klimawandels deutlich zu.

Parasitenprophylaxe: Um die dungtypische Insektenfauna und von dieser Insektengruppe anhängigen Insektenfresser unter den Vögeln sowie Fledermäuse zu fördern, sollte die Behandlung der Weidetiere gegen Parasiten nur befallsabhängig und einzeltierbezogen erfolgen (vgl. Schoof & Luick 2019):

- Einstallung behandelter Tiere für eine gewisse Karenzzeit (in der Agrar- bzw. Naturschutzförderung vertraglich zu vereinbaren);
- Beachtung des möglichen Kontaminationsweges mit Parasiten über die Ausbringung von Wirtschaftsdünger;
- Vorbeugen durch gute Haltungsbedingungen sowie betriebliche Schutzmaßnahmen, insbesondere beim Import von Tieren (Zukauf nur aus kontrollierten Beständen; Zukaufstiere und von Tierschauen zurückgekehrte Tiere etwa drei Wochen von der Herde getrennt halten), durch Trennung kranker und gesunder Tiere sowie laufende Kontrollen der Tiergesundheit;
- Vermittlung der Insekten- und Naturschutzrelevanz der Anwendung von Antiparasitika in der Ausbildung und Beratung von Veterinärmedizin und Landwirtschaft.

Weidepflege: In naturschutzorientierten Weideprojekten mit ganzjähriger Beweidung kann auf Weidepflege meist verzichtet werden, denn überständige Pflanzenbestände sind als Winterfutter und Strukturelement (gerade auch zur Überwinterung von Insekten) erwünscht. Ausnahmen sind häufig bei der Ersteinrichtung von Extensivweiden auf vormals intensiv genutzten Flächen auftretende Distel- und Brennnesselfluren (vor der Blüte zu mähen oder mulchen) sowie generell Reinbestände problematischer Arten. Soll aus landwirtschaftlicher Sicht nachgepflegt werden, so sollten mindestens Randstreifen ungemäht/ungemulcht bleiben. Abschleppen von Maulwurfshaufen (siehe Exkurs 3, Seite 84) mit der Reifenegge im Frühjahr und Nachsaat bei Narbenschäden sind in extensiven naturschutzorientierten Weidesystemen verzichtbar.

Weideplanung: Bewährt hat sich die Aufstellung eines gesamtbetrieblichen Weidekonzepts (Forschungs- und Erprobungsprojekt des Sächsischen Landesamtes für Umwelt, Landwirtschaft und Geologie), welches die naturschutzfachlichen und landwirtschaftlichen Ziele integriert. Dieses ist jedoch flexibel zu halten, um auf jahrweise Witterungsschwan-

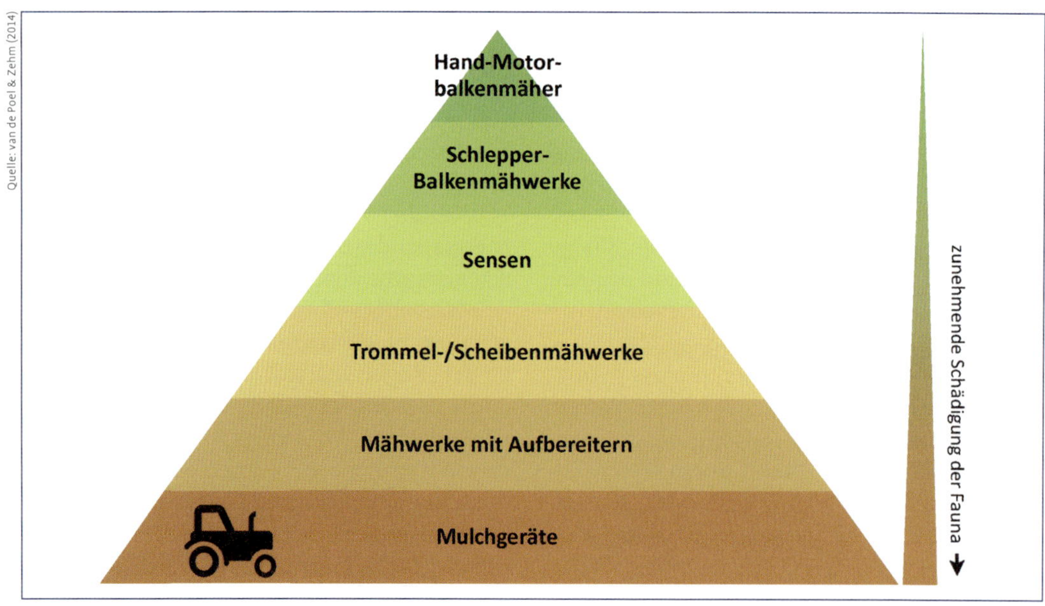

Grafik 6-4 Insektenverluste durch Mähgeräte.

kungen reagieren zu können. Die Weideplanung ist an die naturräumlichen Bedingungen anzupassen, zum Beispiel die Höhenlage im Bergland (früher Auftrieb in den tieferen Lagen, ebenso Weide vor dem Winter wieder in tieferer Lage), Bodenfeuchte oder Flächengrößen. Futterüberschuss durch starken Zuwachs im Frühjahr wird üblicherweise durch Mahd zur Gewinnung von Winterfutter abgeschöpft; auf naturnahen Extensivweiden (Standweide ganzjährig oder über die gesamte Vegetationsperiode) dagegen wird Futterüberschuss toleriert und die Besatzdichte so gesteuert, dass der Überschuss bis zum Ende der Weideperiode aufgebraucht ist. Durch Zufütterung könnten Besatzdichte und auch Besatzleistung erhöht werden – jedoch ist sie nur in geringem Maße einzusetzen, beispielsweise durch Raufutterbereitstellung zur Tiergesundheit, insbesondere bei Weideauftrieb im Frühjahr, und bei Nahrungsengpässen infolge von Extremwitterung.

6.1.3 Schonende Bewirtschaftungstechniken

Mähen mit der Sense wirkt am schonendsten für die Tierwelt, ist aber nur auf Kleinflächen oder im Hobby anwendbar. Alle Mähtechnik, die schnell rotierende Schneidwerkzeuge besitzt, wie Kreiselmäher **(Foto 6-12)**, Trommelmäher, Schlegelmulcher und Rotationsmäher sowie im Handbetrieb Motorsensen, verursacht hohe Insektenverluste (Kapitel 4.2.1). Gleiches gilt für Mähaufbereiter (Konditionierer), die das Mahdgut mechanisch behandeln, um dessen Trocknung zu beschleunigen, indem sie die verdunstungshemmende Wachsschicht durch Knicken oder Quetschen teilweise zerstören. Auch Saugmäher sind zu vermeiden (vgl. van de Poel & Zehm 2014 und **Grafik 6-4**).

Mulchen und Silageschnitt sollten, wo möglich, wegen des Insektenschutzes ganz vermieden werden. Heugewinnung mit Heutrocknung auf der Fläche über mehrere Tage bietet überlebenden Insekten Schutz vor Sonneneinstrahlung und Zeit zur Suche nach einem geeigneten Lebensraum im Umfeld.

Aus Sicht des Insektenschutzes zur Mahd zu bevorzugen sind schneidende Geräte wie Messerbalken oder Doppelmesserbalken. Neben der eingesetzten Technik können auch Art und Zeitpunkt des Mähens Insektenverluste verringern (van de Poel & Zehm 2014):

Foto: Eckhard Jedicke

Foto 6-12 Wiesenmahd mit den heute üblichen Techniken verursacht hohe Insektenverluste, bewirkt jedoch in artenreichen Wiesen Phasen mit dem höchsten Blütenreichtum; auf Extensivweiden sind im Vergleich hierzu nahezu permanent Blüten zu finden. Insektenschutz benötigt ebenso wie die Haltung von Raufutterfressern sowohl Wiesen als auch Weiden sowie Mischformen beider Nutzungen (Biosphärenreservat Rhön, Oberelsbach-Ginolfs, Bayern).

- Schläge von innen nach außen oder von einer Seite zur anderen zu mähen ermöglicht einem Teil der Tiere die Flucht.
- Wegränder und „Inseln“ im Grünland, die später oder nicht gemäht werden, sollten als Rückzugsräume von der Mahd ausgespart bleiben **(Foto 6-13)**. Insekten und andere Tiergruppen profitieren von Brachen innerhalb der genutzten Kulturlandschaft. Mosaik- oder Streifenmahd oder Rotationsbrache ahmt durch teilweise temporäre Brache die in der früheren Kulturlandschaft aufgrund kleinräumiger Standortunterschiede traditionelle kleinflächige und zeitlich versetzte Bewirtschaftung nach. Profitieren können nachweislich Wanzen, Heuschrecken, Wildbienen, Schmetterlinge, Libellen, Zikaden

Foto: Thomas Fartmann

Foto 6-13 Zum Schutz der Insektenfauna von der Mahd ausgesparte Altgrasstreifen in Halbtrockenrasen (Kaiserstuhl, Baden-Württemberg).

und Käfer, indem sie von hier die gemähten Flächen wiederbesiedeln (siehe auch **Grafik 4-37**). Gigon et al. (2010) empfehlen Mosaik- oder Streifenmahd, wenn in einem Gebiet alle Wiesen innerhalb von zwei Wochen gemäht werden und der Abstand von einem Punkt in der Wiese zu ungemähten Refugien mehr als 50 m beträgt; bei zeitgleicher Mahd von > 1 ha sollte eine Mosaikmahd realisiert werden. Als Mindestgröße einer jährlich zu einem Drittel ungemähten Rotationsbrache sehen die Autoren 1500 m^2; sie wird im Folgejahr gemäht und stattdessen wird das zweite Drittel ungemäht belassen. Dabei sollte die Mahd des zweijährigen Grases zur künftigen Brache hin erfolgen, um ein Flüchten von Tieren dorthin zu bewirken. Empfehlungen zum Anteil an ungemähten Flächen liegen zwischen 5 % und vereinzelt > 20 % – hier besteht Forschungsbedarf zur Konkretisierung.

- Ein Anheben der Mindestschnitthöhe auf 10 cm kann Tierverluste reduzieren. Scheibenmäher können entsprechend mit Kufen ausgestattet werden, die meisten anderen Techniken sind ohnehin höhenverstellbar.
- Blenden oder Balken vor dem Mähwerk können für Fluginsekten eine Scheuchwirkung und bei Käfern durch den Totstelleffekt ein Zubodenfallenlassen auslösen, so dass die Tierverluste reduziert werden.
- Das Befahren der Flächen sollte auf ein Minimum reduziert werden.
- Kammschwader räumen als Alternative zum Kreiselschwader das Futter vor dem Traktor weg. Dieses bewirkt neben einer verbesserten Futterqualität eine luftigere Schwadablage und eine erleichterte Fluchtmöglichkeit für Insekten, da im Frontanbau das Futter nicht überfahren wird.

6.2 Acker

Auf grundlegende Anforderungen der Reduktion von Nährstoffen sowie des Einsatzes und der Wirkung von Pestiziden wurde in Kapitel 5.3 bereits hingewiesen. Diese Zielsetzungen sind gerade auch in Ackerlebensräumen essenziell für die Förderung der Insektenbiodiversität. In den folgenden Unterabschnitten wird auf weitergehende Maßnahmen einge-

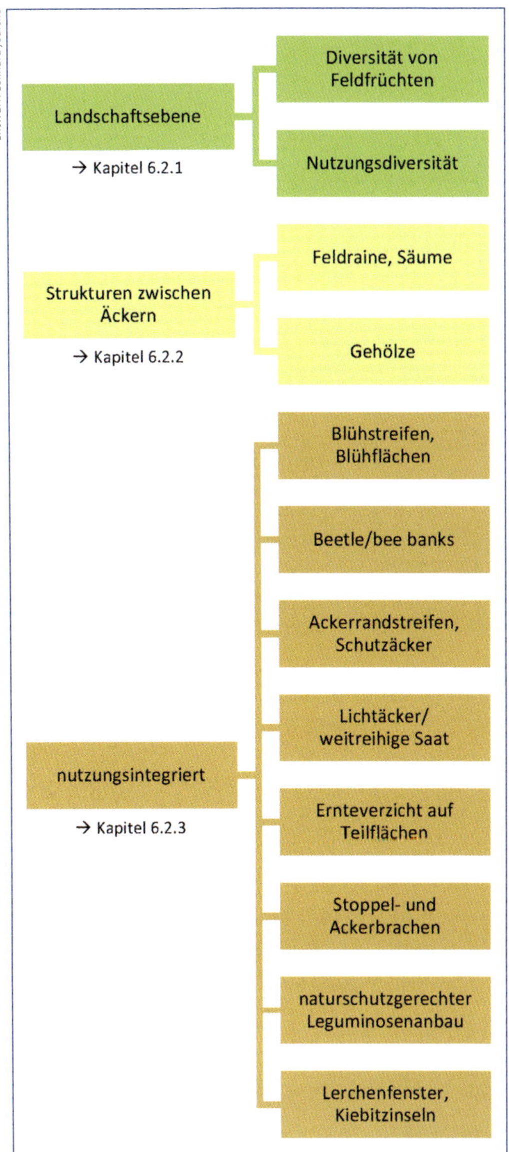

Grafik 6-5 Übersicht wichtiger Maßnahmen zum Insektenschutz in Ackerlebensräumen.

gangen, gegliedert in drei Typen (vergleiche Übersicht in **Grafik 6-5**): (i) Diversität von Feldfrüchten und Nutzungen auf der Landschaftsebene, (ii) Strukturen zwischen Äckern und (iii) nutzungsintegrierte Maßnahmen auf der Ackerfläche.

6.2.1 Feldfrucht- und Nutzungsdiversität

In Kapitel 6.3.1 wird die Förderung der Landschaftsdiversität insgesamt beschrieben. Einen Beitrag dazu leistet die Diversität angebauter Feldfrüchte und verschiedener Nutzungstypen: Eine zunehmende Heterogenität der Kulturen kann ein wirksames Mittel sein, um die Auswirkungen der Landwirtschaft auf die biologische Vielfalt zu mildern, ohne dass Land aus der Produktion genommen wird. Eine Verringerung der mittleren Feldgröße von 5 auf 2,8 ha wirkt ebenso stark wie die Erhöhung des Anteils halbnatürlicher Habitate mit Säumen oder Hecken von 0,5 auf 11 % (Sirami et al. 2019). Die Erhöhung der Anzahl der Kulturpflanzenarten hat einen positiven Effekt auf die multitrophische Vielfalt auf Landschaftsebene. Der Effekt der Erhöhung der Kulturpflanzenvielfalt in der Umgebung der untersuchten Felder hing jedoch von der Menge der halbnatürlichen Vegetation ab (Sirami et al. 2019). In dieser Hinsicht sind nicht allein verschieden bestellte Ackerbiotope relevant, sondern auch die Durchdringung der Ackerflur mit Grünland, Feldrainen, Gewässerrandstreifen, Hecken, Feldgehölzen oder Obstwiesen – dieses meint der Begriff der Nutzungsdiversität.

Neben einer räumlich benachbarten Vielfalt an Kulturen ist zudem die Mischkultur, auch als Gemengeanbau bezeichnet, eine geeignete Maßnahme: der Anbau von zwei oder mehr Kulturen auf ein und demselben Schlag. Dies hat unter anderem den Vorteil, dass zum Teil auf chemische und mechanische Beikrautbekämpfung verzichtet werden kann, dass das Nitratauswaschungsrisiko sinkt und Nährstoffverluste im Boden verringert werden (Spiegel et al. 2014, Stommel et al. 2018). Die sich entwickelnde Ackerbegleitflora und einzelne Nutzpflanzen wie die Ackerbohne (*Vicia faba*) bieten Bestäubern Nahrung, letztere insbesondere für Hummeln und die Honigbiene. Stommel et al. (2018) geben folgende Hinweise zur Realisierung:

- Es sind für den Standort und die Konkurrenzkraft geeignete Pflanzenarten und Sorten auszuwählen, die denselben Reifezeitpunkt aufweisen.

Foto 6-14 Alte Kulturpflanzen wie Dinkel (*Triticum aestivum* ssp. *spelta*) lassen mehr Licht zum Boden und fördern dadurch das Vorkommen von Ackerwildkräutern wie die Kornblume (*Cyanus cyanus*), hier in ökologischem Anbau.

- Bei Gemengen mit Leguminosen sollte auf Stickstoffdüngung verzichtet werden, während eine angepasste Düngung mit Kalium, Phosphor und Kalk unproblematisch ist.
- Herbizidanwendung sollte tabu sein, mechanische Verfahren sind nur bei unbedingter Notwendigkeit anzuwenden.
- Bei der Ernte von Futterleguminosen kann ein Hochschnitt in mindestens 8 cm Höhe Bodenbrüter und Amphibien schonen.
- Das Aussparen von Streifen bzw. Teilflächen bei der Ernte schafft Lebensräume auch für Insekten.

Auch der Anbau alter Kulturpflanzen und Sorten kann entsprechend zur Feldfruchtdiversität beitragen. So zeigen Stöckli et al. (2006) am Beispiel der Feldlerche (*Alauda arvensis*), dass die Art ganz unterschiedliche Kulturen wie Buntbrachen, Kleewiesen, Kartoffeln, Zuckerrüben, Sommerweizen und Emmer als Neststandort nutzt und diese gegenüber anderen Kulturen bevorzugt, was sicherlich auch vom Nahrungsangebot in Form von Insekten abhängt. Darüber hinaus lag auch ein saisonales Muster vor: Bis Ende Mai stellte Emmer im Sommeranbau eine gute Alternative zu den hoch und dicht stehenden Wintergetreiden und zu den noch wenig entwickelten Sommerkulturen dar; ab Anfang Juli wurden die Nester mehrheitlich in Kartoffel- und Zuckerrübenfeldern angelegt.

Auf den Einsatz von Herbiziden sollte verzichtet werden, insbesondere um die typische Ackerbegleitflora zu erhalten und zu fördern. Weil alte Getreidesorten langsamer und weniger dicht wachsen als praxisübliche Wintergetreidesorten, entstehen Getreidebestände, die im Vergleich zu umliegenden Schlägen eine geringere Höhe und Deckung aufweisen und somit für die Biodiversität insgesamt günstig wirken (Stöckli et al. 2006). Dinkel (*Triticum spelta*; **Foto 6-14**), Einkorn (*T. monococcum*) und Emmer (*T. dicoccon*) eignen sich durch ihre geringen Nährstoffansprüche und weniger

Foto 6-15 Zwischenfrüchte wie die Luzerne (*Medicago sativa*) steigern die Anbauvielfalt und bieten blütenbesuchenden Insekten Nahrung (Thallwitz-Canitz, Sachsen).

dichte Bestandsbildung besonders für die Förderung von Ackerwildkräutern (Stommel et al. 2018), die wiederum für Insekten eine wichtige Rolle spielen können (Kapitel 4.2.1). Sie benötigen in der Regel keine Düngung und leisten damit auch einen Beitrag zur Reduktion des hohen Nährstoffniveaus (siehe Kapitel 5.3.1).

Weiterhin können blühende Zwischenfrüchte wie Weißer Senf (*Sinapis alba*), Öl-Rettich (*Raphanus sativus* var. *oleiformis*), Sonnenblume (*Helianthus annuus*) und kleinkörnige Leguminosen wie Klee (*Trifolium* spp.) und Luzerne (*Medicago sativa*) **(Foto 6-15)** zur Anbauvielfalt und Insektenförderung beitragen (Stommel et al. 2018). Einerseits können sie als Nektar- und Pollenquelle für Blütenbesucher dienen, allerdings lediglich für wenig spezialisierte Wildbienen und solche mit großen Sammelradien (Westphal et al. 2004), andererseits können die Strukturen zur Überwinterung genutzt werden, sofern diese über den Winter stehen bleiben. Blühende Leguminosen fördern nach Spiegel et al. (2014) Wildbienen und Schwebfliegen; besonders gilt das für Futterleguminosen wie Rotklee (*Trifolium pratense*) oder Esparsette (*Onobrychis* spp.).

6.2.2 Strukturen zwischen Äckern

Im vorherigen Kapitel 6.2.1 wurde darauf hingewiesen, dass sogenannte halbnatürliche Habitate die Struktur- und damit auch Insektenvielfalt erhöhen. Das gilt einerseits für mindestens halbwegs artenreiche Grünlandbiotoptypen und -nutzungen (insbesondere extensive Beweidung; vgl. Kapitel 6.1.2), andererseits für die nachfolgend besprochenen meist linearen Strukturen zwischen Ackerflächen wie Feldraine, Gewässerrandstreifen und Gehölze in verschiedenen Ausprägungen.

Feldraine und Säume

Ursprünglich ein typisches Element der historischen, kleinräumig strukturierten Agrarlandschaft, sind ehemals arten- und blütenreiche Säume und Feldraine heute durch Integration in die ackerbauliche oder anderweitige Intensivnutzung entweder ganz verschwunden oder durch Eutrophierung, Verdriftung von Pestiziden und mangelnde Pflege ruderalisiert und damit stark entwertet (Kapitel 4.1.1 und Kapitel 4.2.1) (Kiehl & Jeschke 2016). Säume sind Ökotone, also Übergangsbereiche von einem zu einem anderen Biotoptyp – etwa Wald oder Hecke zu Offenland –, die besonders artenreich sind und gerade auch für Insekten eine große Bedeutung besitzen (Poschlod 2017). Gemeinsam behandelt werden hier Feld- und Wegraine als Übergänge zwischen Acker und Grünland oder Randstreifen von Feldwegen und Böschungen **(Foto 6-16)**. Derartige Strukturen weisen eine große naturräumliche Vielfalt in Abhängigkeit von Gestein, Boden, Kli-

Foto 6-16 Artenreicher Wegsaum in Weinbergen an der Mosel, geschaffen im Rahmen eines Flurbereinigungsverfahrens (Osann-Monzel, Rheinland-Pfalz).

Foto: Eckhard Jedicke

ma, Feuchte- und Nährstoffverhältnissen sowie Sukzessionsstadium auf. Säume – insbesondere nährstoffarme mit einer hohen Phytodiversität – sind wichtige Lebensräume, Rückzugshabitate und Leitlinien für die Ausbreitung einer großen Zahl von Insekten der Agrarlandschaft (siehe zum Beispiel Kiehl & Kirmer 2019, Trautner 2017, Westrich 2018).

In vielen Fällen kann durch die Rückgewinnung stillschweigend widerrechtlich genutzter Wegeseitenstreifen und deren naturnahe Begrünung bereits eine deutliche Verbesserung der Situation erreicht werden (siehe Beispiel aus der Praxis 7). Ein weiteres Beispiel liefert eine Fallstudie in einem weinbaulich genutzten 303 ha großen, in den 1970er-Jahren flurbereinigten Landschaftsausschnitt der Stadt Geisenheim. Dort sind von ca. 3,9 ha (= 1,3 % der Flur) lediglich knapp ein Drittel (ca. 1,2 ha = 0,4 % der Flur) überhaupt noch als Grünstreifen vorhanden (K. Schiewe & V. Schuler, studentische Projektarbeit an der Hochschule Geisenheim 2018, unveröffentlicht). Diese Bilanz ist eher der Normalfall, nicht die Ausnahme in den meisten Agrarlandschaften. Über die Qualität der Reststreifen ist damit noch nichts ausgesagt – aufgrund ihrer Schmalheit sind sie besonders stark von negativen Einflüssen der angrenzenden Nutzung beeinträchtigt (Eutrophierung, Pestizidabdrift) (Kapitel 4.1.1 und Kapitel 4.2.1).

Für die Anlage und Pflege von Feldrainen und Säumen gelten folgende Hinweise (Anderlik-Wesinger 2002, Kiehl & Jeschke 2016, Kiehl & Kirmer 2019, Kirmer et al. 2018, 2019):

- Bei der Standortwahl ist zu beachten, dass Licht und Wärme wesentliche Standortfaktoren sowohl für Pflanzenarten der Säume als auch für viele Insekten darstellen (siehe Exkurse 2 und 4, Seiten 82 und 88) – daher sind besonnte, süd- und westexponierte Standorte ideal, beschattete und sehr schmale Säume eher ungeeignet. Die Breite sollte mindestens 3 m betragen. Randstreifen an Feldwegen **(Foto 6-17)**, Streifen zwischen Acker- und/oder Grünlandflächen, süd- und westexponierte Hecken- und Waldränder sowie innerständische Randstreifen und größere Verkehrsinseln sind potenzielle Standorte. Aufgrund des Klimawandels werden jedoch nord- und ostexponierte Flächen immer relevanter; im Kaiserstuhl und Diemeltal weisen Magerrasen mit Nord- und Ostexposition inzwischen deutlich höhere Heuschrecken- und Tagfalterdichten auf als die Süd- und Westhänge (T. Fartmann, unveröffentlicht).
- Wichtigstes Ziel ist die Wiederansiedlung blütenreicher Vegetation mit einem hohen Anteil naturraum- und biotoptypischer Kräuter. Konkurrenzkräftige Gräser, hochwüchsige Ruderalarten und Neophyten sind dabei unerwünscht. Um biotoptypische Arten zu fördern, sind vielfach ein gezieltes Pflegemanagement oder auch die Wiederansiedlung von Arten notwendig. Eine örtlich passende Zielsetzung einschließlich der Festlegung von gewünschten Pflanzenarten muss durch Literaturrecherchen und die Analyse möglicherweise noch vorhandener Referenzflächen in der Region definiert werden. Um für blütenbesuchende Insekten einen möglichst hohen Wert zu erreichen, sind auch Arten mit später Blüte und langen Blühzeiträumen zu berücksichtigen.
- Die Wiederansiedlung von Pflanzenarten wird dann notwendig, wenn Diasporen von Zielarten aufgrund einer verarmten Samenbank und mangelnder Vorkommen in erreichbarer Umgebung trotz geeigneter Standortbedingungen fehlen. Die Artenauswahl muss folgenden Kriterien genügen:
  - einheimisch im Naturraum (Indigene und Archaeophyten);
  - mäßig konkurrenzkräftig, je nach Standort auch unter nährstoffreichen Bedingungen;
  - Verzicht auf Problemarten, die das Potenzial haben, Dominanz zu erlangen;
  - langfristiger Blühaspekt und potenzieller Nutzen als Pollen- und Nektarlieferant für blütenbesuchende Insekten;
  - Verfügbarkeit von gebietseigenem Saatgut gemäß § 40 BNatSchG (siehe dazu Kapitel 6.2.3) oder Verfügbarkeit aus Wildsammlung im Naturraum.

Beispiel aus der Praxis 7 Wegerandstreifen für den Biotopverbund im Landkreis Emsland

In aller Regel zählen zu jeder Wegeparzelle auch Wegeseitenstreifen (Foto 6-17), die sich gemeinsam in kommunalem Eigentum befinden. Die Einhaltung der Grenzen wird weder eingefordert, noch werden die Streifen aktiv zur Nutzung verpachtet. In der Folge entsteht ein schleichender Verlust durch „Schmalerpflügen" und Beseitigung von gegebenenfalls vorhandenen Gehölzen. Auf diese Weise gehen 1 m bis > 5 m breite Wegerandstreifen verloren. Der Landkreis Emsland hat dieses Problem wie folgt gelöst und je Kommune zwischen 5 und 70 ha Biotopverbundfläche regeneriert (dargestellt nach Gepp 2015):

- Der Landrat hat in einem Schreiben die Bürgermeister aufgefordert, das komplette Wegenetz samt im Liegenschaftskataster ausgewiesenen Randstreifen zu kontrollieren, auszupflocken und herzurichten. Um dazu den Kommunen einen Anreiz zu schaffen, erkennt der Landkreis hierfür ökologische Werteinheiten (ÖWE) im Rahmen eines Ökokontos an. Damit soll gleichzeitig die Dauerhaftigkeit der Herausnahme der Wegerandstreifen aus der Nutzung sichergestellt werden. Möglich sind drei Varianten: 1 ÖWE/m² wird gewährt bei Einsaat der Flächen mit zertifiziertem Regiosaatgut (nur mit diesem!) mit anschließender extensiver Nutzung oder Sukzession, 2 ÖWE/m² für eine Heckenpflanzung bei mindestens 5 m Breite und ebenfalls 2 ÖWE/m² für eine Obstbaumpflanzung mit hochstämmigen Bäumen bei mindestens 3 m Breite ab Fahrbahnrand.
- Die Kommunen recherchieren zunächst mit georeferenzierten Luftbildern und Flurkarten Grenzüberschreitungen und messen ihre Wegerandstreifen aus. Ein Ausmessen durch die Katasterämter ist hierfür nicht erforderlich, da sich die Grenzen in der Örtlichkeit in der Regel auch ohne teure Vermessung sehr genau feststellen lassen. Eine amtliche Vermessung erfolgt nur dann, wenn Landwirte dies fordern und hierfür die Hälfte der Kosten übernehmen.
- Unmittelbar auf der Grenze ohne Grenzabstand pflockt die Kommune die Wegerandstreifen mit 1,5 m langen Pfosten aus. Auf einen Grenzabstand kann verzichtet werden, da es sich nicht um einen Zaun, sondern um eine Grenzmarkierung handelt. Bei Anpflanzungen wird ein Abstand von 1,25 m von der Grenze gehalten, auch wenn dieses gemäß § 52 Abs. 2 Niedersächsisches Nachbarschaftsgesetz nur für private Anpflanzungen im Außenbereich erforderlich ist.
- Die geplanten Maßnahmen teilt die Kommune der Unteren Naturschutzbehörde des Landkreises mit (mit folgenden Angaben: Gemarkung, Flur, Flurstück, Größe, Entwicklungsziele, Zeitraum der Umsetzung). Gemeinsam wird das jeweilige Entwicklungsziel festgelegt und der Ausgangszustand dokumentiert, sodass die Untere Naturschutzbehörde auf diese Weise Kompensationspunkte anerkennen kann. Einmal jährlich erfolgt ein Abgleich des Ökokontos zwischen Landkreis und Kommune.
- Die Kommunen kontrollieren jährlich die Einhaltung der festgelegten Grenzen; bei Verstößen sollen die Grenzen durch einen Zaun gesichert werden – ist die Durchsetzung der Grenzsicherung nicht möglich, sind die Ökopunkte wieder abzuerkennen.

Kritisch ist anzumerken, dass über die Rechtmäßigkeit der Anrechnung für ein Ökokonto gestritten werden kann, denn im Prinzip wird ja nur ein rechtmäßiger Zustand wiederhergestellt. Weiter ist zu bedenken, dass aufgrund der oft jahrelangen Düngung die Streifen sehr stark mit Nährstoffen versorgt und damit für eine erfolgreiche Begrünung mit artenreichen Pflanzengesellschaften nicht uneingeschränkt geeignet sind.

Foto: Eckhard Jedicke

Foto 6-17 Trockensaum mit Gewöhnlichem Natternkopf (*Echium vulgare*) als Wegeseitenstreifen.

- Etwa 25–35 % der Samen von insgesamt > 35 Arten (um das Ausfallrisiko zu mindern) sollten als konkurrenzschwach eingestufte Gräser wie Gewöhnliches Ruchgras (*Anthoxanthum odoratum*) und Horst-Rotschwingel (*Festuca nigrescens*) umfassen. Ansaatstärken von 1–3 g/m² (= 1000–3000 Samen) haben sich bewährt (entspricht 20 kg/ha). Die gleichmäßige Verteilung der Arten wird durch Auffüllen des Saatguts mit einem Füllstoff wie etwa Soja- oder Maisschrot auf 10–20 g/m² vor Aussaat gefördert. Wo Austrocknung oder am Hang Erosion drohen, hat sich eine 3–5 cm dünne Mulchauflage aus frischer, samenarmer Biomasse (1–2 kg/m² Frischgewicht oder Heu mit 300–500 g/m² Trockengewicht) bewährt. Wo im Naturraum noch artenreiche Spenderflächen vorhanden sind, ist die Mahdgutübertragung eine gute Alternative.
- Zur Neuanlage sollte in durchschnittlicher Lage zur Vermeidung von Frostschäden der Keimlinge der Zeitraum von Ende August bis Mitte September bevorzugt werden (bei ausreichender Bodenfeuchte), alternativ ist auch der Zeitraum zwischen Anfang März und Mitte April denkbar (dann ist die Bodenfeuchte häufig günstiger). Das Saatbett wird durch Fräsen oder Pflügen und Eggen bereitet, bei vorkommenden Problemarten oder Zuchtsorten von Gräsern oder Leguminosen auch mehrfach mit zwischenzeitlichem Abtrocknen des Bodens. Weil viele Wildpflanzen Lichtkeimer sind, sollte das Saatgut nicht eingedrillt, sondern nur mit einer Strukturwalze angewalzt werden.
- Eine gezielte Entwicklungspflege nach Ansaat ist von besonderer Bedeutung: Problemarten wie einjährige Ackerwildkräuter, zum Beispiel die Acker-Kratzdistel (*Cirsium arvense*), können durch einen mindestens 10–15 cm hoch eingestellten Schröpfschnitt kurz vor der Blüte reduziert werden, nötigenfalls zwei- bis dreimal in einer Vegetationsperiode.
- Grundsätzlich hängen Pflegemaßnahmen von der Produktivität des Standorts ab. Mahd ist zwecks Nährstoffaustrag die Methode der Wahl; Mulchen ist nicht geeignet, weil dann die Nährstoffe im System verbleiben und Gräser sowie die Verfilzung der Vegetation gefördert werden. Idealerweise wird jährlich gemäht (oder ein- bis zweimal beweidet), und das in Teilen eines Saums zeitversetzt: je nach Region Mitte Mai bis Mitte Juni, ein anderer Teil acht bis zehn Wochen später (Mitte Juli bis Mitte August), sodass stets Vegetationsstrukturen und ein Blühhorizont vorhanden sind. Ein Teil sollte über Winter stehen bleiben, um die Überwinterung von Insekten und die Nahrungsbasis für Vögel zu fördern. Frühe Mahd insbesondere auf nährstoffreichen Standorten fördert eher den Blütenreichtum als späte, letztere begünstigt unerwünschte rhizombildende Gräser. Insektenschonend ist eine abschnittsweise Mahd in mindestens 10 cm Höhe (vgl. Kapitel 6.1.3). Das Mahdgut ist zwecks Nährstoffentzug abzutransportieren. Auf nährstoffarmen Standorten genügt eine Mahd oder Beweidung alle zwei bis drei Jahre.
- Grasdominierte Flächen können durch starke Störungen aufgewertet werden, indem Wurzeln und Rhizome unter Einsatz eines Grubbers herausgezogen werden. Stark verdichtete Böden müssen möglicherweise zuerst gefräst werden. Die Behandlung muss mitunter zwei- bis dreimal wiederholt werden.
- Durch ein regelmäßiges Monitoring können Fehlentwicklungen aufgezeigt und ihnen kann leichter gegengesteuert werden.

Gehölze

Hecken **(Foto 6-18)**, Einzelsträucher, Solitärbäume, Baumreihen und Alleen, Feldgehölze, Kopfweiden, Waldinseln und Obstwiesen gliedern Agrarlandschaften in landschaftsästhetischer Sicht und fördern die Biodiversität. In begrenzter Weise kann das auch für Kurzumtriebs- und Wertholzplantagen gelten (Zitzmann & Reich 2020). Gehölze in der Agrarlandschaft dienen häufig sowohl Wald- als auch Offenlandarten als Lebensraum. Sind ihre Ränder durch Säume ausgebildet (insbesondere in sonnenexponierter Lage und bei nicht zu hohem Nährstoffreichtum), so besitzen sie gerade für Insekten einen hohen Wert (siehe oben, Abschnitt „Feldraine und Säume").

In schleswig-holsteinischen Wallhecken sind rund 7000 Tierarten nachgewiesen, allein in einem einzigen Knick können 1600 bis 1800 Arten leben und in einer süddeutschen Hecke wurden 900 Arten gezählt, unter ihnen vor allem Insekten (Jedicke et al. 1996). Gerade in intensiv genutzten Landschaften fördern Hecken und Gehölze Bestäuber durch eine insgesamt lang andauernde Blühperiode, beginnend mit Geophyten im zeitigen Frühjahr (wie Busch-Windröschen – *Anemone nemorosa*, Aronstab – *Arum maculatum*, Scharbockskraut – *Ficaria verna*) bis hin zu den Lianen Gewöhnliche Waldrebe (*Clematis vitalba*) und Efeu (*Hedera helix*) im Spätsommer (Kollmann 2019a). Viele Untersuchungen belegen eine Förderung von Antagonisten wie von Parasiten unterschiedlicher Schadinsekten; je nach Mobilität strahlen die Arten der Gebüschvegetation unterschiedlich weit in die Agrarlandschaft aus (Kollmann 2019a).

In großflächig durch große Pflanzenfresser (Wild- oder Haustiere) geprägten halboffenen Landschaften spiel(t)en Gehölze und Gehölzränder eine zentrale Rolle (siehe Kapitel 4.1.1 und Kapitel 6.1.2); in der intensiver und insbesondere ackerbaulich genutzten Ackerlandschaft sind sie – wenn überhaupt vorhanden – auf Randstreifen zurückgedrängt (siehe Kapitel 3.1.2 und **Grafik 3-10**). Verbliebene Reste sind häufig durch Eutrophierung, Pestizideinsatz und andere Einflüsse degradiert (Kapitel 4.1.1 und Kapitel 4.2.1).

Hecken und Feldgehölze besaßen in der historischen Kulturlandschaft stets auch wirtschaftliche Funktionen, zum Beispiel als Holzlieferant, zur Einfriedung von Viehweiden, zur Rutengewinnung für das Korbflechten oder als Windschutz – wo diese Nutzungsmöglichkeiten nicht benötigt wurden, gab es auch keine Gehölze und ihre heutige Anlage dort würde der historischen Landschaftsentwicklung widersprechen (vgl. Hampicke 2018, Poschlod 2017). Fast immer sind sie anthropogene Ersatzgesellschaften oder bewusst angelegte Strukturen, in der modernen Kulturlandschaft unter anderem auch als Kompensationsmaßnahmen für Eingriffe. Daher ist für jeden Landschaftsausschnitt individuell eine begründete Zielsetzung zu entwickeln, welche die örtliche Kulturlandschaftsentwicklung und naturschutzfachliche Schutzprioritäten, unter anderem anhand von Zielarten, formuliert. Hecken und andere Gehölze spielen hier in vielen Fällen eine wichtige Rolle, sie können aber auch kontraproduktiv sein, auch für die Insektenfauna.

Foto 6-18 Hecken, Obstbäume und andere Gehölzstrukturen bereichern nicht nur das Landschaftsbild, sondern sind auch wertvolle Lebensräume für Insekten (Hohe Schrecke bei Hauteroda, Thüringen).

Foto: Eckhard Jedicke

Der faunistische Wert von Gehölzen wird durch ihre Strukturvielfalt bestimmt. Dabei spielen das Alter der Gehölze und auch die Existenzdauer der Strukturen an einem Ort eine wichtige Rolle.

Kollmann (2019a) unterscheidet bei Feldgehölzen eine Pionierphase (ein bis fünf Jahre), eine Anreicherungsphase (fünf bis zehn Jahre) sowie eine Reifephase (zehn bis 50 Jahre), weiterhin die räumliche Differenzierung in ein Zentrum, einen Mantel und einen Saum. Nach der Wuchshöhe und Rückschnitthäufigkeit sind Nieder-, Mittel-, Hoch- und Baumhecken zu differenzieren (Jedicke et al. 1996). Diese Vielfalt sollte jeweils in landschaftstypischer Ausprägung gefördert werden. Für die Pflege sind folgende Hinweise zu geben (Jedicke et al. 1996, Kollmann 2019a):

- Hecken und Feldgehölze benötigen im Winterhalbjahr (Oktober bis Februar) eine wiederkehrende Pflege in möglichst deutlicher raum-zeitlicher Differenzierung, um standörtliche Vielfalt zu fördern – andernfalls entwickeln sich Erstere zu lichten Baumreihen; den größten Artenreichtum weisen Mittelhecken im Alter von sieben bis 15 Jahren auf. Die Verjüngung sollte durch Auf-den-Stock-Setzen erfolgen: durch Absägen mittels Motorsäge oder Einsatz der Knickschere 10–20 cm über dem Boden. Dabei sollten ähnlich einem Niederwald durch eine mosaikartige Pflege, gegebenenfalls unter Belassen einzelner Bäume als Überhälter in 20–100 m Entfernung zueinander, vielfältige Raumstrukturen gefördert werden. Dem durch eine Knickschere bewirkten Zersplittern der Gehölzstümpfe kann begegnet werden, indem man die Maschine in 0,5–1 m Höhe ansetzt und die Stümpfe anschließend mit einer Motorsäge kürzt.
- Das häufig beobachtete Abschlegeln von Hecken in der Breite (und zum Teil in der Höhe) sieht infolge des Zersplitterns nicht nur unschön aus, sondern schädigt auch den Blüten- und Fruchtansatz und trägt langfristig zur Artenverarmung der Gehölze bei.
- Stärkeres Totholz sollte in der Hecke belassen werden, ansonsten ist der Heckenschnitt zu entfernen, um keine Nährstoffanreicherung zu bewirken. Nach Möglichkeit sind sie als Holzhackschnitzel einer energetischen Nutzung zuzuführen.
- In größeren Feldgehölzen mit waldähnlicher Struktur sind nur sporadische Maßnahmen notwendig, etwa um bei zu starker Beschattung mehr Gehölzarten- und Strukturvielfalt zu schaffen und für Insekten besonders wertvolle Säume zu erhalten oder zu entwickeln.
- Für den Insektenschutz hochwirksame Gehölzstrukturen sind von Säumen mit krautigen Arten umgeben **(Foto 6-19)**, die gemeinsam besonders strukturreiche Ökotone darstellen. Dabei sind die im vorstehenden Abschnitt „Feldraine und Säume" genannten Hinweise zu beachten. In vielen Fällen ist es sinnvoll, bestehende Gehölze durch Schaffung zusätzlicher Pufferzonen zu umgeben, auf denen dann die gezielte Ansaat artenreicher Krautmischungen erfolgt (siehe oben).

Bei der Neuanlage von Gehölzstrukturen sind folgende Aspekte zu beachten:

- Durch fehlende oder geringe Nutzung, insbesondere auf Extensivweiden, können sich Gehölze auf natürlichem Wege ansiedeln – mit einer typischen Sukzessionsfolge (Kollmann 2019a): von der Pionierphase über die Anreicherungs- und Reifephase bis zur Abbauphase, in der sich entweder neue Sträucher etablieren oder sich die Gehölzinsel in Richtung eines Waldes weiterentwickelt, nachdem sich Baumindividuen – geschützt vor Verbiss durch Dornsträucher – haben ansiedeln können. Gerade auf großflächigen Weiden schafft diese Sukzession ohne weiteres Zutun Ökotone, gegebenenfalls mit Saumstrukturen, die auch für Insekten wertvoll sind. Sukzessionsgehölze spiegeln zudem die in einem Raum vorhandene genetische Vielfalt der Gehölze wider. Abhängig von Restriktionen der Agrarförderung (vgl. Jedicke & Metzner 2015) sowie naturschutzfachlichen Zielen kann zu einem späteren Zeitpunkt ein Rückschnitt oder Mulchen von

Foto 6-19 Vorgelagerte krautreiche Säume steigern für Insekten die Bedeutung von Heckenstrukturen als Lebensraum entscheidend (Osterzgebirge bei Altenberg, Sachsen).

Gehölzen sinnvoll sein. Für die insektivore und in Gehölzen brütende Zielart Neuntöter (*Lanius collurio*) führte die scheinbar widersprüchliche Reduktion von Gehölzen zu weit überdurchschnittlich hohen Siedlungsdichten (Stooss et al. 2017).

- Bei geplanten Neupflanzungen sollten im Naturraum vorhandene Gehölze verwendet werden. Wie für Ansaaten (siehe Kapitel 6.1.1) müssen seit März 2020 gemäß § 40 BNatSchG Gehölzpflanzungen in der freien Landschaft – soweit sie nicht land- und forstwirtschaftlichen Nutzungen dienen – aus gebietsheimischem Material bestehen (Bundesministerium für Umwelt 2012). Für Gehölze wurden deutschlandweit sechs Vorkommensgebiete definiert. In der Publikation werden auch Hinweise zur Ausschreibung einer Lieferung gebietseigener Gehölze gegeben.
- Für viele Gehölzarten, etwa Kleinarten der Brombeeren (*Rubus* spp.), Rosen (*Rosa* spp.) und Weißdorne (*Crataegus* spp.), spiegeln die sechs Vorkommensgebiete aber nicht die kleinräumige genetische Vielfalt wider. Die Sammlung autochthonen Materials in der Umgebung ist daher sehr sinnvoll, wenn die Anzucht geleistet werden kann.
- Etwa 2–3 m Mindestbreite und Pflanzabstände zwischen den Gehölzen von 0,5–1 m sind sinnvoll, expositionsbedingte artspezifische Ansprüche sind zu beachten. Eine Mulchschicht reduziert den Konkurrenzdruck durch Gräser und Stauden. In wildreichen Gebieten müssen die Pflanzen in den ersten Jahren eingezäunt werden (Kollmann 2019a).

Obstwiesen mit hochstämmigen Baumarten in regionaltypischer Sortenvielfalt erfordern Baumschnitt, Kopfbäume die Schneitelung sowie Einzel- und Alleebäume mindestens Maßnahmen zur Verkehrssicherung (zum Beispiel Jedicke et al. 1996, Zehnder & Weller 2016).

Foto: Eckhard Jedicke

Foto 6-20 Mehrjährige Blühflächen mit standortgerechten heimischen Pflanzenarten sind wertvoller für die Insektenfauna als einjährige – hier eine sechsjährige Rebzeile, unter anderem mit Wiesensalbei (*Salvia pratensis*) (Wonnegau-Bechtheim, Rheinland-Pfalz).

6.2.3 Nutzungsintegrierte Ackermaßnahmen

Blühstreifen und -flächen sind modern, manche Landwirte oder auch der Landesbauernverband in Baden-Württemberg nutzen dazu nicht nur die Agrarumweltprogramme der Bundesländer, sondern bieten Bürgerinnen und Bürgern die Übernahme von Blühpatenschaften an (www.bwbluehtauf.de). Das offenbart guten Willen, die Einbeziehung der Bevölkerung in den Schutz der Biodiversität und/oder vielleicht auch ein Geschäftsmodell – allein die Bilder auf der Website dokumentieren, dass in der Regel nicht das Optimum für den Naturschutz realisiert wird: Die Blühstreifen sind artenarm, enthalten vor allem Kulturarten, zum Teil mit gefüllten Sorten, die Blüten besuchenden Insekten wenig Nahrung bieten. Ein bunter Blütenaspekt allein bedeutet noch nicht, dass die Biodiversität maßgeblich gefördert wird. Neben der Schaffung von Blühstreifen und Blühflächen existieren weitere Maßnahmen, mit denen innerhalb der bewirtschafteten Ackerfläche Verbesserungen für Insekten erzielt werden können. Diese sind nachfolgend zusammengefasst.

Blühstreifen und Blühflächen

Ein-, über- oder mehrjährig? Für den Insektenschutz besitzen mehrjährig vorhandene Blühstreifen am gleichen Standort **(Foto 6-20)** wesentliche Vorteile (Fenchel et al. 2015): Über mindestens fünf Jahre (die Dauer der Verpflichtung, sofern der Landwirt an einer entsprechenden Agrarumweltmaßnahme teilnimmt) finden keine wesentlichen Eingriffe oder Störungen statt, sodass sich im Laufe der Zeit mehr Tierarten entwickeln und die Individuenzahlen steigen können. Die Flächen stehen auch im Winter als Habitat zur Verfügung, zum Beispiel zur Eiablage von Insekten in Stängeln. Dieser Vorteil besteht auch bei überjährigen Ansaaten, die bis zum Herbst des folgenden Jahres auf den Flächen stehen bleiben. Zugleich ist es möglich, durch Schröpfschnitte im Sommer eine Verlängerung der Blütezeit bis in den Herbst hinein zu erreichen (siehe unten). **Grafik 6-6** liefert eine Entscheidungshilfe für die Wahl zwischen mehrjährigen, überjährigen und einjährigen Mischungen; wo immer möglich, sollten mehrjährige Mischungen zur Anlage von Blühstreifen und Blühflächen bevorzugt werden.

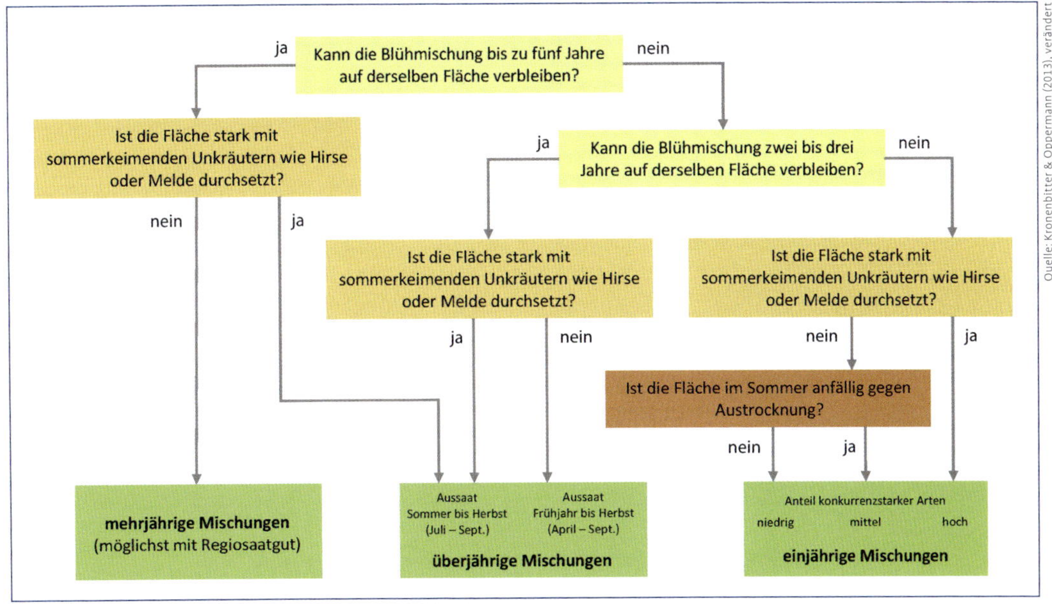

Grafik 6-6 Auswahlschema für mehrjährige, überjährige und einjährige Mischungen für Blühstreifen und Blühflächen.

Wo am besten? Durch die Kombination mit Hecken, Baumreihen und Waldrändern kann der Ökotoneffekt mit Erhöhung der Artenzahl positiv genutzt werden. Günstig wirkt eine sonnige Lage, das heißt südliche oder westliche Exposition. Gerade große Ackerschläge können sinnvoll durch (breite) Blühstreifen unterbrochen und für Insekten und andere Tiere besiedelbar gestaltet werden. Auch wenn Standorte sowohl mit hohen als auch niedrigen Bodenwertzahlen zur Anlage von Blühstreifen geeignet sind, bieten besonders Grenzertragsstandorte ein gutes Entwicklungspotenzial. Bei der Auswahl der anzusäenden Arten sind die Standortbedingungen zu beachten. Es sollte eine Breite von mindestens 5 m, besser mindestens 10–20 m bei Blühstreifen erreicht werden (Kronenbitter & Oppermann 2013). Nicht geeignet sind Flächen mit größeren Beständen ausdauernder Unkrautarten, dauerhaft nasse Standorte, Retentionsbereiche an Gewässern sowie die Nähe zu Wildwechseln und stark frequentierten Straßen, da Wild durch diese Blühstreifen angezogen wird (Fenchel et al. 2015). Weil viele Insektenarten schon mit relativ kleinen Flächen auskommen, können lineare Blühstreifen bei gleicher Fläche mehr Effekt erzielen als komprimierte Blühflächen (Kronenbitter & Oppermann 2013). Die Blühstreifen und -flächen sollten überall in einer Gemarkung eingestreut sein und vorrangig auch abseits von Feldwegen und Straßen angelegt werden, um störungsempfindliche Feldvögel und Kleinsäuger besser zu fördern; ein Flächenumfang von landesweit 3–5 % der Ackerfläche ist anzustreben (Oppermann 2013). Räumliche Anforderungen an den Biotopverbund sind für Insekten noch relativ wenige bekannt. Hofmann et al. (2020) zeigten aber für sechs kleine Wildbienenarten (6–15 mm Körperlänge, Megachilidae: *Chelostoma*, *Heriades*, *Hoplitis* und *Osmia*), dass Blühstreifen nicht mehr als 150 m von den Nistplätzen entfernt sein sollten.

Hauptsache bunt? Gebietseigene Wildarten sind die Blühpflanzen der Wahl: Standardsaatgutmischungen mit geringer Artenvielfalt von Kulturpflanzen wandeln sich bereits im zweiten Jahr zu grasdominierten Beständen, während sich einheimische, züchterisch nicht bearbeitete Wildpflanzen auch über fünf oder sieben Jahre

Beispiel aus der Praxis 8 Blühstreifen in Ackergebieten am Oberrhein auf 10 % der Fläche

In zwei Betrieben in der baden-württembergischen Oberrheinebene wurden in einer intensiv genutzten Agrarlandschaft mit etwa 95 % Ackerfläche jeweils zwei Maßnahmengebiete und zwei Kontrollgebiete festgelegt. Das Landschaftsbild wird zu 75–100 % durch Ackerkulturen, vorwiegend Mais und Getreide, bestimmt. Seit 2011 wurden auf den 50 ha großen Untersuchungsflächen in den beiden Maßnahmengebieten auf jeweils 10 % (5 ha) Aufwertungsmaßnahmen durchgeführt: die Einsaat von Blühmischungen und die Anlage von sogenannten *bee banks* als Nistplatz für bodennistende Wildbienen (siehe unten). Um die Wegdistanzen für Bestäuber gering zu halten, wurde auf eine gute Vernetzung der Strukturen geachtet. In den beiden Kontrollgebieten fanden keinerlei Maßnahmen statt. Die Ergebnisse zeigen über fünf Jahre (2011 bis 2016), dass dem Insektensterben mit großflächigen Maßnahmen auf Landschaftsebene auch in landwirtschaftlichen Intensivregionen wirksam begegnet werden kann:

- Der Gesamtartenreichtum an Bienen und Schmetterlingen sowie die Anzahl spezialisierter Bienenarten hat in den Maßnahmengebieten gegenüber den Kontrollgebieten deutlich zugenommen.
- Nach mehr als zwei Jahren der Aufwertung mit Blütenstreifen wurde eine Zunahme des Artenreichtums um das Drei- bis Fünffache festgestellt.
- Oligolektische, d. h. Pollen nur einer Pflanzenart sammelnde Bienenarten nahmen allerdings erst nach dem dritten Jahr signifikant zu.
- Besonders wichtig sind mehr- und überjährige Flächen, weil sie ein frühes Blütenangebot sowie ein Nebeneinander verschiedenartiger Blühflächen gewährleisten. Die Blühflächen sollten abschnittsweise erneuert werden, da sich im Laufe der Jahre Dominanzen einzelner Pflanzenarten entwickeln können.
- Ein Blühflächenmanagement kann helfen, das optimale Blütenangebot bereitzustellen sowie unerwünschte Entwicklungen zu korrigieren.

Quelle: Buhk et al. (2018), IFAB et al. (o. J.)

in artenreichen Beständen halten; aus Mischungen von Wildpflanzen mit einer Kulturpflanze ist letztere ebenfalls meist rasch verschwunden (Schmidt et al. 2019). Außerdem können Mischungen mit Kulturarten die ihnen zugedachten Funktionen weit schlechter erfüllen (Fenchel et al. 2015): Viele Tierarten sind auf spezielle Pflanzenarten angewiesen, Wildartenmischungen sichern lange und ausdauernde Blühaspekte. Die gebietseigenen Wildpflanzen besitzen eine Anpassung an die spezifischen Standortbedingungen innerhalb dieser Regionen, sodass sichergestellt ist, dass sich die Arten hier etablieren und auch die gewünschten Funktionen wahrnehmen können. Auf konventionelle Blühmischungen sollte daher grundsätzlich verzichtet werden, solange gebietsheimische Arten erhältlich sind – hier muss jedoch erst ein Markt neu aufgebaut werden. Dieses ist künftig ein wichtiges Arbeitsfeld für Unternehmen und Landschaftspflegeverbände.

Für gebietseigenes Saatgut sind in der Erhaltungsmischungsverordnung (ErMiV) des Bundes 22 Ursprungsgebiete festgelegt worden; gebietseigen ist Saatgut, welches aus derselben Herkunftsregion stammt. Hintergrund ist, dass sich diese Sippen in diesen Naturräumen über einen langen Zeitraum vermehrt haben, sodass sie eine genetische Differenzierung gegenüber Populationen der gleichen Art in anderen Naturräumen aufweisen können. Ziel ist es also, eine Florenverfälschung zu vermeiden (Thews & Werk 2014). Die Forschungsgesellschaft Landschaftsentwicklung Landschaftsbau (FLL) arbeitet derzeit an der Überarbeitung ihrer Empfehlungen für Begrünungen mit gebietseigenem Saatgut (Schulze-Ardey 2014), parallel entsteht ein Leitfaden des Bundesamtes für Naturschutz (vgl. Schenkenberger 2020). Für gebietseigenes Saatgut stehen die Zertifizierungen RegioZert® (BDP 2019) und VWW-Regiosaaten® (VWW 2019). Mehrjährige Mischungen bestehen meist aus 30 bis 60 verschiedenen Pflanzenarten.

Wann und wie wird gesät? Idealerweise erfolgt Herbstaussaat von August bis Mitte September, insbesondere in Regionen mit Frühjahrstrockenheit; bei Frühjahrsaussaat sollte diese bis Mitte, spätestens Ende April erfolgen. Benötigt wird eine Saatgutmenge zwischen ca. 0,4 und 0,5 g/m^2, am besten mit einem Füllstoff auf 10 g/m^2 gestreckt (zum Beispiel Sojaschrot, gequetschter Mais), um eine Entmischung zu vermeiden und eine gleichmäßige Ausbringung zu bewirken. Eine gründliche Vorbereitung des Saatbeets ist zu empfehlen, das Saatgut wird nicht eingedrillt, sondern nur mit einer Strukturwalze angewalzt (Fenchel et al. 2015).

Wie wird gepflegt? Freie Sukzession ist nicht hilfreich. Vielmehr müssen die Bestände in der Etablierungsphase vor Beginn der Samenreife ca. 20 cm über dem Boden abgemäht werden, um unerwünschte Arten aus der Samenbank zu unterdrücken. Je nach Intensität des Aufkommens von Nicht-Zielarten sollte der Schnitt ab dem 1. Juli erfolgen. Ab dem zweiten Standjahr sollten die Blühstreifen und -flächen im Sommer vorzugsweise abschnittsweise in mindestens 15 cm Höhe gemäht, geschlegelt oder gehäckselt werden. Hierdurch wird der Blühaspekt bis in den Herbst verlängert. Dies ist besonders wichtig, da in vielen Agrarlandschaften für Blütenbesucher ab Juli kein ausreichendes Nahrungsangebot mehr besteht. Auf sehr wüchsigen Standorten kann ein zweiter Pflegeschnitt zum Ausgang des Winters notwendig werden (Fenchel et al. 2015).

Als Beispiel aus der Praxis 8 wird im Textkasten der Erfolg eines Vorhabens in einer ackerbaulichen Intensivregion vorgestellt, in dem Blühstreifen und Bienenhügel zur Aufwertung realisiert wurden.

Käferwälle und Bienenhügel

Das Konzept der Käferwälle (*beetle banks*) stammt aus Großbritannien. Hierbei werden etwa 2 m breite grasbewachsene Aufwallungen geschaffen, die quer durch große Ackerflächen verlaufen und durch Pflügen in entgegengesetzte Richtung angelegt werden. Es handelt sich quasi um ins Innere von Ackerflächen verlegte Feldraine (Dicks et al. 2011). Sie sollen vor allem im Winter Lebensraum für räuberische Insekten wie Laufkäfer sowie für Spinnen, Vögel und Kleinsäuger bieten. Käferwälle bewirken unter anderem eine Verbesserung der biologischen Schädlingskontrolle bei Blattläusen (Collins et al. 2002). Sie können außerdem noch effektiver als Feldraine und/oder Blühstreifen Ackerflächen gliedern und zum Biotopverbund beitragen.

Als Bienenhügel (*bee banks*) werden kleine Erdhügel bezeichnet, die vor der Aussaat von Blühstreifen mit dem Pflug angehäuft werden. Dieses kann ein 30 cm hoher, schmaler Erdhügel in Arbeitsrichtung durch den Blühstreifen oder eine Blühfläche sein, der jedoch relativ schnell einwächst; besser sind daher Aufschüttungen von 80–100 cm Höhe. Diese Hügel werden nicht eingesät, sodass sich der Boden hier rascher erwärmt und zum Beispiel hypogäischen Wildbienen als Nistplatz dient (siehe Exkurs 2, Seite 82). Für die Hügel ist eine Habitatkontinuität von zumindest mehreren Jahren anzustreben (IFAB et al. o. J., Kronenbitter & Oppermann 2013).

Außerdem können Blühflächen, die größer als ca. 0,5 ha sind, durch Schwarzbrachestreifen bereichert werden, indem ein eine Maschinenbreite breiter, S-förmig verlaufender Streifen mit nacktem Ackerboden quer durch die Fläche angelegt wird. Alle paar Wochen wird dieser mit einem Grubber oder einer Egge bearbeitet, sodass er nie vollständig bewächst und als durch die Sonne rasch erwärmter Streifen zusätzliche Habitatfunktionen entfaltet (siehe Exkurs 2) (Kronenbitter & Oppermann 2013).

Ackerrandstreifen und Schutzäcker

Herbizidfreie Ackerrandstreifen und -flächen **(Foto 6-21)** können gerade auf weniger intensiv bewirtschafteten Äckern mit einem höheren Lichtgenuss Segetalarten fördern, solange noch ein Diasporenpotenzial im Boden vorhanden ist. Eine Reduktion der Stickstoffdüngung wirkt auf nährstoffreichen Böden positiv (Hilbig 2005). Wird das Konzept auf ganze Ackerparzellen ausgedehnt, spricht man von Schutzäckern oder Feldflorareservaten

Foto: Eckhard Jedicke

Foto 6-21 Die Erhaltung von Ackerwildkräutern bedarf eines Verzichts auf Herbizide und hängt vom noch vorhandenen Diasporenpotenzial im Boden ab – während der Klatschmohn (*Papaver rhoeas*) noch häufiger zu finden ist, ist der Samenvorrat der meisten Arten im Boden mittlerweile erschöpft (Biosphärenreservat Rhön, Oberelsbach, Bayern).

(Meyer & Leuschner 2015): Als „Schutzacker" wird eine Fläche bezeichnet, deren aus botanischer Sicht herausragendes Arteninventar langfristig durch entsprechende vertragliche Vereinbarungen oder rechtliche Sicherheiten geschützt wird. Eine gleichwertige Bedeutung besteht, wenn sich eine Fläche im Eigentum von Naturschutzakteuren befindet und der Erhalt schutzwürdiger Ackerwildkräuter durch eine förderliche Bewirtschaftung sichergestellt ist. Die Betreuung durch einen Ansprechpartner vor Ort, etwa Landschaftspflege- oder Naturschutzverband, muss gegeben sein.

Wo noch keimfähige Samen im Boden ruhen, können auch auf vormals intensiv bewirtschafteten Äckern schon wenige Jahre nach Aufnahme in den Vertragsnaturschutz seltene Ackerwildkräuter auflaufen und – bei langfristig beibehaltener extensiver Bewirtschaftung – zum Aufbau großer und stabiler Bestände führen (Offenberger 2018). Daher sind eine fachkundige Auswahl der Standorte, die Festlegung der Bewirtschaftungsvereinbarungen mit den im Projektbeispiel (siehe Beispiel aus der Praxis 9) genannten Förderoptionen und eine längerfristige Beibehaltung der Maßnahmen wichtig. Flachgründige Böden oder durchlässige Sande eignen sich besonders gut, weil ihre extensive Bewirtschaftung viele der am stärksten bedrohten konkurrenzschwachen Ackerwildkräuter begünstigt und zugleich hier der Ertragsausfall durch die Ausgleichsprämien eher kompensiert wird als auf guten Böden. Der extensive Ackerbau ist gegenüber der Brachlegung mit Selbstbegrünung zu bevorzugen, weil die angepasste Nutzung besonders die seltenen und am stärksten gefährdeten Ackerwildkräuter fördert (Offenberger 2018). Aufgrund der Bindung von Insekten einerseits an Blüten, andererseits an bestimmte Nahrungspflanzen ist damit auch eine Förderung der Insektendiversität verbunden.

Lichtäcker, weitreihige Saat

Unter den Begriffen Lichtäcker, Getreideanbau in weiter Reihe oder Drilllücken wird verstanden, dass Winter- oder Sommergetreide entweder mit einem Reihenabstand von mindestens 25 cm gesät oder zwei oder drei Drillscharen geschlossen werden, sodass ein lückiger Getreidebestand entsteht. Alternativ kann die Drillmaschine für jeweils 10 m Länge mehrfach pro Hektar ausgehoben werden (dasselbe Prinzip wie bei Lerchenfenstern und Kiebitzinseln, siehe unten). Die Flächen werden ohne Pestizide bewirtschaftet, eine geringe Düngung (Grün- oder organische Düngung) kann zugelassen werden oder sogar mittel- bis langfristig wichtig sein, falls das Nährstoffniveau mittel bis gering ist. Ergänzend können verschiedene Wild-

Beispiel aus der Praxis 9 Schutz der Segetalflora durch Vertragsnaturschutz im Landkreis Rhön-Grabfeld

Der unterfränkische Landkreis Rhön-Grabfeld mit seinen flachgründigen, nährstoffarmen Böden auf Gips- und Sandsteinkeuper, Muschelkalk und Buntsandstein weist ein hohes Potenzial zur Förderung der Segetatalflora auf. Hinzu kommt eine sehr kleinflächige Parzellierung von Ackerfluren aufgrund der Realerbteilung. Das bayerische Vertragsnaturschutzprogramm (VNP) Acker ermöglicht durch einen modularen Aufbau mit verschiedenen wählbaren Zusatzleistungen eine spezifische und effektive Förderung von Ackerwildkräutern. Seit 1985 werden diese Angebote im Landkreis genutzt. Im Jahr 2017 wurden 520 Feldstücke mit insgesamt 473 ha Fläche nach den Vorgaben des Acker-VNP bewirtschaftet. Das Programm umfasst folgende Bausteine (Zahlen für den Verpflichtungszeitraum 2020 bis 2024; Bayerisches Staatsministerium für Ernährung 2020b):

- Grundleistung 1: extensive Ackernutzung für Feldbrüter und Ackerwildkräuter – kein Anbau von Mais, Zuckerrüben, Kartoffeln, Klee und Ackergras; mindestens zwei Winterungen (Getreide); Anbau von Körnerleguminosen, Kleegras, Luzerne oder Klee-Luzerne-Gemisch sowie Brachlegung jeweils maximal einmal zulässig: Bewirtschaftungsruhe nach der Saat im Frühjahr bis 30. Juni (honoriert mit 420 €/ha, bei Kombination mit Ökolandbau 320 €/ha);
- Grundleistung 2: Brachlegung auf Acker mit Selbstbegrünung aus Artenschutzgründen – Bewirtschaftungsruhe 15. März bis einschließlich 31. August (je nach Ertragsmesszahl honoriert mit 245–700 €/ha);
- Zusatzleistungen: (a) Verzicht auf jegliche Düngung (180 €/ha, bei Kombination mit Ökolandbau 120 €/ha) oder Verzicht auf Mineraldünger und organische Dünger (außer Festmist) (130 €/ha) und (b) Erschwernisse zusätzlich mit 30–220 €/ha honorierbar, Erhalt von Streuobstäckern (12 €/Baum) und Stoppelbrache als Einzelleistung (130 €/ha).

In den Jahren 2008 bis 2017 wurden im Landkreis allein 74 Ackerwildkrautarten der Roten Liste Bayerns nachgewiesen. Dies sind 65 % aller gelisteten Segetalarten in Bayern. Unter ihnen ist der Acker-Schwarzkümmel (*Nigella arvensis*), der zuletzt vor 30 Jahren in Bayern nachgewiesen wurde. Einige einst seltene Arten wie Sommer-Adonisröschen (*Adonis aestivalis*) (**Foto 6-22**), Rundblättriges Hasenohr (*Bupleurum rotundifolium*) und der vom Aussterben bedrohte Kleine Frauenspiegel (*Legousia hybrida*) sind heute auf bis zu 15 Standorten mit Hunderten oder gar weit über tausend Exemplaren vertreten. Damit sind auch die Grundlagen für den Diasporenerhalt wertvoller Segetalarten für die nächsten Jahrzehnte gelegt.

Quelle: Offenberger (2018)

Foto: Eckhard Jedicke

Foto 6-22 Das Sommer-Adonisröschen (*Adonis aestivalis*) kann durch Vertragsnaturschutz auf Äckern aktiv gefördert werden.

Foto: Thomas Fartmann

Foto 6-23 Stoppelacker mit Rittersporn (*Consolida pubescens*) und Schwarzkümmel (*Nigella gallica*) (Aragonien, Spanische Pyrenäen). In Ost- und Südeuropa sind noch regelmäßig Stoppeläcker zu finden – mit positiven Auswirkungen auf Insekten und Vögel. Auf diesem Stoppelacker kommen mehr als zehn verschiedene Heuschreckenarten teils in hoher Dichte vor (T. Fartmann, eig. Beob.).

krautarten oder Leguminosen eingesät werden, die nach der Ernte Pollen und Nektar liefern und zusammen mit den Getreidestoppeln auf dem Feld verbleiben können (Stoppelbrache); so sorgt die Untersaat für Deckung während der Wintermonate und ermöglicht den Verzicht auf eine herbstliche Bodenbearbeitung oder Neueinsaat von Zwischenfrüchten (Kronenbitter & Oppermann 2013, Oppermann 2013).

Alternativ kann die Saatstärke um 30–70 % flächig reduziert werden. Das Konzept ist ganzflächig oder auf mindestens 20 m breiten Randstreifen umsetzbar. Die Ernte ist nicht eingeschränkt. Ziel ist vor allem die Förderung von Ackerwildkräutern, von Tagfaltern, bodenlebenden Insekten wie Laufkäfern, von Feldvögeln und Kleinsäugern. Der lückige Bestand bewirkt einen höheren Licht- und Wärmegenuss an der Bodenoberfläche; viele Ackerwildkräuter stammen aus der mediterranen Region und haben einen hohen Lichtbedarf (Oppermann 2013, Stommel et al. 2018).

Standorte mit bekannten Vorkommen von Problemarten sollten gemieden werden, insbesondere auf mittleren und guten Böden können Fehlentwicklungen durch unerwünschte Pflanzenarten auftreten. Geeignetes Diasporenpotenzial ist am ehesten noch auf Minderertragsstandorten wie Kuppen, an Schlagrändern oder auf Sandstandorten im Boden vorhanden (Stommel et al. 2018). Wo Indikatorarten wie Glanzloser Ehrenpreis (*Veronica opaca*), Acker-Lichtnelke (*Silene noctiflora*) oder Feld-Rittersporn (*Consolida regalis*) noch vorkommen, liegen besonders geeignete Standorte (Fuchs & Stein-Bachinger 2004).

Ernteverzicht auf Teilflächen im Getreide

Werden Getreidestreifen mit 6–25 m Breite und maximal 0,5 ha Fläche über den Winter belassen, so werden damit Insekten, aber auch Feldvögel (Joest et al. 2016) sowie Feldhase (*Lepus europaeus*) und Feldhamster (*Cricetus cricetus*) gefördert. Die Flächen sollten möglichst jährlich rotieren. Eine reduzierte Düngung hilft gegen die Lagerneigung des Getreides. Weizen, Hafer, Wintertriticale und Winterroggen sind für die Maßnahme besonders geeignet, Dinkel und Gerste bedingt (Stommel et al. 2018).

Stoppelbrachen, Ackerbrachen

Wird ein abgeernteter Getreideacker (ein Stoppelacker) nicht gleich umgebrochen, sondern möglichst lange als Stoppelbrache belassen, können spätblühende Ackerwildkräuter Samen ausbilden und die Fläche kann als Nahrungs- und Deckungsraum für die Fauna dienen **(Foto 6-23)**. Herbizide, Rodentizide und Insektizide dürfen daher nicht angewendet werden. Dadurch werden vor allem spätblühende Arten und solche Arten, die auf der Stoppel noch einmal einen Entwicklungsschub durchlaufen, gefördert. Überwinternde Feldvögel, Kleinsäuger, Greifvögel, Amphibien und nicht zuletzt Insekten profitieren davon (verschiedene Quellen bei Stommel et al. 2018). Die ca. 20–30 cm hohen Stoppeln verbleiben nach der Ernte des Getreides von Juni/Juli bis mindestens Mitte August, nach Möglichkeit aber bis zum folgenden Frühjahr auf dem Acker – je nach Folgefrucht und naturschutzfachlichen Zielen. Das Konzept kann ganzflächig oder auf Streifen mit einer Breite von mindestens 6 m und maximal 30 m angewendet werden, die Mindestgröße sollte 0,5 ha betragen (Stommel et al. 2018). Hier kann die Wirksamkeit durch Kombination mit Feldrainen und Säumen erhöht werden.

Ackerbrachen, wie sie ab den 1980er-Jahren zur Minderung der agrarischen Überproduktion in der EU finanziell gefördert wurden (siehe Kapitel 3.1.2) werden für mehrere Jahre ganz aus der Nutzung genommen. In Agrarlandschaften können sie einen wesentlichen Beitrag zum Erhalt der Artenvielfalt generell und der Insektenvielfalt im Besonderen leisten (siehe Kapitel 4.2.1). Sie fördern in den ersten Jahren kurzlebige Segetalpflanzen, werden aber bereits nach wenigen Jahren von ausdauernden Gräsern und Stauden dominiert (Kollmann 2019b). Als Naturschutzbrache oder gemanagte Flächenstilllegung werden kleine Ackerflächen in kleinteiligen Landschaften bezeichnet, die meist ungünstig geschnitten sind, schlechte Standorte oder „Zwickel“ darstellen. Diese werden zunächst der Selbstbegrünung überlassen, später sind gelegentlich ein Pflege- oder Mulchschnitt sowie ein Umbruch und die Neuanlage nötig. In größeren Ackerflächen können diese auch streifenweise geschaffen werden (Oppermann 2013).

Kleegras, Luzerne und Rotklee mit naturschutzgerechter Bewirtschaftung

Leguminosen haben nicht nur den Vorteil, Luftstickstoff zu binden und den Pflanzen verfügbar zu machen, sondern sie dienen auch als Habitat für blütenbestäubende Insekten, deren Bestäubung eine Ertragssteigerung bewirkt. Weil sie mit Ausnahme des Ökoanbaus zunehmend wenig wertgeschätzt sind (siehe hierzu auch die Ausführungen zur Landwirtschaft in der ehemaligen DDR; Kapitel 3.1.2), da andere Futterpflanzen wie Mais für die Tierhaltung höhere Erträge versprechen, ging ihre Fläche stark zurück. Naturschutzgerecht bewirtschaftete Bestände können zum Schutz von Insekten, Vögeln (Feldlerche – *Alauda arvensis*, Grauammer – *Emberiza calandra*) und Säugetieren (Feldhase – *Lepus europaeus*, Feldhamster – *Cricetus cricetus*) beitragen (Oppermann 2013). Damit die Kulturen naturschutzwirksam sind und als „dunkelgrüne“ (biodiversitätsfördernde) Agrarumweltmaßnahme honoriert werden können, empfehlen Fuchs & Stein-Bachinger (2008) und Oppermann (2013) folgende Rahmenbedingungen:

- verzögerter Schnitt des Aufwuchses, sodass den Vögeln mindestens sieben bis acht Wochen Mahdintervall bleiben: entweder erster Schnitt frühestens Anfang Juni und/oder Mahdintervall nach dem ersten Schnitt mindestens sieben Wochen;
- Hochschnitt mit mindestens 10–14 cm Schnitthöhe (wichtig für die Schonung von Deckung suchenden Tieren wie Amphibien, Jungvögeln und Feldhasen sowie die Eiablageplätze von Schmetterlingen);
- Belassen von ungemähten Vogel- oder Falterstreifen – Streifen für den Vogelschutz sind mindestens 10 m breit und bleiben ein bis zwei Winter ungemäht; für den Falterschutz werden sie sukzessive bei den Mahdvorgängen ausgeklammert und über einen Winter und ein Frühjahr auf der Fläche erhalten;
- ein finanzieller Ausgleich für den Ertragsverzicht durch die Landwirte ist erforderlich.

Auch kleinere Leguminosenflächen wirken für den Naturschutz positiv, wie Diekötter et al. (2007) in einer experimentellen Modelllandschaft nachwiesen: In kleinen Rotkleehabitaten sind mehr Blütenbesucher pro Blüte festzustellen als in großen, bei geringer Qualität der umgebenden Landschaftsmatrix mehr als bei hoher Matrixqualität. Der direkte Matrixeffekt spiegelt sich im Samenansatz von Rotklee wider und setzt sich entlang der Nahrungskette indirekt auf Samenräuber und deren Gegenspieler fort. Mehr Blütenbesuche führen zu erhöhter Samenproduktion, mehr Samen erhöhen die Anzahl von Wespen, deren Larven sich von Rotkleesamen ernähren, und hohe Abundanzen dieser Samenräuber führen zu einer erhöhten Präsenz ihrer Parasitoide, einer weiteren Wespenart.

Lerchenfenster und Kiebitzinseln

Feldlerchenfenster sollen als Fehlstellen in Ackerflächen primär der Feldlerche (*Alauda arvensis*) ermöglichen, zu landen, Nahrung zu suchen und zu brüten. Heutige Äcker sind für die Art meist zu dicht bewachsen (siehe Kapitel 3.1.2). Durch die Lerchenfenster kann zum Teil verhindert werden, dass die Vögel in Fahrspuren brüten, wo sie durch das häufige Befahren und durch Prädatoren (insbesondere Rotfuchs – *Vulpes vulpes*) nur selten einen Bruterfolg erzielen (Donald et al. 2002). Durch die Ansiedlung von Ackerwildkräutern und Insekten wird zudem ihre Nahrungsbasis verbessert (Donald & Morris 2005, Schmidt et al. 2015). Empfohlen sind etwa zwei Lerchenfenster à 20 m^2 je ha Wintergetreide, um die Siedlungsdichte der Feldlerche zu verdoppeln. Im Winterraps müssen die Fenster etwa 40 m^2 groß und mindestens 4,5 m breit sein (Schmidt et al. 2015). Dieselben Autoren empfehlen entsprechend Feldlerchenstreifen im Mais, die zugleich als Schneisen für die Nahrungssuche nutzbar sind.

Ein ähnliches Konzept stellt die Anlage von Kiebitzinseln als selbstbegrünte Kurzzeitbrachstellen mit jährlicher Bodenbearbeitung als Brutplatz für den Kiebitz (*Vanellus vanellus*) dar. Besonders erfolgversprechend ist die Anlage auf Nassstellen in Äckern (Schmidt et al. 2015, Stommel et al. 2018): In Wintergetreide und Winterraps bleibt die Fläche bei der Aussaat im Herbst ausgespart oder wird im Frühjahr vor dem 10. März gemulcht oder geeggt. Anschließend findet von Mitte März bis Mitte Juli keine Bearbeitung statt. Optimal sind mindestens 2 ha Größe. Durch Offenboden und Wildkrautbestand werden auch Insekten gefördert, die dem Kiebitz als Nahrung dienen.

6.3 Agrarlandschaften insgesamt

Isolierte Einzelmaßnahmen genügen nicht, um der Dramatik des Insektensterbens wirksam und nachhaltig zu begegnen. Es kommt auf eine sinnvolle Kombination der in den Kapi-

Grafik 6-7 Beispielhafte Faktoren, anhand derer sich die Landschafts- und Habitatheterogenität positiv verändern lässt, mit ebenso positiven Einflüssen auf Insektenpopulationen.

teln 6.1 und 6.2 beschriebenen Einzelmaßnahmen im landschaftlichen Kontext an, um die Landschaftsdiversität und damit von Insekten nutzbare Habitatstrukturen im erforderlichen Maße zu erhöhen (Kapitel 6.3.1). In diesem Zusammenhang müssen auch der ökologische Landbau und die wesentlich darüber hinaus gehenden Prinzipien und die Praxis der Agrarökologie (Kapitel 6.3.2) sowie des HNV-Farmlands, also von Landwirtschaftsflächen mit hohem Naturwert (Kapitel 6.3.3), eine wesentliche Rolle spielen.

6.3.1 Anreicherung mit Landschaftselementen, Förderung der Landschaftsdiversität

Die Antwort auf die Habitatfragmentierung in und die Homogenisierung der mitteleuropäischen Agrarlandschaften mit seinen negativen Auswirkungen auf die Insektenfauna (Kapitel 4.1.1 und 4.2.1) muss eine deutlich stärkere Strukturanreicherung sein. Das heißt, sowohl auf der Ebene der Landschaft als auch einzelner Habitate ist eine wesentliche Steigerung der Heterogenität erforderlich. Dazu dient auch der Biotopverbund (Kapitel 5.2.3). **Grafik 6-7** zeigt beispielhafte Faktoren, anhand derer die Heterogenität gesteigert werden kann. Landschaftlich gegebene und kaum beeinflussbare Faktoren wie Geomorphologie und abiotische Standortbedingungen sind dabei nicht genannt. Anregungen hierzu bieten Konzepte zur Erfassung von Landschaftsstrukturmaßen und deren Bedeutung für die Biodiversität (zum Beispiel Uemaa et al. 2013, Walz 2011). Verschiedene der in der Abbildung genannten Faktoren sind korreliert, andere verhalten sich unabhängig voneinander.

Anwendbar ist hier für Agrarlandschaften das Konzept der differenzierten Bodennutzung nach Haber (zuletzt Haber 2014), kombiniert mit den Zielen des Biotopverbunds (zusammengefasst aus Jedicke 2018):

- Intensiv genutzte Flächen mit einer maximalen Größe von 25 ha dienen einer maximierten Versorgungsleistung (Nahrungsmittelproduktion), jedoch innerhalb von Leitplanken der Nachhaltigkeit. Sie sollten durch Landschaftsstrukturen wie beispielsweise Fließgewässer, Gehölze oder Waldbestände unterbrochen sein, jeweils in landschaftstypischer Ausprägung.
- In jeder dieser Raumeinheiten mit intensiver Nutzung sind mindestens 10 % (eher 20 %; siehe Tab. 6-1) der Fläche möglichst netzartig von naturbetonten Bereichen durchzogen – beispielsweise Obstbaumreihen **(Foto 6-24)**, Säumen **(Foto 6-25)**, Altgras- und Uferrandstreifen, Hecken **(Foto 6-18** und **6-19)**, Feldgehölzen oder Ackerwildkrautstreifen.

Foto: Eckhard Jedicke

Foto 6-24 Hochstämmige Obstbäume können auch intensiv genutzte Agrarflächen gliedern, sie bedürfen aber der Pflege, Nutzung und Nachpflanzung abgängiger Exemplare (Kyffhäuserland-Rottleben, Thüringen).

Foto: Eckhard Jedicke

Foto 6-25 Wegsäume können bei angrenzender extensiver Grünlandnutzung artenreich sein (Biosphärenreservat Rhön, Hilders, Hessen) – je intensiver die Landnutzung, desto breiter müssen sie angelegt werden.

Tab. 6-1 Grobe Einschätzung notwendiger Flächenanteile von Naturschutzmaßnahmen in Agrarlandschaften.

Landschaftselemente	Flächenanteil	Bemerkungen	Quelle
Agrarlandschaft insgesamt			
HNV-Farmland	19 %	Landwirtschaftsflächen mit hohem Naturwert; Wert summiert nicht alle unten im Detail genannten Ziele	BMUB (2015)
ökologischer Landbau	20 %		BMUB (2015)
Grünland			
Grünlandanteil insgesamt	unterschiedlich	landschaftsspezifisch unter Bezug auf die Nutzungshistorie zu definieren	Jedicke n. p.
„dunkelgrüne“ (für Biodiversität hochwirksame) Agrarumweltmaßnahmen	(25) 30–50 %	im Grünland generell; dazu tragen verschiedene Maßnahmen der nachfolgenden Zeilen bei	Oppermann (2013)
Mähgrünland: spät bzw. ungemähte Streifen im Intensivgrünland	5 % (bis 20 % und mehr)	im Einzelfall auch > 20 %; bezogen auf die Fläche des Intensivgrünlands	Oppermann (2013), van de Poel & Zehm (2014)
naturverträgliche Mähtechnik	prioritär in allen Natura-2000-Gebieten, dort möglichst flächendeckend	zusätzlich in weiteren naturschutzfachlich wertvollen Flächen	Oppermann (2013)
Extensivbeweidung	30 %	bezogen auf aktuelle Grünlandfläche	Oppermann (2013)
großflächig-extensive Weidelandschaften	5 % (Teil der vorigen Zeile: Extensivbeweidung)	Flächenanteil der Landwirtschaftlichen Nutzfläche (LN) – in standörtlich und strukturell benachteiligten Regionen sowie Überschwemmungsgebieten	Reisinger et al. (2019)
langfristige Ackerumwandlung in Grünland auf kritischen Standorten	2 % der Ackerfläche bundesweit, regional sehr unterschiedlich	auf organischen Böden, in Überschwemmungsgebieten (HQ 100) und Rändern von Fließgewässern und Seen mit mindestens 10 m Breite	Metzner et al. (2010), Oppermann (2013)
Ackerland			
„dunkelgrüne“ (für Biodiversität hoch wirksame) Agrarumweltmaßnahmen	10–15 %	im Ackerland generell; dazu tragen verschiedene Maßnahmen in den nachfolgenden Zeilen bei	Oppermann (2013)
Feldraine, Säume	3–5 %		Jedicke n. p.
Gehölze	3–5 (10) %	je nach regionaler Landschaftshistorie, nicht in Wiesenbrütergebieten	Jedicke n. p.

Landschaftselemente	Flächenanteil	Bemerkungen	Quelle
Ackerland			
Blühstreifen, Blühflächen	3–5 %	der Ackerflächen landesweit	Oppermann (2013)
Beetle/bee banks	2–3 %	Quantifizierung unsicher	Jedicke n. p.
Ackerrandstreifen, Schutzäcker	mindestens 5 bis 30 Schutzäcker je Landkreis mit Ackerbau à 0,1–0,3 ha	entspricht 1–10 ha pro Landkreis	Oppermann (2013)
Lichtäcker/weitreihige Saat	1–5 %	bezogen auf die Ackerfläche	Oppermann (2013)
Ernteverzicht auf Teilflächen	?		Oppermann (2013)
Stoppel- und Ackerbrachen	1–3 %	inklusive Säumen laut Quelle, das erscheint aber nicht als ausreichend	Oppermann (2013)
Kleegras, Luzerne und Rotklee mit naturschutzgerechter Bewirtschaftung	prinzipiell in allen derartigen Kulturen	nach den oben im Text (Kapitel 6.2.3) definierten Kriterien	Oppermann (2013)
Lerchenfenster, Kiebitzinseln	2 x 20 m²/ha im Wintergetreide, 2 x 40 m²/ha im Winterraps		Schmidt et al. (2015)

- Großflächig extensive Weiden sind als Gegenpol sehr viel großflächiger zu entwickeln. Da sie in sich stark strukturiert sind, gilt für sie die Obergrenze von 25 ha nicht, sondern ihr Wert für den Schutz der Biodiversität steigt mit wachsender Flächengröße.
- Über die extensiven Weideflächen hinaus bedarf es großflächiger Vorranggebiete von mehreren hundert oder tausend Hektar zusammenhängender Fläche mit HVN-Farmland (Oppermann et al. 2012; siehe Kapitel 4.2.1; vgl. Kapitel 6.3.3). Dazu zählen die drei Typen (Oppermann et al. 2012):
  - Landwirtschaftsflächen mit einem hohen Anteil halbnatürlicher Vegetation;
  - Landwirtschaftsflächen mit einem Mosaik von extensiver landwirtschaftlicher Nutzung und naturnahen Strukturelementen wie beispielsweise Feldrainen, Hecken, Steinwällen, Wald- und Gehölzinseln, Streuobst oder Bachläufen;
  - Landwirtschaftsflächen mit Vorkommen seltener Pflanzen- und Tierarten oder einem hohen Anteil der europäischen oder Weltpopulation der jeweiligen Art.
- Dieses Konzept ist landschaftstypisch mit den dort jeweils historisch charakteristischen Elementen und Strukturen anzupassen. Übergeordnete Schutzziele sind dabei prioritär zu berücksichtigen, wie Biotopverbundachsen, Vorranggebiete für Wiesenbrüter oder Zielsetzungen des Auen- und Hochwasserschutzes.

Eine Quantifizierung der notwendigen Flächenanteile der in den Kapiteln 6.1 und 6.2 genannten Maßnahmen ist wissenschaftlich fundiert schwierig und stets auch im spezifischen landschaftsgenetischen Kontext zu sehen. Tabelle 6.1 versucht eine näherungsweise Übersicht im Sinne einer universellen Leitlinie, die regional anzupassen ist. Die Flächenanteile sind dabei nicht einfach zu summieren, sondern es ergeben sich je nach Landnutzungshistorie, vorherrschenden Nutzungstypen (zum Beispiel Grünland, Acker oder Sonderkulturen), überregionalen naturschutzfachlichen Schwerpunktsetzungen (zum Beispiel landes- oder bundesweite Biotopverbundachsen) und agrarstrukturellen Rahmenbedingungen differierende Prioritäten. Unter dem Strich wird jedoch deutlich, dass massiver Handlungsbedarf besteht und eine Honorierung entsprechender Leistungen durch die Landwirtschaft erforderlich ist, um dem Insektensterben wirksam zu begegnen.

6.3.2 Ökologischer Landbau, agrarökologische Systeme

Ökologischer Landbau fördert nachweislich die Biodiversität **(Foto 6-26)**. Nach Auswertungen von Rahmann (2011) wiesen 83 % von 396 wissenschaftlichen Bewertungen eine höhere Biodiversität auf Flächen mit ökologischem Landbau als auf solchen mit konventionellem Landbau nach, in 14 % der Fälle bestanden keine Unterschiede und lediglich 3 % der Studien erbrachten gegenteilige Befunde. Durchschnittlich bedeutet Ökolandbau eine 30 % höhere Artenzahl und eine 50 % höhere Individuenzahl, jedoch bei stark unterschiedlichen Einzelbefunden (Bengtsson et al. 2005). Eine Literaturstudie zeigte weiterhin folgende Aspekte auf (Jedicke [2012] im Rahmen des durch Kullmann et al. [2017] vorgestellten Vorhabens zur Inwertsetzung der Förderung von Biodiversität im Ökolandbau in Biosphärenreservaten):

- Ökolandbau fördert besonders die Ackerbegleitflora. Davon profitieren pflanzenfressende Tierarten und schließlich auch räuberische Arten.
- Biodiversität profitiert auch davon, dass Ökolandbau geringere Austräge an Nähr- und Schadstoffen in Böden, Grund- und Oberflächengewässer aufweist.
- Ökolandbau beinhaltet die Erhaltung und das aktive Anlegen von Biotopstrukturen (vor allem Säumen und Hecken). Er fördert somit die Biodiversität auch außerhalb der Nutzflächen. Die Biodiversität von Nutzflächen und Biotopstrukturen beeinflusst sich gegenseitig positiv. Eine aktive Steuerung der Biodiversität sowohl der Saum- und Heckenbiotope als auch der Ackerflächen und des Grünlands durch modifizierte Nutzung im Rahmen des

Foto: Eckhard Jedicke

Foto 6-26 Ökologischer Anbau fördert *im Mittel* im Vergleich zu konventioneller Nutzung die Insektenfauna – im Einzelfall muss das nicht zutreffen (Dinkelfeld mit Ackerwildkräutern, Thallwitz-Canitz, Sachsen).

Ökolandbaus verbessert den Erhaltungszustand der Biodiversität entscheidend.
- Je vielfältiger strukturiert die umgebende Landschaft, je geringer das natürliche Ertragspotenzial und je extensiver die Landschaft insgesamt genutzt ist, desto förderlicher wirkt Ökolandbau auf die Biodiversität. In bereits längerfristig intensiv genutzten Landschaften dagegen fehlt vielfach das Potenzial zur Wiederbesiedlung durch die standorttypischen Arten (mangelndes Diasporenreservoir im Boden, mangelnde Quellpopulationen der Fauna).
- Unter den Insekten sind positive Auswirkungen des Ökolandbaus für Laufkäfer (13 von 15 Studien), Wanzen (zwei von drei Studien, eine indifferent), Tagfalter und Bienen (jeweils nur eine Studie) nachgewiesen. Bei Wirbellosen fielen 77 von 96 Arbeiten (80 %) positiv aus. Dass Vögel und Fledermäuse als Insektenfresser in vielen Studien positiv reagieren, legt eine höhere Biomasse an Insekten nahe.
- Neben der Biodiversität fördert Ökolandbau auch ein weites Spektrum an Ökosystemleistungen. Ein Beispiel ist die Blütenbestäubung durch Bienen, Fliegen und Schmetterlinge: Aufgrund höherer floristischer Vielfalt im Biolandbau und höherer Anteile an Saum- und Heckenstrukturen ist das Blütenangebot größer, die Nahrungsbasis für Blütenbesucher also besser und andauernder vorhanden.

Eine aktuelle Studie von Stein-Bachinger et al. (2020) kommt zu ähnlichen Ergebnissen: In 98 ausgewählten Veröffentlichungen mit insgesamt 474 paarweisen Vergleichen zwischen ökologischer und konventioneller Landwirtschaft war die Artenzahl bei Insekten bei den Bioflächen um durchschnittlich 22 % und die Dichte um 36 % höher; bei den Spinnen lagen die Werte bei 15 bzw. 55 % und bei Feldvögeln bei 35 bzw. 24 %. Bei der Flora war die mittlere Artenzahl um 95 % höher, in der Diasporenbank im Boden um 61 % und in der Feldrainvegetation um 21 %.

Aus diesen Gründen ist die Steigerung der Fläche kontrolliert ökologisch bewirtschafteter Flächen auch ein Beitrag gegen das Insektensterben. Jedoch unterliegt auch diese Betriebsform ökonomischem Druck zur Intensivierung und im konkreten Einzelfall kann ein intensiv wirtschaftender Ökobetrieb eine geringere Biodiversität haben als ein benachbarter konventionell oder integriert wirtschaftender Landwirtschaftsbetrieb, welcher intensiv Agrarumweltmaßnahmen umsetzt.

Agrarökologie geht über die Prinzipien des ökologischen Landbaus hinaus (und ist idealerweise mit diesem zu verknüpfen): Gemeint ist nicht der wissenschaftliche Forschungsansatz, sondern zum einen „ein Konzept aus Prinzipien und Praktiken, welches unter Bewahrung der gesellschaftlichen Integrität die Widerstandskraft und Nachhaltigkeit von Ernährungs- und Landwirtschaftssystemen stärkt“, zum anderen „eine gesellschaftspolitische Bewegung, die Agrarökologie praktisch umsetzt und ein neues Verständnis von Landwirtschaft, Verarbeitung, Vertrieb und Konsum von Lebensmitteln sowie des Verhältnisses zu Gesellschaft und Natur entwickelt“ (CIDSE 2018: 4). Im deutschsprachigen Raum ist dieses Verständnis wenig etab-

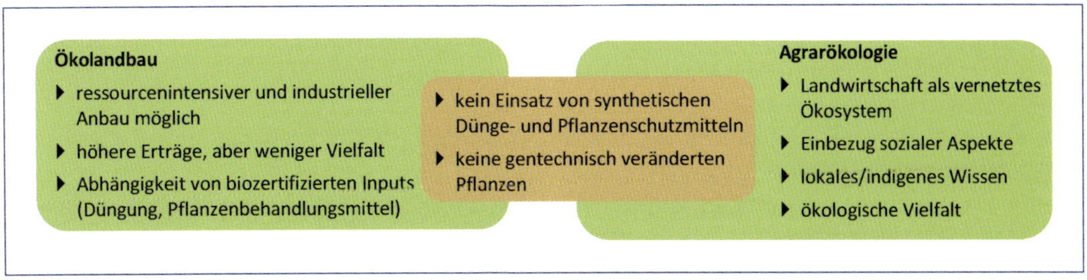

Ökolandbau
- ressourcenintensiver und industrieller Anbau möglich
- höhere Erträge, aber weniger Vielfalt
- Abhängigkeit von biozertifizierten Inputs (Düngung, Pflanzenbehandlungsmittel)

Gemeinsam:
- kein Einsatz von synthetischen Dünge- und Pflanzenschutzmitteln
- keine gentechnisch veränderten Pflanzen

Agrarökologie
- Landwirtschaft als vernetztes Ökosystem
- Einbezug sozialer Aspekte
- lokales/indigenes Wissen
- ökologische Vielfalt

Quelle: nach Heubuch (2018), verändert

Grafik 6-8 Gemeinsamkeiten und Unterschiede zwischen Ökolandbau und Agrarökologie.

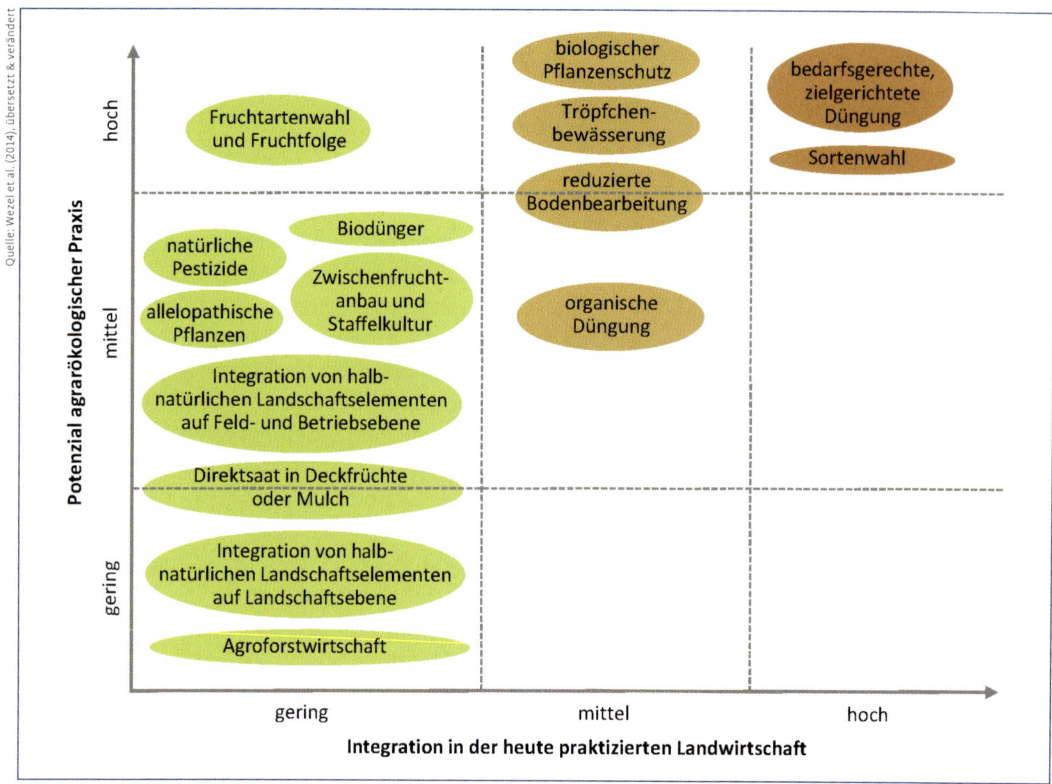

Grafik 6-9 Potenziale agrarökologischer Praktiken in Bezug zur aktuellen Integration in der Landwirtschaft.

liert, stattdessen wird eher die Permakultur oder Mischkultur (siehe auch Kapitel 6.2.1) als verwandter Begriff thematisiert. **Grafik 6-8** verdeutlicht wesentliche Gemeinsamkeiten und Unterschiede zwischen Ökolandbau und Agrarökologie.

Zusammengefasst nach CIDSE (2018) sind vier Dimensionen von Agrarökologie zu unterscheiden: (i) ökologisch, (ii) sozial und kulturell, (iii) ökonomisch und (iv) politisch. An dieser Stelle sei nur die ökologische Dimension erläutert: Agrarökologie fördert positive Wechselwirkungen und Synergien, die Integration und Komplementarität biotischer und abiotischer Elemente von Agrarökosystemen und Ernährungssystemen (Wasserversorgung und Bewässerung, erneuerbare Energien und Verbindungen durch lokale Lieferketten für Lebensmittel). Sie fördert und bewahrt die Vielfalt des Lebens im Boden und schafft so günstige Bedingungen für das Pflanzenwachstum, sie optimiert und schließt Ressourcenkreisläufe, indem vorhandene Nährstoffe und Biomasse im Agrar- und Ernährungssystem recycelt werden. Sie erhält und fördert Biodiversität einschließlich genetischer Ressourcen. Agrarökologie eliminiert schrittweise den Einsatz von synthetischem Dünger und Pestiziden und schafft Unabhängigkeit von externen Betriebsmitteln. Sie unterstützt die Anpassung an den Klimawandel, fördert Resilienz und trägt gleichzeitig zur Verringerung von Treibhausgasemissionen bei.

In **Grafik 6-9** sind wesentliche Maßnahmen der Agrarökologie zusammengefasst. In der Grafik ist das Potenzial agrarökologischer Praxis gegen das Ausmaß der heute realisierten Integration in die Landwirtschaft insgesamt aufgetragen. Eine Analyse, welche der Maßnahmen in welchem Maße für den Schutz von Insekten wirksam ist, steht noch aus – und ist

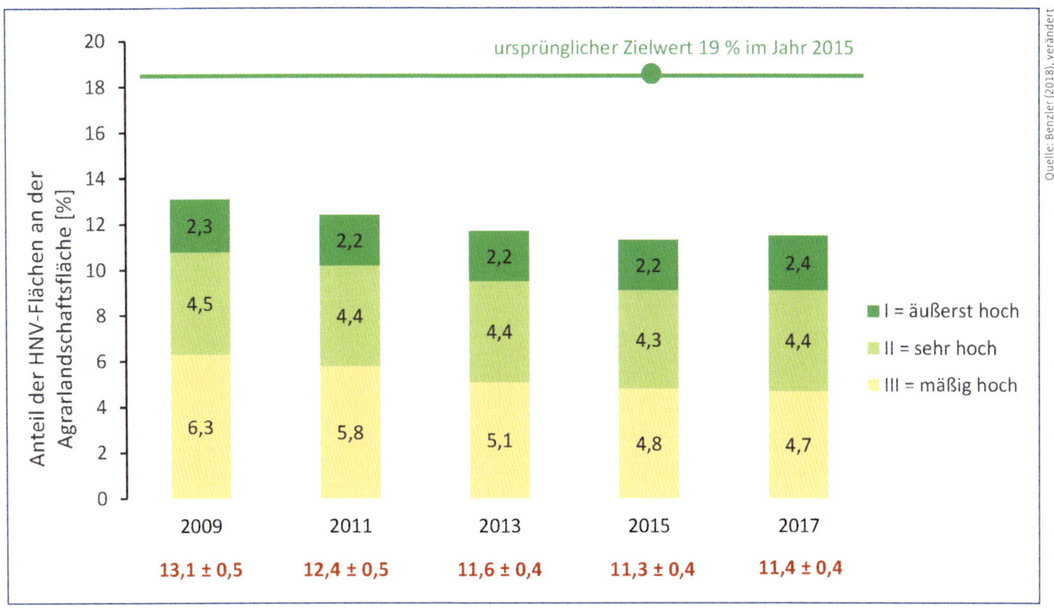

Grafik 6-10 Flächenanteil des HNV-Agrarlands in Deutschland für die Jahre 2009 bis 2017.

sicherlich je nach ökologischen Anspruchstypen recht unterschiedlich.

Beide Aspekte – ökologischer Landbau und Agrarökologie – bedeuten einen grundlegenden Wandel der Nutzung von Agrarlandschaften und gehen weit über direkte Maßnahmen allein gegen das Insektensterben hinaus. Damit hat insbesondere die ganzheitliche Herangehensweise der Agrarökologie das Potenzial, integrativ vielfältige gesellschaftspolitische Probleme sehr effizient und effektiv anzugehen.

6.3.3 HNV-Farmland

Landwirtschaft mit hohem Naturwert (*High Nature Value Farming*, HNV-Landwirtschaft) bezieht sich auf Landwirtschaftssysteme und landwirtschaftliche Flächen, die eine große Vielfalt an Arten fördert. Es umfasst hauptsächlich die Extensivviehzucht, die auf Dauer- und Waldweiden sowie Heuwiesen beruht, und in einigen Gebieten schließt es auch Ackerbausysteme mit geringer Intensität und Streuobstwiesen ein. Die HNV-Landwirtschaft bewahrt eine große Vielfalt an Bodenbedeckung, einschließlich einer halbnatürlichen Vegetation und einer hohen Dichte an Strukturelementen wie Hecken, Hohlwegen, Kleingewässern, Steinmauern, Terrassen oder unbefestigten Wegen, die die Landschaftsstruktur und die Vernetzung verbessern. Sie kommt am häufigsten in Gebieten vor, in denen natürliche Zwänge (zum Beispiel ärmere Böden, steile Hänge) eine intensive Produktion behindern; sie nehmen mehr als 25 % der europäischen Landwirtschaftsfläche ein (Gouriveau et al. 2019). Somit sind HNV-Betriebe multifunktionale Systeme, die neben der Erzeugung hochwertiger Nahrungsmittel und der Erhaltung der biologischen Vielfalt, der Lebensräume und der Landschaften eine Reihe von öffentlichen Gütern und Dienstleistungen bereitstellen: Sie tragen zum Wasser- und Bodenschutz, zur Kohlenstoffspeicherung, zur Bekämpfung von Bränden und des Klimawandels sowie zur Beschäftigung bei und sind Teil unseres kulturellen Erbes. Als solche fördern sie die Nachhaltigkeit der Agrar- und Lebensmittelsysteme und erfordern weit mehr Aufmerksamkeit als bisher.

Aufgrund seiner Bedeutung für die Erfüllung der UN-Ziele zur nachhaltigen Entwicklung und der EU-Strategie für biologische Vielfalt wurde das HNV-Landwirtschaftskonzept 2005 als Priorität der ländlichen Entwicklung in die Gemeinsame Agrarpolitik der EU integriert. Der Anteil von HNV-Landwirtschaftsflächen ist ein Pflichtindikator der Europäischen Kommission, um die Wirksamkeit der ländlichen Entwicklungsprogramme zu überprüfen (zum Beispiel Lomba et al. 2015). In Deutschland belegt dieser Indikator für die Jahre 2009 bis 2017 einen negativen Trend weg vom Zielwert von 19 % gemäß nationaler Biodiversitäts- bzw. Nachhaltigkeitsstrategie (Benzler 2018; **Grafik 6-10**): von 13,1 auf 11,4 %. Dabei haben bis 2015 besonders die HNV-Typen Acker um ca. 47 % und Brachen um ca. 32 % besonders stark abgenommen (Hünig & Benzler 2017). Dieses hat für Insekten, aber auch Feldvögel, besonders gravierende Auswirkungen (Kapitel 4.2.1).

Die Umsetzung dieses Konzepts würde in der Öffentlichkeit die EU-Agrarzahlungen rechtfertigen helfen. Durch die Förderung einer HNV-Landwirtschaft mittels Steuermitteln würde nicht allein landwirtschaftliche Produktion finanziell unterstützt, sondern zugleich die umfangreiche Leistung der Landwirtschaft für das Gemeinwohl. Dieses wäre ein notwendiger Teil einer Agrarwende, welche vorrangig die Entwicklung von Biodiversität, sauberem Wasser, Bodenfunktionen und Klimawirksamkeit durch die Landwirtschaft honoriert, für die kein Marktwert existiert.

Fazit für die Praxis

- Grünland spielt für den Insektenschutz eine große Rolle. Es ist in landschaftstypischer Quantität und Qualität zu erhalten und zu renaturieren.
- Vorhandene Grünlandnutzung ist extensiv (aber ausreichend intensiv) zu gestalten hinsichtlich Nährstoffniveau, Bodenwasserhaushalt, Weide- und Mahdintensität und -technik.
- Extensive Beweidung fördert vielfältige Habitatstrukturen und den Biotopverbund, indem die Weidetiere als „Taxi" Arten verbreiten. Die Anwesenheit von Tieren und ihr Dung stellen für Insekten wichtige Ressourcen bereit. Idealerweise wird Ganzjahresweide praktiziert und auf die prophylaktische Anwendung von Parasitika verzichtet.
- Maschinelle Grünlandbewirtschaftung sollte insektenschonende Technik einsetzen und raum-zeitliche Nutzungsmosaike schaffen unter temporärem Belassen von Altgrasbeständen.
- Ein ganz wesentlich verringertes Nährstoffniveau und weniger Pestizide – in besonders sensiblen Teilräumen ein gänzlicher Verzicht – sind im Acker wesentliche Grundvoraussetzungen für den Insektenschutz.
- Feldfrucht- und Nutzungsdiversität können die Insektenvielfalt ähnlich stark fördern wie die Vielfalt an Säumen und Hecken. Beide Aspekte bedürfen daher einer Entwicklung, Feldraine/Säume einerseits und Gehölze andererseits mit je 3–5 % Flächenanteil (gebietsweise auch mehr; diese und die nachfolgenden Zahlenangaben basieren auf Einschätzung nach oben genannten Quellen, vgl. Tab. 6-1).
- Innerhalb der Ackerflächen sind insbesondere 3–5 % Blühstreifen und -flächen, 2–3 % Käfer-/Bienenbänke, 1–5 % Lichtäcker, 1–3 % Stoppel-/Ackerbrachen anzustreben, flankiert durch weitere Maßnahmen. Hinzu kommen mindestens 5 bis 30 Schutzäcker je Landkreis mit Ackerbau à 0,1–0,3 ha Fläche.
- Mindestens 20 % Ökolandbau, die Konzepte der Agrarökologie und der differenzierten Landnutzung und 19 % HNV-Farmland sind weitere großflächig umzusetzende Maßnahmen.

7 Waldlandschaften

ECKHARD JEDICKE

7.1 Historische Waldnutzungsformen, lichte Wälder

In Kapitel 3.1.2 („Waldlandschaften", Seite 45 ff.) dieses Buches wurde das Verschwinden einer historisch über bis zu 7000 Jahre erheblich vielfältigeren anthropogenen Waldnutzung mit wesentlich kürzeren Umtriebszeiten als eine wesentliche Ursache des Insektensterbens im Wald benannt. Dieses betrifft insbesondere Nieder- und Mittelwälder mit meist zehn- bis 40-jährigen Umtriebszeiten sowie Waldweiden, in denen unterschiedliche Weidetierarten vorhanden waren und die funktional als Ersatz für ausgerottete Megaherbivoren in Waldökosystemen betrachtet werden können (zum Beispiel Luick et al. 2019). Diese historischen Waldnutzungen führten zur Schaffung und Erhaltung lichter Wälder mit großer struktureller Heterogenität und einem mosaikartigen Nebeneinander unterschiedlich alter Bestände (Kapitel 3.1.2) sowie einer außerordentlich artenreichen Insektenfauna (Kapitel 4.2.2). Durch die Hochwaldwirtschaft, die Aufforstung mit Nadelforsten und die naturnahe Waldbewirtschaftung wurden traditionell genutzte Wälder bis heute nahezu vollständig durch homogene und dunkle Altersklassenwälder ersetzt (Kapitel 3.1.2).

Lichte Wälder zu regenerieren lautet somit ein wesentliches Ziel im Waldnaturschutz. Ein kleinräumiger Wechsel zwischen Licht und Schatten beschreibt dabei das Oberziel, in das sich vielfältige Maßnahmen des Insektenschutzes im Wald integrieren, die in den nachfolgenden Unterkapiteln thematisiert werden **(Grafik 7-1)**. Die drei dort näher beschriebenen Nutzungstypen Niederwald, Mittelwald und Weidewald waren seit dem ausgehenden Mittelalter nachweislich miteinander verbunden, indem die beiden ersten Typen teilweise in die Beweidung einbezogen wurden (Luick et al. 2019): Der oft jahrelange Weidebann nach dem Hieb erlaubte eine Regeneration von Baum- und Straucharten einschließlich der Eiche mit ihrer langsamen Etablierung.

7.1.1 Niederwälder

Der Niederwald **(Foto 7-1)** bezeichnet eine forstliche Betriebsart, bei der die Nutzung bei niedriger Bestandshöhe (daher „Niederwald") und die Verjüngung durch den Wiederausschlag aus den bei der Nutzung verbleibenden Stöcken sowie teilweise aus Wurzelbrut erfolgt (Bartsch et al. 2020). Daher sind nur stockausschlagfähige Baumarten für Niederwälder geeignet, also Eichen (*Quercus* spp.), die meisten Edellaubbäume, Schwarz-Erle (*Alnus glutinosa*), Hainbuche (*Carpinus betulus*), Hasel (*Corylus avellana*) sowie Pappel- und Weidenarten (*Populus* spp., *Salix* spp.) und bedingt auch die Rot-Buche (*Fagus sylvatica*). Während in Europa noch 10 % der Waldfläche als Nieder- und Mittelwälder bewirtschaftet werden, mit höchsten Anteilen im mediterranen Raum (Unrau et al. 2018), nehmen in Deutschland Niederwälder nur noch rund 45 000 ha oder 0,42 % der Waldfläche ein. Aus diesem Vergleich kann man die Forderung ableiten, noch erhaltene Niederwälder durch Wiederaufnahme der tradierten Nutzung zu erhalten und auch neu zu schaffen. Dazu bedarf es einer Integration in Nutzungen, um Kriterien der Nachhaltigkeit zu genügen. Traditionell wurden Brennholz, Holzkohle, Gerbrinde und Rundholz der Niederwälder genutzt. Unter heutigen ökonomischen Bedingungen müssten die Erlöse aus der Produktion von Brennholz, Holzhackschnitzeln oder Rundholz in der Regel wohl durch öffentliche Zahlungen aufgestockt werden. Wie in anderen Biotoptypen mit hoher Biodiversität lässt sich dies durch Zielsetzungen des Natur- und Insektenschutzes und auch der Erhaltung kulturhistorischer Landschaftselemente und Denkmale rechtfertigen (Bartsch et al. 2020). Folgende Abfolge wird empfohlen:

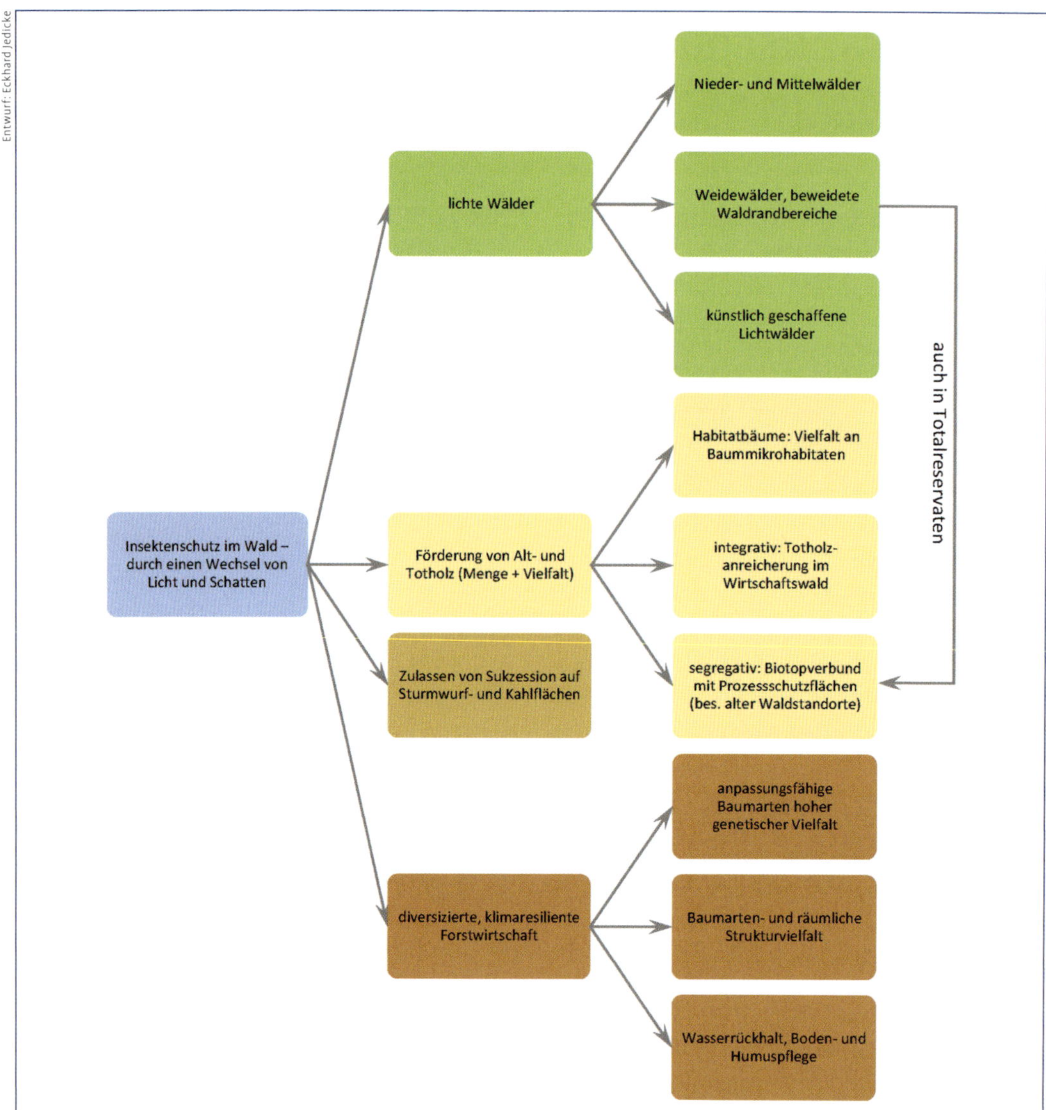

Grafik 7-1 Elemente des Insektenschutzes im Wald durch einen Wechsel von Licht und Schatten.

1. Erfassung der noch vorhanden Niederwaldreste (die größten Bestände sind in Rheinland-Pfalz und Bayern vorhanden; Zerbe 2019).
2. Analyse der Eigentumsverhältnisse, Kontaktaufnahme und Recherche der Mitwirkungsbereitschaft.
3. Entwicklung eines Nutzungskonzepts mit dem Ziel von kleinräumigen Habitatmosaiken unterschiedlich alter Aufwüchse auf Flächen von jeweils 0,5–1 ha Größe (hohe *patchiness*), einschließlich der Verwertungsmöglichkeiten (mit Kostenanalyse unter Aufzeigen zu erwartender wirtschaftlicher Defizite). Hierbei sind auch besondere Vermarktungspotenziale für Produkte tradierter Nutzungen zu analysieren, wie beispielsweise Körbe, Erbsen- und Bohnenstangen, Wein- und Hopfenstangen, Faschinen, Zäune oder Werkzeuggriffe (Nicolescu et al. 2017).

Foto 7-1 Niederwälder sind historische Stockausschlagswälder, die alle 15–25 (40) Jahre genutzt werden, zum Beispiel mit Hainbuchen (*Carpinus betulus*) (Morgenbachtal bei Trechtingshausen, Rheinland-Pfalz).

4. Einwerben erforderlicher Fördermittel, unterstützt durch eine Argumentationslinie für den gesellschaftlichen Nutzen, wie beispielsweise einfaches Management, geringe Kosten der natürlichen Waldregeneration, geringe waldbauliche Steuerungsnotwendigkeiten oder geringe Vulnerabilität gegenüber Windwurf. Weitere relevante Faktoren sind der Beitrag der Nutzungsform zur kohlenstoffarmen Bioökonomie (Helbing et al. 2015, Nicolescu et al. 2017, Unrau et al. 2018), aber ebenso die Förderung der Biodiversität (Anthes et al. 2008, Fartmann 2006, Helbing et al. 2015, Krämer et al. 2012b) und der Erhalt kulturhistorisch bedeutsamer Nutzungen und Waldbilder.
5. Wiederaufnahme der über 15 bis 25 (40) Jahre rotierenden Nutzung der Stockausschläge (Nicolescu et al. 2017) – am besten hierfür geeignet ist die Zeit nach Abklingen der stärksten Winterfröste (sofern trotz des Klimawandels noch auftretend), aber vor Beginn des Saftsteigens, in 3–10 cm Höhe über dem älteren Stockhieb (eher niedriger bei Baumarten, die am Rand des Abhiebs neu ausschlagen, eher mehr bei solchen, die unterhalb austreiben; Jedicke et al. 1996).
6. Nachpflanzen von Kernwüchsen, wenn die Ausschlagfähigkeit einzelner Stöcke nicht mehr ausreicht und die Bestände zu licht werden.
7. begleitendes Monitoring, um die naturschutzfachliche Wirkung nachzuweisen, nötigenfalls das Management anzupassen und den Einsatz öffentlicher Gelder zu rechtfertigen.

7.1.2 Mittelwälder

Der Mittelwald weist über einem Niederwald eine Oberschicht aus stärkeren Bäumen auf, die meist aus Naturverjüngung oder Pflanzung stammen (Bartsch et al. 2020). Die Überhälter – häufig Eichen (*Quercus robur*, *Q. petraea* und *Q. pubescens*) – wurden traditionell als Bauholz genutzt. In Deutschland besteht heute noch eine Mittelwaldfläche von 32 354 ha (0,3 % der Waldfläche; Unrau et al. 2018).

Der niederwaldartige Unterstand von Mittelwäldern wird alle 20 bis 40 Jahre auf den Stock gesetzt, die meist aus Eichen gebildete Oberschicht (sogenannte Lassreitel) mit 20–50 Bäumen/ha unterliegt einer Rotation mindestens alle 60 bis 80 Jahre (Unrau et al. 2018). Der Überschirmungsgrad sollte locker, eher licht sein, der Holzvorrat nicht auf 200 m^3/ha anwachsen und bei großkronigen Bäumen deutlich darunter (Bartsch et al. 2020). Auch hier ist eine ökonomisch tragfähige Nutzung ohne Zuschüsse kaum möglich, da die Volumenleistungen aufgrund der geringen Derbholzmenge in der Unterschicht und der relativ niedrigen Höhe mit hohen Anteilen an Kronenholz in der lichten Oberschicht mit der Hochwaldwirtschaft nicht konkurrieren können. Allerdings können die 4–6 m langen Erdstammstücke teilweise hochbezahlte Messerfurnierware liefern (Eichen, Edellaubbäume; Bartsch et al. 2020).

Treiber (2003) leitet folgende Standards für die Nutzung und zum Biotopmanagement von Mittelwäldern ab:

- Eine Mittelwaldgesamtgröße von mindestens 40–50 ha ist anzustreben, um eine jährliche Nutzung von ausreichend großen Teilflächen (mindestens 2 ha) zu ermöglichen. Die Umtriebszeit der unteren Baumschicht sollte je nach Standortbedingungen 35–40 Jahre betragen.
- Die Größe der gering beschatteten Schlagfläche sollte eine mindestens 50 m breite Zone durch den noch nicht genutzten, angrenzenden Wald umfassen – je höher und beschattender die angrenzenden Bäume, desto breiter. Besonders zu fördern sind Waldinnensäume von mindestens 20 m Breite.
- Um ein xerothermes Kleinklima in Schlag- und Saumphase zu schaffen, sollte die Hochwaldschicht ca. 20–30 % Flächendeckung aufweisen.
- Direkt aneinander angrenzende Waldparzellen sollten kontinuierlich genutzt werden, um die Ausbreitung lichtbedürftiger und wenig mobiler Arten zu fördern (siehe auch Fartmann et al. 2013).
- Besonders wichtig ist die Entwicklung besonnter Eichenstockausschläge (siehe Beispiel aus der Praxis 10) und von Gebüschmänteln, die an Trockenrasen angrenzen.

Beispiel aus der Praxis 10 Lichtwald für den Braunen Eichenzipfelfalter als Zielart

Deutschlandweit stark gefährdet und in Baden-Württemberg vom Aussterben bedroht, gilt der Braune Eichenzipfelfalter (*Satyrium ilicis*) als Verlierer der naturnahen Waldwirtschaft, weil es ihm heute – im Unterschied zur früher verbreiteten Kahlschlagnutzung – an größeren Freiflächen im Wald mangelt. Er dient in Baden-Württemberg als Zielart stellvertretend für Bewohner früher Waldsukzessionsstadien, wo er an niedrigwüchsige Exemplare der heimischen Eichenarten mit gut besonnten Zweigen und bodennah warmem Mikroklima gebunden ist.

Im Schönbuch wurde in einem Projekt der Forstlichen Versuchsanstalt und weiterer Beteiligter der Gesamtbestand der Art systematisch erfasst und hieraus eine Flächenkulisse für die Umsetzung von Maßnahmen bestmöglicher Prognosesicherheit abgeleitet. Als erste Maßnahme wurden zwei zusammen knapp 1 ha große Altfichtenbestände kahlgeschlagen und auf diesen Lichtungen mehr als 30 Parzellen à 6 × 6 m Größe abgepflockt. Innerhalb dieser kleinen Zäune wurden jeweils 25 knapp 1 m hohe Jungeichen truppweise gepflanzt. Damit waren diese vor Verbiss geschützt, die Lichtung blieb aber für das Rotwild und andere Wildarten zugänglich und damit konnte die Sukzession gebremst werden. Nach gleichem Muster wurden auf zwei bereits bestehenden Lichtungen vier bzw. fünf Kleinzäune mit entsprechender Eichenverjüngung ausgestattet.

Das nachfolgende Monitoring zeigte, dass im ersten Untersuchungsjahr alle Maßnahmenflächen durch die Zielart besiedelt waren, es wurden insgesamt 304 Eier und im zweiten Untersuchungsjahr 574 Eier des Braunen Eichenzipfelfalters gezählt. Mit 44 syntop vorkommenden Tagfalter- und Widderchenarten wurde in den ersten zwei Jahren knapp 60 % des im Naturraum Schönbuch rezent vorhandenen Artenspektrums nachgewiesen.

Problematisch erwies sich in manchen Kleinzäunen ab dem zweiten Jahr eine massive Dominanz der Brombeere (*Rubus fruticosus* agg.), begünstigt durch verrottende Holzreste.

Quelle: Hermann & Magg (2020)

7.1.3 Waldweide

Die heute scharf gezogene Grenze zwischen Wald und Weideland/Agrarlandschaft besitzt noch keine lange Tradition (Kapitel 3.1 und 4.1.1) – bis vor ca. 250 Jahren wurde der Großteil der Wälder ganz selbstverständlich auch für die Tierhaltung genutzt. Seit dem Sesshaftwerden der Menschen mit bäuerlicher Lebensweise und stärker seit dem Ende der mittleren Steinzeit (zwischen 5500 und 4300 v. Chr.) ließen diese ihr Vieh sehr wahrscheinlich frei in den Wäldern weiden, zunächst Rinder **(Foto 7-2)**, Schweine, Schafe und Ziegen und ab 2000 v. Chr. auch Pferde (Ellenberg & Leuschner 2010). Bis Ende des 18. Jahrhunderts herrschte Waldweide nahezu allgemein auch in Mitteleuropa vor, sie war einst die Hauptnutzung des Waldes und führte zu einem Waldbild mit einer hohen strukturellen Diversität „vom dicht geschlossenen Walde über parkartige Stadien bis hin zu freier Trift" (Ellenberg & Leuschner 2010; vgl. auch Poschlod 2017). Mit seinen Weidetieren ersetzte der Mensch die in der kalt- und warmzeitlichen mitteleuropäischen Naturlandschaft artenreich vorkommenden großen Pflanzenfresser (Megaherbivoren) (Bunzel-Drüke et al. 2008, Krawczynski 2012, Luick et al. 2019). Wollen wir Biodiversität, die sich über Jahrtausende entwickelte, so umfänglich wie möglich erhalten, so lässt sich als Steuerungsgröße der Einfluss von großen Pflanzenfressern auch im Wald nicht ausschließen – mit dem Verbiss von Bodenvegetation, Sträuchern und jungen Bäumen, Tritt, Dung, Verbreitung von Diasporen und auch Tieren durch Fell, Hufe und zum Teil Magen-Darm-Passage sowie beweidungstypischen Konkurrenz- und Standortbedingungen (zum Beispiel Jedicke 2015b, Luick et al. 2019). Besonders hohen Wert auch für den Insektenschutz besitzen besonnte Solitärbäume **(Foto 7-3)**.

Moderne Naturschutzkonzepte erfordern daher zwingend, wenigstens lokal Waldbestände in extensive Weiden einzubeziehen und ebenso Gehölze als systemimmanente Bestandteile von landwirtschaftlich genutzten Weiden zu akzeptieren (Jedicke 2013). Dass dieses entscheidend

Foto: Eckhard Jedicke

Foto 7-2 Waldweide mit Hinterwälder Rindern als Naturschutzprojekt (bei Hersbruck, Nürnberger Land, Bayern).

Foto: Eckhard Jedicke

Foto 7-3 Alte Weidewälder besitzen durch besonntes Totholz, insbesondere von Eichen (*Quercus* spp.), einen ganz besonderen Wert für den Insektenschutz, etwa xylobionter Käfer wie den Eremit (*Osmoderma eremita*) (solitäre Eichengruppe in der Muldeaue bei Zschepplin-Hohenprießnitz, Sachen).

auch für den Insektenschutz relevant ist, zeigen die zuvor für lichte Wälder beschriebenen Beispiele und lässt sich anhand der kleinräumigen Strukturvielfalt bzw. Habitatheterogenität, wie wir sie von großflächigen Ganzjahresweiden kennen und etwa Rupp (2013) für Waldweiden in Baden-Württemberg analysierte, stichhaltig begründen **(Foto 7-4)**.

Beweidete Wälder gemäß der FFH-Richtlinie spielen in Deutschland keine Rolle, ganz im Unterschied zu den fennoskandischen Ländern Schweden, Finnland, Estland, Lettland und Litauen). Dort sind gemäß Anhang I FFH-Richtlinie zwei Lebensraumtypen (LRT) der offenen Weidewälder und silvo-pastoralen Gehölzkomplexe in einem günstigen Erhaltungszustand zu bewahren: Wiesen mit Gehölzen in Fennoskandien (LRT *6530) und Waldweiden Fennoskandiens (LRT 9070). Beim erstgenannten Typ handelt es sich um Vegetationskomplexe aus kleinen Gehölzinseln sommergrüner Bäume und Sträucher mit Flächen offenen Grünlands, vor allem Esche (*Fraxinus excelsior*), Birken (*Betula pendula* und *B. pubescens*), Stiel-Eiche (*Quercus robur*), Winter-Linde (*Tilia cordata*), Berg-Ulme (*Ulmus glabra*) und Grau-Erle (*Alnus incana*), die traditionell durch die Kombination aus Harken, Heugewinnung, Beweidung und Schneiteln der Bäume genutzt wurden. Der zweite LRT bezeichnet Vegetationskomplexe mit einer Baumschicht (variierend von lichtem Wald bis zu Gehölzinseln) mit Flecken offenen Grünlands und einer langen Beweidungstradition (*wooded meadows*). Die Baumschicht wird vor allem geprägt von Stiel-Eiche, Esche, Winter-Linde, Birken, Grau-Erle, Fichte (*Picea abies*) und Kiefer (*Pinus sylvestris*). Das EU-Handbuch verweist auf die besondere Qualität des LRT 9070 mit einer reichen Pilz- und Flechtenflora sowie Wirbellosen, insbesondere Totholzbesiedlern (European Commission 2007).

Wenn sie in größeren Restbeständen erhalten wären oder aber neu entwickelt würden, hätten auch in Deutschland und Nachbarstaaten Weidewälder aufgrund ihrer hohen Bedeutung für die Erhaltung der Biodiversität das Potenzial als (neu zu definierende) Lebensraumtypen in das Schutzregime der FFH-Richtlinie aufgenommen zu werden. Unabhängig davon sind viele FFH-Waldlebensraumtypen durchaus in unterschiedlichem Rahmen auch zur Beweidung geeignet (vgl. Übersichtstabelle in Ssymank et al. 2019 sowie Luick et al. 2019; für Eichenmischwald-LRT Böhm 2019).

Neben dem einzigartigen, unersetzlichen Beitrag, den Waldweiden zum Biodiversitätsschutz liefern, gibt es folgende zusätzliche Argumente für eine Berücksichtigung von Weidewäldern als multifunktionale Räume im Naturschutz (Jedicke 2013, vgl. auch Hartel & Plieninger 2014):

- Waldweiden bilden kulturgeschichtliche Archive und einzigartige sozial-ökologische Nutzungssysteme.
- Sie sind Relikte von Jahrtausende alten evolutiven Prozessen.
- Weidewälder sind erforderlich, um genetische Agrobiodiversität zu erhalten.

Foto 7-4 Wieder in Weidenutzung genommene historische Weidewälder zeichnen sich durch eine hohe Habitatheterogenität aus – sie müssen einen wichtigen Baustein im Insektenschutz spielen (Hörselberg-Kindel, Thüringen).

Foto: Eckhard Jedicke

- Sie eignen sich als Labor zum Studium ökosystemarer Prozesse sowie für zukunftsfähige großflächig-extensive Landnutzungen.

Problematisch für die Realisierung von Waldweideprojekten ist eine Reihe von Beschränkungen (vgl. Jedicke 2013). Hierzu zählen: (i) ihre meist zu geringe Flächengröße, die das Weidemanagement erschwert; (ii) ihre isolierte Lage, oft in Intensivlandschaften; (iii) das Fehlen von Flächen zur Heugewinnung zur Zufütterung; (iv) ein Mangel an Akteuren mit geeigneten Nutztierrassen und Interesse an der schwierigen Thematik; (v) eine rechtliche Grauzone der Realisierbarkeit; (vi) Probleme emotionaler Art (eine gefühlte Abneigung, weil die Meinung herrscht, Waldweide schädige die Waldfunktionen) sowie (vii) Kommunikationsdefizite. Meist von geringerer Bedeutung sind Halbwissen, falsches Wissen und faktische Probleme. Zu letzteren zählen Jagd (die mancherorts den Forst für ihre Zwecke instrumentalisiert), Forstrecht, Naturschutz (mit statischen Zielen), fehlende Agrarförderung (damit mangelnde wirtschaftliche Tragfähigkeit) und gesetzliche Regelungen der Weidenutzung (wie geforderte Unterstände, Tränken, Fangstände und Zufütterung im Winter).

Motiviert durch den Schutz von Insekten und der Biodiversität insgesamt, ergeben sich folgende Empfehlungen:

- Projekte, um Waldweiden zu regenerieren oder neu zu schaffen, bedürfen einer beson-

Foto: Eckhard Jedicke

Foto 7-5 Natürliche Verjüngung der Feld-Ulme (*Ulmus minor*) im Schutz von Dornsträuchern auf einer Weidefläche (Elbeaue bei Arzberg-Köllitsch, Sachsen).

ders guten und intensiven Kommunikationsarbeit. Vorbehalte sind auszuräumen – so konnte Rupp (2013) in 100 untersuchten Weidewäldern in Baden-Württemberg keine großflächig geschädigten Baumgruppen, kein unerwünscht hohes Maß an Bodenerosion, aber durchaus trotz der Weideeinflüsse Naturverjüngung feststellen, obwohl in den Flächen in der Regel die forstliche Nutzung als nachrangig gesehen wird. Allerdings weisen Luick et al. (2019) darauf hin, dass Beweidung die Verjüngungsprozesse des Waldes deutlich verändert **(Foto 7-5)** und Konkurrenzverhältnisse unter den Baumarten verschiebt. In den Vordergrund der Kommunikation sollten die positive Bedeutung als kulturhistorisch relevante Landschaftselemente, der Erlebnis- und Erholungswert und der hohe Wert für die Biodiversität und besonders den Insektenschutz gestellt werden.

- Die Landeswaldgesetze liefern einen differenzierten Rahmen der Zulässigkeit von Waldbeweidung (Jedicke 2013). In den meisten Bundesländern besteht ein Genehmigungsvorbehalt als Nebennutzung (Baden-Württemberg, Bayern, Berlin, Brandenburg, Hessen, Rheinland-Pfalz, Saarland, Sachsen, Sachsen-Anhalt). In sämtlichen Bundesländern ist Waldweide innerhalb normativer Schutzgebietskulissen zulässig, wenn die Waldweide zur Erreichung des Schutzziels erforderlich ist (zum Beispiel Biotopschutzwald und historische Waldnutzungen). Zum Teil ist Waldweide über die Erteilung einer Genehmigung zur Waldumwandlung theoretisch möglich (Bremen, Hamburg, Niedersachsen, Nordrhein-Westfalen, Schleswig-Holstein). Thüringen hat einen Passus in das Landeswaldgesetz aufgenommen, dass Waldweide unter naturschutzfachlichen Zielstellungen möglich ist, sofern die Waldfunktionen nicht gefährdet werden. In Regionen mit historisch tradierter Waldweidenutzung, zum Beispiel in den bayerischen Alpen, im Falle der fränkischen Hutanger oder der Allmendweiden im Südschwarzwald, ist die Wiederaufnahme der Waldweide ebenfalls relativ einfach möglich.
- Stets sollte eine frühzeitige und lösungsorientierte Kommunikation mit Naturschutz- und Forstbehörden erfolgen, wenn ein Projekt geplant wird. Im Regelfall geht es um die mögliche Beeinträchtigung von Waldfunktionen – zu denen aber auch die Biodiversität und Erholungswirksamkeit zählen. Die gleichrangige Erfüllung sämtlicher Waldfunktionen auf ein und derselben Fläche ist nie möglich, immer ist eine Abwägung zu treffen. Daher kann auch bedenkenlos auf Einzelflächen der Waldweide der Vorrang eingeräumt werden, selbst wenn dadurch zum Beispiel der Holzertrag reduziert wird. Die angestrebte Multifunktionalität ist in vollem Umfang nur in der Summe auf größeren Flächeneinheiten erreichbar (Jedicke 2013).
- Auf historische Waldweidestandorte weisen häufig regionsspezifische Begriffe hin – wie Alme, Alpen, Hardte, Heiden, Holzwiesen, Hutungen, Hutewälder, Krattwälder, Weidewälder, Weidfelder, Maisalmen, Ötzen, Schachen, Tratten, Grinden und Triften (Luick et al. 2019). Heiden lautete ein Rechtsbegriff für halboffene Teile einer Gemarkung, die nicht in Ackerlandschaften einbezogen waren, sondern zur freien Weidenutzung für das Vieh der Dorfgemeinschaft offenstanden, darunter auch ein Großteil degradierter Wälder (verschiedene Quellen bei Luick et al. 2019). Heiden waren also Bestandteil der historischen Allmendweiden (Kapitel 3.1.2). Die Recherche solcher Flurnamen in historischen Karten und anderen Dokumenten zeigt Flächenpotenziale auf, wo Waldweiden anknüpfend an örtliche Tradition neu etabliert werden könnten – insbesondere dort, wo die Weidenutzung nachweislich noch nicht lange zurückliegt.
- Vorrangig sollten Waldränder wieder in eine Beweidung einbezogen werden, um im Sinne der Schaffung von Ökotonen großflächige Übergangsbereiche vom Offenland in den Wald zu etablieren, wie es auch historisch der Fall war (Kapitel 4.2.2). Dieses reduziert den sonst motormanuell erforderlichen Pflegeaufwand zur Entwicklung stufiger Waldränder, wie er gebietsweise aus Naturschutzgründen praktiziert wird, etwa zum Schutz

Beispiel aus der Praxis 11 Eichelmastschwein aus dem Basdorfer Hutewald

Schweinemast war über Jahrtausende in dafür geeigneten und zusätzlich anthropogen überformten Wäldern von zentraler ökonomischer Bedeutung – bereits aus römischer Zeit liegen hierfür Belege bezüglich der unterschiedlichen Besteuerung verschiedener Waldweiden vor (Quellen bei Luick et al. 2019). Der Wert von Buchen- und Eichenwäldern für die Schweinemast war in aller Regel höher als ihr forstlicher Wert. Da Schweine unter Eichen nur in Mastjahren eingetrieben wurden, ist denkbar, dass ihre Wühlaktivität und die Beseitigung von Konkurrenz sogar die Keim- und Etablierungsbedingungen für Eichen verbessert haben (Luick et al. 2019). Dies wäre auch ein Schlüssel zur Lösung der schwierigen Frage, wie Eichenwälder als FFH-Lebensraumtypen natürlich verjüngt werden können (dazu etwa Jedicke & Hakes 2005, Reif & Gärtner 2007).

Der Landesbetrieb HessenForst und einige Landwirte im nordhessischen Vöhl-Basdorf (Landkreis Waldeck-Frankenberg) schlossen sich zusammen, um einen 7 ha großen Eichenmischwald mittels Schweinebeweidung in einen Hutewald umzuwandeln (Foto 7-6). Damit möchten sie folgende Ziele erreichen:

- eine traditionelle Waldnutzungsform wieder aufleben zu lassen,
- im Umfeld des Nationalparks Kellerwald-Edersee einen Attraktionspunkt für Besuchende anzubieten,
- mit Düppeler Schwein, Buntem Bentheimer Schwein und Schwäbisch-Hällischem Landschwein alte Haustierrassen zu zeigen,
- hochwertige Nischenprodukte wie luftgetrocknete Schinken und Würste aus naturnaher Haltung zu entwickeln.

Als Betreiber pachtete der eigens gegründete Verein Basdorfer Hutewald e. V. den Eichenbestand von HessenForst. Vor Einrichtung der Weide wurde der 158-jährige, teilweise zweischichtige Eichenbestand mit Buchen und Hainbuchen durch konsequente Kronenpflege aufgelichtet, indem konkurrierende Buchen, Hainbuchen und Kiefern entnommen wurden und der Gesamtderbholzvorrat auf 140 Vfm/ha reduziert wurde. Einzelne tief beastete Eichen und Vorkommen des Wacholders (*Juniperus communis*) deuten darauf hin, dass es sich hierbei um einen historischen Waldweidestandort handelt.

Die seit 2005 etablierte Herde besteht aus 22 Sauen und Läuferschweinen beiderlei Geschlechts, wobei die männlichen Läufer kastriert sind. Die maximale Verweildauer im Wald beträgt vier Monate im Jahr. Die Produkte werden regional vermarktet. Rechtliche Genehmigungen waren erforderlich nach Veterinärrecht, Naturschutzrecht (Naturpark, Landschaftsschutzgebiet, Eingriffsregelung – da keine primär landschaftspflegerische Zielsetzung verfolgt wurde, aber bauliche Infrastruktur erforderlich war) und Forstrecht. Die Auffassung, dass das Projekt unter Bezug auf die Erholungseignung im Kontext der Waldbegriffsdefinition zu den waldpädagogischen Aufgaben des Landesbetriebs HessenForst zählt, ermöglichte, dass der Wald nicht rechtlich umgewidmet werden musste.

Quelle: Brunzel & Erber (2020)

Foto 7-6 Durch Schweine alter Haustierrassen nach historischem Vorbild beweideter Hutewald (Vöhl-Basdorf, Hessen).

Foto: Eckhard Jedicke

der Wildkatze (*Felis sylvestris*) (Birlenbach & Klar 2009). Auch und gerade für FFH-Waldlebensraumtypen sollte – mindestens versuchsweise, durch ein intensives Monitoring oder besser eine tiefergehende Begleitforschung dokumentiert – auf geringen Flächenanteilen, jedoch pro Einzelfläche mindestens 10 ha Größe, die Wiedereinführung von Waldweide erprobt werden. Eine vorläufige Eignungseinschätzung findet sich in Ssymank et al. (2019). Weidewirkungen sollten als Kriterium ebenfalls in die Bewertung des Erhaltungszustands gemäß FFH-Richtlinie auch für Waldbiotope einbezogen werden. Geeignet sind prinzipiell alle üblichen Weidetierarten, jedoch nur mit halbwegs robusten Rassen. Insbesondere bei Schweinen (Beispiel aus der Praxis 11) sind die besonderen veterinärrechtlichen Bedingungen mit doppelter Umzäunung einzuhalten.

- In jedem Fall schwierig ist die Finanzierung von Waldweideprojekten, soweit nicht der Idealismus der Akteure überwiegt. Da die Agrarförderung nicht anwendbar ist, bedarf es Fördermittel des Naturschutzes oder von Stiftungen.

Foto: Eckhard Jedicke

Foto 7-7 Liegendes Totholz, hier der Rot-Buche (*Fagus sylvatica*), hat andere Habitatfunktionen als stehendes. Neben der Position sind Baumart, Stärke und Besonnung differenzierende Faktoren (Kernzone im Biosphärenreservat Rhön am Schafstein bei Ehrenberg-Wüstensachsen, Hessen).

7.2 Natürliche Walddynamik, Förderung von Alt- und Totholz

Eine globale Analyse belegt, dass die 1 % Bäume mit dem größten Stammdurchmesser etwa die Hälfte der Biomasse reifer Wälder ausmachen (Lutz et al. 2018). Dieser Befund unterstreicht nicht nur die Bedeutung für den Kohlenstoffhaushalt (Klimaschutz), sondern ist auch für den Insektenschutz besonders relevant: Je stärker und größer die Bäume, desto höher ist die Zahl unterschiedlicher Baummikrohabitate und desto weniger Bäume werden benötigt, um die Vielfalt der Mikrohabitate zu erhalten (siehe unten; Bütler et al. 2020a). Strukturreiche naturnahe Wälder, insbesondere mit mehrschichtigen strukturreichen Bestandskronen, bewirken eine erhöhte Artenvielfalt einschließlich potenzieller Schädlingsantagonisten und scheinen eine höhere Stabilität aufzuweisen (Ziesche 2010). Urwälder und urwaldartige Bestände besitzen typischerweise komplexe Strukturen, sowohl der vertikalen Verteilung des Laubes als auch der horizontalen Heterogenität mit Überhältern, Kronendachlücken oder dichten Reproduktionsinseln (Franklin & van Pelt 2004).

Forstliche Nutzung schließt je nach Baumart ca. 50–80 % des natürlicherweise erreichbaren individuellen Baumalters aus **(Grafik 3-21)**. Damit fehlt nicht nur die entscheidende Alterungs- und Zerfallsphase **(Foto 7-7 und 7-8)** und somit die quantitativ mit Abstand bedeutendste Totholzquelle, sondern es mangelt auch an großen Einzelbaumdimensionen, an ungestörten Sukzessionsreihen in groß dimensionierten Mulmkörpern **(Foto 7-8)** und an Zeiträumen, in denen sich Höhlen und ausgedehnte Höhlenzentren herausbilden und fortbestehen können (Jedicke 2008). Ur- und Naturwälder sind durch einen großen Anteil von Alt- und Totholz charakterisiert. Je nach Organismengruppe hängen 20–50 % der Pilz-, Flechten-, Moos-, Insekten-, Vogel- und Säugetierarten der Wälder vom Vorhandensein von Totholz ab, in Mitteleuropa etwa über 1300 Käferarten und 2500 Pilzarten (Brang et al. 2011). Möller (2009) kommt bei einer Analyse der Struktur-

und Substratbindung von 1644 Insektenarten (davon 1583 Käferarten) zu einer noch höheren Zahl und belegt die artspezifisch sehr vielfältigen Mikrohabitatanforderungen im Bereich von Alt- und Totholz eindrucksvoll.

Nur ein großes Angebot an Totholz kann die Vielfältigkeit an Mikrohabitaten gewährleiten. Vielfalt ist besonders ausgeprägt anhand folgender Faktoren (vgl. Überblick bei Jedicke 2006):

- Baumarten (Laub- oder Nadelholz, einzelne Baumarten),
- Dimension (besonders wertvoll ist stark dimensioniertes Totholz),
- Position (stehend oder liegend),
- Baumalter,
- Zersetzungsgrad,
- Belichtung/Exposition,
- Feuchte,
- besondere Habitatstrukturen (wie Baumhöhlen, Baumhumus/Mulm, Rindenverletzungen, Pilzfruchtkörper etc.),
- Strukturdiversität,
- Zeitfaktoren.

Knapp ein Viertel der Käfer in Deutschland benötigt Totholz, außerdem ein großer Teil der Unterordnungen der Stechimmen, 60 % der Ameisenarten (30 % mit starker Bindung), mehr als 10 % der Wildbienen sowie eine nicht quantifizierte Zahl von Zweiflüglern (Mücken und Fliegen) (Literaturreview bei Weinrebe in Jedicke 2006).

Vielfältige Veröffentlichungen lassen die Schlussfolgerung zu, dass das Vorhandensein einer hohen Diversität an Totholzsubstraten neben lichten Wäldern sowie standortheimischen, strukturreichen Beständen einen Schlüsselfaktor für den Erhalt der Biodiversität in Waldhabitaten darstellt. Aus diesen lassen sich Anforderungen an ein aktives Totholzmanagement ableiten, um langfristig und auf größeren Flächeneinheiten beständig eine Mindestausstattung an Totholzstrukturen zu gewährleisten (im weiteren Text zusammengefasst, unter anderem nach Jedicke 2006, 2008): integrativ durch ein langfristig kontinuierliches Angebot an Alt- und Totholz im bewirtschafteten Wald und segregativ durch Ausweisung ungenutzter Prozessschutzflächen.

Foto: Eckhard Jedicke

Foto 7-8 Starke Baumindividuen mit langfristigen Sukzessionsreihen in groß dimensionierten Mulmkörpern wie diese Rot-Buche (*Fagus sylvatica*) besitzen einen besonders großen Wert für den Insektenschutz (Bad Blankenburg im Thüringer Schiefergebirge, Thüringen).

7.2.1 Habitatbäume mit Baummikrohabitaten (BMH)

Habitatbäume sind eine Schlüsselkomponente für die Waldbiodiversität, definiert als Bäume, die mindestens ein Baummikrohabitat tragen. Mit dem Begriff eines Mikrohabitats bezeichnen Bütler et al. (2020a, b) sehr kleinräumige oder spezielle Lebensräume als vom Baum getragene, klar abgegrenzte Gebilde **(Foto 7-9)**, auf die viele verschiedene, teils hochspezialisierte Tiere, Pflanzen, Flechten und Pilzarten während mindestens eines Teils ihres Lebens angewiesen sind – und ganz besonders viele Insektenarten. Larrieu et al. (2018) entwickelten eine Typologie der BMH, die Bütler et al. (2020a, b) in einem Taschenführer weiter ausgearbeitet haben mit einer hierarchischen Struktur und sieben Formen auf der ersten Ebene:

(1) Höhlen: Löcher, Vertiefungen oder geschützte Stellen im Holzkörper, feucht oder trocken, mit oder ohne Mulm, auf dem Stamm, in der Krone am Stammfuß gelegen;
(2) Stammverletzungen und freiliegendes Holz: Splintholz oder Kernholz freiliegend aufgrund von Streif- oder Bruchverletzungen mit Rindenverlust;
(3) Kronentotholz;
(4) Wucherungen: Auswüchse, verursacht durch eine Reaktion des Baumes auf plötzlich erhöhte Lichteinwirkung oder Wirkungen von Bakterien, Pilzen oder Viren;
(5) feste oder schleimige Pilzfruchtkörper: Fruchtkörper von holzabbauenden Pilzen oder Schleimpilzen, die mindestens einige Wochen bestehen bleiben;
(6) epiphytische, epixylische oder parasitische Strukturen: Strukturen oder lebende Organismen, für die der Baum hauptsächlich als Stütze dient (Pflanzen und Flechten, Nester von Wirbeltieren, Mikroboden – entsteht durch die Ablagerung abgestorbener epiphytischer Moose, Flechten oder Algen und alter nekrotischer Rinde);
(7) Ausflüsse: aktive Saft- oder Harzflüsse.

Foto: Eckhard Jedicke

Foto 7-9 Alter Berg-Ahorn (*Acer pseudoplatanus*) mit einer Fülle an Baummikrohabitaten wie epiphytischen Moosen, Höhlen und Totholz (Milseburg im Biosphärenreservat Rhön, Hofbieber, Hessen).

Quelle: Screenshot, Berner Fachhochschule

← Liste
HABITATBAUM
HABITATE
Formen
Gruppen
Typen
Kronentotholz
Epiphytische, epixylische und parasitische Strukturen
Ausflüsse
Höhlen
Überwucherung
Stammverletzungen und freiliegendes Holz
Pilzfruchtkörper

Grafik 7-2 Vereinfachte Typologie der Baummikrohabitate der Smartphone-Anwendung HabiApp.

Diese Formen sind weiter in 15 Gruppen und 47 Typen untergliedert. Anhand dieses Schlüssels können BMH standardisiert und vergleichbar erfasst werden. Die Aufnahmen sollten in laublosem Zustand der Bäume und mithilfe eines Fernglases erfolgen, idealerweise in Zweierteams und mit zweimaligem Umrunden jedes Baumes mit mindestens (10 oder besser) 20 cm Brusthöhendurchmesser – einmal nahe, um den unteren Stammbereich zu inspizieren, einmal in größerer Entfernung für den oberen Stammbereich und die Baumkrone (Bütler et al. 2020a). Eine App zur Erfassung mit dem Smartphone ist unter dem Namen „HabiApp" verfügbar **(Grafik 7-2)**.

Mit steigendem Alter und Durchmesser eines Baumes wächst die Zahl seiner BMH, baumartenspezifisch ist ihre Häufigkeit unterschiedlich. In Naturwäldern trägt jeder zweite bis dritte Baum BMH mit insgesamt mehr als 400 BMH/ha, im Wirtschaftswald ist ihre Zahl wesentlich geringer (Bütler et al. 2020a) – verschiedene dort genannte Quellen beschreiben eine Zielgröße von 5 bis > 10 Habitatbäumen/ha. Forstliche Zielwerte sind zum Beispiel in der Schweiz 3–5 Habitatbäume/ha (in Kombination mit 2–3 % Altholzinseln und 5 % Naturwaldreservaten ohne forstliche Nutzung), in Baden-Württemberg 15 vor- und mitherrschende Bäume pro 3 ha, in Bayern 10 Habitatbäume/ha in allen naturnahen Beständen eines gewissen Alters (Bütler et al. 2020a).

Ein Beispiel der hohen Bedeutung der BMH für Insekten sind Fruchtkörper des Zunderschwamms (*Fomes fomentarius*) **(Foto 7-10)**: Sie bilden ein Habitat für rund 600 Arthropodenarten, davon 30 dominante, in Europa weit verbreitete Arten (Friess et al. 2019). Nach Befall bereits geschwächter Bäume, vorwiegend der Rot-Buche (*Fagus sylvatica*), beschleunigt er deren Absterben und somit die Entstehung von Totholz und Lücken im Waldbestand. Insgesamt 216 Arten entwickeln sich in den Fruchtkörpern, unter ihnen 72 Dipteren- (Zweiflügler) und 71 Käferarten als Gruppen mit dem höchsten Artenreichtum (Friess et al. 2019).

Bütler et al. (2020a) empfehlen folgende Leitlinien für Entwicklung und Schutz von Baummikrohabitaten im Wirtschaftswald:

- 6–10 Habitatbäume/ha sind anzustreben. Die relevanten Bäume sind vorwiegend unter den bereits BMH tragenden, alten oder dicken Stämmen zu finden – bei der Rot-Buche mit Brusthöhendurchmessern von mindestens 50 cm, ab 90 cm tragen diese signifikant mehr BMH als dünnere Stämme. Auch Pionier- und Nebenbaumarten sollten berücksichtigt werden.
- Sinnvoll ist eine Kombination aus gruppierten und verstreuten Habitatbäumen.
- Es sollte ein möglichst breites Spektrum der verschiedenen BMH-Typen erhalten werden, besonders solche mit langer Entwicklungszeit wie etwa große Mulmhöhlen, ebenso stehende tote Bäume.
- Habitatbäume an linearen Strukturen wie Waldrändern und Gewässerufern tragen häufiger BMH und sind daher besonders zu beachten.
- Alle Habitatbäume sollten markiert werden, damit sie langfristig erhalten bleiben. Zu empfehlen ist auch ihre Erfassung mit GPS-Koordinaten und Merkmalen.

7.2.2 Integrativer Alt- und Totholzschutz

Für die Abschätzung des Mindestmaßes an Totholz im Wirtschaftswald lassen sich Schwellenwerte ableiten, bei deren Überschreiten eine Artengruppe signifikant häufiger auftritt. Dieser Wert liegt zum Beispiel bei Buchenwäldern zwischen 38 und 60 m^3/ha (Müller et al. 2007) und bei Bergmischwäldern bei 30 m^3/ha, bei 60 m^3/ha ist eine für den Erhalt vieler Artengruppen nachhaltige Totholzmenge erreicht (Moning et al. 2010) (siehe auch **Grafik 4-41**). Müller et al. (2007) schlagen je nach Voraussetzungen eine differenzierte Behandlung von Wäldern vor:

Foto: Eckhard Jedicke

Foto 7-10 Der Fruchtkörper des Zunderschwamms (*Fomes fomentarius*) kann von rund 600 Arthropodenarten besiedelt werden. Er befällt geschwächte und tote Rot-Buchen.

- Klasse 1: Alte Wälder oder Einzelbäume > 180 Jahre (Eichen- und Nadelwälder im Gebirge und in Mooren > 300 Jahre) sollten aus der Nutzung genommen werden, um den segregativen Ansatz zu realisieren.
- Klasse 2: Wälder > 140 Jahre sollten Totholzmengen von > 40 m^3/ha erreichen.
- Klasse 3: In Wäldern < 140 Jahren sind Mengen von > 20 m^3/ha anzustreben.
- Klasse 4: Forstbestände, in denen nicht standortheimische Baumarten dominieren, erfordern keine konkreten Totholzkonzepte, sondern hier hat der Umbau zu naturnäherer Bestockung Vorrang.

Besonders wertvoll ist die Förderung stehenden Totholzes und hier vor allem von stark dimensionierten Altbäumen, die langsam absterben (Ammer & Schubert 1999), und dieses unter Berücksichtigung der Baumartenvielfalt aufgrund artspezifischer Bindungen. Das Konzept bedarf der flächendeckenden Umsetzung im Wirtschaftswald. Absolut prioritär jedoch ist es im europäischen Schutzgebietsnetz Natura 2000 mit FFH- und Vogelschutzgebieten, welche geschützte Waldlebensraumtypen und/oder nach den Anhängen der FFH-Richtlinie geschützte xylobionte Arten aufweisen sowie möglichst vollständige LRT-typische Biozönosen beherbergen müssten.

Foto: Eckhard Jedicke

Foto 7-11 Nutzungsfreie Bestände mit natürlicher Waldentwicklung lassen über Jahrhunderte Baumindividuen von im Wirtschaftswald ungekannter Dimension entstehen – mit Habitaten für Insekten, die sich im bewirtschafteten Wald nicht oder nur in geringem Umfang bilden können (Insel Vilm, Kernzone des Biosphärenreservats Südost-Rügen, Putbus, Mecklenburg-Vorpommern).

Obwohl die Anreicherung mit Totholz ein langwährender Prozess ist, können auch kurzfristige positive Effekte nachgewiesen werden (Doerfler et al. 2018): Auf 17000 ha Fläche erfolgte im Wirtschaftswald die aktive Anreicherung mit Totholz durch Belassen von Ernteresten, Erhalt von Totholz und die Einrichtung von Naturwaldreservaten. Nach acht Jahren nahm die Totholzmenge im Wirtschaftswald um 90 % und in den Naturwaldreservaten um 160 % zu; verknüpft damit war ein Anstieg der Diversität xylobionter Arten, insbesondere von Pilzen und Käfern.

7.2.3 Segregativer Prozessschutz

Durchschnittliche Totholzvorräte betragen in Deutschland rund 20 m^3/ha (BMEL 2016) **(Grafik 4-41)** und in Europa ca. 13 m^3/ha, was etwa 10 % der natürlichen Werte entspricht (zwischen 15 und 400 m^3/ha in verschiedenen Urwald- und Naturwaldreservaten in Nadel-, Misch- und Buchenwäldern; WSL 2020). Diese Diskrepanz bekräftigt die Notwendigkeit, Bestände mit natürlicher Waldentwicklung ohne Nutzungseingriffe zu schaffen **(Foto 7-11)**. Derzeit steigen zwar die Totholzmengen aufgrund trockenheitsbedingter Schäden und Folgewirkungen wie Borkenkäferbefall (Kapitel 3.1.2). Jedoch stellt dieses nicht die gesamte Vielfalt unterschiedlicher Totholzqualitäten bereit (zum Beispiel ist weit überproportional die Fichte mit vergleichsweise wenigen Totholzspezialisten betroffen) und es ist nicht zwingend ein langfristig wirksamer Prozess. Daher bleibt die Notwendigkeit, ein Verbundsystem von Totalreservaten zu schaffen, weiterhin bestehen. Folgende Rahmenbedingungen sind zu berücksichtigen:

- Flächenanteil: Die nationale Biodiversitätsstrategie Deutschlands hat einen Flächenanteil der Wälder mit natürlicher Waldentwicklung von 5 % der Waldfläche für das Zieljahr 2020 definiert (BMU 2007), welche in den meisten Bundesländern noch nicht erreicht ist. Neben diesem quantitativen Ziel dürfen jedoch Qualitätsziele nicht in den Hintergrund treten, wie Schoof et al. (2018) kritisieren:

- Flächenqualität: Wesentliche Merkmale sind
  - wuchsgebietstypische Standorte oder Standortmosaike,
  - bevorzugt Flächen mit langer Waldtradition,
  - Bestände mit naturnaher Artenzusammensetzung,
  - Vorkommen charakteristischer, seltener und/oder bedrohter Waldarten,
  - Häufigkeit von Habitatbäumen mit vielfältigen Baummikrostrukturen sowie von Schlüsselarten,
  - räumlicher Verbund,
  - große Flächengrößen, da mit wachsender Größe von einer zunehmend besseren und zeitlich konstanteren Erfüllung der Schutzfunktion auszugehen ist,
  - Einbettung natürlicherweise kleinflächiger Sonderstandorte möglichst in größere Schutzgebiete,
  - Bevorzugung kompakter Flächenformen zur Minimierung von Randeffekten,
  - klare Gebietsabgrenzung entlang von Geländemarken, Forstwegen oder ähnlichen markanten Strukturelementen.
- Urwaldreliktarten als Indikatoren: Sogenannte Urwaldreliktarten, die auf das kontinuierliche Vorhandensein von urwaldähnlichen Habitatstrukturen wie sehr alten Bäumen, hohen Totholzmengen und Totholzdiversität angewiesen sind (Kapitel 4.2.2), helfen mit ihren Vorkommen als Indikatoren und Zielarten, solche Waldbestände zu identifizieren, die in Mitteleuropa mit der höchsten Effektivität für die Sicherung von Prozessschutzflächen geeignet sind. Hierfür liegt eine Liste mit 168 saproxylischen Käferarten vor, davon 136 Arten für Deutschland, 144 Arten für Österreich und 95 Arten für die Schweiz (Eckelt et al. 2018). Wo Arten dieser Liste vorkommen, weisen sie auf das Vorhandensein entsprechender Waldstrukturen über lange Zeiträume hin (Kapitel 4.2.2), was einen Mitnahmeeffekt für andere gefährdete Arten erwarten lässt (vgl. Zielartenschutz, Kapitel 5.2.1).
- Mindestflächengrößen: Je nach Ziel(-Arten) ergeben sich sehr unterschiedliche Dimensionen – aus vegetationskundlicher Sicht (langfristig permanente Anwesenheit aller natürlichen Waldentwicklungsphasen) werden vielfach 40–200 ha angegeben (verschiedene Quellen bei Jedicke 2008).

7.2.4 Alt- und Totholzverbundsystem

Sinnvollerweise wird ein Alt- und Totholzverbundsystem mit vier Flächenkategorien konzipiert, welches sich an den Arealansprüchen und Verbunddistanzen ausgewählter Zielarten orientiert (Jedicke 2008):

(1) Kernflächen (Großschutzgebiete als Totalreservate): In einem System von Großflächen sind die Voraussetzungen zu schaffen, dass innerhalb dieser langfristig und permanent alle Waldentwicklungsphasen nach dem Mosaik-Zyklus-Konzept und auch alle tierökologisch wichtigen Mikrohabitate in ausreichender Quantität präsent sind. Dies gilt in einem Maße, dass vollständige Biozönosen und die sie bildenden Arten entweder innerhalb des einzelnen Totalreservats oder im Verbund mit anderen Schutzgebieten in überlebensfähigen Populationsgrößen vorkommen können. Die Minimalarealdimensionen verschiedener Arten belegen, dass hierfür wenige sehr große Flächen (mehrere tausend Hektar), mittelgroße (mehrere hundert Hektar) und kleinere Totalreservate (40–200 ha) nebeneinander erforderlich sind.

(2) Trittsteine: Altholzinseln fungieren als wertvolle Trittsteinbiotope und ermöglichen den vorübergehenden Aufenthalt, aber auch die erfolgreiche Reproduktion für Alt- und Totholzbewohner, wenngleich nicht für vollständige Biozönosen. Sie können damit den Individuenaustausch zwischen verschiedenen größeren Lebensräumen erleichtern. Auf längere Zeiträume bezogen können sie allein jedoch keine

Kontinuität der Alt- und Totholzstrukturen gewährleisten. Daher sollte auch bei den kleinflächigen Altholzinseln eine Mindestgröße von 5 ha – die minimale Reviergröße für viele Kleinvögel – künftig nach Möglichkeit nicht unterschritten werden. Weiterhin ist eine längerfristige Kontinuität der Strukturen dergestalt anzustreben, dass einerseits eine räumliche „Klumpung" von Altholzinseln und eine verstärkte Förderung von Totholz im umgebenden Wirtschaftswald realisiert und anderseits rechtzeitig „Altholzinseln von morgen" in unmittelbarer Nähe abgegrenzt und aus der Nutzung genommen werden.

(3) Korridore: Totholz ist von Natur aus nicht gleichmäßig verbreitet, sondern eher geklumpt über die Gesamtfläche verteilt. Angesichts der notwendigen und auch aus Gründen des abiotischen Ressourcenschutzes sinnvollen forstlichen Nutzung liefert der Korridorgedanke dennoch einen richtigen Hinweis: Wenngleich nicht in durchgängigen Linien realisiert, so kann doch eine Konzentration von nahe beieinanderliegenden alten, absterbenden oder toten Einzelbäumen/Baumgruppen **(Foto 7-12)**, konzentriert in verbindenden Korridoren, den Individuenaustausch zwischen Altholzinseln und größeren Totalreservaten fördern.

(4) Extensive Nutzung: Im Rahmen einer naturgemäßen Waldwirtschaft kommt einer Gestaltung des Waldes mit dem Ziel, auch hier mit dem Erhalt von stehendem und liegendem Totholz – insbesondere stehenden Einzelbäumen/Baumgruppen – Lebensmöglichkeiten und Trittsteine für xylobionte Organismen bereitzustellen, eine sehr wichtige Rolle zu. Hierbei sind die oben genannten Schwellenwerte von mindestens 40–60 m^3/ha Totholz mindestens in > 140-jährigen Beständen zu realisieren.

Foto: Eckhard Jedicke

Foto 7-12 Auch alte Einzel- und Totholzbäume spielen eine wichtige Rolle in Alt- und Totholzverbundsystemen. Mancherorts werden sie als geschützte Biotopbäume gekennzeichnet, ohne dass dies eine rechtlich vorgesehene Schutzkategorie im BNatSchG ist.

7.2.5 Weidetiere im Waldtotalreservat

Die in Kapitel 7.1 beschriebene Zielsetzung für die Integration von Störungen durch Weidetiere in Wälder wie generell die Schaffung lichter Wälder steht nicht in Konflikt mit dem Ziel des (segregativen) Prozessschutzes im Wald, indem zur Förderung von Alt- und Totholz und zur Ermöglichung natürlicher Walddynamik mit allen Sukzessionsstadien Waldbestände aus der Nutzung herausgenommen werden; beide Strategien haben gleichermaßen ihre Berechtigung (Jedicke 2013). Zudem sollten sie zum Teil auch auf gleichen Flächen stattfinden, auch wenn die Beweidung nach wie vor üblicherweise nicht als Teil von Wildnis- und Prozessschutzzielen gesehen wird (Schoof et al. 2018): Viele Tier- und Pflanzenarten haben sich über Jahrtausende ko-evolutiv an die Wirkungen von Megaherbivoren in Wäldern angepasst.

So benötigen viele Totholzbesiedler und insbesondere xylobionte Käferarten als Imagines zur Ernährung mit Pollen und Nektar blütenreiche Strukturen mit Doldenblütlern und anderen krautigen Pflanzen sowie Straucharten – insbesondere Bock- und Prachtkäfer. Totholz und Blüten miteinander kombiniert, ergaben in einer Untersuchung des Arlesheimer Waldes bei Basel eine Verdoppelung der Artenzahl holzbewohnender Käfer der Roten Liste (Frei

2006). Mehr Licht im Wald erhöht die Biodiversität (Kapitel 4.2.2), besonntes Totholz ist eine wesentliche Habitatqualität für xylobionte Insekten. Generell ist vielfach nachgewiesen, dass (strukturreiche) Waldränder in der Kulturlandschaft mit ihrem Krautsaum und den Vegetationsgrenzflächen besonders reich an Insekten sind und als Zentren der Biodiversität in der Kulturlandschaft gelten (zum Beispiel Flückinger et al. 2002). In Kombination mit hohen Totholzanteilen wird eine höhere innere Grenzliniendichte zwischen Wald und Offenland durch Weidetiere die Artenvielfalt mindestens ähnlich erhöhen.

Vor diesem Hintergrund ist davon auszugehen, dass die Insektendiversität in totholzreichen Prozessschutzflächen durch Integration von Weidetieren als Substitute für die ausgestorbenen Megaherbivoren nochmals erheblich gesteigert werden kann, indem sie die Habitatheterogenität und -konnektivität fördern.

7.3 Umgang mit Sturmwurf- und anderen Kahlflächen

Durch den Klimawandel bedingt kommt es vermehrt zu Sturmwürfen im Wald (Kapitel 3.1.2), die in der Ökologie als Störungsereignisse (wertneutral) gewertet werden (Kapitel 4.1.1). Sie gelten als natürliche Steuerungsgrößen in der Walddynamik in verschiedenen Maßstäben von geworfenen Einzelstämmen über regelmäßig wiederkehrende kleinflächige Sturmwürfe bis hin zu seltenen flächigen Extremereignissen. Aus Sicht von Naturwaldforschung und Naturschutz sollten, zusammengefasst aus Jedicke (2002), die zunehmend entstehenden Kahlflächen im Wald differenziert behandelt werden (ausführlicher Tab. 7-1):

- Kahlflächen sollten konstruktiv als Chance für einen naturnahen Waldumbau begriffen und offensiv genutzt werden.
- Auf das Räumen von Sturmwürfen sollte, wenn das mit Blick auf die Ausbreitung von Borkenkäfern in der Fichte vertretbar ist, immer dann verzichtet werden, wenn dieses wirtschaftlich nicht zielführend ist **(Foto 7-13)**. Allgemein sollte maximal die Hälfte der Flächen geräumt und dann auch nur das verwertbare Stammholz herausgezogen, der Rest aber liegen gelassen werden. Auf die Erhaltung der Vorverjüngung ist zu achten.
- Die natürliche Sukzession ist zunächst ungehindert zuzulassen und sollte nur beobachtend begleitet werden **(Foto 7-14)**. Nach drei bis fünf Vegetationsperioden ist meist absehbar, in welche Richtung sich die Flächen entwickeln werden, bei Bedarf kann dann forstwirtschaftlich lenkend eingegriffen werden. Nachpflanzungen sind auf unumgängliche Situationen zu begrenzen.
- Leitbild sollte ein strukturreicher Bestand sein, wie er in Kapitel 7.4 skizziert wird.

Foto: Eckhard Jedicke

Foto 7-13 Sukzession auf dem Lotharpfad, einem nicht geräumten Sturmwurf der Fichte (*Picea abies*) im Nationalpark Nordschwarzwald (zwischen Ruhestein und Kniebis-Alexanderschanze, Baden-Württemberg).

Foto: Eckhard Jedicke

Foto 7-14 Das Zulassen natürlicher Sukzession nach Sturmwurf kann im Vergleich zur Bestandsbegründung durch Pflanzung arten- und strukturreichere Bestände an den Standort besser angepasster Gehölze fördern (Bernkastel-Kues, Rheinland-Pfalz).

Tab. 7-1 Empfehlungen zum künftigen Umgang mit Sturmwurf und Kahlflächen aus naturschutzfachlicher Sicht (Jedicke 2002, verändert).

Nr.	Leitsatz	Begründung
1 Flächenauswahl		
1.1	auf der Hälfte der Fläche aller künftigen Sturmwurf- und Kahlflächen auf Dauer eine ungestörte Sukzession ermöglichen – diese ungeräumt liegen lassen	• wesentliche Funktion als Referenzflächen für den Waldbau • Zentren der Biodiversität • Erhaltung natürlicher Prozesse (segregativer Prozessschutz) • Lernort für Umweltbildung, Waldpädagogik • Forschungsobjekt der Waldökologie
1.2	Kahlflächen von < 2 ha Größe generell nicht mehr nutzen – diese ungeräumt liegen lassen	
2 Entscheidung: Räumen oder Belassen		
2.1	eine isolierte Kahlfläche: nicht oder zur Hälfte räumen, den Rest liegen lassen	• bestmögliche Förderung der Biodiversität und des Mykorrhizapotenzials • unterschiedlicher Sukzessionsverlauf je nach Behandlungsart • hohe Kosten der Räumung gegenüber niedrigen Holzpreisen, insbesondere bei großen Schadereignissen
2.2	zwei oder mehr Kahlflächen: maximal 50 % der Fläche räumen, Rest liegen lassen	
2.3	viele Kahlflächen: möglichst zwei ähnliche Ausprägungen vergleichbarer Standorte und Bestockung einmal räumen, einmal belassen	
2.4	wenn geräumt wird: nur verwertbares Stammholz entnehmen, Rest liegen lassen	• Förderung der Biodiversität und des Mykorrhizapotenzials • Minimierung des wirtschaftlichen Aufwands
2.5	Ausnahmen von oben genannten Anforderungen des Belassens: nur im Falle der Fichte, wenn begründet massive Borkenkäfergradation befürchtet wird	• wirtschaftliche Notwendigkeit, um weitere Holzverluste zu vermeiden

Nr.	Leitsatz	Begründung
3 Behandlung von Prozessschutzflächen		
3.1	im Normalfall kein Eingriff in Referenzflächen für den Waldbau und Naturschutzflächen (inklusive Natura 2000)	• Referenzflächen sollen Entwicklung ohne waldbauliche Beeinflussung belegen • Konzept des segregativen Prozessschutzes schließt Eingreifen aus
3.2	Eingreifen nur in gut begründeten Ausnahmen, wenn andere Ziele des Naturschutzes als die des segregativen Prozessschutzes als höherwertig eingestuft werden	• Ausnahmen nach innerfachlicher Abwägung, etwa bei starker Fichtenverjüngung auf sensiblen Auenstandorten
4 Waldbau		
4.1	etwa fünf (bis zehn) Jahre nach dem Schadereignis (und ggf. Räumung) keine forstlichen Maßnahmen, nur Beobachtung	• Mindestzeitraum, der erforderlich ist, um die künftige Zusammensetzung des Bestands abschätzen zu können
4.2	anschließend bedarfsweise Durchforstung mit den Zielen: (a) konsequente Realisierung eines ökologischen, möglichst naturgemäßen Waldbaus (b) größere Naturnähe (c) wirtschaftlich sinnvolle Baumartenzusammensetzung unter weitestmöglicher Ausnutzung des natürlichen Verjüngungspotenzials und des Erhalts von Teilen des Vorwaldstadiums	• kostenminimierendes Ausnutzen natürlicher Prozesse für waldbauliche Ziele • größere Naturnähe mit lokal typischer genetischer Vielfalt, dadurch gegenüber Umweltveränderungen flexiblere Bestände • strukturell und hinsichtlich der Artenzusammensetzung vielfältige Waldbilder mit höherer Stabilität und Resilienz als Altersklassenbestände • Hänge-Birke (*Betula pendula*) und andere Vorwaldarten als mechanische Stütze sowie Schirm zur Förderung der Ansiedlung von Schlusswaldbaumarten
4.3	Nachpflanzen nur, wenn dieses aus waldbaulichen oder naturschutzfachlichen Gründen notwendig erscheint	• in der Regel ausreichend vollständige natürliche Verjüngung, gegebenenfalls Einbringen zusätzlich erwünschter Baumarten
4.4	wenn Nachpflanzen, dann in Trupp- oder ähnlich extensiver Pflanzung, jedoch in der Regel unter Berücksichtigung des Erhalts der lokaltypischen genetischen Vielfalt	• keine intensive Pflanzung in Standardverbänden notwendig, da dazu die natürliche Sukzession stark zurückgedrängt werden müsste und nicht produktiv genutzt würde (wäre wirtschaftlich kontraproduktiv) • genetische Vielfalt sinnvoll hinsichtlich besserer Flexibilität gegenüber Klimaänderung und Regenerationsfähigkeit
4.5	Verbessern der Vorverjüngung in allen Beständen im Sinne ökologischen Waldbaus	• entscheidendes „Startkapital" sowohl im Falle eines Sturmwurfereignisses oder von Trockenheits- und nachfolgenden Käferschäden als auch zur Verjüngung im Bestand durch Plenter- oder Femelnutzung
4.6	Regulation des Wildbestands auf eine Größe, dass sich alle Waldbestände und Baumarten natürlich verjüngen können	• wirtschaftliche und naturschutzfachliche Gründe

7.4 Vielfalt in der forstlichen Nutzung

Die Forstwirtschaft wandelte ursprünglich lichte, traditionell genutzte Wälder mit warmem Mikroklima in dunklere, kühlere Hochwälder. Seit den 1980er-Jahren wurde die Kahlschlagswirtschaft durch einen naturnahen (meist synonym verwendet: naturgemäßen) Waldbau mit einer gewissen Förderung standortheimischer Baumarten abgelöst (Kapitel 3.1.2). Andererseits bewirken aktuell klimawandelbedingt gehäuft auftretende Sturmwurfereignisse, Trockenheit und nachfolgende Borkenkäferschäden einen beschleunigten Waldumbau sowie vorübergehende Auflichtungen (Kapitel 3.1.2): Das Baumsterben wird sich absehbar fortsetzen, wobei große Bäume aufgrund ihrer stärkeren Sturmexposition und schwierigerer kontinuierlicher Wasserversorgung der Blätter besonders betroffen sind. Die Zukunft der Wälder geht in Richtung kleinerer Bäume, offenerer Bestände, geringerer Biomasse und verringerter CO_2-Speicherung (McDowell et al. 2020). Daraus lassen sich ambivalente Wirkungen auf Insekten ableiten: positiv durch mehr Licht und eine stärker variable Raumstruktur der Wälder

Foto: Eckhard Jedicke

Foto 7-15 Naturverjüngung der Rot-Buche unter einem lückigen Fichtenaltbestand (Schmiedefeld am Rennsteig, Biosphärenreservat Thüringer Wald, Thüringen).

Foto: Eckhard Jedicke

Foto 7-16 Fichten- und Rot-Buchenverjüngung unter Fichte – ob sich die Fichte im Klimawandel wird halten können, ist zweifelhaft.

sowie tendenziell höhere Totholzmengen, negativ hingegen durch eine verringerte Zahl an großen und alten Bäumen.

Die Aufgabe, die biologische Vielfalt in Waldökosystemen zu erhalten, zu schützen und zu verbessern – messbar zum Beispiel anhand von Baumartenzusammensetzung, Verjüngung, Natürlichkeitsgrad, Anteil eingebürgerter Baumarten und von Totholz, genetischen Ressourcen, Landschaftsmustern, gefährdeten Waldarten und geschützten Wäldern – ist eingebettet in weitere gesellschaftliche Zielsetzungen: Erhaltung und Verbesserung der Waldressourcen und ihres Beitrags zu globalen Kohlenstoffkreisläufen, Erhaltung der Gesundheit und Vitalität von Waldökosystemen, Erhaltung und Stärkung der produktiven Funktionen der Wälder (Holz und Nichtholz) sowie Erhaltung sonstiger sozioökonomischer Funktionen und Bedingungen (Parviainen 2020). Maßnahmen zum Insektenschutz sind vor diesem Hintergrund insbesondere auch mit der Frage zu verknüpfen, wie klimaresiliente Wälder aufgebaut werden können, welche bei allen Unsicherheiten der künftigen Klimaänderung sowie der Wirksamkeit noch zu treffender Maßnahmen des Klimaschutzes auch in 50, 100 oder 200 Jahren weiter bestehen können.

Mehr denn je ist Vielfalt gefordert – an Baumarten, Altersstruktur und Nutzungsformen **(Foto 7-15 und 7-16)**. Die wissenschaftliche wie forstpolitische Diskussion zum zukunftsfähigen Wald ist in vollem Gange und kann mit nur wenigen Leitsätzen zusammengefasst werden (vgl. Bayerisches Staatsministerium für Ernährung, Landwirtschaft und Forsten 2020a, BfN 2019e, BMEL 2019a, Dachverband Biologische Stationen in NRW 2019, Deutscher Verband Forstlicher Forschungsanstalten 2019, Hantsch et al. 2014, Hickler et al. 2014, Reif et al. 2019, Wissenschaftlicher Beirat Waldpolitik 2020):

- anpassungsfähige Baumarten: Als Kriterien bei der Baumartenwahl sollten Angepasstheit an Boden und Klima, Erfüllung von Naturschutzfunktionen, Wirtschaftlichkeit und Anpassungsfähigkeit beachtet werden (Reif et al. 2019). Nadelbäume werden an Bedeutung verlieren, Rot-Buche (*Fagus sylvatica*), Stiel- und Trauben-Eiche (*Quercus robur*, *Q. petraea*) **(Foto 7-17)**, Winter-Linde (*Tilia cordata*), Hain-Buche (*Carpinus betulus*) und Spitz-Ahorn (*Acer platanoides*) hingegen gewinnen. Die Trauben-Eiche wird auch wirtschaftlich und zur Förderung der Insekten besonders interessant sein, sofern wärmeliebende Eichenschädlinge kontrollierbar bleiben (Hickler et al. 2014) und die Verjüngungsproblematik gemeistert werden kann (siehe Beispiel aus der Praxis 12, Seite 218). In Pionierbeständen bei der Sukzession auf Waldschadensflächen spielen Hänge-Birke (*Betula pendula*) **(Foto 7-18)**, Zitter-Pappel (*Populus tremula*) und Eberesche (*Sorbus aucuparia*) eine große Rolle. Lokal können Feld-Ahorn (*Acer campestre*), Elsbeere (*Sorbus torminalis*), Vogel-Kirsche (*Prunus avium*), Wild-Apfel (*Malus sylvestris*) oder Wild-Birne (*Pyrus pyraster*) relevanter als bisher sein, auf trocken-warmen Standorten auch Flaum-Eiche (*Quercus pubescens*) und Esskastanie (*Castanea sativa*).
- Problematische, produktivere Baumarten: Baumarten aus Regionen, in welchen heute ein künftig in unseren Breiten zu erwar-

Foto: Eckhard Jedicke

Foto 7-17 Die Trauben-Eiche (*Quercus petraea*) gehört zu den Klimawandelgewinnern und sollte in zukunftsfähigen Wäldern eine wachsende Rolle spielen – sie fördert zudem die Insektendiversität.

Foto: Eckhard Jedicke

Foto 7-18 Die Hänge-Birke (*Betula pendula*) gehört zu den Pionierbaumarten, die offene Flächen häufig zuerst besiedeln und so die Besiedlung durch andere Gehölze fördern (Sukzessionsfläche auf Schieferhalde bei Lehesten, Thüringen).

tendes Klima herrscht, werden vielfach als Baumarten der Zukunft gesehen. Dabei bleiben aber meist Effekte wie regional typische Spätfröste unbeachtet. Aus Sicht des Schutzes der Biodiversität ist ihr Invasionspotenzial zu beachten, eine Homogenisierung von Beständen ist von vornherein durch Mischbestände zu vermeiden. In FFH- und Naturschutzgebieten sollte ein Anbau nichtheimischer Arten grundsätzlich ausgeschlossen werden.

- Genetische Vielfalt fördern: Gerade bei standortheimischen, autochthonen Baumarten muss die genetische Vielfalt durch Verbreiterung der Saatgutherkünfte aus weit mehr Saatgutbeständen als bisher gewährleistet werden. Deren Auswahlkriterien sind zu überprüfen, ob sie angesichts des rasch und verstärkt ablaufenden Klimawandels noch angemessen sind. Ob Herkünfte aus anderen Regionen Europas, in denen heute schon ähnliche Klimabedingungen wie hierzulande herrschen, dabei einbezogen werden sollten, ist durch Forschung intensiv zu analysieren (Biologische Stationen in NRW 2019).
- Sukzession statt Aufforstung: Entstehende Freiflächen sollten verstärkt der Sukzession überlassen werden (vgl. Kapitel 7.3).
- Baumarten- und Strukturvielfalt: Räumliche und standörtliche Nischen bieten den verschiedenen Baumarten auf engem Raum (auf Bestandebene mindestens drei oder vier verschiedene Baumarten) differenzierte Wuchsbedingungen und streuen damit das waldbauliche Risiko – durch Bäume unterschiedlicher Arten und unterschiedlichen Alters und dadurch entwickelte Mehrschichtigkeit der Bestände, Anreicherung an Totholz und Habitatbäumen sowie Wiedervernässung geeigneter Standorte (siehe unten). Alte und strukturreiche Waldbestände fördern die Thermoregulation und mindern Temperaturextreme stärker als junge, strukturarme Wälder (Norris et al. 2011). Auch die partielle Waldweide kann entsprechend hierzu beitragen, gegebenenfalls auch temporär, um Bestände aufzulichten und so mittelfristig die Verjüngung zu fördern. Lichtere Wälder, auch durch stärkere Durchforstung, bewirken sturmfestere Bestände mit stärkerem Wurzelsystem besser im Boden verankerter Baumindividuen, die tiefer beastet und weniger schlank sind – allerdings ist dann das Waldinnenklima mit seiner Thermoregulation geringer ausgeprägt (Hickler et al. 2014). Mit der Strukturvielfalt steigt auch die Bedeutung der Bestände für die Insektendiversität.
- Boden- und Humuspflege: Waldstandorte dürfen nicht flächig mit schweren Maschinen befahren werden, um Bodenschäden zu vermeiden – der Bodendruck eingesetzter Maschinen muss möglichst gering sein, durch Vorlegen einer „Matte“ an Astwerk

Foto 7-19 Wasser im Wald wird im Klimawandel für klimaresiliente Wälder wichtiger denn je – und hat auch für den Insektenschutz hohe Relevanz (Naturwald Stadthagen bei Felm, Schleswig-Holstein).

kann der Druck gemindert werden. Durch Seilbringung, Pferdevorrücken und andere Methoden lässt sich der Maschineneinsatz reduzieren. Allerdings können lokale Bodenstörungen auch Insekten und andere Artengruppen fördern. Widersprüche ergeben sich durch das Ziel, zwecks Humuserhalts (insbesondere Rohhumus) die Waldbestände möglichst dicht zu halten – der Insektenschutz profitiert durch Auflichtungen. Hier sind räumlich differenzierte Konzepte zu entwickeln. Eine naturnahe, standortgemäße Bestockung trägt unter anderem auch zum Bodenschutz bei.

- Wasser im Wald halten: Wasser wird zunehmend zum Mangelfaktor für das Waldwachstum. Entwässerungen sind zurückzubauen **(Foto 7-19)**, Fließgewässer im Wald zu revitalisieren **(Foto 7-20)**, Wegeentwässerungen ortsnah in die Bestände zur Versickerung abzuleiten (wegnahe Abschlagstümpel dienen auch als Habitat für wassergebundene Insekten; **Foto 7-21**), Waldmoore zu erhalten und zu renaturieren.
- Totholz fördern: Totholz ist essenziell aus Sicht des Insektenschutzes (Kapitel 4.2.2 und 7.2). Es gibt aber auch Hinweise darauf, dass Totholz je nach Volumen und Grad der

Foto 7-20 Fließgewässer im Wald bedürfen vielfach einer Revitalisierung, um den Wasserrückhalt zu fördern (naturnahes Vorbild bei Bad Blankenburg im Thüringer Schiefergebirge, Thüringen).

Foto: Eckhard Jedicke

Foto 7-21 Der Wasserabfluss über Forstwege kann durch Regenwasserabschläge mit Versickerungsmulden wirksam reduziert werden. So geförderte temporäre Kleingewässer dienen Wasserinsekten und Amphibien als Lebensraum (Oestrich-Winkel, Hessen).

Fäulnis die Pufferung von Temperaturextremen im Wald fördert, vermutlich über eine höhere Wassereinlagerung im Ökosystem (Norris et al. 2011).

- Naturwälder schaffen: Neben ihrer großen Bedeutung als Lebensraum für Insekten und generell aufgrund ihrer artenreichen Lebensgemeinschaften (Kapitel 4.2.2 und 7.2) erlauben ungenutzte Wälder auch die Beobachtung der natürlichen Anpassung des Waldes an den Klimawandel und Rückschlüsse auf waldbauliche Konzepte. Zusätzlich wird durch das Zulassen und die Förderung natürlicher Dynamik die regionalspezifische und standorttypische, genetische und morphologische Vielfalt gefördert (Hickler et al. 2014).

Beispiel aus der Praxis 12 Eichen sind Hotspots der Insektendiversität – wie lassen sie sich erhalten?

Präferenzen für einzelne mitteleuropäische Baumarten fallen bei Insekten mitunter sehr unterschiedlich aus (Brändle & Brandl 2001). Bei den xylobionten Käfern gelten die Eichen (*Quercus* spp.) als die Hotspots der Insektendiversität unter den heimischen Baumarten (Foto 7-22). Sie beherbergen beispielsweise ungefähr 650 holzbewohnende Käferarten, während es auf der Buche 240 und auf der Fichte lediglich 60 Arten sind (Frei 2006). Aufgrund des Insektenreichtums und damit eines vielfältigen Nahrungsangebots sind Eichenwälder durch eine besonders arten- und individuenreiche Brutvogelgemeinschaft gekennzeichnet. Die Anzahl der Brutvogelarten, die Eichen in hessischen Wäldern präferieren, ist viermal so hoch wie der Arten, die sie meiden – eine Bevorzugung, die keine andere Baumart erreicht (Jedicke 1997, Jedicke & Hakes 2005). Eine große Zahl naturnaher Waldlebensräume mit mehr oder minder starker Beteiligung von Eichen an der Baumschicht sind in Anhang I der FFH-Richtlinie gelistet; von den zehn in Anhang II und/oder IV der FFH-Richtlinie genannten Käferarten leben drei an Eichen:

- Eremit (*Osmoderma eremita*) als prioritäre Anhang-II-Art (eine von nur fünf prioritären Arten in Deutschland),
- Heldbock (*Cerambyx cerdo*) als monophag an Eichen lebende Art (Anhänge II und IV) und
- Hirschkäfer (*Lucanus cervus*) als ebenfalls in Mitteleuropa stark auf Eichen fixierte Art (Anhang II).

Für die Lebensraumtypen und Arten der FFH-Richtlinie ist zwingend ein günstiger Erhaltungszustand zu gewährleisten oder wiederherzustellen. Daher und gleichermaßen aufgrund der Tatsache, dass die Eichen im Klimawandel auf vielen Standorten Vorteile erlangen (siehe Kapitel 7.4) und langfristig mit Holzerlösen auch ökonomische Attraktivität haben, sollten sie künftig verstärkt im Waldbau berücksichtigt werden.
Die heute in Deutschland und Nachbarländern bestehenden Eichenwälder sind durch forstliche Nutzung begründet oder durch Nutzungen stark beeinflusste Sekundärwälder und stocken auf Standorten, auf welchen Rot-Buche (*Fagus sylvatica*), Ahornarten (*Acer pseudoplatanus* und *A. platanoides*) und andere schattentolerante Baumarten bei kahlschlagfreier Verjüngung in ihrer Konkurrenzkraft überlegen sind (Bartsch et al. 2020). Das bedeutet, dass Eichenbestände in der

Foto 7-22 Eichen fördern wie keine andere Baumart die Insektenvielfalt – hier mehrere hundert Jahre alte knorrige Bestände am Edersee-Nordufer (Vöhl, Hessen).

Foto: Eckhard Jedicke

Regel nur durch gezielte waldbauliche Eingriffe zu verjüngen sind, wie das zuvor durch Pflanzung oder Saat nach Kahlschlag und Zäunung gegen Wildverbiss geschah (Bartsch et al. 2020, Jedicke & Hakes 2005, Reif & Gärtner 2007):

- Erfolgreiche Naturverjüngung – betriebswirtschaftlich erheblich günstiger als Pflanzung – bedarf eines Lichtgenusses von mindestens 15–30 % der Freilandhelligkeit. Um diese zu gewährleisten, sind naturschutzfachlich begründete Großschirmschläge oder großflächige Lochhiebe bei Verbleib einer ausreichenden Anzahl an Altbäumen denkbar, aber auch femelartige Hiebe mit 20–40 m Durchmesser können genügen. Die Femelschläge müssen umso großräumiger geführt werden, je deutlicher die Eiche vorhandener oder sich gleichzeitig einstellender Verjüngung von Schattbaumarten (insbesondere Rot- und Hainbuche) konkurrenzunterlegen ist.
- In den meisten Fällen müssen Pflegeeingriffe wiederholt durchgeführt werden, um natürlich aufgelaufene Verjüngungen schattentoleranter Baumarten zurückzudrängen.
- Zwingend notwendig erscheint die Zäunung oder eine massive Reduktion des Wildbestands, um den Wildverbiss zu begrenzen.
- Saat und Pflanzung autochthonen Materials sind Alternativen zur Naturverjüngung, wenn die Eiche auf geeigneten Standorten nicht in ausreichendem Maße vorkommt und – wie auf Kalamitätsflächen ehemaliger Fichtenforsten – die Begründung von Naturverjüngung nicht möglich ist.
- Beobachtungen der sogenannten Dornstrauchsukzession in großflächig-extensiven Weidesystemen zeigen, dass sich dort Eichen hervorragend im Schutz von Dornsträuchern wie Schlehe (*Prunus spinosa*), Weißdorn- (*Cataegus* spp.) und Rosenarten (*Rosa* spp.)

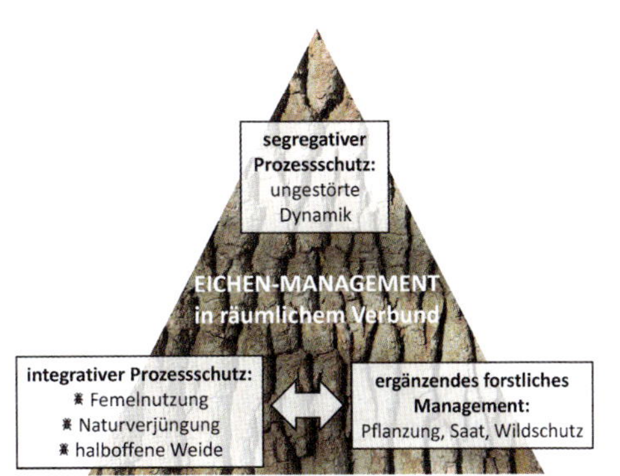

Quelle: Jedicke & Hakes (2005)

Grafik 7-3 Differenziertes Management der Eichenverjüngung als wesentlicher Habitatbestandteil von Insekten und Eichen als Hotspots der Insektenfauna.

verjüngen, wo sie vor dem Verbiss durch Weide- und Wildtiere natürlich geschützt sind (Pott & Hüppe 1991, Vera 2000, Bunzel-Drüke et al. 2019). Nicht umsonst sind die Eichen charakterisierende Baumarten in alten Hutelandschaften (**Grafik 3-16**) – eine Erkenntnis, die auf kombinierte Wald-Weide-Nutzungen zu übertragen ist.

Offenbar fehlende (aber bisher nicht als ausgeschlossen zu betrachtende) Eichenverjüngung auf Prozessschutzflächen darf nicht als Pauschalargument gegen Totalreservate gelten. Es bedarf differenzierter Naturschutzstrategien im Wald, zu welchen die Nutzungsaufgabe einen unverzichtbaren Beitrag leistet. Hier sind gleichermaßen räumlich flexible Modelle (wie die Begründung von Eichenverjüngung direkt angrenzend an bestehende Totalreservate), der Einsatz großer Pflanzenfresser auch in Prozessschutzflächen und verstärkte Forschung gefragt. Es gibt nicht die eine richtige Lösung, sondern es kommt auf ein differenziertes Management der Eichen an (**Grafik 7-3**). Die Verjüngung der Eichen ist ein episodischer Prozess, mit oft langen Phasen ausbleibender Verjüngung im Wechsel mit Phasen der erfolgreichen Etablierung einer neuen Generation (Jedicke & Hakes 2005, Reif & Gärtner 2007). Angesichts der mehrhundertjährigen Lebensdauer erscheint dies nicht von Nachteil für die Arterhaltung.

Fazit für die Praxis

- Nieder- und Mittelwaldnutzungen sowie Waldweiden prägten über lange Zeiten die Waldbestände. Diese historischen Waldnutzungen müssen mindestens lokal wieder eingeführt werden, um die auf lichte Wälder spezialisierten und sehr artenreichen Insektenbiozönosen zu fördern.
- Vor allem Waldränder sollten in angrenzende extensive Weiden einbezogen werden, um Ökotone auszubilden.
- Sechs bis zehn ältere Habitatbäume pro ha Waldfläche mit Baummikrohabitaten sollten im Minimum erhalten werden.
- In bewirtschaften Buchenmischwäldern sollte ein Totholzvolumen von mindestens 38–60 m³/ha vorhanden sein (derzeitiger Mittelwert für alle Wälder in Deutschland: ca. 20 m³/ha). Stehendes und stark dimensioniertes Totholz ist besonders wertvoll für den Insektenschutz.
- Wälder mit natürlicher Waldentwicklung sollen 5 % der Waldfläche einnehmen und Teil eines Totholzbiotopverbundsystems sein. Sie sind nach definierten Qualitätskriterien zu planen. Waldweide sollte zum Teil in das Konzept des Wildnisschutzes einbezogen werden.
- Sturmwurfflächen sind nicht vollständig zu räumen und sollten weitgehend der natürlichen Sukzession überlassen werden.
- Eine vielfältige forstliche Nutzung und dadurch bewirkte Strukturvielfalt fördert Insekten. Der Aufbau klimaresilienter Wälder ist eine wachsende Herausforderung: zum Beispiel mit mehr Baumarten (aber weniger durch Einführung von Arten aus heute anderen Klimaten), höherer genetischer Vielfalt der Gehölze, Sukzession statt Aufforstung, Strukturvielfalt und Wasserhaushaltsmanagement.
- Eichenarten sind mit einer besonders hohen Insektenbiodiversität assoziiert und zugleich meist weniger stark vom Klimawandel beeinträchtigt als andere Baumarten. Sie gilt es besonders zu fördern.

8 Siedlungslandschaften

ECKHARD JEDICKE

8.1 Insekten im urbanen Raum fördern

Flächen sind gerade im Siedlungsraum knapp (Kapitel 3.1.2 und 4.2.3) – und dennoch bestehen in aller Regel vielfältige Potenziale, Biodiversität zu fördern, indem Flächen zielgerichtet entwickelt werden, vor allem folgende Flächentypen (Biercamp et al. 2018):

- Areale im kommunalen Verantwortungsbereich wie öffentliche Grünflächen, öffentliche Gebäude und ihre Freiflächen;
- Flächen im unmittelbaren (oft privaten) Wohnumfeld wie Vorgärten, Hausfassaden, Höfe und Gärten sowie Abstandsgrün zwischen Häusern;
- Gebiete im gewerblichen Bereich wie Betriebsflächen, Außenanlagen und Gebäude.

Eine Schlüssel- und Vorbildfunktion kommt den Kommunen selbst zu. Sie können in ihrem Verantwortungsbereich Park- und Grünanlagen aufwerten und Straßenbegleitgrün sowie Hochbauten mit ihren Umgebungsflächen naturnah entwickeln. Für kommunales Grün sind sieben Bausteine nennen (Biercamp et al. 2018):

(1) Blühflächen (Wiesen aus regionalem Saatgut) statt intensiv gepflegter Rasen **(Foto 8-1 und 8-2)**,
(2) artenreiche Säume entlang von Hecken, Baumbeständen und Mauern,
(3) kostensparende Lagerung von Laub und Heckenschnitt unter Hecken, Bäumen und in Randbereichen,
(4) „wildes Grün" etwas abseits und sichtentzogen, wo nur bei unbedingter Notwendigkeit eingegriffen wird,
(5) Rückzugsräume als beruhigte Bereiche, die durch Besucherlenkung störungssensible Arten fördern (für Insekten nicht relevant),
(6) Nisthilfen für Wildbienen (sowie Vögel und Fledermäuse),

Foto: Eckhard Jedicke

Foto 8-1 Hübsch anzusehen, aber wenig hilfreich: Viele Blühmischungen enthalten fast ausschließlich nichtheimische Arten und nichtautochthones Saatgut. Ihre Funktion als Nahrungspflanzen ist damit eingeschränkt, gegebenenfalls können sie in Konkurrenz zu heimischen Arten treten.

Foto: Eckhard Jedicke

Foto 8-2 Standortheimische Wiesenmischungen bieten die besten Habitate für Insekten. Im Idealfall sind sie mit Regiosaatgut angesät (Eingangsbereich am Julius-Kühn-Institut in Quedlinburg, Sachsen-Anhalt).

(7) Lichtmanagement durch beschränkte Einschaltzeiten von Beleuchtungen insbesondere in Grünanalagen sowie Einsatz ausschließlich insektenfreundlicher Lampen.

Diese Aspekte werden in den nachfolgenden Teilkapiteln überwiegend beschrieben. Für den privaten Bereich können die Städte und Gemeinden Beratung und praktische Unterstützung wie zum Beispiel Saatgut und Pflanzen liefern.

Planung und Umsetzungen können etwa durch eine kommunale Biodiversitätsstrategie, Maßnahmenprogramme, Biodiversitätskonferenzen, Biodiversitätschecks sowie die kommunalen Planungen (Landschaftsplan, Bebauungsplan, aber auch informelle Arten- und Biotopschutzprogramme) maßgeblich gefördert werden (siehe hierzu auch Beispiele in Biercamp et al. 2018). Den Investitionskosten, die sich über staatliche Förderprogramme, durch Stiftungen, Eigenanteile der Kommune und auch als Kompensationsmaßnahmen finanzieren lassen, stehen starke Einsparungen in der künftigen Pflege gegenüber. Stets sollten bereits die Planungen durch Partizipation der Bevölkerung begleitet werden. Die Maßnahmen bedürfen einer fortlaufenden Öffentlichkeitsarbeit und Kommunikation, um verstanden,

Beispiel aus der Praxis 13 Riedstadt und Maintal – zwei Kommunen fördern Biodiversität

Seit über zehn Jahren hat die Stadt Riedstadt (Kreis Groß-Gerau) weite Bereiche des Straßenbegleitgrüns umgestaltet und extensiviert: Auf den ausgewählten Flächen wurden

(i) die vorhandene Vegetation mit Ausnahme gesunder Bäume gerodet,
(ii) aufgrund der starken Verdichtungen und vieler Wurzelausläufer bis 50 cm Tiefe der Boden gegen ein nährstoffarmes Vegetationssubstrat mit < 1 % organischem Material ausgetauscht,
(iii) mit einer selbst entwickelten Saatgutmischung mit rund 100 Arten aus Saum-, Wiesen- und Ruderalgesellschaften eingesät (Saatgutmenge 4 g/m^2), die an das trocken-warme Klima der Oberrheinebene angepasst sind.

Ein in der Region ansässiger Fachbetrieb lieferte Regiosaatgut. Die Pflege geschieht durch zweimalige Mahd im Jahr, meist Ende Juni/Anfang Juli unter Abfuhr das Mahdguts und als Mulchmahd meist erst zwischen Dezember und Februar – dieses ist ein Kompromiss zur Reduktion des Pflegeaufwands. Zwischen 5–10 % der Fläche bleiben ungemäht stehen. Der Pflegeaufwand ließ sich durch dieses Management auf etwa ein Fünftel des Ausgangszustands reduzieren. Der naturschutzfachliche Erfolg wurde klar nachgewiesen, jedoch stoßen die Flächen zum Teil auf Akzeptanzprobleme, weil nicht verstanden wird, warum vorhandene Vegetation beseitigt wurde, oder mangelnde Ästhetik naturnaher Flächen wird unterstellt.

In Maintal (Main-Kinzig-Kreis) schlossen sich die Bürgerstiftung Maintal, der Landschaftspflegeverband Main-Kinzig-Kreis, die Stadt und verschiedene Ehrenamtliche aus dem Arbeitskreis Streuobst sowie ein Imker in einem Arbeitskreis zusammen. Ihr Ziel lautet, im gesamten Stadtgebiet blütenreiche Wiesen zu schaffen. Dazu holten die Akteure eine Beratung durch ein Fachbüro ins Boot. In jedem Stadtteil wurden Pilotflächen ausgewählt, die sukzessive umgestaltet werden mittels verschiedener Methoden:

(i) Neuanlage von mageren Schotterflächen durch Bodenaustausch und anschließende Einsaat von Blumenwiesen,
(ii) Umgestalten halbschattiger Flächen durch Pflanzung und Einsaat standortgerechter heimischer Wildpflanzen,
(iii) Initialpflanzung von Wiesenarten zur Anreicherung bisher artenarmer, grasdominierter Flächen,
(iv) Pflanzung heimischer Wildrosen und Stauden.

Parallel wurde der Pflegerhythmus geändert, Wiesenbestände werden nun nur noch zweimal jährlich gemäht.

Quelle: Biercamp et al. (2018)

akzeptiert und – flankierend auch im privaten Umfeld – aktiv unterstützt zu werden. Bezüglich der Methoden zur Grünlandregeneration wird auf Kapitel 6.1.1 verwiesen.

Am Beispiel Riedstadts (siehe Beispiel aus der Praxis 13) belegen Mody et al. (2020), dass die Umwandlung von Straßenrandbepflanzungen – von exotischen Sträuchern zu Wildblumenwiesen – sehr positiv wirkt: Die Arthropodenhäufigkeit erhöht sich signifikant, insbesondere wenn die Wiesenbewirtschaftung vorübergehend ungemähte Flächen zulässt. Analysiert wurde die Häufigkeit von 13 Arthropodentaxa (Opiliones, Araneae, Isopoda, Collembola, Orthoptera, Aphidoidea, Auchenorrhyncha, Heteroptera, Coleoptera, Nematocera, Brachycera, Apocrita, Formicidae). Die Anzahl der Arthropoden auf Wiesen war im Vergleich zur Waldvegetation in Bodenfallen 212 % höher und in Saugproben 260 % höher. Das festgestellte Muster war bei den meisten Taxa unabhängig von der Größe und Isolation der Grünflächen. Das Mähregime wirkte sich jedoch stark auf mehrere Arthropodentaxa aus, mit einer Zunahme von 63 % der gesamten Arthropodendichte in ungemähten Flächen im Vergleich zu gemähten Wiesen.

Foto: Eckhard Jedicke

Foto 8-3 Flächige Anstrahlung von Gebäuden verursacht selbst im ländlichen Raum eine hohe Lichtverschmutzung – zur Minderung der negativen Wirkungen auf Insekten bestehen mittlerweile klare Handlungsempfehlungen (Stadtkirche in Trebsen/Mulde, Sachsen).

8.2 Insektenschonende Beleuchtung

Die Begriffe Lichtverschmutzung und „Verlust der Nacht" kennzeichnen ein bis heute vernachlässigtes Umweltproblem, das auch wesentlich zur Gefährdung von Insekten beiträgt: 60 % aller Insektenarten sind dämmerungs- und/oder nachtaktiv (Jessel 2019) und damit potenziell von Lichtverschmutzung betroffen; gerade in den Siedlungen generell und ganz besonders in den urbanen Räumen ist das problematisch (Kapitel 4.2.3) **(Foto 8-3)**. Umfassend und aktuell werden rechtliche Anforderungen an Außenbeleuchtungen, Handlungsempfehlungen bezüglich Lichtanlagentyp, Beleuchtungsstärke, Abstrahlungsgeometrie und Lichtfarbe sowie Planungs- und Entscheidungskriterien durch Schroer et al. (2019) dargestellt. Die nachfolgenden Leitlinien fußen im Wesentlichen darauf. Weitere Hinweise finden sich in Hänel et al. (2016) und Stadt Fulda (2019).

- **Anforderungsprofil für jede Beleuchtung erstellen:** Wie viel Licht ist bei welcher Nutzungsart, -dauer und -auslastung notwendig – oder ist eine Beleuchtung sogar ganz verzichtbar? So sollten Verkehrsflächen außerhalb des besiedelten Bereiches grundsätzlich nicht beleuchtet werden. Zu unterscheiden sind funktionales Licht und gestalterisches Licht (wie die Anstrahlung von Gebäuden aus ästhetischen Gründen oder zu Werbezwecken). Welche Anforderungen und Limitierungen an die Beleuchtung resultieren aus den umgebenden Lebensräumen, etwa wenn besonders naturnahe Habitate angrenzen oder zerschnitten werden und/oder besonders schutzbedürftige und lichtempfindliche Artenvorkommen bekannt sind? Dabei ist auch die großräumige Wirkung von Lichtglocken auf Landschaftsebene zu beachten. In der Planung kommt es auf die kombinierte Betrachtung von Beleuchtungsstärke,

Lichtfarbe und Abstrahlungsgeometrie an. Die Planungs- und Entscheidungskriterien sollten begründet und öffentlich gemacht werden, um Akzeptanz in der Bevölkerung zu erlangen. Hierzu ist eine gute Öffentlichkeitsarbeit unbedingt zu empfehlen.

- **Leuchtdichten begrenzen:** Die installierte Lichtleistung sollte möglichst gering gewählt werden. Als maximale Leuchtdichten in Candela (cd) werden für beleuchtete oder selbstleuchtende Flächen in naturnahen Nachtlandschaften maximal 1–2 cd/m² empfohlen, in urbanen Landschaften auf kleinen Flächen bis maximal 10 m² Größe maximal 100 cd/m², bei > 10 m² Fläche nicht mehr als 5 cd/m². Ausgedrückt in Lumen (lm) sollte die Lichtleistung in Wohngebieten für befestigte und zu beleuchtende Flächen zwischen 5 bis 7 und nicht über 10 lm/m² liegen, in zu beleuchtenden Gewerbegebieten 35 lm/m² nicht überschreiten. Muss nach DIN/EN 13201 beleuchtet werden, sollte die niedrigste mögliche Beleuchtungsklasse gewählt werden. Regionale Lichtkonzepte sollten Maximalwerte für Lichtemissionen beinhalten, die maximal zulässige Lichtemissionen in installiertem Lichtstrom (Lumen) pro genutztem Quadratmeter festlegen. Große Einsparpotenziale bestehen durch eine bedarfsorientierte Anpassung in den späten Abend- und Nachtstunden durch Bewegungsmelder oder zeitabhängige Schaltungen. Viele Hersteller erlauben eine – vom menschlichen Auge ohne direkten Vergleich kaum wahrnehmbare – Leistungsabsenkung um 50 %, bei LED ist auch eine weitere Reduktion technisch möglich.
- **Lichtfarbe prüfen:** Warmweißes LED-Licht mit geringen Blauanteilen und einer Farbtemperatur von ca. 2000 bis maximal 3000 Kelvin ist zu empfehlen und wird von der Bevölkerung auch als angenehmer empfunden. Es ist mittlerweile fast ebenso effizient wie neutral- und kaltweiße LED. Generell zu vermeiden ist kaltweißes Licht mit hohem Blaulichtanteil, das heißt Wellenlängen < 500 nm und Farbtemperaturen > 3000 Kelvin, weil dieses die meisten Fluginsekten anzieht, auf den Tagesrhythmus von Mensch und Säugetieren negativ wirkt und in der Atmosphäre intensiver streut und so stärker als andere Lichtfarben die Ausbildung von Lichtglocken fördert. Leuchten dürfen keine ultraviolette (UV-) und Infrarot- (IR-)

Beispiel aus der Praxis 14 Fulda – die erste deutsche Sternenstadt

Seit 2019 trägt die osthessische Stadt Fulda mit knapp 70 000 Einwohnern als erste deutsche Kommune, eine von fünf Städten in Europa und 25 weltweit den Titel Sternenstadt (Dark-Sky-Community). Die in den USA ansässige International Dark-Sky Association (IDA) verleiht den Titel an solche Kommunen, die sich mit konkreten Maßnahmen für den Schutz der Nacht engagieren.

Fulda hat als Kern der kommunalen Maßnahmen eine Beleuchtungsrichtlinie verabschiedet – für einen nachhaltigen Umgang mit funktionalem und gestalterischem Licht (Stadt Fulda 2019). Die Stadt bindet sich mit dieser Selbstverpflichtung primär selbst, bei den in ihrer Verantwortung stehenden Lichtanlagen alle Formen von Lichtverschmutzung zu minimieren: So werden bei Neuerrichtung öffentlicher Beleuchtungsanlagen generell zeitliche Steuerungen zum Dimmen und Abschalten von LED-Leuchten eingesetzt. Binnen acht Jahren möchte die Stadt alle ihre rund 8500 Straßenleuchten anpassen – unter Beachtung der Kriterien Lichtfarbe, Lichtlenkung und Lichtsteuerung. Nach Auskunft der Stadt werden nötige Optimierungen im Zuge ohnehin anfallender Wartungs- und Instandhaltungsarbeiten sukzessive ausgeführt, sodass keine nennenswerten Zusatzkosten entstehen. Darüber hinaus bietet Fulda aber auch allen anderen Akteuren im Raum, auf rein freiwilliger Basis und durch Beratung unterstützt, Anregungen zur Optimierung der Lichtnutzung.

Weitere Informationen:
www.sternenstadt-fulda.de

Strahlung emittieren, die der Mensch visuell nicht wahrnehmen kann – gegebenenfalls sind Filter einzusetzen.

- **Abstrahlungsgeometrie nutzungsbezogen festlegen:** Licht darf nur dorthin leuchten, wo es auch benötigt wird – jede Abstrahlung in den oberen Halbraum (in naturnahen Räumen definitiv auf 0% reduziert) sowie horizontal abstrahlendes Licht sind zu vermeiden. Das gilt generell für funktionales Licht. Auch Fassadenleuchten als gestalterisches Licht sind nach unten und nicht nach oben auszurichten, auf Bodeneinbauleuchten sollte verzichtet werden.
- **Gestalterisches Licht dosiert einsetzen:** Architekturbeleuchtung soll zum Beispiel in der Stadt Fulda in der Zeit der Nachtruhe zwischen 22.30 und 5.30 Uhr analog zur Straßenbeleuchtung weitestgehend abgeschaltet werden (siehe Beispiel aus der Praxis 14). In Schaufenstern sind die relevanten Objekte und nicht der Straßenraum anzustrahlen. In 1m Abstand vor dem Fenster sollte eine Beleuchtungsstärke von maximal 40 Lux nicht überschritten werden. Zur Werbung dienende Beleuchtungen sollten im Falle von Werbetafeln nicht 100 cd/m² übersteigen, selbstleuchtende Hinweistafeln von öffentlichem Interesse 200 cd/m²; Hintergründe sollten dunkel gehalten sein. Anstrahlungen mit weißem Licht (> 3000 K), dynamisches Licht, Uplights und Skybeamer sind grundsätzlich zu vermeiden.

Auch naturschutzrechtliche Pflichten erfordern Maßnahmen gegen die Lichtverschmutzung (Schroer et al. 2019): Mindestens in Einzelfällen wie dem Hecken-Wollafter (*Eriogaster catax*) als Nachtfalter und der Hornisse (*Vespa crabo*) kann das artenschutzrechtliche Tötungsverbot nach § 44 Abs. 1 Nr. 1 BNatSchG greifen, sofern ein signifikant erhöhtes Tötungsrisiko nachweisbar ist. Allerdings ist es schwierig, Beeinträchtigungen durch künstliches Licht artspezifisch nachzuweisen. Noch schwieriger lässt sich die Anwendbarkeit des Störungsverbots gemäß § 44 Abs. 1 Nr. 2 BNatSchG gerade für Insekten bewerten (allgemein zu den artenschutzrechtlichen Grundlagen siehe Trautner 2020). Relevanter ist die Eingriffsregelung gemäß §§ 13–18 BNatSchG, welche bei Vorhaben eine erhebliche Beeinträchtigung der Leistungs- und Funktionsfähigkeit des Naturhaushalts und des Landschaftsbildes vorrangig durch Vermeidung und nachrangig durch Ausgleich und Ersatz der Beeinträchtigungen verhindern oder kompensieren soll. In der Umsetzung bedarf es einer Ermittlung der Erheblichkeit geplanter Beeinträchtigung durch künstliches Licht.

Zu Maßnahmen im Rahmen der Eingriffsregelung können die Reduzierung und Anpassung der Beleuchtungsstärke und Beleuchtungszeiten von Lichtquellen gehören, die Abschirmung von Leuchten sowie der Einsatz geeigneter Leuchtentypen mit entsprechender Beleuchtungsstärke und entsprechendem Spektralbereich. Allerdings ist die Regelung nur für Vorhaben im Außenbereich sowie planfeststellungsersetzende Bebauungspläne relevant (Schroer et al. 2019).

Als weiteres Rechtsinstrument ist die Umsetzung des europäischen Schutzgebietssystems Natura 2000 mit einem Verschlechterungsverbot gemäß § 34 BNatSchG wesentlich. Ein Projekt wie zum Beispiel auch die Errichtung sowie der Betrieb einer Beleuchtung oder einer Lichtshow darf demnach die Erhaltungsziele oder den Schutzzweck maßgeblicher Bestandteile eines Schutzgebiets nicht erheblich beeinträchtigen. Hierzu kann zum Beispiel die Verknappung der Nahrungsgrundlage für Vögel und Fledermäuse durch die Tötung von Insekten an Lichtquellen zählen. Gegebenenfalls ist die Durchführung einer FFH-Verträglichkeitsprüfung notwendig. Das Bundesimmissionsschutzgesetz definiert in § 22 Abs. 1 S. 1 Betreiberpflichten mit einer Vermeidungs- und Minimierungspflicht. Außenbeleuchtungen sind jedoch in der Regel nach BImSchG nicht genehmigungsbedürftig (Schroer et al. 2019).

Auch wenn sie kein Instrument des Gebietsschutzes nach Naturschutzrecht sind, können Sternenparks oder Lichtschutzgebiete eine wichtige Rolle zur Schaffung von Problembewusstsein und Handlungsmotivation liefern (Beispiel aus der Praxis 15).

Beispiel aus der Praxis 15 Sternenparks oder Lichtschutzgebiete

Im Bewusstsein um die wachsende Lichtverschmutzung und die zunehmende Seltenheit von Gebieten mit weitgehend unbeeinträchtigtem Nachthimmel erkennen die UNESCO, die Dark Skies Advisory Group (DSAG) der International Union for Conservation of Nature (IUCN) sowie die International Dark-Sky Association (IDA) anhand eigener Klassifikationssysteme sogenannte Sternenparks oder Lichtschutzgebiete an. Dazu muss unter anderem eine ungewöhnlich starke Dunkelheit des Nachthimmels nachgewiesen werden. In Deutschland war der Naturpark Westhavelland der erste Sternenpark, anerkannt durch die IDA. Wegweisend ist auch die Arbeit des 2014 gegründeten Sternenparks Rhön im UNESCO-Biosphärenreservat Rhön. Als Hauptziel verfolgt die aus der Bevölkerung entstandene Initiative, durch eine umweltverträglichere und optimierte Beleuchtung die natürliche Nachtlandschaft zu bewahren und Lichtverschmutzung zu reduzieren. Kommunen und Gewerbetreibende werden beraten und engagieren sich mit konkreten Maßnahmen.

8.3 Pflege von Grünflächen

Ein großes Potenzial zur Förderung von Insekten im Siedlungsraum stellt eine Extensivierung der Pflege vorhandener Grünflächen dar. Meist werden sie aufwendig und teuer als Rasenflächen gepflegt, ohne in vielen Fällen einen wirklichen Nutzen für Freizeitaktivitäten der Bevölkerung **(Foto 8-4)** zu haben – allerdings ist stets abzuwägen, welche Funktionen jeweils wo überwiegen. In vielen Fällen lassen sich Nutzung und Schutz durch räumliche Trennung innerhalb größerer Freiräume nebeneinander realisieren. Im Prinzip können zur naturnahen Pflege **(Foto 8-5)** die Empfehlungen übertragen werden, die in Kapitel 6.1 zum Grünland und insbesondere in Kapitel 6.1.3 zur schonenden Bewirtschaftung formuliert sind.

Im Rahmen der Initiative Bunte Wiese Tübingen (siehe Beispiel aus der Praxis 16) wurde anhand wissenschaftlicher Untersuchungen gezeigt, dass eine Umstellung des Mahdkonzepts die Artenvielfalt von Tagfaltern und Heuschrecken signifikant erhöhen kann. Hieraus lassen sich folgende Tipps ableiten (Hiller & Betz 2014, Kricke et al. 2014):

- Zu empfehlen für städtische Grünflächen ist eine zweischürige Mahd mit erstem Schnitt Ende Juli bis Mitte August und zweitem Schnitt Ende September bis Mitte Oktober.

Foto: Eckhard Jedicke

Foto 8-4 Auch Rasenflächen haben Sinn und erfüllen Erholungsfunktionen. Es gilt also stets, zwischen verschiedenen Zielen abzuwägen. In größeren Freiräumen können intensive und extensiver genutzte Teilflächen nebeneinander existieren (Park am Gleisdreieck in Berlin-Kreuzberg und -Schöneberg, entwickelt aus einer Bahnbrache).

Sehr nährstoffreiche Grünflächen benötigen einen dritten Mahdtermin im Frühsommer, um durch Nährstoffentzug die Pflanzenvielfalt zu steigern. Dagegen genügt bei nährstoffarmen (wenig wüchsigen) Wiesen ein Mahdtermin Ende September. Bei Vorkommen seltener, mahdsensibler Tierarten sollte das Mahdregime den Ansprüchen dieser Arten angepasst werden.

- Optimal wirken eine mosaikartige Mahd, wobei Bereiche der Grünflächen zeitlich gestaffelt gemäht werden, sowie das Stehenlassen eines Altgrasstreifens.
- Um Altgrasbestände für überwinternde Insekten zu erhalten, kann die Zweitmahd entfallen und stattdessen eine Mahd im April des kommenden Jahres erfolgen. Die hohe Bedeutung ungemähter Strukturen in Tübingen wurde ebenfalls dokumentiert (Unterweger et al. 2018).
- Von großer Wichtigkeit ist das Abtragen des Schnittguts einige Tage nach der Mahd, um eine Eutrophierung zu verhindern. Das anfallende Langgras kann in Kompostierungs- oder Biogasanlagen verwertet werden.

Foto: Eckhard Jedicke

Foto 8-5 Naturnah gestaltete Wiesenfläche mit Übergang in eine Gehölzsukzession – für den Schutz von Insekten optimal (Park auf dem ehemaligen Nordbahnhof, Berlin-Mitte).

- Informationstafeln an einigen Grünflächen sowie das Mähen eines ca. 1 m breiten Streifens am Rand der Langgraswiesen zum Bürgersteig steigern die Akzeptanz in der Bevölkerung.

Beispiel aus der Praxis 16 Bunte Wiese – studentische Initiativen

„Bunte Wiese Stuttgart“ ist eine 2019 von Studierenden der Universität Hohenheim gegründete Initiative, unterstützt von der Universität und dem Staatlichen Museum für Naturkunde Stuttgart. Ihr Ziel ist, die Diversität heimischer Insekten im städtischen Umfeld zu erhalten. Innerhalb des Studiums thematisieren die Studierenden das Insektensterben, entwickeln konkrete Maßnahmen und tragen dies auch in die unterschiedlichen Heimatgemeinden. Die Akteure beraten anhand selbst entwickelter Materialien zur insektenfreundlichen Gestaltung von Grünflächen, stellen aktuelle Informationen aus der Wissenschaft zum Rückgang der Insekten bereit und leisten durch den Aufbau eines Netzwerks und von Veranstaltungen Beiträge zur Umweltbildung in der Öffentlichkeit. Alle vier Wochen proklamieren sie den „Wiesenbewohner des Monats“ (Informationen: https://buntewiese-stuttgart.de/).

Vorbild lieferte die ebenfalls studentische Initiative „Bunte Wiese Tübingen“, die seit 2010 Bestandsaufnahmen der Flora und Fauna im öffentlichen Grün durchführt, artenreiche Modellwiesen zur Demonstration und für Forschungszwecke anlegt, ein extensives Mahdkonzept auf Rasenflächen mit längeren Mähpausen erarbeitet, standortheimische Arten pflanzt und fördert sowie durch Öffentlichkeitsarbeit und Umweltbildung mehr Bewusstsein für innerstädtische Lebensräume schafft (Hiller & Betz 2014, Kricke et al. 2014, Unterweger et al. 2017). Seit 2020 werden Wiesenpatenschaften vergeben, verbunden mit der Aufgabe, botanische und faunistische Artvorkommen zu erfassen.

Informationen:
https://www.buntewiese-tuebingen.de

- Ängste und Vorbehalte mit Bezug auf „verwilderte“ Natur müssen konstruktiv reflektiert werden (Unterweger et al. 2017): Eine Problemfeldanalyse zeigte, dass Naturschutz auf wenig beeinflussten Flächen in der Stadt (verbunden mit der Förderung biologischer Vielfalt) dann besser gelingen kann, wenn die kommunikativen und wertbezogenen Fragen in systematischer Weise genauso bearbeitet werden wie die naturwissenschaftlichen und planerischen. Die Wertschöpfung der Umwelt sollte auf verschiedenen Ebenen – monetär, gesundheitlich, funktionell, aber auch jenseits allen direkten Nutzens – vermittelt werden. Eine scharfe Trennung zwischen „Schutz“ und „Nutzung“ ist dabei meist irreführend und nicht nachhaltig. Partizipativer Naturschutz muss gefördert werden. Mehr Natur ist keine bloße Frage praktischer Umsetzung, sondern Resultat guter Begründung, gelingender Kommunikation und des politischen Willens.

8.4 Eh-da-Flächen

Sogenannte Eh-da-Flächen sind definiert als Offenlandflächen in Siedlungsgebieten und Agrarlandschaften, die weder einer wirtschaftlichen noch einer naturschutzfachlichen Nutzung unterliegen. Sie bieten ein Potenzial zur Aufwertung auch und gerade für den Schutz von Insekten. Es handelt sich zum Beispiel um weg- und straßenbegleitende Flächen, Bahn- und Gewässerdämme, Verkehrsinseln und unterschiedliche Gemeindegrünflächen. Die meisten Eh-da-Flächen verlaufen linear, manche sind aber auch flächig ausgebildet **(Foto 8-6)**. Der häufig verwendete Begriff „Kleinflächen“ ist insofern nicht immer zutreffend, als die Flächen zwar häufig schmal sind, wegen ihrer Länge aber insgesamt große Flächenanteile einnehmen können (Schmid-Egger et al. 2014). Sie bieten sich als ergänzender Teil eines Biotopverbunds an. Die Flächen können gezielt aufgewertet werden, idealerweise festgemacht an den Ansprüchen von Bienen oder anderen Artengruppen als Zielarten – mit folgenden Maßnahmen (Schmid-Egger et al. 2014):

- reduziertes, angepasstes Mahdmanagement von Grünland (siehe Kapitel 6.1.3);
- Anlage von Blühstreifen und Blühflächen (siehe Kapitel 6.2.2, „Strukturen zwischen Äckern“, Seite 171 ff.; insbesondere von Saumbiotopen);
- partielle Offenhaltung von ebenen Rohbodenflächen **(Foto 8-7)**, insbesondere auf Bauflächen, unbefestigten Wegen und Wegrändern, für im Boden nistende Wildbienen durch Befahren mit Maschinen, Grubbern

Foto: Eckhard Jedicke

Foto 8-6 Der ehemalige Flughafen Tempelhof in Berlin wird seit 2008 als Park und Freizeitfläche genutzt und gilt mit 355 ha Fläche als die größte innerstädtische Freifläche der Welt. Ihre Bebauung wurde durch ein Volksbegehren verhindert. Je nach Nutzungsintensität werden auf Teilflächen auch Sukzessionsprozesse zugelassen, manche Wiesenflächen werden durch Schafe beweidet.

Foto 8-7 Ruderalvegetation bezeichnet spontan auftretende Pflanzenbestände auf Flächen, die der Mensch stark veränderte. Ihre Erhaltung möglichst in einem Mosaik unterschiedlicher Sukzessionsstadien ist ein wichtiger Beitrag für den Insektenschutz (Nordpark in Frankfurt-Bonames, Hessen).

Foto 8-8 Trockenmauern ohne Verfugung mit Zement sind für wärmeliebenden Insekten ein wichtiger Lebensraum – und in manchen Fällen haben sie auch eine kulturhistorische Bedeutung (Trockenmauer aus dem 17. Jahrhundert in Lorch, Hessen)

oder Fräsen, vor allem in solchen Fällen, wenn sie in direkter Nachbarschaft zu blütenreichen Strukturen liegen;

- behutsame Pflege vertikaler Rohbodenflächen wie Böschungen, Abbruchkanten, Löss- und Lehmwänden, Hohlwegen, Sand- und Kiesgruben sowie durch Siedlungs- und Straßenbau, durch Entfernen von beschattender Vegetation (von unten oder oben zuwachsend) und Auffrischen der Oberfläche durch Abstechen (eher manuell als maschinell, jeweils nur in Teilbereichen);
- sporadische Pflegeeingriffe in Ruderalflächen, um Verbuschung zurückzudrängen (sofern nicht auch Gehölzstrukturen ein Entwicklungsziel sind), in drei- bis fünfjährigen Abständen;
- Förderung artenreicher Strauch- und Gehölzsäume durch Zulassen natürlicher Sukzession, gegebenenfalls Pflanzung gebietsheimischer Herkünfte und in fortgeschrittenem Alter Gehölzpflege;
- Erhalt und Neupflanzung von Solitärbäumen, Alleen, Streuobst und dergleichen,

insbesondere Belassen alter Bäume und als Tracht für Wildbienen an diesen emporrankendem Efeu (*Hedera helix*); bei bestehender Verkehrssicherungspflicht Erhalt von Hochstubben anstelle einer Fällung, Lagerung entnommenen Holzes als Lebensraum, Nachpflanzung abgängiger Bäume, Pflege von Streuobst;
- langfristiges Belassen von Holzlagerstätten aus der Baum- und Gehölzpflege bis zum vollständigen Zerfall;
- Erhalt, Neuanlage und Offenhaltung von Lesesteinwällen, Steinhaufen und Trockenmauern **(Foto 8-8)**.

Insgesamt können hier die Anlageempfehlungen für Säume und Feldraine in Agrarlandschaften angewendet werden (vgl. Kapitel 6.2.2, „Strukturen zwischen Äckern").

Für die Planung von Eh-da-Flächen empfehlen Deubert et al. (2016), zunächst eine Dokumentation der Potenzialflächen auf lokaler Ebene (zum Beispiel Gemeinde) mit kartografischen Anwendungen (GIS) und Geodaten (Katasterdaten oder Luftbildern) vorzunehmen. Aus diesem Pool wird eine Auswahl an Flächen für Aufwertungsmaßnahmen vorgenommen und mit lokalen Akteuren (zum Beispiel Flächeneigner, Behörden, Verbände) abgestimmt, bevorzugt im oder über den Gemeinderat. In Bezug auf zuvor definierte Schutzziele werden dann Aufwertungsmaßnahmen entwickelt, etwa bei Wildbienen als Zielarten Bruthabitate (Rohbodenbiotope, Alt- und Totholz, Lesesteinhaufen, Trockenmauern) und Trachthabitate (vor allem blütenreiche Flächen) in räumlicher Nähe zueinander, maximal 150 m entfernt (vgl. Hofmann et al. 2020). Bei der Koordination vor Ort hilft ein konkreter Projektplan mit den verschiedenen Aufgaben und jeweils verantwortlichen Akteuren, Aufgaben zur Kommunikation vor Ort (zum Beispiel Veranstaltungen, Amtsblatt, Webseite) sowie zu einer Erfolgskontrolle der Aufwertungsmaßnahmen durch ein Monitoringprogramm.

8.5 Grün-blaue Infrastruktur

Grüne Infrastruktur (GI) hat sich als Antonym (Begriff gegensätzlicher Bedeutung) zur „grauen Infrastruktur" entwickelt, dem notwendigen technisch-organisatorischen Unterbau für die Versorgung und Nutzung eines Gebietes durch den Menschen (wie Siedlungen, Verkehr, Ver- und Entsorgung). Die Europäische Kommission (2013) definiert den Begriff in ihrer Mitteilung „Grüne Infrastruktur (GI) – Aufwertung des Europäischen Naturkapitals" so (zitiert aus BfN 2017: 22):

„Unter grüner Infrastruktur ist ein strategisch geplantes Netzwerk natürlicher und naturnaher Flächen mit unterschiedlichen Umweltmerkmalen zu verstehen, das mit Blick auf die Bereitstellung eines breiten Spektrums an Ökosystemdienstleistungen angelegt und dementsprechend bewirtschaftet wird. Es umfasst terrestrische und aquatische Ökosysteme sowie andere physische Elemente in Land- (einschließlich Küsten-) und Meeresgebieten. Grüne Infrastruktur befindet sich im terrestrischen Bereich sowohl in urbanen als auch in ländlichen Räumen."

Zur nationalen Umsetzung der EU-Vorgaben sowie als Entscheidungsgrundlage für Planungen des Bundes hat das Bundesamt für Naturschutz (BfN 2017) ein Bundeskonzept Grüne Infrastruktur (BKGI) vorgelegt, das auf einem Fachgutachten fußt (Heiland et al. 2017). Wichtig ist die Funktion der GI als Netzwerk: Es bedarf wie im Biotopverbundkonzept der Gewährleistung funktionaler, nicht lückenloser räumlich-struktureller Verbindungen, um zum Beispiel die Wanderung/den Austausch von Pflanzen- und Tierindividuen und den Frischlufttransport zu ermöglichen. GI ist gleichermaßen im besiedelten wie im unbesiedelten Raum zu gewährleisten, sodass auf die Spezifika der unterschiedlichen Anforderungen an GI (zum Beispiel lufthygienische und Erholungsfunktionen in Ballungsräumen) eingegangen werden kann.

Als blaue Infrastruktur werden natürliche und künstliche Gewässer beschrieben, die häufig mit grüner Infrastruktur assoziiert sind. Wasser in der Stadt gewinnt aufgrund des fortschreitenden Klimawandels mit seinem kühlenden Effekt eine wachsende Bedeu-

Fotos: Eckhard Jedicke

Foto 8-9 Beispiel grün-blauer Infrastruktur – mit sehr geringer Bedeutung für Insekten, aber als historisch entstandener Park mit physisch-sozialen Funktionen für die Menschen (Invalidenpark in Berlin-Mitte).

Foto 8-10 Historische Parkanlagen wie hier ein Randbereich des Stadtparks in Franzensbad (Böhmen, Tschechien) können mit ihren teils alten Baumbeständen auch für den Insektenschutz wichtige Funktionen übernehmen.

tung auch für das menschliche Wohlergehen. Für Insekten und die Biodiversität insgesamt stellt die grün-blaue Infrastruktur, auch unter Integration der vorstehend beschriebenen Ehda-Flächen, die wesentlichen Elemente eines Biotopverbundsystems im Siedlungsraum dar. Wichtig erscheint, dass neben dem Schutz der Biodiversität im Siedlungsraum – vielleicht wichtiger noch als die Erhaltung und Entwicklung von Artenvorkommen und artenreichen, charakteristischen Biozönosen – der Zweck der Erlebnis- und Erholungsfunktion für die dort lebenden und arbeitenden Menschen erfüllt wird. Grün-blaue Infrastruktur in Städten fördert insgesamt die Lebensqualität und Attraktivität von Städten und trägt zur Daseinsvorsorge bei, sie gilt als Voraussetzung für ein gutes Leben in Städten (Hansen et al. 2017: 3): „Urbane grüne Infrastruktur ist ein Netzwerk aus naturnahen und gestalteten Flächen und Elementen in Städten, die so geplant und unterhalten werden, dass sie gemeinsam eine hohe Qualität in Hinblick auf Nutzbarkeit, biologische Vielfalt und Ästhetik aufweisen und ein breites Spektrum an Ökosystemleistungen erbringen." Sehr unterschiedliche Beispiele urbaner grün-blauer Infrastruktur sind landschaftsarchitektonisch gestaltete Parkanlagen mit künstlichen Gewässern **(Foto 8-9)**, ebenso wie historische Grünanlagen **(Foto 8-10)**, naturnahe Gärten **(Foto 8-11)** und naturschutzrechtliche Kompensationsmaßnahmen **(Foto 8-12)**.

In **Grafik 8-1** werden Schritte auf dem Weg zur urbanen grün-blauen Infrastruktur illustriert: von der Festlegung von Zielen, die Identifizierung der Flächenkulisse, die Planung nach fünf Prinzipien, die Qualifizierung von Elementen der grünen Infrastruktur bis hin zur

Foto: Eckhard Jedicke

Foto 8-11 Auch Nutzgärten können eine wichtige Rolle für den Insektenschutz spielen – wie diese Biogärtnerei bei Wien (Maria Enzersdorf, Niederösterreich).

Foto: Eckhard Jedicke

Foto 8-12 Zur Kompensation der Beseitigung ehemaliger Gleisanlagen geschaffene Fläche mit „Ökoschotter“ aus Grauwacke, typischem Gleisbettmaterial – im Unterschied zu für den Naturschutz wertlosen Schottergärten ist hier eine langsame Sukzession gewünscht (Park am Gleisdreieck in Berlin-Kreuzberg und -Schöneberg).

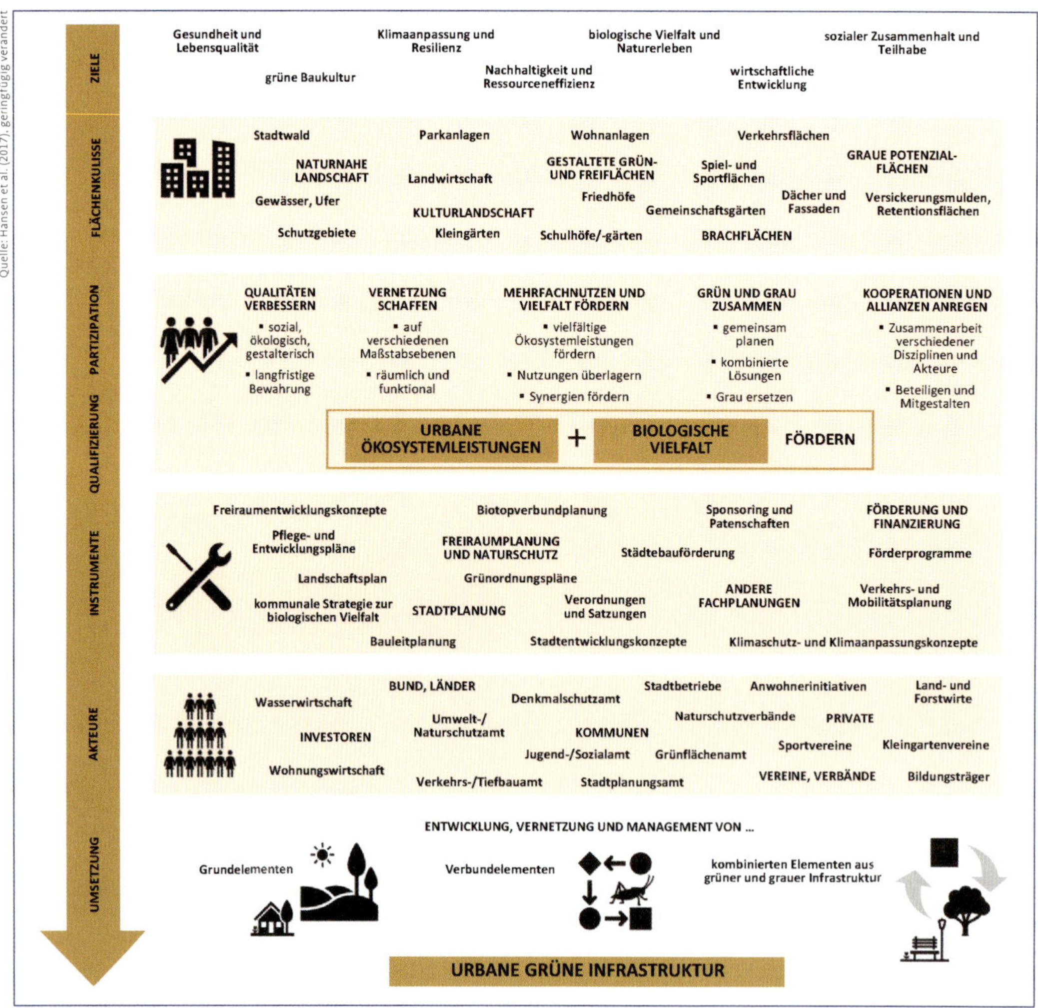

Quelle: Hansen et al. (2017), geringfügig verändert

Grafik 8-1 Schritte auf dem Weg zur urbanen grün-blauen Infrastruktur.

Tab. 8-1 Beispielhafte Maßnahmen grün-blauer Infrastruktur im urbanen Raum, um gleichzeitig Ökosystemleistungen und biologische Vielfalt zu fördern (Hansen et al. 2017, verändert).

Bestandteile urbaner grün-blauer Infrastruktur	**Beispiele für Ökosystemleistungen**		**Möglichkeiten zur Qualifizierung von biologischer Vielfalt und Ökosystemleistungen**
Parkanlagen	kulturell	Kontakt zu Stadtnatur fördert ästhetisches Vergnügen und Naturbeziehung	Einsaat artenreicher Rasen- und Wiesenmischungen auf intensiv gepflegten Rasenflächen
	regulierend	Temperaturregulierung durch Beschattung und Verdunstung	Förderung der Neupflanzung von großkronigen, schattenspenden Laubbäumen
	bereitstellend	Angebot essbarer Wild- und Nutzpflanzen	Anpflanzung standortgerechter Heckenpflanzen, Beerensträucher und Obstbäume
grüne Straßenräume	kulturell	Förderung von sozialem Zusammenhalt, körperlicher Aktivität und Stressreduktion	Erhöhung der Aufenthaltsqualität multifunktionaler Straßenräume durch Gestaltung mit vielfältigem Grün wie Straßenbäumen, Baumbeeten und Fassadengrün
	regulierend	Bindung von Feinstaub und anderen Luftschadstoffen	Pflanzung von Bäumen und Sträuchern, Anlage von Fassaden- und Dachbegrünungen und Begrünung von Balkonen, Dachterrassen und ähnlichen Flächen
Stadtwälder	kulturell	Förderung des Naturerlebens	Umwandlung von Wäldern in Laubmischwälder mit standortgerechten und -heimischen Baumarten und einem Tot- und Altholzanteil von 10 %
	bereitstellend	Trinkwasserversorgung	Entwicklung standortangepasster Laubwaldbestände und Laub-Nadel-Mischbestände mit möglichst hohem Laubholzanteil, unter Berücksichtigung einheimischer Arten
urbane Gärten	kulturell	Förderung der Integration und Erholung	Neuanlage und Erhaltung von Kleingärten und neuen Formen urbanen Gärtnerns, wie Gemeinschaftsgärten und interkulturellen Gärten
	bereitstellend	Versorgung mit Nahrungsmitteln	Anbau alter Nutzpflanzensorten
Friedhöfe	kulturell	Erfahrung kulturellen Erbes	Anwendung von Pflegekonzepten, die eine Umwandlung von Rasenflächen in Wiesen in dafür geeigneten ungenutzten Friedhofsbereichen ermöglichen
Fließ- und Stillgewässer	kulturell	ästhetisches Vergnügen, Förderung von Naturbeziehung	Renaturierung zur Förderung der Habitat- und Strukturvielfalt und ästhetischen Erlebniswirksamkeit
	regulierend	temperaturregulierend durch Verdunstung	Förderung des Retentionsvermögens, Rückhalt des Niederschlagswassers in der Stadt

Auswahl von Instrumenten und Akteuren für Umsetzung sowie langfristiges Management der grünen Infrastruktur (weitergehende Erläuterungen siehe Hansen et al. 2017). Argumentativ hilft hierbei die Anwendung des Konzepts der Ökosystemleistungen, um zu verdeutlichen, welch vielfältige Leistungen die Biodiversität und weitere Umweltfaktoren für die menschliche Gesellschaft erbringen. Tabelle 8-1 illustriert einen Ausschnitt des Spektrums sinnvoller Maßnahmen. Die Quantifizierung des Flächenbedarfs ist schwierig, idealerweise erfolgt eine Orientierung an der 10-%-Forderung für den Biotopverbund gemäß § 20 BNatSchG, jedoch setzt die Flächenverfügbarkeit gerade in den größeren Städten in der Regel wesentlich engere Grenzen. Umso wichtiger ist es daher, die vorhandenen Flächen für die zu definierende Zielvielfalt optimal zu entwickeln, auch, aber keinesfalls ausschließlich für die (Insekten-) Biodiversität. Trapp & Winkler (2020) empfehlen daher, bei jeglichen Planungen, welche die grün-blaue Infrastruktur betreffen (können), bei der Prozessplanung und in der Ausschreibung von Aufträgen an externe Büros Budgets für eine intensivere Vernetzung der Planungsakteure auszuweisen, um unterschiedliche Zielsetzungen an identische Flächen bestmöglich zu integrieren und die Komplexität der Aufgaben adäquat bearbeiten zu können. Relevante Akteure und deren Interessenlagen sind frühzeitig zu ermitteln.

Die Bestandteile grün-blauer Infrastruktur im urbanen Raum sind in Tab. 8-1 anhand ihrer Ökosystemleistungen illustriert – ein Konzept, um die Multifunktionalität von Räumen mit Leistungen der Biodiversität und Ökosysteme für die menschliche Gesellschaft zu illustrieren (zum Beispiel Grunewald & Bastian 2012, von Haaren et al. 2019). Diese Maßnahmen können wesentlich auch die Lebensraumfunktion für Insekten verbessern, wenn die verschiedenen in diesem Buch beschriebenen Maßnahmen berücksichtigt und für die verschiedenen Insektengruppen relevante Strukturen gefördert werden – wie ein permanentes Blütenangebot über die gesamte Vegetationsperiode, ein hoher Anteil heimischer Pflanzenarten als Wirtspflanzen und Nektarspender, Alt- und Totholz in verschiedenen Qualitäten oder Offenbodenstellen als Nistplätze.

8.6 Biophilic Design, Animal-Aided Design

Das Konzept des Biophilic Design – die Gestaltung von Gebäuden ebenso wie Stadträumen unter Integration von Elementen der natürlichen oder naturnahen Umwelt – hat zum Ziel, eine naturnahe Lebensumgebung für den Menschen zu schaffen (Kellert & Wilson 1993). Ziel ist nach Kellert & Calabrese (2018), einen guten Lebensraum für den Menschen als biologischen Organismus in der modernen bebauten Umwelt zu schaffen, welcher die Gesundheit, Fitness und das Wohlbefinden der Menschen fördert – also ein anthropozentrischer Ansatz. Das heißt, Naturschutz im Siedlungsraum wird biologische Vielfalt nicht nur um ihrer selbst willen erhalten, sondern diese dient auch uns selbst für Erlebnis, Entspannung, Erholung und Inspiration (Biercamp et al. 2018). Als Merkmale biophilen Designs sehen Kellert & Calabrese (2018):

- (i) direkte Naturerfahrung mit Licht, Luft, Wasser, Pflanzen und Tieren, Witterung, natürlichen Landschaften und Ökosystemen sowie Feuer;
- (ii) indirekte Naturerfahrung mit Bildern der Natur, natürlichen Materialien oder Farben;
- (iii) Erfahrungen von Raum und Ort wie organisierter Komplexität, Übergangsräumen und kulturellen und ökologischen Bindungen an Orte.

Was kann dieses Konzept für den Insektenschutz bedeuten? Eine hohe Strukturvielfalt mit naturnahen Elementen im Siedlungsraum trägt gleichermaßen zum Wohlbefinden der Menschen wie zur Insektendiversität bei. Eine große Arten- und Individuenzahl von Insekten ermöglicht Naturerfahrungen für die Menschen in ihrem direkten Wohnumfeld. Gerade blühende Pflanzen und die Beobachtung von Tieren erlauben den Menschen Naturerfahrungen und fördert Akzeptanz und Unterstützungsbereitschaft für den Naturschutz – was nicht allein aus biozentrischer Sicht aufgrund des Eigenwerts von Arten oder aufgrund rechtlicher Verpflichtungen notwendig ist, sondern gleichermaßen zur Steigerung der Lebensqualität für die hier lebenden Menschen.

Animal-Aided Design (AAD) zielt hingegen darauf ab, in der Stadt- und Freiraumplanung von Beginn an die Ansprüche stadtbewohnender Tiere zu integrieren und so Städte als naturverbundene Umgebung zu entwickeln, in welchen die Menschen Tiere erleben können (Apfelbeck et al. 2020). Die Methode ist eingebunden in den regulären Planungsprozess. Für einen Ausschnitt Ingolstadts wird das im Beispiel aus der Praxis 17 erläutert. Dazu werden Zielarten ausgewählt und Artsteckbriefe entwickelt (vgl. Kapitel 5.2.1, Zielarten). Erfolgsfaktoren sind (Apfelbeck et al. 2020)

- (i) interdisziplinäre Planungsteams, die Ökologen frühzeitig einbeziehen,
- (ii) Berücksichtigung des gesamten Lebenszyklus der Zielarten,
- (iii) fortlaufendes Monitoring der Entwicklung nach Umsetzung der Pläne,
- (iv) Einbeziehung von Interessengruppen und partizipatorische Ansätze.

Initiativen in der Stadtbevölkerung zielen zunehmend auch auf den Insektenschutz ab

Beispiel aus der Praxis 17 Ingolstadtnatur – eine Anwendung des Animal-Aided Design

Die Stadt Ingolstadt hat sich mit der Idee eines Stadtparks an der Donau das Ziel gesetzt, zwischen den Ansprüchen der Entwicklung der Donau als Biotopverbundachse mit sehr bedeutsamen Artenvorkommen, FFH- und Vogelschutzgebieten und als Frischluftschneise einerseits sowie wertvollen Funktionen für Erholung, Mobilität und Wohnen der Ingolstädter Bevölkerung andererseits zu vermitteln. Durch eine bessere Erschließung des innerstädtischen Donauraumes soll die Mitte der Stadt gestärkt und besser mit Freiräumen versorgt werden, gleichzeitig sollen die Durchgängigkeit und die Lebensbedingungen des städtischen Donauraums für Tiere verbessert werden.

Mithilfe der Entwurfsmethode Animal-Aided Design wurden die freiraumplanerischen und ökologischen Zielsetzungen miteinander kombiniert, entwickelt in einem studentischen Projekt der Universität Kassel und der Technischen Universität München. Auf unterschiedlichen Maßstabsebenen und für unterschiedliche Zielarten wurden Konzepte und Ideen zur ökologischen und städtebaulichen Aufwertung der jeweiligen Planungsgebiete entworfen und Maßnahmen zur Vernetzung mit den Naturschutzgebieten östlich und westlich der Stadt entwickelt. Neben Vögeln und Säugetieren wie Eisvogel (*Alcedo atthis*), Gartenrotschwanz (*Phoenicurus phoenicurus*) und Großer Abendsegler (*Nyctalus noctula*) wurden auch Zielarten der Insekten wie Blauschwarze Holzbiene (*Xylocopa violacea*), Landkärtchen (*Araschnia levana*) und Großer Schillerfalter (*Apatura iris*) bearbeitet. Anhand der Habitatansprüche der Zielarten – die allesamt in den Natura-2000-Gebieten vorkommen – wurden Vorschläge entwickelt, wie die durch Infrastruktur und Bebauung eingeschränkte Konnektivität und Funktionalität der grünen Infrastruktur verbessert und zugleich der künftige Stadtpark besser für Erholungssuchende erschlossen werden kann.

Das Vorkommen von Tieren wird in allen Entwürfen als Gestaltungselement verstanden, mit dem eine besondere Erlebnisqualität des Stadtparks Donau zu allen Tages- und Nachtzeiten erzeugt werden soll – vom frühmorgendlichen Gesang und der „Flugshow“ des Gartenrotschwanzes über die tagaktiven Akteure auf der „Donaubühne“ bis hin zum nächtlichen „Glühwürmchenplanetarium“. Die Ansprüche der Tiere inspirierten die Studierenden zu innovativen Entwurfslösungen, wie das Anlegen von Staudenbeeten, in denen Brennnesseln als Zierpflanzen ihren Platz haben, oder die Nutzung von Totholz als Abenteuerspielplatz.

Quelle: Bischer et al. (2018)

– seien es Themen wie Stadtimkern, bunte Wiesen oder beispielsweise Erhalt alter Baumbestände. Die Bestrebungen sollten durch Konzepte wie Biophilic oder Animal-Aided Design im Rahmen der Schaffung grün-blauer Infrastruktur künftig generell in Stadt- und Freiraumplanung integriert werden.

8.7 Flächenverbrauch reduzieren

Insektenschutz benötigt gerade im Siedlungsraum Flächen, die für Insekten geeignet gestaltet werden können: Der hohe Versiegelungsgrad im urbanen Raum durch Gebäude, Straßen und Wege, Flächen des ruhenden Verkehrs oder versiegelte Plätze schränkt den Lebensraum für Insekten massiv ein (Kapitel 3.1.2) – dennoch schreitet der Flächenverbrauch weiter voran **(Foto 8-13)**. Abgesehen von vertikaler Begrünung, Balkon- und Dachbegrünung sowie Straßenbäumen und ähnlichen Möglichkeiten zur Grünraumgestaltung im Straßenraum bleiben wenige Chancen, Insekten zu fördern. Umso wichtiger ist für den Insektenschutz ebenso wie für alle anderen Schutzgüter, den Flächenverbrauch insgesamt gerade im Siedlungsraum zu begrenzen und ausreichend Fläche für die grün-blaue Infrastruktur auch als Lebensraum für Insekten zu erhalten.

Welche Quantität indes als ausreichend anzusehen ist, kann schwierig bemessen werden, zumal hier ein klassischer Zielkonflikt besteht: zwischen Innenverdichtung und flächensparendem Bauen einerseits, um das Siedlungswachstum in die offene Landschaft möglichst stark zu begrenzen, und einem Biotopverbund mit notwendigen Flächen an naturnahen Strukturen andererseits. Da Fläche im urbanen Raum knapp und teuer ist, kommt es umso mehr auf eine optimale und multifunktionale Gestaltung der verfügbaren Freiräume und Strukturen an. Notwendigkeit und Umfang von Planungen und Projekten, welche neu versiegelte Flächen zur Folge haben werden, sind in jedem Einzelfall kritisch zu prüfen, und die Versiegelung ist auf ein unbedingt notwendiges Maß zu beschränken. Wo Bodenversiegelungen nicht mehr erforderlich sind, sollten diese zum Beispiel durch Kompensationsmaßnahmen entsiegelt und so naturnah wie möglich gestaltet werden.

Foto: Eckhard Jedicke.

Foto 8-13 Nach wie vor verursacht das Bauen „auf der grünen Wiese“ einen starken Flächenverbrauch, welcher auch zulasten des Insektenschutzes geht. Die Wiedernutzung brach gefallener Bauflächen ist in der Regel zu bevorzugen, kann jedoch auch im Widerspruch zur Erhaltung sich entwickelnder grüner Infrastruktur und Eh-da-Flächen stehen.

Fazit für die Praxis

- Kommunen kommt eine Schlüssel- und Vorbildfunktion zur Umsetzung des Insektenschutzes im Siedlungsraum zu. Sie übernehmen zugleich eine Beispielrolle für den privaten und gewerblichen Bereich.
- Besonders wichtige Maßnahmen betreffen (i) Blühflächen (Wiesen aus regionalem Saatgut) statt intensiv gepflegter Rasen, (ii) artenreiche Säume entlang von Hecken, Baumbeständen und Mauern, (iii) kostensparende Lagerung von Laub und Heckenschnitt unter Hecken, Bäumen und Randbereichen, (iv) „wildes Grün" etwas abseits und sichtentzogen, wo nur bei unbedingter Notwendigkeit eingegriffen wird, (v) Nisthilfen für Wildbienen (eher als umweltpädagogische Maßnahme), (vi) Lichtmanagement.
- Insektenschonende Beleuchtung ist bei jeder energetischen Sanierung der Straßenbeleuchtung und auch im privaten und industriell-gewerblichen Bereich zu realisieren. Beleuchtung darf nur nach definierten Anforderungen erfolgen. Die Lichtleistung in Wohngebieten für befestigte und zu beleuchtende Flächen soll zwischen 5–7 Lumen/m^2 liegen und in zu beleuchtenden Gewerbegebieten 35 lm/m^2 nicht überschreiten. Zu wählen ist warmweißes LED-Licht mit geringen Blauanteilen und einer Farbtemperatur von ca. 2000 bis maximal 3000 Kelvin. Licht darf nur nach unten und nicht zur Seite oder nach oben strahlen.
- Die extensivierte Pflege von Grünflächen kann durch Initiativen aus der Bevölkerung beschleunigt werden. Eh-da-Flächen sollten systematisch erfasst und dann für die Umsetzung von aufwertenden Maßnahmen priorisiert werden.
- Eine urbane grün-blaue Infrastruktur fördert nicht nur den Biotopverbund, sondern trägt auch zur klimatischen Verbesserung bei und hat Erlebnis- und Erholungswirkung für den Menschen. Sie bedarf einer vorausschauenden Planung, zum Beispiel nach dem Konzept des biophilen Designs.
- Zentral ist eine starke Reduktion des Flächenverbrauchs.

9 Fazit und Ausblick

ECKHARD JEDICKE

Ohne Zweifel: Das Insektensterben ist Fakt

Das Insektensterben ist in Mitteleuropa und global zweifelsfrei erwiesen – mit einem drastischen Rückgang der Diversität, Dichte (Abundanz) und Biomasse der Insekten (vgl. Kapitel 1 und 2). Davon sind gleichermaßen alle funktionellen Gruppen – Herbivore, Zersetzer, Parasitoide, Räuber und Bestäuber – und entsprechend vielfältige Ökosystemleistungen betroffen (Harvey et al. 2020). Diesen massiven Rückgang spiegelt auch die Populationsentwicklung insektivorer Wirbeltiere wider, etwa der Vögel (Kapitel 1.1); denn die meisten Arten sind mindestens in der Brutzeit Insektenfresser. Damit ist das Insektensterben ein unmissverständliches Warnsignal, dringend nicht allein für den Insektenschutz, sondern zur Förderung der Biodiversität insgesamt zu handeln. Es besteht ein starker wissenschaftlicher Konsens, dass der Rückgang der Insekten, anderer Arthropoden und der Biodiversität als Ganzes eine sehr reale und ernsthafte Bedrohung darstellt, die von der Gesellschaft dringend angegangen werden muss (Harvey et al. 2020).

Die Ursachen des Insektensterbens sind ebenso wie für die Biodiversitätsverluste generell vielfältig und werden allesamt von anthropogen bedingten Faktoren angetrieben. In der Reihenfolge abnehmenden Einflusses sind dieses Landnutzungswandel, Klimawandel, Einträge atmosphärischer Stickstoffverbindungen und Ausbreitung von Neobiota (Díaz et al. 2019, Sala et al. 2000). Diese Ursachen analysieren Kapitel 3 und 4 anhand der internationalen Literatur. Auch wenn nach wie vor Kenntnislücken zu zahlreichen Details bestehen: Die Wissenschaft publizierte mehr als genügend Belege für die Dimension und dahinterliegende Ursachen des Insektensterbens, um Gegenmaßnahmen ergreifen zu können (Harvey et al. 2020, Samways et al. 2020). Diese werden in den Kapiteln 5 bis 8 für die hauptsächlich relevanten Flächentypen und Nutzungen, ebenfalls fußend auf einer Literaturauswertung, beschrieben: für Agrarlandschaften, für den Wald sowie für Siedlungs- und Verkehrsflächen.

Deutlich zeigen die aufgezeigten Handlungsoptionen, dass es nicht genügt, spezifische Maßnahmen für einzelne Flaggschiffarten oder Insektengruppen zu ergreifen. Vielmehr bedarf es eines grundlegenden Wandels in der Landnutzung und Landschaftsgestaltung ganz generell: Stopp und Umkehr des Insektensterbens können nur dann gelingen, wenn die Gesellschaft zu einem geradezu radikalen Wandel im Sinne einer starken Nachhaltigkeit bereit ist. Somit kann und muss das Warnsignal des Insektensterbens zum Auslöser und Trigger einer grundlegenden Wende in der Art und Weise unseres Umgangs mit den natürlichen Ressourcen werden. Darin liegt eine besondere Chance in der großen Aufmerksamkeit, welche das Insektensterben aktuell in der öffentlichen Debatte weckt.

Ein Fahrplan zum Insektenschutz

Besonders zwei internationale Publikationen haben jüngst den Standpunkt der Wissenschaft deutlich gemacht, beide verfasst von einem großen Kollektiv renommierter Insektenkundler und Ökologen: Harvey et al. (2020) skizzieren eine kurzgefasste *roadmap* für den Insektenschutz und Samways et al. (2020) fassen in einem Reviewartikel Lösungen für den Insektenschutz in den wesentlichen Ökosystemen zusammen. Diese Lösungen sind in großen Teilen ausführlicher in den Kapiteln 5 bis 8 dargestellt, fokussiert auf den mitteleuropäischen Raum. Sie konzentrieren sich auf No-regret-Lösungen – also Maßnahmen, die nicht allein für den Insektenschutz, sondern auch aus weiteren Gründen sinnvoll oder notwendig sind.

Wörtlich übersetzt, wird man diese Maßnahmen – auch unabhängig von den angestrebten Zielen für den Insektenschutz – nicht bereuen, weil sie einen mehrfachen Nutzen haben: etwa für die Biodiversität insgesamt, als Beitrag zu Klimaschutz und Klimaanpassung, für den Boden- und Gewässerschutz oder zur Förderung von Ökosystemleistungen. In der öffentlichen Debatte um den Insektenschutz gilt es vor allem auch das zu kommunizieren: Es geht nicht allein und auch nicht primär darum, ob wieder mehr Bienen, Libellen, Heuschrecken und Tagfalter unsere Umwelt bevölkern. Sondern gefragt sind Ziele und Maßnahmen, die einen Mehrfachnutzen, eine Multifunktionalität für Natur und Landschaft, für die Lebensfähigkeit von Ökosystemen und ganz besonders für das menschliche Wohlergehen besitzen.

Harvey et al. (2020) unterscheiden in ihrem Fahrplan drei Maßnahmenstufen, die hier für den mitteleuropäischen Raum spezifiziert, ergänzt und weitergehend formuliert werden **(Grafik 9-1)**:

(i) Sofortmaßnahmen sollen das Insektensterben bremsen und stoppen; sie werden unten zusammengefasst. Dazu bedarf es regionsspezifisch und auf den verschiedenen Maßstabsebenen – ebenfalls unten erläutert – einer Priorisierung, um sich auf die am besten wirksamen Maßnahmen und Regionen zu konzentrieren und die notwendige Quantität und Qualität der Maßnahmenumsetzung zu erreichen. Die Realisierung benötigt finanzielle Mittel, welche zum Teil bereits zur Verfügung stehen oder entsprechend ausgerichtet werden müssen – auch hierzu folgen nachstehend Anregungen. Zugleich ist die Bewusstseinsbildung entscheidend.

(ii) Mittelfristige Maßnahmen betreffen die wissenschaftliche Forschung, um die ablaufenden Veränderungen der Insektendiversität besser zu verstehen, Lösungen zielgerichteter auszurichten und ihre Effizienz zu verbessern. Harvey et al. (2020) nennen hierzu folgende Forschungsbereiche:
- Quantifizierung zeitlicher Trends in der Insektendiversität, -abundanz und -biomasse durch Extraktion langfristiger Datensätze aus bestehenden Datensammlungen, um neue Zählungen zu ermöglichen;
- Untersuchung der Bedeutung verschiedener anthropogener Stressoren, die einen Rückgang der Insektenzahl innerhalb und zwischen verschiedenen Taxa verursachen;
- Initiierung von Langzeitstudien zum Vergleich von Insektenvorkommen und -vielfalt in verschiedenen Lebensräu-

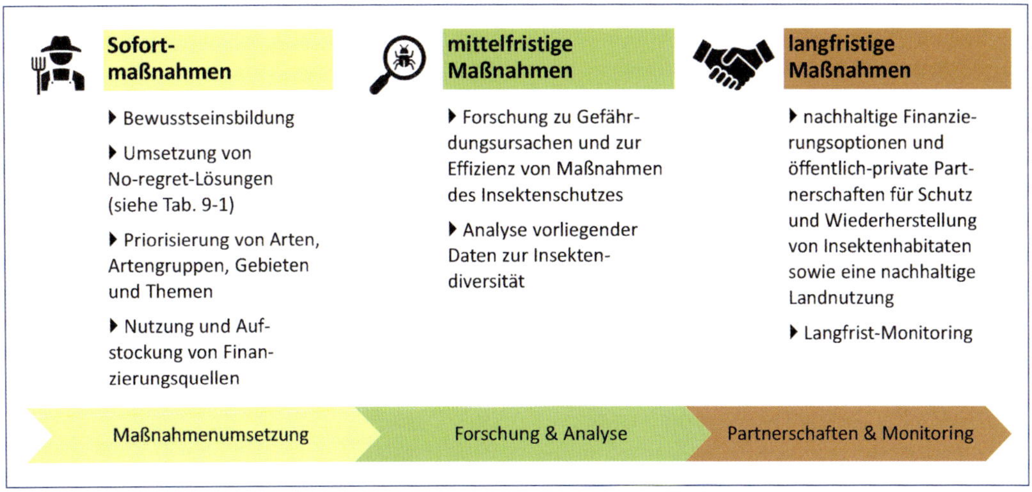

Sofortmaßnahmen	**mittelfristige Maßnahmen**	**langfristige Maßnahmen**
▸ Bewusstseinsbildung ▸ Umsetzung von No-regret-Lösungen (siehe Tab. 9-1) ▸ Priorisierung von Arten, Artengruppen, Gebieten und Themen ▸ Nutzung und Aufstockung von Finanzierungsquellen	▸ Forschung zu Gefährdungsursachen und zur Effizienz von Maßnahmen des Insektenschutzes ▸ Analyse vorliegender Daten zur Insektendiversität	▸ nachhaltige Finanzierungsoptionen und öffentlich-private Partnerschaften für Schutz und Wiederherstellung von Insektenhabitaten sowie eine nachhaltige Landnutzung ▸ Langfrist-Monitoring
Maßnahmenumsetzung	Forschung & Analyse	Partnerschaften & Monitoring

Quelle: in Anlehnung an Harvey (2020), stark verändert und ergänzt

Grafik 9-1 Fahrplan zum Insektenschutz, Teil 1.

men und Ökosystemen entlang eines Gradienten der Bewirtschaftungsintensität und an der Schnittstelle von landwirtschaftlichen und naturnahen/halbnatürlichen Lebensräumen;
- Entwicklung und Validierung insektenfreundlicher Techniken, die in der Landwirtschaft, in bewirtschafteten Lebensräumen und in städtischen Gebieten wirksam, lokal relevant und wirtschaftlich tragfähig sind.

(iii) Langfristige Maßnahmen sollen der Nachhaltigkeit der Bemühungen dienen und erfordern ebenfalls entscheidende konzeptionelle Beiträge aus der Wissenschaft. Hierzu nennen Harvey et al. (2020) beispielhaft folgende Aufgaben:
- Einführung nachhaltiger Finanzierungsinitiativen und öffentlich-privater Partnerschaften mit dem Ziel des Schutzes, der Wiederherstellung und der Schaffung neuer lebenswichtiger Insektenhabitate sowie der Bewältigung der wichtigsten Bedrohungen – verknüpft mit einer grundlegenden Neuausrichtung anthropogener Landnutzungen anhand von Kriterien der Nachhaltigkeit;
- Intensivierung der Forschung, um die Bewertung der biologischen Vielfalt zu verbessern und hierbei regionale Kapazitäten in wenig erforschten und vernachlässigten Gebieten (bezogen auf selten untersuchte Artengruppen, Landschaftsräume und Regionen) aufzubauen – und um bei der Festlegung prioritärer Arten, Gebiete und Themen zu unterstützen;
- weltweite Förderung und Anwendung standardisierter Monitoringprogramme mit Einrichtung langfristiger Beobachtungsflächen sowie die verstärkte Unterstützung bestehender Monitoringsysteme;
- Einrichtung eines internationalen Leitungsgremiums unter der Schirmherrschaft bestehender Organisationen (zum Beispiel des Umweltprogramms der Vereinten Nationen [UNEP] oder der Internationalen Union für Naturschutz [IUCN]), die Auswirkungen der vorgeschlagenen Lösungen auf die biologische Vielfalt der Insekten längerfristig dokumentiert und überwacht; Gleiches ist abgestimmt auf nationaler Ebene zu realisieren.

Sofortmaßnahmen: umgehend handeln, langfristig fortsetzen

In **Grafik 9-1** definiert der zeitliche Rahmen (sofort, mittelfristig und langfristig) den Beginn des Umsetzungszeitraums: Die Sofortmaßnahmen können und müssen umgehend starten, das notwendige Knowhow liegt vor. Aber sie müssen auch mittel- und langfristig fortgesetzt werden, um die Ziele zu erreichen. **Tabelle 9-1** fasst wesentliche Maßnahmen zusammen, gegliedert nach den Hauptökosystemtypen sowie weitergehenden Maßnahmen. Ihr größter Teil ist in den Kapiteln 5 bis 8 beschrieben, eine Vollständigkeit kann jedoch aus Umfangsgründen weder dort noch in der Tabelle erreicht werden. Sie zielen überwiegend auf die Lebensbedingungen der Insekten ab. Der Schutz einzelner Insektenarten kann weitere spezifische Schutzbemühungen erfordern – für die Biodiversität der Insekten insgesamt sind jedoch die unter dem Schirm des Biotopschutzes stehenden eher allgemeinen Maßnahmen sehr viel wichtiger.

Die Maßnahmen betreffen unterschiedliche Maßstabsebenen und Raumdimensionen (ähnlich Samways et al. 2020): (i) Mikrohabitate, (ii) Landschaftsmerkmale auf der Mesoebene, (iii) Landschaften als lokale Ebene (Kommunen, Landkreise), (iv) Regionen, Bundesländer und nationale Ebene mit Zielen der Naturschutz- und Landnutzungspolitik, (v) die globale Dimension, in welcher die Umweltpolitik den Insektenschutz mit der Eindämmung des Klimawandels in Einklang bringt. Je nach Raumebene müssen Maßnahmen, Akteure und Adressaten unterschiedlich definiert werden. Die in diesem Buch beschriebenen Maßnahmen konzentrieren sich auf die Ebenen (i) bis (iii). Dennoch erfordert ihre Umsetzung auch Weichenstellungen in den Ebenen (iv) und (v) – insbesondere politischen Rahmenbedingungen und Finanzierungsinstrumente.

Tab. 9-1 Fahrplan zum Insektenschutz, Teil 2, als Übersicht kurzfristig einzuleitender Sofortmaßnahmen für Schutz und Entwicklung der Insektenfauna, zusammengestellt anhand der Kapitel 5 bis 8.

Nr.	Maßnahmen-Cluster	exemplarische Anknüpfungspunkte zur Umsetzung
1	**grundlegende Maßnahmen**	
1.01	Klimaschutz und Anpassung an die Folgen des Klimawandels fördern	• Betroffenheit und Handlungsbereitschaft in der Öffentlichkeit fördern durch Aufzeigen phänologischer und räumlicher Veränderungen von Insektenvorkommen (Verschwinden klimasensibler Arten, Ausbreitung von Klimaprofiteuren) • Biotopverbund als Strategie zur Klimaanpassung des Naturschutzes umsetzen • Wasserrückhalt verstärken, Moore und Gewässer renaturieren
1.02	extensive, multifunktionale Landnutzungen (wieder) einführen	• Multifunktionalität statt einseitiger Ausrichtung auf Nahrungsmittel- (und Bioenergie-) Produktion in der Landwirtschaft entwickeln • Maßnahmen aus Cluster 2 realisieren (Agrarlandschaften, s. u.)
1.03	Nährstoffniveau in der Landschaft reduzieren	• Düngung massiv senken, bedarfsorientiert und am Konzept der *critical loads* ausrichten • Emissionen an der Quelle verringern (besonders von Stickstoff) • auf Naturschutzflächen Nährstoffe im Boden aktiv entziehen
1.04	Einsatz von Pestiziden und deren Umweltwirksamkeit verringern	• mindestens Kriterien der guten fachlichen Praxis und des integrierten Pflanzenschutzes anwenden (dieses allein reicht jedoch nicht aus) • Zulassungspraxis fundierter an Wirkungsuntersuchungen auf Insekten binden • Resistenzzucht bei Nutzpflanzen fördern und resistente Sorten anbauen (z. B. Piwis = pilzwiderstandsfähige Sorten im Weinbau) • moderne Techniken einsetzen (Abdriftminderung, mechanische und thermische Verfahren) • Pufferstreifen und weitere Flächen ohne Pestizideinsatz schaffen (s. Maßnahmen-Cluster 2, Agrarlandschaften, s. u.) • mindestens 20 % Ökolandbau realisieren • auf Pestizide in Schutzgebieten verzichten (Standards des Ökolandbaus; aber Nutzungsausfälle kompensieren) • Netzwerk pestizidfreier Kommunen beitreten • Umweltkosten durch Pestizide internalisieren, Anreize zur Minderung ihres Einsatzes schaffen
1.05	natürliche Dynamik in Ökosystemen zulassen	• natürlicherweise auftretende Prozesse in Teilgebieten der Kulturlandschaft bewusst ermöglichen – wie (i) Erosions- und Sedimentationsdynamik in Auen, (ii) Auendynamik durch Tätigkeiten des Bibers, (iii) natürliche Alterung, Zusammenbruch und Sukzession von Bäumen/Waldbeständen, (iv) Habitatdynamik durch extensive Beweidung (Haustiere als Stellvertreter für ausgestorbene und ausgerottete Megaherbivoren)
1.06	Landschafts- und Habitatheterogenität fördern	• generell möglichst vielfältige und kleinräumige Strukturen fördern wie Säume, Hecken, Feldgehölze, Kleingewässer, Steinmauern, offene Bodenstellen, Totholz (vgl. die anderen Maßnahmen-Cluster)
1.07	mit Neobiota reflektiert umgehen	• primär Dominanzbestände auflösen, insbesondere durch Beweidung • Konzepte der „friedlichen Koexistenz“ erproben

Nr.	Maßnahmen-Cluster	exemplarische Anknüpfungspunkte zur Umsetzung
1.08	rechtlichen Artenschutz für Insekten verbessern	• Wirksamkeit des Artenschutzrechts in Bezug auf land- und forstwirtschaftliche Nutzung herstellen • rechtliche Regelungen auf Vollständigkeit prüfen – sind die für Insekten essenziellen Habitatstrukturen durch geschützte Arten ausreichend repräsentiert?
1.09	Artenschutzmaßnahmen ausbauen und ihre Wirksamkeit realistisch einschätzen	• Notwendigkeit des Biotopschutzes bei Artenschutzmaßnahmen beachten und bestmöglich einbeziehen • Stellvertreterfunktion von Artenschutzprojekten für typische Biozönosen hervorheben – Zielarten stehen exemplarisch für Lebensgemeinschaften, die idealerweise insgesamt gefördert werden • Zielsetzung von Nisthilfen z. B. für Wildbienen ehrlich kommunizieren (umweltpädagogischer Wert oft höher als der Schutzeffekt für die Arten)
1.10	Insektenschutz in Planungsverfahren stärker thematisieren	• Zielartenkonzepte als Instrument für den Insektenschutz nutzen • Biotopverbund anhand von Zielarten planen • Schutzgebiete, insbesondere Naturschutzgebiete, stärker an Zielen des Insektenschutzes ausrichten • Landschaftsplanung stärken und umsetzen
2	**Agrarlandschaften**	
a) Grünland		
2.01	Grünland erhalten	• als Futtergrundlage für tierhaltende Betriebe nutzen, Weidetierhaltung besser fördern
2.02	Grünland angepasst nutzen	• einzelflächenbezogen die jeweils optimale Nutzung in Bezug auf Nährstoffniveau, Bodenwasserhaushalt, Weide- und Mahdintensität und -technik festlegen und umsetzen • auf 30 % der Grünlandfläche extensiv beweiden, darunter 5 % der Grünlandfläche durch großflächig-extensive Weidelandschaften nutzen • je nach Biotoptyp nach langjähriger Aushagerung behutsame Phosphor- und Kaliumgabe oder Stallmistdüngung möglich • auf Maßnahmen zur Entwässerung verzichten
2.03	Grünland renaturieren	• Erstpflege verbuschten Grünlands durchführen • Nährstoffe aktiv entziehen (anfangs häufige Mahd, langfristig durch Beweidung) • artenreiches Mahdgut oder gebietsheimisches Saatgut zur Regeneration ausbringen • geeignete Flächen wiedervernässen • lebenden Biotopverbund durch Weidetiere realisieren • 2 % der Ackerfläche (regional sehr unterschiedlich) auf kritischen Standorten von Acker in Grünland umwandeln (organische Böden, Überschwemmungsgebiete, mindestens 10 m breite Uferrandstreifen)
2.04	Weidenutzungen anpassen und neu einführen	• herausragende Bedeutung von Weidetieren für den Insektenschutz kommunizieren, weil nur sie bestimmte Ressourcen produzieren (Dung, Offenboden, Gehölzsukzession) und Diasporen sowie Tiere über größere Strecken transportieren • auf Einzelflächen bezogene naturschutzfachliche Ziele und resultierendes Nutzungssystem definieren und, integriert in die jeweiligen betrieblichen Möglichkeiten, umsetzen

Nr.	Maßnahmen-Cluster	exemplarische Anknüpfungspunkte zur Umsetzung
		• Beweidung möglichst großflächig, mit geeigneten Tierarten und -rassen (auch in Mischbeweidung) und möglichst langen (wo möglich ganzjährigen) Weidezeiträumen realisieren • Strukturelemente wie Gehölze, Hecken, Waldränder, Steinrücken, Quellen, Gräben und Gewässer in die Beweidung einbeziehen, soweit die Weideintensität nicht zu hoch ist und nicht andere fachliche Ziele höher bewertet werden • Behandlung der Weidetiere gegen Parasiten nur befallsabhängig und einzeltierbezogen durchführen, nicht grundsätzlich prophylaktisch
2.06	insektenschonende Mahdtechnik anwenden	• schneidende Mähgeräte wie Messerbalken und Doppelmesserbalken gegenüber schnell rotierenden Schneidwerkzeugen bevorzugen • auf Mulchen und Silageschnitt verzichten, ebenso auf Mähgutaufbereiter (Konditionierer) • Mähwerk mit Blende oder Balken als Schutz ausstatten • Schläge von innen nach außen mähen • spät oder nicht gemähte Streifen und Inseln belassen auf 5 bis > 20 % der Fläche • Mosaik- oder Streifenmahd, wenn eine zeitgleiche Mahd von > 1 ha Fläche • Schnitthöhe auf mindestens 10 cm anheben • Heutrocknung idealerweise über mehrere Tage auf der Fläche ermöglichen • Kamm- statt Kreiselschwader einsetzen • vorgenannte Maßnahmen in Natura-2000-Gebieten vordringlich umsetzen
b) Ackerland		
2.07	Vielfalt von Feldfrüchten und Nutzungen erhöhen	• möglichst vielgliedrige Fruchtfolgen fördern und vielfältige Kulturpflanzen anbauen – dadurch große Zahl verschiedener Habitattypen schaffen • Größe der Nutzungseinheiten reduzieren und möglichst lange Grenzlinienlängen zwischen unterschiedlichen Nutzungen und Habitaten realisieren – dabei das Konzept der differenzierten Bodennutzung umsetzen mit maximal 25 ha großen intensiv genutzten Raumeinheiten, die von mindestens 10 (bis 20) % naturbetonten Bereichen netzartig durchzogen sind • Flächenanteil von Kleegras, Luzerne und Rotklee mit naturschutzgerechter Bewirtschaftung fördern • Vorranggebiete für HNV-Agrarland (Landwirtschaftsflächen mit hohem Naturwert) mit zusammenhängend mehreren hundert oder tausend Hektar schaffen • Weidetiere als Vektoren für den Artenaustausch in Agrarlandschaften einsetzen, möglichst unter Einschluss von linearen Habitaten (z. B. Säumen, Uferrandstreifen) als Triebwege
2.08	ackerintegrierte Maßnahmen umsetzen	• auf 10–15 % der Ackerfläche „dunkelgrüne" Agrarumweltmaßnahmen realisieren (für Biodiversität besonders wirksam – mit nachfolgend genannten Maßnahmen) • 3–5 % Blühstreifen und -flächen plus 2–3 % *beetle/bee banks* schaffen • 1–5 % Lichtäcker anlegen bzw. weitreihige Saat anwenden • 5–30 Schutzäcker zur Förderung der Ackerbegleitflora je Landkreis sichern • 1–3 (10) % Ackerbrachen erhalten
2.09	Strukturen zwischen Äckern fördern	• 3–5 % Feldraine und Säume schaffen • 3–5 (10) % Gehölze erhalten bzw. nötigenfalls neu schaffen (landschaftsspezifisch anpassen, z. B. nicht in Wiesenbrütergebieten)

Nr.	Maßnahmen-Cluster	exemplarische Anknüpfungspunkte zur Umsetzung
c) Landschaftsdiversität in Agrarlandschaften		
2.10	Agrarlandschaft mit Landschaftselementen anreichern	• Feldraine, Säume und Gehölze, Streuobst, halbnatürliche Biotoptypen etc. fördern
2.11	ökologischen Landbau und agrarökologische Systeme ausbauen	• 20 % Flächenanteil für Öko-Landbau erreichen • weitergehende ganzheitliche Konzepte der Agrarökologie als besonders resiliente, nachhaltige Systeme entwickeln und umsetzen, z. B. Permakultur und Agroforstsysteme
2.12	Landwirtschaft mit hohem Naturwert fördern	• 19 % HNV-Flächen an der Landwirtschaftsfläche erreichen, vorrangig mit Extensiv-Weidetierhaltung (Dauerweide, Waldweide, Heuwiesen), sehr extensiv genutzten Ackerflächen auf eher marginalen Standorten, Streuobstwiesen und Brachflächen, unter Einschluss vielfältiger Strukturelemente)
3	**Waldlandschaften**	
3.01	historische Nieder- und Mittelwälder retablieren	• tradierte Nutzung von erhaltenen Niederwaldresten in 15- bis 25- (40-) jährigem Umtrieb wieder aufnehmen, Niederwälder neu schaffen • identische Nutzung für den Unterstand von Mittelwäldern fortführen, Oberschicht mit 20–30 % Deckung insbesondere mit Eichen fördern, Mittelwälder wieder neu schaffen mit Komplexen von mindestens 40–50 ha
3.02	Waldweiden neu schaffen	• Wald(rand)bestände mit mindestens 10 ha Größe in extensive Weiden verschiedener Nutztierarten einbeziehen (und Gehölze als systemimmanente Bestandsteile förderfähiger Weideflächen in der Agrarpolitik verankern) • besonntes Totholz, insbesondere von Eichen, als Insektenlebensräume besonders fördern • historische Waldweiden anhand regionsspezifischer Ortsbezeichnungen identifizieren und als kulturgeschichtliche Archive retablieren
3.03	Alt- und Totholz nutzungsintegriert fördern	• Habitatbäume mit vielfältigen Baummikrohabitaten identifizieren und ihre Bedeutung für Insekten kommunizieren • 6–10 starke Habitatbäume/ha Waldfläche flächendeckend im Minimum gewährleisten (durch Markierung sichern) • Totholzmenge von > 40 m³/ha in > 140 Jahre alten Wäldern und > 20 m² in < 140 Jahre alten Wäldern anstreben; alte Wälder und Einzelbäume > 180 Jahre (Eichen- und Nadelwälder im Gebirge und in Mooren > 300 Jahre) ganz aus der Nutzung nehmen • Natura-2000-Gebiete für die Umsetzung absolut prioritär behandeln
3.04	segregativen Prozessschutz umsetzen	• mindestens 5 % der Waldfläche dauerhaft ungenutzt der natürlichen Waldentwicklung überlassen – ausgewählt anhand naturschutzfachlicher Qualitätskriterien • funktionales Biotopverbundsystem aufbauen mit (1) Totalreservaten als Kernflächen aus (a) mehrere tausend ha, (b) mehrere hundert ha und (c) 40–200 ha großen Flächen, (2) Altholzinseln mit mindestens 5 ha Größe, (3) konzentriert auf gedachten Korridoren liegenden alten, absterbenden und toten Einzelbäumen und Baumgruppen, (4) Gewährleisten der unter 3.03 genannten Schwellenwerte auf allen Waldflächen

Nr.	Maßnahmen-Cluster	exemplarische Anknüpfungspunkte zur Umsetzung
3.05	Waldtotalreservate zum Teil mit extensiver Waldweide nutzen	• sehr extensive Beweidung von alt- und totholzreichen Prozessschutzflächen modellhaft einführen und durch ein Monitoring begleiten
3.06	Sukzession auf Sturmwurf- und Kahlflächen zulassen	• auf die Räumung von 50 % der künftigen Sturmwurf- und Kahlflächen verzichten (Ausnahme: bei starkem Borkerkäfer-Befallsdruck in Fichtenbeständen) • Kahlflächen mit < 2 ha Größe generell als Prozessschutzflächen ungenutzt belassen • 5–10 Jahre lang auf allen neuen Kahlflächen keine forstlichen Maßnahmen durchführen, sondern nur beobachten und anschließend bei Bedarf mittels selektiver Durchforstung die Sukzession zu artenreichen Mischbeständen lenken • nur begründet in Trupps bzw. sehr extensiv nachpflanzen und dabei die lokaltypische genetische Vielfalt fördern • Wildbestand sinnvoll regulieren, sodass artenreiche Waldverjüngung möglich wird
3.07	diversifizierte, klimaresiliente Forstwirtschaft entwickeln	• Vielfalt an Baumarten, Altersstruktur und Nutzungsformen generell fördern • stark auf Prozesse der Naturverjüngung statt großflächiger Pflanzung konzentrieren • Baumartenwahl bei Durchforstung und Pflanzung multifunktional an Kriterien wie Boden und Klima, Erfüllung von Naturschutzfunktionen, Wirtschaftlichkeit und Anpassungsfähigkeit an den Klimawandel ausrichten • weniger Nadelbäume, sondern verstärkt Rot-Buche, Stiel- und Trauben-Eiche, Winter-Linde, Hainbuche, Spitz-Ahorn, Pionierbaumarten und lokal weitere Baumarten berücksichtigen – generell in genetisch erheblich größerer Vielfalt als heute praktiziert • Baumarten aus Gebieten, in denen heute das künftig für Deutschland projizierte Klima herrscht, nur in Mischbeständen einbringen und deren Invasionspotenzial beobachten • in FFH- und Naturschutzgebieten grundsätzlich auf Anbau nichtheimischer Baumarten verzichten • Mehrschichtigkeit der Waldbestände fördern durch Baumartenvielfalt (mindestens drei oder vier verschiedene Arten pro Bestand) und Strukturvielfalt durch unterschiedliches Alter der Bäume, Anreicherung durch Totholz und Habitatbäume • auf Teilflächen probeweise auch Strukturvielfalt und Sturmfestigkeit der Bäume durch extensive Waldweide fördern • geeignete Standorte wiedervernässen und Wasserrückhalt im Wald maximieren, z. B. durch Anlage wegnaher Abschlagstümpel und Renaturierung von Waldmooren
3.08	Eichen als Hotspots für Insekten und als Profiteure des Klimawandels besonders fördern	• in Altbeständen ausreichend großräumige Lichtinseln schaffen, um eine erfolgreiche Naturverjüngung der Eichen (*Quercus* ssp.) zu ermöglichen, anschließend wiederholte Pflegeeingriffe, damit die Eichen nicht überwachsen werden • Verjüngungen durch Zäunung oder eine meist massive Reduktion des Wildbestands vor letalem Verbiss schützen • Hutungen zur Ermöglichung von Dornstrauch-Sukzession reaktivieren, um Eichen neu anzusiedeln

Nr.	Maßnahmen-Cluster	exemplarische Anknüpfungspunkte zur Umsetzung
4	**Siedlungslandschaften**	
4.01	artenreiches Grün schaffen	• Blühflächen aus gebietsheimischem und regionalem Saatgut statt Rasenflächen fördern • Laub und Heckenschnitt unter Hecken, Bäumen und in Randbereichen lagern • „wildes Grün“ durch Sukzession zulassen, vorrangig etwas abseits gelegen und sichtentzogen • magere Schotterflächen durch Bodenaustausch schaffen und standortangepasst artenreich einsäen • Initialpflanzung von Wiesenarten schaffen, um bisher artenarme, grasdominierte Flächen anzureichern • Nisthilfen für Wildbienen vorrangig aus Gründen der Umweltbildung anbieten, um die Bedeutung artenreichen Stadtgrüns zu kommunizieren und Naturerlebnis zu ermöglichen
4.02	Beleuchtung insektenschonend planen und umrüsten	• bedarfsgerechte Beleuchtung für jeden konkreten Einzelfall planen • Leuchtdichten begrenzen je nach Zweck: (i) für beleuchtete oder selbstleuchtende Flächen in naturnahen Nachtlandschaften maximal 1–2 cd/m² (cd = Candela), (ii) in urbanen Landschaften auf kleinen Flächen bis maximal 10 m² Größe maximal 100 cd/m², bei > 10 m² Fläche nicht mehr als 5 cd/m²; (iii) Lichtleistung in Wohngebieten zwischen 5 bis 7 und nicht über 10 lm/m² (lm = Lumen) zulassen, (iv) in zu beleuchtenden Gewerbegebieten maximal 35 lm/m² • nur warmweißes LED-Licht mit geringen Blauanteilen und einer Farbtemperatur von 2000–3000 Kelvin verwenden • Licht auf den Boden ausrichten, keine horizontale oder nach oben gerichtete Abstrahlung zulassen; gestalterisches Licht als Ausnahme nur dosiert einsetzen und in der zentralen Nacht abschalten
4.03	Pflege von Grünflächen extensivieren	• Mahd geeigneter Flächen in der Regel auf jährlich zwei Durchgänge reduzieren • mosaikartig oder gestaffelt mähen und Teilflächen als Altgrasbestände über Winter erhalten (Mahd im folgenden April) • intensive Kommunikationsarbeit leisten, um der Bevölkerung die Maßnahmen zu erklären
4.04	Eh-da-Flächen für den Insektenschutz nutzen	• Offenlandflächen ohne Nutzung wie weg- und straßenbegleitende Flächen, Bahn- und Gewässerdämme, Verkehrsinseln und unterschiedliche Gemeindegrünflächen erfassen und als Teil eines Biotopverbunds aufwerten • Pflegemosaike schaffen mit reduzierter Grünlandmahd, Anlage von Blühstreifen und -flächen, Offenhaltung von Rohbodenflächen, Pflege vertikaler Rohbodenflächen, sporadisches Offenhalten von Ruderalflächen (um Verbuschung zurückzudrängen), Förderung artenreicher Strauch- und Gehölzsäume • Solitärbäume, Alleen und Streuobst erhalten und neu pflanzen, Efeu als Wildbienentracht belassen, Erhalt und Neupflanzung von Bäumen, Baumpflege unter Belassen von Hochstubben und Lagerung des entnommenen Holzes als Lebensraum • Strukturen wie Lesesteinwälle, Steinhaufen und Trockenmauern anlegen und offenhalten

Nr.	Maßnahmen-Cluster	exemplarische Anknüpfungspunkte zur Umsetzung
4.05	grün-blaue Infrastruktur entwickeln	• multifunktionales Biotopverbundsystem mit naturnahen Flächen (unter gleichrangiger Berücksichtigung von Erholungs- und klimatischen Funktionen für die Bevölkerung) planen und umsetzen – z. B. Parkanlagen, grüne Straßenräume, Stadtwälder, urbane Gärten, Friedhöfe, Fließ- und Stadtgewässer
4.06	Gebäude und Stadträume als naturnahe Lebensumgebung des Menschen gestalten	• Konzepte des Biophilic Design und Animal-Aided Design weiterentwickeln und anwenden, u. a. um die Bedeutung des Insektenschutzes und der dazu notwendigen Maßnahmen für das Wohlbefinden des Menschen in dessen unmittelbarem Lebensumfeld zu verdeutlichen (z. B. durch vertikale, Balkon- und Dachbegrünung)
4.07	Flächenverbrauch reduzieren	• Versiegelungsgrad im urbanen Raum durch intelligente Lösungen begrenzen, ohne die Städte ungebremst ins Umland wachsen zu lassen
5	**Gewässer***	
5.01	rechtlich bindende Umsetzung der EU-Wasserrahmenrichtlinie	• mindestens guten ökologischen Zustand aller Oberflächengewässer herstellen • insbesondere Fließgewässer und Auen redynamisieren und so zahlreiche Strukturen und Habitate für Insekten schaffen, wie Uferabbrüche, Offenbodenstellen, Kies- und Schotterbänke, Totholz, Verklausungen im Gewässer durch Totholz und Treibsel • chemische Wasserqualität verbessern • Wiederausbreitung des Bibers als effektiven Ökosystemingenieur zulassen und dazu die Auennutzungen anpassen

* Generell in allen Landschaftstypen spielen auch Gewässer eine Rolle für Insekten (global für 6 % des bekannten Artenspektrums; Samways et al. 2020). Sie werden an dieser Stelle der Vollständigkeit halber als querschnittsorientierte Maßnahmen und nur beispielhaft genannt.

Finanzierung: In der Agrarpolitik liegt ein Schlüssel

Wirksamer Insektenschutz benötigt finanzielle Mittel. Es funktioniert nicht, etwa Landwirtinnen und Landwirten per Ordnungsrecht Maßnahmen aufzuerlegen, die Ertragsverluste und/oder zusätzliche Aufwendungen bedeuten. Im Gegenteil muss es gelingen, den Akteuren Angebote zu offerieren, wie sie Maßnahmen zum Insektenschutz realisieren können und dieses möglichst auch ökonomisch attraktiv ist. Einige Schritte mit positiven Wirkungen für den Insektenschutz können bereits heute über Agrarumwelt- und Klimamaßnahmen (AUKM) und insbesondere Vertragsnaturschutzprogramme (VNP) finanziert werden und Landwirten ein Zusatzeinkommen erbringen oder zumindest Ertragsverluste und Zusatzaufwand kompensieren. Ein Beispiel ist für den Ackerwildkrautschutz in einem Textkasten in Kapitel 6.2.3 (Beispiel aus der Praxis 9, Seite 183) gegeben. Da die Programme aber in jedem Bundesland anders konzipiert und honoriert sind und sich mit der neuen Förderperiode der Gemeinsamen Agraropolitik (GAP) der EU ab 2023 ändern werden, muss dieses Förderangebot für jeden Einzelfall jeweils aktuell recherchiert werden.

Dennoch genügen die vorliegenden Programme bei Weitem nicht, um die für die Landwirtschaft in Kapitel 6 dargestellten Anforderungen für den Insektenschutz auch nur ansatzweise realisieren zu können. Hierzu bedarf es eines grundlegenden Wandels der Agrarförderpolitik – die erforderlichen Finanzmittel sind heute schon im Haushalt der EU und der Länder vorhanden, werden jedoch im Wesentlichen nicht zielführend verausgabt. In der politischen Diskussion spielt zwar der Grundsatz „Öffentliche Gelder für öffentliche Leistungen“ eine wesentliche Rolle, dennoch fließt der größte Teil der Agrarförderung nach wie vor mit der Gießkanne in die Produktion, ohne an Umweltleistungen gebunden zu sein. Hier bedarf es einer konsequenten Unterstützung solcher landwirtschaftlichen Betriebe, die neben der Produktion von Nahrungsmitteln und Energie, für die sie einen Marktpreis erzielen, durch die öffentliche Hand für den Umfang honoriert werden, in welchem sie öffentliche Güter wie Biodiversität, gesunde Böden, sauberes Wasser und eine klimaschonende Wirtschaftsweise unterstützen. Bezüglich entsprechender Vorschläge wird auf eine Vision für HNV-Farmland (vgl. Kapitel 6.3.3) in der EU verwiesen (detaillierter Gouriveau et al. 2019):

- Als ein Landwirtschaftssystem mit geringer Intensität bzw. geringem Input muss das HNV-Farmland in die Vision, die Ziele und strategischen Pläne der GAP integriert werden, da dieses für die Erreichung der EU-Ziele zur Erhaltung der biologischen Vielfalt und der UN-Ziele für nachhaltige Entwicklung (SDG) unersetzlich ist.
- Unabhängig von der Art der Vegetation, die zum Beispiel mit Binsen, Seggen, Schilf oder Gehölzen bislang vielfach nicht förderfähig ist, bedarf es künftig einer umfassenderen Definition von Dauergrünland, um die volle Förderfähigkeit aller Flächen sicherzustellen, die effektiv beweidet werden oder Futtermittel produzieren.
- Die Flächenprämien aus der 1. Säule der GAP müssen extensive Nutzungen gleichwertig honorieren und zusätzlich die Bereitstellung öffentlicher Güter durch die HNV-Landwirtschaft besser belohnen (zum Beispiel Öko-Regelungen zur Unterstützung von HNV-Systemen und halbnatürlichem Weideland).
- Die 2. Säule muss ein erheblich größeres Budget erhalten, aus welchem effiziente Maßnahmen für den Schutz der Insekten und der Biodiversität insgesamt und weitere Bausteine im Interesse der Gesellschaft adäquat honoriert werden.
- Auf nationaler bis lokaler Ebene sind Anreizprogramme zu entwickeln, welche die Erhaltung und Neuschaffung von HNV-Landwirtschaftssystemen attraktiv machen; deren Zustand ist durch Indikatoren zu überwachen. Wissens- und Innovationssysteme in der Landwirtschaft sind zu fördern, einschließlich einer Moderations- und Beratungsrolle für NGOs, Berufsverbände, Naturschutzberater und lokale Behörden.

Ein praxistaugliches Konzept für eine Gemeinwohlprämie hat der Deutsche Verband für Landschaftspflege (2020) publiziert, welches einen pragmatischen Weg darstellt, um das Ziel der Honorierung von Umweltleistungen einfach zu realisieren (Neumann et al. 2017): Sie beinhaltet einen Katalog von 19 Maßnahmen aus den Bereichen Biodiversitäts-, Klima- und Wasserschutz. Der Maßnahmenkatalog umfasst die Nutzungskategorien Ackerland, Grünland, Sonderkulturen und Hoftorbilanzen, aus denen Betriebe die für sie passenden Maßnahmenkombinationen auswählen können. Die umgesetzten Maßnahmen werden gemäß ihrer Wertigkeit für den Schutz natürlicher Ressourcen bepunktet. Die gesamtbetrieblich erbrachten Leistungen werden honoriert, indem die erzielten Punkte aufsummiert und vergütet werden. Neu entwickelt wurde zudem ein Bonussystem für Maßnahmenvielfalt, mit dem die Nutzungsvielfalt in der Agrarlandschaft gefördert wird. Der DVL empfiehlt, die Gemeinwohlprämie zur Ausgestaltung der Öko-Regelungen (*eco schemes*) im Rahmen der GAP ab 2023 in Deutschland zu verwenden (DVL 2020). Birkenstock & Röder (2020) wiesen nach, dass sich die Parameter mit den im Integrierten Verwaltungs- und Kontrollsystems (InVeKoS) hinterlegten Informationen tatsächlich abbilden lassen, die bereits jetzt für die Beantragung der Mittel in der 1. Säule benötigt werden. Damit ist erwiesen, dass das Modell umsetzbar ist – eine wichtige Voraussetzung für die aktuelle Diskussion.

Daneben bestehen verschiedene Fördermöglichkeiten von Initiativen und Projekten für den

Insektenschutz durch die öffentliche Hand, insbesondere Bund und Länder, außerdem durch ihre Berücksichtigung in der naturschutzrechtlichen Kompensation sowie durch Anträge bei Stiftungen. Der Bund hat 2019 ein Bundesprogramm Insektenschutz verabschiedet (BMU 2019), das Maßnahmen in neun Handlungsbereichen (die auch im vorliegenden Buch thematisiert werden), Vorgaben für ein Insektenschutzgesetz und parallele Rechtsverordnungen vorschlägt (bisher nicht realisiert) und ein Finanzbudget in Höhe von 100 Mio. Euro pro Jahr zur Förderung von Insektenschutz und für den Ausbau der Insektenforschung in Aussicht stellt. Für die notwendige breite Umsetzung der in diesem Buch skizzierten Maßnahmen reichen diese Finanzierungsinstrumente allerdings noch bei Weitem nicht aus.

Bewusstseinsbildung und Artenkenntnis – zwei Seiten einer Medaille

Als eine wichtige Basis für erfolgreichen Insektenschutz nennt der oben beschriebene Fahrplan die Bewusstseinsbildung: In der breiten Öffentlichkeit muss die besondere Bedeutung von Insekten für den Naturhaushalt, die Biodiversität und das menschliche Wohlergehen kommuniziert werden. Dabei kann die Beschreibung von Ökosystemleistungen unterstützen. Bei allen Fortschritten des DNA-Barcodings und der damit verbundenen Möglichkeit, die Artzugehörigkeit anhand der DNA-Sequenz von Markergenen in kleinsten Gewebeproben zu bestimmen, bleibt die Vermittlung von Artenkenntnissen eine Schlüsselaufgabe: Es fehlen zunehmend Personen, welche die Artzugehörigkeit erkennen können, und für viele Artengruppen mangelt es an notwendigen Spezialisten; die „Erosion von Artenkennern" schreitet fort (Schulte et al. 2019). Mit Blick auf den Insektenschutz braucht es mehr Spezialisten, die mit der Taxonomie und Ansprache der vielfältigen Artengruppen vertraut sind, um unter anderem dem behördlichen Naturschutz zu ermöglichen, fachlich adäquat arbeiten zu können. Eine fundierte Artenerfassung als fachliche Grundlage für Maßnahmen des Naturschutzes kann in der Regel nur in Kooperation zwischen Haupt- und Ehrenamt erfolgreich umgesetzt werden (Schulte et al. 2019). Daher muss künftig in die Vermittlung von Artenkenntnis erheblich investiert werden, wofür die genannte Publikation ein systemisches Konzept vorlegt: von „Naturfreunden" über Naturbeobachter und Artenkenner bis hin zu Artenspezialisten.

Je mehr Menschen sich mit der Erkennung von Insektenarten beschäftigen, desto eher wird auch der dringende Handlungsbedarf erkannt und angegangen. Das bedeutet, dass über die Beschäftigung mit Insekten auch Motivation geschaffen wird, sich aktiv für ihren Schutz und die Entwicklung ihrer Lebensräume einzusetzen. Bewusstseinsbildung muss in der öffentlichen Debatte erfolgen (Samways et al. 2020):

- über Ausmaß und Folgen des Insektensterbens als Indikatoren des Umweltzustands insgesamt,
- zu den auf dem Spiel stehenden ökonomischen Werten und Schutzwerten (beschreibbar anhand von Ökosystemleistungen),
- zu den Zielen und Synergien der erforderlichen Maßnahmen auch in Bezug auf andere gesellschaftliche Zielsetzungen.

Die Aufgaben, um dem Insektensterben wirksam zu begegnen, sind also umfangreich und groß – aber dessen Entwicklung verläuft so dramatisch, dass ein Weckruf zum Umsteuern allerhöchste Zeit ist. Er kann eine fundamentale Wende im Umgang des Menschen mit der Natur einläuten, nicht weniger! Dazu soll dieses Buch einen Anstoß und Beitrag leisten.

Anhang
Systematische Literaturrecherche

Bei der systematischen Recherche wurde zunächst nur nach Reviews und Metaanalysen gesucht. Reviews fassen den Stand des Wissens übersichtlich zusammen und ersetzen so die sehr arbeitsaufwendige Sichtung der Primärquellen. Anschließend erfolgte eine separate Recherche in den beiden renommiertesten Zeitschriften im Bereich der Naturwissenschaften, *Nature* und *Science*, die sowohl Reviews und Metaanalysen als auch Fallstudien umfasste.

Als Suchmaschinen wurden das *Web of Science* (http://apps.webofknowledge.com) und *Scopus* (https://www.scopus.com) genutzt. Es wurden jeweils die allgemeinsten Grundeinstellungen gewählt (*Web of Science*: „All Databases“ und Suche in „Topic“; *Scopus*: Suche in „Article title, Abstract, Keywords“). Die verwendeten Suchbegriffe wurden so gewählt, dass sie die zentralen Aspekte des Themas in englischer und deutscher Sprache abdecken, und mit UND- sowie ODER-Operatoren verknüpft (Tab. A1). Aufgrund der großen Trefferzahl bei der Suche nach Reviews mit den englischen Begriffen wurden zusätzlich die Namen der zu Mitteleuropa und Großbritannien zählenden Länder und, wenn erforderlich, die entsprechenden Adjektive in den Suchbefehl integriert. Für die Suche mit den deutschen Suchbegriffen sowie in *Nature* und *Science* musste die Abfrage vereinfacht werden, da sie sonst zu wenige Treffer erbrachte. Daher wurden die zum Aspekt „Taxonomie“ gehörenden deutschen Begriffe

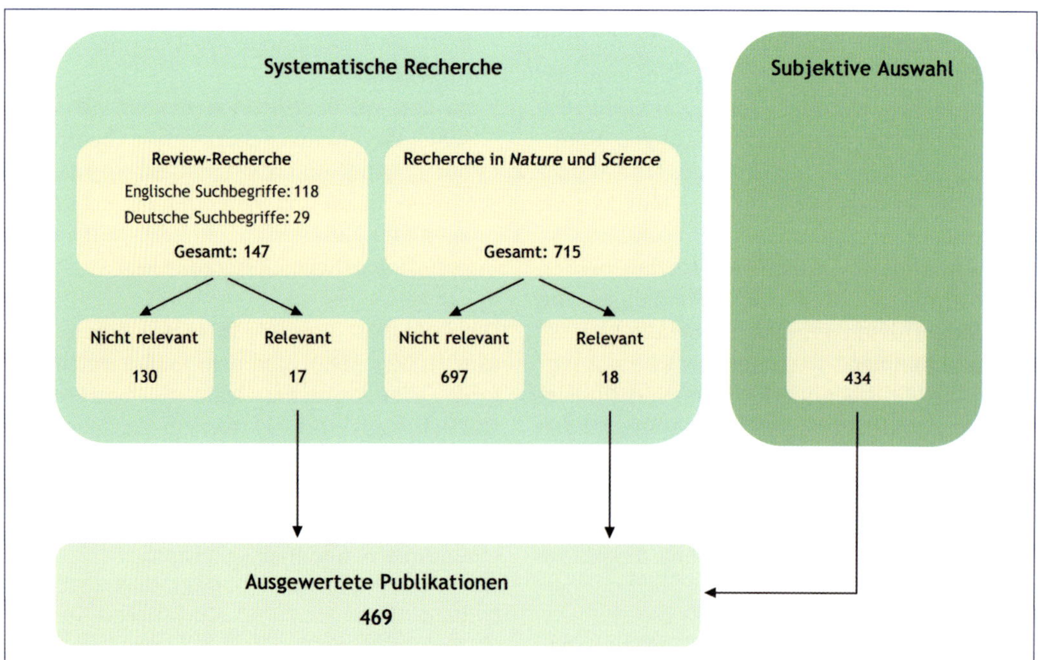

Grafik A1 Die Zahlen der bei den systematischen Recherchen erzielten Treffer, der thematisch tatsächlich relevanten bzw. nicht relevanten, der subjektiv ausgewählten Publikationen sowie die Gesamtzahl der ausgewerteten Publikationen.

Tab. A1 Übersicht über die bei der systematischen Literaturrecherche verwendeten Suchbegriffe und Verknüpfungen.

Aspekt	Englische Suchbegriffe		Deutsche Suchbegriffe
	Review-Recherche	Recherche in *Nature und Science*	
Taxonomie	*insect** OR *pollinator**	*insect** OR *pollinator**	*Insekten** OR *Bestäuber**
	AND	AND	AND
Prozess	*declin** OR *decreas**	*declin** OR *decreas**	**Rückgang** OR **Rückgänge** OR **Abnahme** OR **Sterben**
	AND	OR	OR
Indikator	*biomass** OR *abundance** OR **diversity*	*biomass** OR *abundance** OR **diversity*	**Biomasse** OR **Abundanz** OR **Diversität** OR **Artenvielfalt**
	AND	OR	OR
Fokus	*caus** OR *impact** OR *threat**	*caus** OR *impact** OR *threat**	**Ursache** OR **Gefährdung** OR **Auswirkung**
	AND		
Bezugsraum	*Europe** OR *german** OR *Netherlands* OR *dutch* OR *belgi** OR *Luxembourg** OR *Switzerland* OR *swiss* OR *Liechtenstein* OR *austria** OR *czech** OR *slovak** OR *Poland* OR *polish* OR *Denmark* OR *danish* OR *"United Kingdom"* OR *"UK"* OR *Britain* OR *England* OR *english* OR *Wales* OR *welsh* OR *Scotland* OR *scottish* OR *Ireland* OR *irish*		

immer nur mit den Begriffen eines der drei anderen Aspekte („Prozess“, „Indikator“, „Fokus“) verknüpft (siehe Tab. A1), und drei separate Abfragen gestartet.

Alle Suchtreffer wurden auf ihre tatsächliche thematische Relevanz, ihren geografischen Bezug und die Abdeckung der drei betrachteten Landnutzungstypen überprüft. Primär wurden Quellen ausgewertet, die sich auf wildlebende Insekten bezogen. Im Zuge der Recherche stellte sich aber heraus, dass die Effekte mancher Rückgangsursachen, insbesondere der Pestizide, bislang überwiegend anhand der Honigbiene als Modellorganismus untersucht worden sind. Daher wurden Publikationen zur Honigbiene immer dann berücksichtigt, wenn es nicht genügend äquivalente Studien an wildlebenden Insekten gab und die an der Honigbiene gewonnenen Erkenntnisse von den Autoren als auf wildlebende Insekten übertragbar eingeschätzt wurden.

Eine Übersicht über die bei der systematischen Recherche erzielten Treffer, die thematisch tatsächlich relevanten bzw. nicht relevanten, die subjektiv ausgewählten Publikationen sowie die Gesamtzahl der ausgewerteten Publikationen kann **Grafik A1** entnommen werden. Insgesamt wurden 469 Publikationen ausgewertet.

Literatur

Abrol, D. P. (2012): Pollination Biology: Biodiversity Conservation and Agricultural Production. Springer, Dordrecht (Niederlande).

ADL (Akademie der Landwirtschaftswissenschaften der DDR) (1981): Pflanzenschutzmittelverzeichnis der Deutschen Demokratischen Republik. Berlin.

Aebischer, N. J. (1991): Twenty years of monitoring invertebrates and weeds in cereal fields in Sussex. In: Firnbank, L. G., Carter, N., Darbyshire, J. F., Potts, G. R. (Hrsg.), The Ecology of Temperate Cereal Fields. Blackwell Scientific Publications, Oxford, 305–331.

Ammer, U., Schubert, H. (1999): Arten-, Prozeß- und Ressourcenschutz vor dem Hintergrund faunistischer Untersuchungen im Kronenraum des Waldes. Forstwissenschaftliches Centralblatt 118, (1–6), 70–87.

Anderlik-Wesinger, G. (2002): Spontane und gelenkte Vegetationsentwicklung auf Rainen – Untersuchungen zur Effizienz verschiedener Methoden der Neuanlage. Agrarökologie 43, Bern/Hannover, 164 S.

Andersen, R., Farrell, C., Graf, M., Muller, F., Calvar, E., Frankard, P., Caporn, S., Anderson, P. (2017): An overview of the progress and challenges of peatland restoration in Western Europe. Restoration Ecology 25, 271–282.

Anthes N., Fartmann T., Hermann, G., Kaule, G. (2003): Combining larval habitat quality and metapopulation structure – the key for successful management of pre-alpine Euphydryas aurinia colonies. Journal of Insect Conservation 7, 175–185.

Anthes, N., Fartmann, T., Hermann, G. (2008): The Duke of Burgundy butterfly and its dukedom: larval niche variation in Hamearis lucina across Central Europe. Journal of Insect Conservation 12, 3–14.

Apfelbeck, B., Snep, R., Hauck, T., Ferguson, J., Holy, M., Jakoby, C., Scott MacIvor, J., Schär, L., Taylor, M., Weisser, W. (2020): Designing wildlife-inclusive cities that support human-animal co-existence. Landscape and Urban Planning 200, 103817.

Asher, J., Warren, M., Fox, R., Harding, P., Jeffcoate, G., Joffcoate, S. (2001): The Millennium Atlas of Butterflies in Britain and Ireland. Oxford University Press, Oxford.

Atkinson, R. (2013): Moles. Whittet Books, Stansted.

Baldock, K. C. R., Goddard, M. A., Hicks, D. M., Kunin, W. E., Mitschunas, N., Osgathorpe, L. M., Potts, S. G., Robertson, K. M., Scott, A. V., Stone, G. N., Vaughan, I. P., Memmott, J. (2015): Where is the UK's pollinator biodiversity? The importance of urban areas flower-visiting insects. Proceedings of the Royal Society B – Biological Sciences 282, 1803, 20142849.

Barnosky, A. D., Matzke, N., Tomiya, S., Wogan, G. O. U., Swartz, B., Quental, T. B., Marshall, C., McGuire, J. L., Lindsey, E. L., Maguire, K. C., Mersey, B., Ferrer, F. A. (2011): Has the Earth's sixth mass extinction already arrived? Nature 471, 51–57.

Baron, G. L., Jansen, V. A. A., Brown, M. J. F., Raine, N. E. (2017): Pesticide reduces bumblebee colony initiation and increases probability of population extinction. Nature Ecology & Evolution 1 (9), 1308–1316.

Bartsch, N., Lüpke, B. von, Röhrig, E. (2020): Waldbau auf ökologischer Grundlage. UTB, Ulmer, Stuttgart, 8. Aufl., 676 S.

Basedow, T. (1987): Der Einfluß gesteigerter Bewirtschaftungsintensität im Getreidebau auf die Laufkäfer (Coleoptera, Carabidae). Auswertung vierzehnjähriger Untersuchungen (1971–1984). Mitteilungen aus der Biologischen Bundesanstalt für Land- und Forstwirtschaft 235, 1–123.

Bastian, A., Bastian, H.-V., Sternberg H.-E. (1994): Ist das Nahrungsangebot für die Brutrevierwahl von Braunkehlchen Saxicola rubetra entscheidend? Vogelwelt 115, 103–114.

Baude, M., Kunin, W. E., Boatman, N. D., Conyers, S., Dvies, N., Gillespie, M. A. K., Morton, R. D., Samrt, S. M., Memmott, J. (2016): Historical nectar assessment reveals the fall and rise of floral resources in Britain. Nature 530, 7588, 85–88.

Bauer, H.-G., Bezzel, E., Fiedler W. (2005): Das Kompendium der Vögel Mitteleuropas. Nonpasseriformes – Nichtsperlingsvögel. 2. Aufl. AULA-Verlag, Wiebelsheim.

Bäurle, H., Tamásy C. (2012): Regionale Konzentrationen der Nutztierhaltung in Deutschland. Mitteilungen des Institutes für Strukturforschung und Planung 79, 1–89.

Baxter-Gilbert, J. H., Riley, J. L., Neufeld, C. J. H., Litzgus, J. D. (2015): Road mortality potentially responsible for billions of pollinating insect deaths annually. Journal of Insect Conservation 19 (5), 1029–1035.

Bayerisches Staatsministerium für Ernährung, Landwirtschaft und Forsten (2020a): Baumarten für den Klimawald; Leitlinien der Bayerischen Forstverwaltung. München, 16 S.

Bayerisches Staatsministerium für Ernährung, Landwirtschaft und Forsten (2020b): Förderung von

Agrarumweltmaßnahmen in Bayern. Download unter http://www.stmelf.bayern.de/kulap (letzter Zugriff: 05.03.2020).

BBSR (Bundesinstitut für Bau-, Stadt- und Raumforschung) (2014): Städtebauliche Nachverdichtung im Klimawandel. Ein ExWoSt-Fachgutachten 46 (1), 1–27.

Beadle, J. M., Brown, L. E., Holden, J. (2015): Biodiversity and ecosystem functioning in natural bog pools and those created by rewetting schemes. WIREs Water 2, 65–84.

Behrens, M., Fartmann, T., Hölzel, N. (2009): Auswirkungen von Klimaänderungen auf die Biologische Vielfalt: Pilotstudie zu den voraussichtlichen Auswirkungen des Klimawandels auf ausgewählte Tier- und Pflanzenarten in Nordrhein-Westfalen. Teil 2: zweiter Schritt der Empfindlichkeitsanalyse – Wirkprognose. MUNLV NRW (Ministerium für Umwelt- und Naturschutz, Landwirtschaft und Verbraucherschutz des Landes Nordrhein-Westfalen) (Hrsg.), Düsseldorf.

Bengtsson, J., Ahnström, J., Weibull, A.-C. (2005): The effects of organic agriculture on biodiversity and abundance: a meta-analysis. Journal of Applied Ecology 42, (2), 261–269.

Beninde, J., Veith, M., Hochkirch, A. (2015): Biodiversity in cities needs space: a meta-analysis of factors determining intra-urban biodiversity variation. Ecology Letters 18 (6), 581–592.

Benton, T. G., Bryant, D. M., Cole, L., Crick, H. Q. R. (2002): Linking agricultural practice to insect and bird populations: a historical study over three decades. Journal of Applied Ecology 39, 673–687.

Benzler, A. (2018): 10 Jahre HNV-Farmland-Monitoring. Bundesamt für Naturschutz (Hrsg.), 7 S., Download unter https://www.bfn.de/themen/monitoring/monitoring-von-landwirtschaftsflaechen-mit-hohem-naturwert.html (letzter Zugriff: 06.03.2020).

Bernotat, D., Schlumprecht, H., Brauns, C., Jebram, J., Müller-Motzfeld, G., Riecken, U., Scheuerlen, K., Vogel, M. (2002): Gelbdruck „Verwendung tierökologischer Daten“. In: Plachter, H., Bernotat, D., Müssner, R., Riecken, U. (Hrsg.), Entwicklung und Festlegung von Methodenstandards im Naturschutz. Schriftenreihe für Landschaftspflege und Naturschutz 70, 109–217.

BfN (Bundesamt für Naturschutz) (2019a): Daten der Roten Listen. https://www.bfn.de (abgerufen am 28.09.2019).

BfN (Bundesamt für Naturschutz) (2019b): Verzeichnis der in Deutschland vorkommenden Arten nach FFH-Richtlinie. https://www.bfn.de/themen/natura-2000/lebensraumtypen-arten/arten-der-anhaenge.html (letzter Zugriff 30.08.2019).

BfN (Bundesamt für Naturschutz) (2019c): Biotopverbund. www.bfn.de/themen/biotop-und-landschaftsschutz/biotopverbund.html (letzter Zugriff 31.08.2019).

BfN (Bundesamt für Naturschutz) (2019d): Internethandbuch zu den Arten der FFH-Richtlinie Anhang IV. https://ffh-anhang4.bfn.de/ (letzter Zugriff 01.09.2019).

BfN (Bundesamt für Naturschutz) (2019e): Wälder im Klimawandel: Steigerung von Anpassungsfähigkeit und Resilienz durch mehr Vielfalt und Heterogenität – ein Positionspapier des BfN. Bonn-Bad Godesberg, 33 S.

BfN (Bundesamt für Naturschutz) (2020): Internethandbuch zu den Arten der FFH-Richtlinie Anhang IV. https://ffh-anhang4.bfn.de. (abgerufen am 12.02.2020).

BfN (Bundesamt für Naturschutz), DDA (Dachverband Deutscher Avifaunisten) (2019): Indikator: Artenvielfalt und Landschaftsqualität. https://www.umweltbundesamt.de (abgerufen am 28.09.2019)

Bianchi, F. J. J. A., Booij, C. J. H., Tscharntke, T. (2006): Sustainable pest regulation in agricultural landscapes: a review on landscape composition, biodiversity and natural pest control. Proceedings of the Royal Society B – Biological Sciences 273 (1595), 1715–1727.

Biercamp, N., Heimann, C., Jedicke, E., Spreter, R., Ölschläger, L.-S., Werk, K., Werner, P., Wieland, J., Wissel, Silke (Red.) (2018): Hessische Städte – natürlich vielfältig! Hessisches Ministerium für Umwelt, Klimaschutz, Landwirtschaft und Verbraucherschutz (Hrsg.), Wiesbaden, 96 S.

Biesmeijer, J. C., Roberts, S. P. M., Reemer, M., Ohlemüller, R., Edwards, M., Peeters, T. M. J., Schaffers, A. P., Potts, S. G., Kleukers, R. M. J. C., Thomas, C., Settele, J., Kunin, W. (2006): Parallel declines in pollinators and insect-pollinated plants in Britain and the Netherlands. Science 313 (5785), 351–354.

Binot-Hafke, M., Balzer, S., Becker, N., Gruttke, H., Haupt, H., Hofbauer, N., Ludwig, G., Matzke-Jahek, G., Strauch, M. (2011): Rote Liste gefährdeter Tiere, Pflanzen und Pilze Deutschlands. Band 3: Wirbellose Tiere (Teil 1). Naturschutz und Biologische Vielfalt 70 (3), 1–716.

BirdLife International (2015): European Red List of Birds. Luxembourg: Office for Official Publications of the European Communities.

Birkenstock, M., Röder, N. (2020): Honorierung von Umweltleistungen der Landwirtschaft in der EU-Agrarpolitik auf Basis des Konzepts „Gemeinwohlprämie“: Ergebnisse einer Verwaltungsbefragung. Thünen Working Paper 139, Braunschweig 60 S.

Birlenbach, K., Klar, N., unter Mitarbeit von Jedicke, E., Wenzel, M., Wachendörfer, V., Fremuth, W., Kaphegyi, T. A. M., Mölich, T., Vogel, B. (2009): Aktionsplan zum Schutz der Europäischen Wildkatze in Deutschland – Schutzkonzept für eine Zielart überregionalen Waldbiotopverbunds. Naturschutz und Landschaftsplanung 41, (11), 325–332.

Bischer, R., Hauck, T., Mühlbauer, M., Piecha, J., Reischl, A., Scherling, A., Weisser, W. (2018): Ingolstadtnatur – Ainimal-Aided Design für den Stadtpark Donau in Ingolsadt, Entwürfe von Studientinnen und Studenten der Universität Kassel und der Technischen Universität München. Freising/Kassel, 96 S. Download unter https://www.uni-kassel.de/fb06/fileadmin/datas/fb06/fachgebiete/LandschaftsarchitekturLandschaftsplanung/Freiraumplanung/Forschung/AAD/180226_ISN-Brosch%C3%BCre-WEB-50dpi.pdf (letzter Zugriff: 19.07.2020).

Blab, J., Nowak, E., Trautmann, W., Sukopp, W. (1977): Rote Liste der gefährdeten Tiere und Pflanzen in der Bundesrepublik Deutschland. Naturschutz aktuell, Band I, Kilda-Verlag, Greven.

Blanckenhorn, W. U., Puniamoorthy, N., Schäfer, M. A., Scheffczyk, A., Röbke, J. (2013): Standardized laboratory tests with 21 species of temperate and tropical sepsid flies confirm their suitability as bioassays of pharmaceutical residues (ivermectin) in cattle dung. Ecotoxicology and Environmental Safety 89, 21–28.

BMEL (Bundesministerium für Ernährung und Landwirtschaft) (2016): Ergebnisse der Bundeswaldinventur 2012. https://www.bundeswaldinventur.de (abgerufen am 12.06.2020).

BMEL (Bundesministerium für Ernährung und Landwirtschaft) (2019a): Deutschlands Wald im Klimawandel – Eckpunkte und Maßnahmen. Diskussionspapier zum Nationalen Waldgipfel, 25.09.2019. Berlin, 11 S.

BMEL (Bundesministerium für Ernährung und Landwirtschaft) (2019b): Ergebnisse der Bundeswaldinventur 2012. Berlin, 280 S.

BMU (Bundesministerium für Umwelt, Naturschutz und nukleare Sicherheit) (2019): Aktionsprogramm Insektenschutz – gemeinsam wirksam gegen das Insektensterben. Berlin, 68 S.

BMUB (Bundesministerium für Umwelt, Naturschutz, Bau und Reaktorsicherheit) (2015): Indikatorenbericht 2014 zur Nationalen Strategie zur biologischen Vielfalt. Berlin.

Bobbink, R., Hettelingh J.-P. (2011): Review and revision of empirical critical loads and dose-response relationships: Proceedings of an Expert Workshop, Noordwijkerhout, 23–25 June 2010. Rijksinstituut voor Volksgezondheid en Milieu RIVM, B-WARE Research Centre.

Bobbink, R., Hicks, K., Galloway, J., Spranger, T., Alkemade, R., Ashmore, M., Bustamante, M., Cinderby, S., Davidson, E., Denter, F., Emmett, B., Erisman, J.-W., Fenn, M., Gilliam, F., Nordin, A., Pardo, L., De Vries, W. (2010): Global assessment of nitrogen deposition effects on terrestrial plant diversity: a synthesis. Ecological Applications 20, 30–59.

Bobbink, R., Hornung, M., Roelofs, J. G. M. (1998): The effects of air-borne nitrogen pollutants on species diversity in natural and semi-natural European vegetation. Journal of Ecology 86 (5), 717–738.

Böhm, C. (2019): Eichenmischwald-Lebensraumtypen. In: Bunzel-Drüke, M., et al. (Hrsg.), Naturnahe Beweidung und NATURA 2000. Ganzjahresbeweidung im Management von Lebensraumtypen und Arten im europäischen Schutzgebietssystem NATURA 2000, Arbeitsgemeinschaft Biologischer Umweltschutz im Kreis Soest e.V., Bad Sassendorf-Lohne, 152–165.

Bolsmann, H. A. (1874): Die Vogelwelt der Haiden und Moore des alten Münsterlandes. Natur und Offenbarung 20, 300–309.

Bommarco, R., Lindborg, R., Marini, L., Öckinger, E. (2014): Extinction debt for plants and flower-visiting insects in landscapes with contrasting land use history. Diversity and Distributions 20 (5), 591–599.

Bonebrake, T. C., Christensen, J., Boggs, C. L., Ehrlich, P. R. (2010): Population decline assessment, historical baselines, and conservation. Conservation Letters 3, 371–378.

Bonn, S., Poschlod P. (1998): Ausbreitungsbiologie der Pflanzen Mitteleuropas. Quelle & Meyer, Wiesbaden, 404 S.

Borchard, F., Buchholz, S., Helbing, F., Fartmann, T. (2014): Carabid beetles and spiders as bioindicators for the evaluation of montane heathland restoration on former spruce forests. Biological Conservation 178, 185–192.

Borchard, F., Fartmann T. (2014): Effects of montane heathland restoration on leafhopper assemblages (Insecta: Auchenorrhyncha). Restoration Ecology 22, 749–757.

Borchard, F., Schulte, A.M., Fartmann T. (2013): Rapid response of Orthoptera to restoration of montane heathland. Biodiversity and Conservation 22, 687–700.

Borchert, H. (2007): Veränderungen des Waldes in Bayern in den letzten 100 Jahren. LWF Wissen –

Berichte der Bayerischen Landesanstalt für Wald und Forstwirtschaft 58, 42–49.

Boschert, M. (2005): Vorkommen und Bestandsentwicklung seltener Brutvogelarten in Deutschland 1997 bis 2003. Vogelwelt 126, 1–51.

Bosshart, A. (2016): Das Naturwiesland der Schweiz und Mitteleuropas. Haupt Verlag, Bern.

Brändle, M., Brandl, R. (2001): Species richness of insects and mites on trees: expanding Southwood. Journal of Animal Ecology 70, 491–504.

Brandt, T. (2017): Nahrungsmangel in Wiesen: Insektenverluste durch moderne Erntemethoden. Der Falke Sonderheft 2017, 57–62.

Brang, P., Heiri, C., Bugmann, H. (Red.) (2011): Waldreservate: 50 Jahre natürliche Waldentwicklung in der Schweiz. Eidgenössische Forschungsanstalt für Wald, Schnee und Landschaft (WSL), Eidgenössische Technische Hochschule (ETH) Zürich (Hrsg.), Bern, 272 S. Download unter https://www.amazon.de/Waldreservate-Jahre-nat%C3 %BCrliche-Waldentwicklung-Schweiz/dp/3258077258 (letzter Zugriff 24. 05. 2020).

Brasseur, G. P., Jacob, D., Schuck-Zöller, S. (Hrsg.) (2017): Klimawandel in Deutschland. Verlag Springer Spektrum, Berlin.

Bräu, M., Bolz, R., Kolbeck, H., Nunner, A. (2013): Tagfalter in Bayern.Verlag Eugen Ulmer, Stuttgart.

Brereton, T., Roy, D. B., Middlebrook, I., Botham, M., Warren, M. (2011): The development of butterfly indicators in the United Kingdom and assessments in 2010. Journal of Insect Conservation 15, 139–151.

Brooks, D. R., Bater, J. E., Clark, S. J., Monteith, D. T., Andrews, C., Corbett, S. J., Beaumont, D. A., Chapman, J. W. (2012): Large carabid beetle declines in a United Kingdom monitoring network increases evidence for a widespread loss in insect biodiversity. Journal of Applied Ecology 49 (5), 1009–1019.

Brose, U. (2001): Relative importance of isolation, area and habitat heterogeneity for vascular plant species richness of temporary wetlands in east-German farmland. Ecography 24, 722–730.

Brown, P. M. J., Ingels, B., Wheatley, A., Rhule, E. L., de Clercq, P., van Leeuwen, T., Thomas, A. (2015): Intraguild predation by Harmonia axyridis (Coleoptera: Coccinellidae) on native insects in Europe: molecular detection from field samples. Entomological Science 18 (1), 130–133.

Brown, P. M. J., Roy H. E. (2018): Native ladybird decline caused by the invasive harlequin ladybird Harmonia axyridis: evidence from a long-term field study. Insect Conservation and Diversity 11, 3, 230–239.

Brunzel, S., Erber, K. (2020): Weideprojekte Hessen: Weideprojekt Basdorfer Hutewald. http://www.weideprojekte-hessen.de/weideprojekte/hessen/basdorfer-hutewald/ (letzter Zugriff 12. 04. 2020).

Bubova, T., Vrabec, V., Kulma, M., Nowicki, P. (2015): Land management impacts on European butterflies of conservation concern: a review. Journal of Insect Conservation 19 (5), 805–821.

Buchholz, S., Hannig, K., Möller, M., Schirmel, J. (2018): Reducing management intensity and isolation as promising tools to enhance ground-dwelling arthropod diversity in urban grasslands. Urban Ecosystems 21 (6), 1139–1149.

Buhk, C., Oppermann, R., Schanowski, A., Bleil, R., Lüdemann, J., Maus, C. (2018): Flower strip networks offer promising long-term effects on pollinator species richness in intensively cultivated agricultural areas. BMC ecology 18, (1), 55, 13 S.

Bulman, C. R., Wilson, R. J., Holt, A. R., Bravo, L. G., Early, R. I., Warren, M. S., Thomas, C. D. (2007): Minimum viable metapopulation size, extinction debt, and the conservation of a declining species. Ecological Applications 17 (5), 1460–1473.

BUND (Bund für Umwelt und Naturschutz Deutschland) (2019): Pestizidfreie Kommunen: Es tut sich was. Download unter www.bund.net/pestizidfreie-kommune (letzter Zugriff 19. 08. 2020).

Bundesministerium für Umwelt, Naturschutz und Reaktorsicherheit (BMU) (2012): Leitfaden zur Verwendung gebietseigener Gehölze. Berlin, 32 S.

Bundesverband Deutscher Pflanzenzüchter (2019): Regiozert® – Zertifizierungssystem für die Produktion und den Handel mit gebietseigenem Saatgut. BDP, Berlin, 37 S.

Bunzel-Drüke, M., Böhm, C., Finck, G., Kämmer, G., Luick, R., Reisinger, E., Riecken, U., Riedl, J., Scharf, M., Zimball, O. (2008): „Wilde Weiden“ – Praxisleitfaden für Ganzjahresbeweidung in Naturschutz und Landschaftsentwicklung, Arbeitsgemeinschaft Biologischer Umweltschutz im Kreis Soest, Bad Sassendorf-Lohne, 203 S.

Bunzel-Drüke, M., Reisinger, E., Böhm, C., Buse, J., Dalbeck, L., Ellwanger, G., Finck, P., Freese, J., Grell, H., Hauswirth, L., Hermann, A., Idel, Anita, Jedicke, E., Joest, R., Kämmer, G., Kapfer, A., Köhler, M., Kolligs, D., Krawczynski, R., Röder, N., Rößling, K., Rupp, M.,Schoof, N., Schulze-Hagen, K., Sollmann, R., Ssymank, A., Thomas, K., Tillmann, J. E., Tischew, S., Vierhaus, H., Vogel, C., Wagner, H.-G., Zimball, O. (2019): Naturnahe Beweidung und NATURA 2000 – Ganzjahresbeweidung im Management von Lebensraumtypen und Arten im europäischen Schutzgebietssystem NATURA 2000. 2. Aufl. Arbeitsgemeinschaft Biologischer Umweltschutz, Bad Sassendorf, 413 S.

Burkart, M., Dierschke, H., Hölzel, N., Nowak, B., Fartmann, T. (2004): Molinio-Arrhenatheretea (E1) – Futter- und Streuwiesen feucht-nasser Standorte und Klassenübersicht Molinio-Arrhenatheretea. Synopsis der Pflanzengesellschaften Deutschlands 9, 1–103.

Burmeister, E.-G. (Hrsg.) (1982): Die Fauna des Murnauer Mooses – Faunistische Bestandsaufnahme eines Naturschutzgebietes. Entomofauna, Supplement 1. Linz.

Buse, J. (2019): Bedeutung des Dungs von Weidetieren für wirbellose Tiere, insbesondere für koprophage Käfer. In: Bunzel-Drüke, M. et al. (Hrsg.), Naturnahe Beweidung und NATURA 2000. Ganzjahresbeweidung im Management von Lebensraumtypen und Arten im europäischen Schutzgebietssystem NATURA 2000, Arbeitsgemeinschaft Biologischer Umweltschutz im Kreis Soest e.V., Bad Sassendorf-Lohne, 278–283.

Bütler, R., Lachat, T., Krumm, F., Kraus, D., Larrieu, L. (2020a): Habitatbäume kennen, schützen und fördern. WSL-Merkblatt für die Praxis 64, Eidgenössische Forschungsanstalt WSL, Birmensdorf, 12 S.

Bütler, R., Lachat, T., Krumm, F., Kraus, D., Larrieu, L. (2020b): Taschenführer der Baummikrohabitate – Beschreibung und Schwellenwerte für Feldaufnahmen. Eidgenössische Forschungsanstalt WSL, Birmensdorf, 60 S.

Camacho-Cervantes, M., Ortega-Iturriaga, A., Del-Val, E. (2017): From effective biocontrol agent to successful invader: the harlequin ladybird (Harmonia axyridis) as an example of good ideas that could go wrong. Peerj 5, e3296.

Canals, R.-M., Sebastià, M.-T. (2000): Soil nutrient fluxes and vegetation changes on molehills. Journal of Vegetation Science 11, 23–30.

Cardoso, P., Barton, P. S., Birkhofer, K., Chichorro, F., Deacon, C., Fartmann, T., Fukushima, C. S., Gaigher, R., Habel, J., Hallmann, C. A., Hill, M., Hochkirch, A., Kwak, M. L., Mammola, S., Noriega, J. A., Orfinger, A. B., Pedraza, F., Pryke, J. S., Roque, F. O., Settele, J., Simaika, J. P., Stork, N. E., Suhling, F., Vorster, C., Samways, M. J. (2020): Scientists' warning to humanity on insect extinctions. Biological Conservation 242, 108426.

Cardoso, P., Branco, V. V., Chichorro. F., Fukushima, C. S., Macías-Hernández, N. (2019): Can we really predict a catastrophic worldwide decline of entomofauna and its drivers? Global Ecology and Conservation 20, e00621.

Carvalheiro, L. G., Kunin, W. E., Keil, P., Aguirre-Gutiérrez, J., Ellis, W. N., Fox, R., Groom, Q., Hennekens, S., van Landuyt, W., Maes, D., Van de Meutter, F., Michez, D., Rasmont, P., Ode, B., Potts, S. G., Reemer, M., Roberts, S. P. M., Schaminée, J., WallisDeVries, M. F., Biesmeijer, J. C. (2013): Species richness declines and biotic homogenization have slowed down for NW-European pollinators and plants. Ecology Letters 16, 870–878.

CIDSE (Coopération Internationale pour le Développement et la Solidarité) (2018): Die Prinzipien der Agrarökologie – für gerechte, widerstandsfähige und nachhaltige Ernährungssysteme, Brüssel, Download unter http://www.cidse.org/resources (letzter Zugriff 01. 03. 2020).

Clarke, S. A., Green, D. G., Bourn, N. A., Hoare, D. (2011): Woodland Management for Butterflies and Moths: a Best Practice Guide. Butterfly Conservation, Wareham.

Collins, K., Boatman, N., Wilcox, A., Holland, J., Chaney, K. (2002): Influence of beetle banks on cereal aphid predation in winter wheat. Agriculture, Ecosystems and Environment 93, 337–350.

Conforti, S., Dietrich, J., Kuhn, T., Koppenhagen., N. V., Baur, J., Rohner, P. T., Blanckenhorn, W. U., Schäfer, M. A. (2018): Comparative effects of the parasiticide ivermectin on survival and reproduction of adult sepsid flies. Ecotoxicology and Environmental Safety 163, 215e222.

Conrad, B. (1977): Die Giftbelastung der Vogelwelt Deutschlands. Vogelkundliche Bibliothek 5, 1–68.

Conrad, K. F., Fox, R., Woiwod, I. P. (2007): Monitoring biodiversity: measuring long-term changes in insect abundance. In: Stewart, A. J. A., New, T. R., Lewis, O. T. (Hrsg.), Insect Conservation Biology. Proceedings of the Royal Entomological Society's 23rd symposium. Symposia of the Royal Entomological Society of London, Wallingford (UK), 203–225.

Conrad, K. F., Warren, M. S., Fox, R., Parsons, M. S., Woiwod, I. P. (2006): Rapid declines of common, widespread British moths provide evidence of an insect biodiversity crisis. Biological Conservation 132 (3), 279–291.

Conrad, K. F., Woiwod, I. P., Parsons, M., Fox, R., Warren, M. S. (2004): Long-term population trends in widespread British moths. Journal of Insect Conservation 8, 119–136.

Cornelius, R., Bokdam, J., Krusi, B. (2001): Zur Bedeutung der Koevolution von Huftieren und Pflanzen für das Management semi-natürlicher Ökosysteme in Mitteleuropa. Natur- und Kulturlandschaft 4, Höxter, 20–28.

Crutzen, P. J. (2002): Geology of mankind. Nature 415, 23–23.

Dachverband Biologische Stationen in NRW e.V. (2019): Positionspapier des Dachverbands Biologische Stationen in NRW zu Klimawandel und Waldnaturschutz. Solingen 3 S.

Dalbeck, L. (2011): Biberlichtungen als Lebensraum für Heuschre.cken in Wäldern der Eifel. Articulata 26, 97–108.

Dauber, J., Niechoj, R., Baltruschat, H., Wolters, V. (2008): Soil engineering ants increase grass root arbuscular mycorrhizal colonization. Biology and Fertility of Soils 44, 791–796.

Davidson, A. D., Detling, J. K., Brown, J. H. (2012): Ecological roles and conservation challenges of social, burrowing, herbivorous mammals in the world's grasslands. Frontiers in Ecology and the Environment 10, 477–486.

Davies, T. W., Bennie, J., Gaston, K. J. (2012): Street lighting changes the composition of invertebrate communities. Biology Letters 8 (5), 764–767.

Davis, M. A. (2009): Invasion Biology. Oxford University Press, New York.

De Frenne, P., Rodriguez-Sanchez, F., Coomes, D. A. (2013): Microclimate moderates plant responses to macroclimate warming. Proceedings of the National Academy of Sciences of the United States of America 110 (46), 18561–18565.

De Groot, M., Kleijn, D., Jogan, N. (2007): Species groups occupying different trophic levels respond differently to the invasion of semi-natural vegetation by Solidago canadensis. Biological Conservation 136 (4), 612–617.

De Schaetzen, F., van Langevelde, F., WallisDeVries, M. F. (2018): The influence of wild boar (Sus scrofa) on microhabitat quality for the endangered butterfly Pyrgus malvae in the Netherlands. Journal of Insect Conservation 22 (1), 51–59.

De Vos, J. M., Joppa, L. N., Gittleman, J. L., Stephens, P. R., Pimm, S. L. (2014): Estimating the normal background rate of species extinction. Conservation Biology 29 (2), 452–462.

Dean, W. R. J., Milton, S. J., Klotz, S. (1997): The role of ant nest-mounds in maintaining small-scale patchiness in dry grasslands in Central Germany. Biodiversity and Conservation 6, 1293–1307.

Dennis, E. B., Morgan, B. J. T., Roy, D. B., Brereton, T. M. (2017): Urban indicators for UK butterflies. Ecological Indicators 76, 184–193.

Dennis, R. L. H. (2010): A Resource-based Habitat View for Conservation: Butterflies in the British Landscape. Verlag Wiley-Blackwell, Oxford (UK).

Desender, K., Turin H. (1989): Loss of habitats and changes in the composition of the ground and tiger beetle fauna in four west European countries since 1950 (Coleoptera: Carabidae, Cicindelidae). Biological Conservation 48, 277–294.

Desneux, N., Decourtye, A., Delpuech, J. M. (2007): The sublethal effects of pesticides on beneficial arthropods. Annual Review of Entomology 52, 81–106.

Detzel, P. (1998): Die Heuschrecken Baden-Württembergs. Ulmer Verlag, Stuttgart.

Deubert, M., Trapp, M., Krohn, K., Ullrich, K., Bolz, H., Künast, R. (2016): Das Konzept der Eh da-Flächen – ein Weg zu mehr biologischer Vielfalt in Agrarlandschaften und im Siedlungsbereich. Naturschutz und Landschaftsplanung 48, (7), 209–217.

Deutscher Verband Forstlicher Forschungsanstalten (2019): Anpassung der Wälder an den Klimawandel – Positionspapier des Deutschen Verbandes Forstlicher Forschungsanstalten (DVFFA). Unveröff. Mskr., 7 S.

Deutschländer, T., Mächel, H. (2017): Temperatur inklusive Hitzewellen. In: Brasseur, G. P., Jacob, D., Schuck-Zöller, S. (Hrsg.), Klimawandel in Deutschland. Springer Spektrum, Berlin, 47–56.

Diacon-Bolli, J., Dalang, T., Holderegger, R., Bürgi, M. (2012): Heterogeneity fosters biodiversity: linking history and ecology of dry calcareous grasslands. Basic and Applied Ecology 13 (8), 641–653.

Dias, P. C. (1996): Sources and sinks in population biology. Trends in Ecology & Evolution 11 (8), 326–330.

Díaz, S., Settele, J., Brondízio, E., Ngo, H. T., Guèze, M., Agard, J., Arneth, A., Balvanera, P., Brauman, K. A., Butchart, S. H.M., Chan, K. M. A., Garibaldi, L. A., Ichii, K., Lui, J., Subramanian, S. M., Midgley, G. F., Miloslavich, P., Molnár, Z., Obura, D., Pfaff, A., Polasky, S., Purvis, A., Razzaque, J., Reyers, B., Roy Showdhury, R., Shin, Y. J., Visseren-Hamakers, I. J., Willis, K. J., Zayas, C. N. (2019): Summary for Policymakers of the Global Assessment Report on Biodiversity and Ecosystem Services of the Intergovernmental Science-Policy Platform on Biodiversity and Ecosystem Services. IPBES secretariat, Bonn.

Dicks, L. V., Ashpole, J. E., Dänhardt, J., James, K., Jönsson, A., Randall, N., Showler, D. A., Smith, R. K., Turpie, S., Williams, D., Sutherland, W. J. (2011): Farmland conservation – evidence for the effects of interventions in northern Europe. Synopses of Conservation Evidence 3, 491 S.

Diekötter, T., Haynes, K., Mazeffa, D., Crist, T. (2007): Direct and indirect effects of habitat area and matrix composition on species interactions among flower-visiting insects. Oikos 116, 1588–1598.

Dirnböck, T., Grandin, U., Bernhardt-Römermann, M., Beudert, B., Canullo, R., Forsius, M., Grabner, M.-T., Holmberg, M., Kleemola, S., Lundin, L., Mirtl, M., Neumann, M., Pompei, E., Salemaa, M., Starlinger, F., Staszewski, T., Uzi, A. K. (2014):

Forest floor vegetation response to nitrogen deposition in Europe. Global Change Biology 20 (2), 429–440.

Dirzo, R., Young, H. S., Galetti, M., Ceballos, G., Isaac, N. J. B., Collen, B. (2014): Defaunation in the Anthropocene. Science 345 (6195), 401–406.

Dlussky, G. M. (1981): Nester von Lasius flavus. Pedobiologia 21, 81–99.

Doerfler, I., Gossner, M., Müller, J., Seibold, S., Weisser, W. (2018): Deadwood enrichment combining integrative and segregative conservation elements enhances biodiversity of multiple taxa in managed forests. Biological Conservation 228, 70–78.

Donald, P. F., Evans, A. D., Muirhead, L. B., Buckingham, D. L., Kirby, W. B., Schmitt, S. I. A. (2002): Survival rates, causes of failure and productivity of Skylark Alauda arvensis nests on lowland farmland. Ibis 144, 652–664.

Donald, P., Morris, T. (2005): Saving the Sky Lark: new solutions for a declining farmland bird. British Birds 98, 570–578.

Dostál, P. (2005): Effect of three mound-building ant species on the formation of soil seed bank in mountain grassland. Flora 200, 148–158.

Duelli, P. (1992): Mosaikkonzept und Inseltheorie in der Kulturlandschaft. Verh. Ges. f. Ökologie 21, 379–384.

Dunn, R. R., Harris, N. C., Colwell, R. K., Lian, P. K., Sodhi, N. S. (2009): The sixth mass extinction: are most endangered species parasites and mutualists. Proceedings of the Royal Society B – Biological Sciences 276, 3037–3045.

DVL (Deutscher Verband für Landschaftspflege e. V.) (2018): Leitfaden für die einzelbetriebliche Biodiversitätsberatung. DVL-Schriftenreihe „Landschaft als Lebensraum“ 24.

DVL (Deutscher Verband für Landschaftspflege e. V.) (2020): Gemeinwohlprämie – ein Konzept zur effektiven Honorierung landwirtschaftlicher Umwelt- und Klimaschutzleistungen innerhalb der Öko-Regelungen in der Gemeinsamen EU-Agrarpolitik (GAP) nach 2020. Ansbach, 28 S.

Eckelt, A., Müller, J., Bense, U., Brustel, H., Buß-Oler, H., Chittaro, Y., Cizek, L., Frei, A., Holzer, E., Kadej, M., Kahlen, M., Köhler, F., Möller, G., Mühle, H., Sanchez, A., Schaffrath, U., Schmidl, J., Smolis, A., Szallies, A., Nßemeth, T., Wurst, C., Thorn, S., Christensen, R. H. B., Seibold, S. (2018): “Primeval forest relict beetles” of Central Europe: a set of 168 umbrella species for the protection of primeval forest remnants. Journal of Insect Conservation 22, 15–28.

Ehlert, K., Ehlert, T., Herold, P., Scharnhölzer, R., Oppermann, R. (2012): Nature-friendly agricultural machinery and mechanical operations. In: Oppermann, R., Beaufoy, G., Jones, G. (Hrsg.), High Nature Value Farming in Europe. Verlag Regionalkultur, Ubstadt-Weiher, 473–483.

Eichel, S., Fartmann, T. (2008): Management of calcareous grasslands for Nickerl’s fritillary (Melitaea aurelia) has to consider habitat requirements of the immature stages, isolation, and patch area. Journal of Insect Conservation, 12, 677–688.

Eisenbeis, G. (2001): Künstliches Licht und Insekten: eine vergleichende Studie in Rheinhessen. Schriftenreihe für Landschaftspflege und Naturschutz 67, 75–100.

Eisenbeis, G. (2013): Lichtverschmutzung und die Folgen für nachtaktive Insekten. In: Held, M., Hölker, F., Jessel, B. (Hrsg.), Schutz der Nacht – Lichtverschmutzung, Biodiversität und Nachtlandschaft. BfN-Skripten 336, 53–56.

Ellenberg, H., Leuschner, C. (2010): Vegetation Mitteleuropas mit den Alpen, 6. Aufl. Verlag Eugen Ulmer, Stuttgart, XXII, 1333 S.

Elmeros, M., Mikkelsen, D. M. G., Nørgaard, L. S., Pertoldi, C., Jensen, T. H., Chriél, M. (2018): The diet of feral raccoon dog (Nyctereutes procyonoides) and native badger (Meles meles) and red fox (Vulpes vulpes) in Denmark. Mammal Research 63 (4), 405–413.

Errouissi, F., Alvinerie, M., Galtier, P., Kerboeuf, D., Lumaret, J. P. (2001): The negative effects of the residues of ivermectin in cattle dung using a sustained-release bolus on Aphodius constans (Duft.) (Coleoptera: Aphodiidae). Veterinary Research 32, 421e427.

Eskilden, A., Carvalheiro, L. G., Kissling, W. D., Biesmeijer, J. C., Schweiger, O., Høye, T. T. (2015): Ecological specialization matters: long-term trends in butteerfly species richness and assemblage composition depend on multiple functional traits. Diversity and Distributions 21, 792–802.

EU (Europäische Union) (2014): Verordnung (EU) Nr. 1143/2014 des Europäischen Parlaments und des Rates vom 22. Oktober 2014 über die Prävention und das Management der Einbringung und Ausbreitung invasiver gebietsfremder Arten. Amtsblatt der Europäischen Union L 317, 35–55.

Ewacha, M. V. A., Kaapehi, C., Waterman, J. M., Roth, J. (2016): Cape ground squirrels as ecosystem engineers: modifying habitat for plants, small mammals and beetles in Namib Desert grasslands. African Journal of Ecology 54, 68–75.

Ewald, J. A., Wheatley, C. J., Aebischer, N. J., Moreby. S. J., Duffield, S. J., Crick, H. Q. P., Morecroft, M. B. (2015): Influences of extreme weather, climate and pesticide use on invertebrates in cereal fields over 42 years. Global Change Biology 21, 3931–3950.

Falchi, F., Furgoni, R., Gallaway, T. A., Rybnikova, N. A., Portnov, B. A., Baugh, K., Cinzano, P., Elvidge, C. D. (2019): Light pollution in USA and Europe: The good, the bad and the ugly. Journal of Environmental Management 248: 109227.

Fartmann, T. (2004): Die Schmetterlingsgemeinschaften der Halbtrockenrasen-Komplexe des Diemeltales. Biozönologie von Tagfaltern und Widderchen in einer alten Hudelandschaft. Abhandlungen aus dem Westfälischen Museum für Naturkunde 66, 1–256.

Fartmann, T. (2006a): Welche Rolle spielen Störungen für Tagfalter und Widderchen? In: Fartmann, T., Hermann, G. (Hrsg.), Larvalökologie von Tagfaltern und Widderchen in Mitteleuropa. Abhandlungen aus dem Westfälischen Museum für Naturkunde 68 (3/4), 259–270.

Fartmann, T. (2006b): Oviposition preferences, adjacency of old woodland and isolation explain the distribution of the Duke of Burgundy butterfly (Hamearis lucina) in calcareous grasslands in central Germany. Annales Zoologici Fennici 43 (4), 335–347.

Fartmann, T. (2017): Überleben in fragmentierten Landschaften. Grundlagen für den Schutz der Biodiversität Mitteleuropas in Zeiten des globalen Wandels. Naturschutz und Landschaftsplanung 49 (9), 277–282.

Fartmann, T., Behrens, M., Möllenbeck, V., Hölzel, N. (2012b): Potential effects of climate change on the biodiversity in North Rhine-Westphalia. In: Ellwanger, G., Ssymank, A., Paulsch, C. (Hrsg.), Natura 2000 and Climate Change – a Challenge. Naturschutz und Biologische Vielfalt 118, 63–72.

Fartmann, T., Borchard, F., Buchholz, S. (2015): Montane heathland rejuvenation by choppering – Effects on vascular plant and arthropod assemblages. Journal for Nature Conservation 28, 35–44.

Fartmann, T., Dudler, H., Schulze, W. (2002): Zur Ausbreitung des Kleinen Sonnenröschen-Bläulings Aricia agestis ([Denis & Schiffermüller], 1775) in Westfalen (Lep., Lycaenidae) – eine erste Übersicht. Mitteilungen der Arbeitsgemeinschaft westfälischer Entomologen 18 (2), 41–48.

Fartmann, T., Hermann, G. (2006): Larvalökologie von Tagfaltern und Widderchen in Mitteleuropa – von den Anfängen bis heute. In: Fartmann, T., Hermann, G. (Hrsg.), Larvalökologie von Tagfaltern und Widderchen in Mitteleuropa. Abhandlungen aus dem Westfälischen Museum für Naturkunde 68 (3/4), 11–57.

Fartmann, T., Krämer, B., Stelzner, F., Poniatowski, D. (2012a): Orthoptera as ecological indicators for succession in steppe grassland. Ecological Indicators 20, 337–344.

Fartmann T., Mattes H. (1997): Heuschreckenfauna und Grünland – Bewirtschaftungsmaßnahmen und Biotopmanagement. Arbeiten aus dem Institut für Landschaftsökologie 3, 179–188.

Fartmann, T., Mattes, H. (2003): Störungen als ökologischer Schlüsselfaktor beim Komma-Dickkopffalter (Hesperia comma). Abhandlungen aus dem Westfälischen Museum für Naturkunde 65 (1/2), 131–148.

Fartmann, T., Müller, C., Poniatowski, D. (2013): Effects of coppicing on butterfly communities of woodlands. Biological Conservation 159, 396–404.

Fartmann, T., Poniatowski, D., Stuhldreher, G., Streitberger, M. (2019): Insektenrückgang und -schutz in den fragmentierten Landschaften Mitteleuropas. Natur und Landschaft 94 (6/7), 261–270.

Fartmann, T., Remy, D. (Bearb.) (2019): 56. Naturschutz und Renaturierungsökologie. In: Heinisch, J. J., Paululat, A. (Hrsg.), Campbell – Biologie. 11. deutsche Aufl. Pearson, Hamburg, 1691–1720.

Fartmann, T., Timmermann, K. (2006): Where to find the eggs and how to manage the breeding sites of the Brown Hairstreak (Thecla betulae [Linnaeus, 1758]) in Central Europe. Nota Lepidopterologica 29 (1/2), 117–126.

Fenchel, J., Busse, A., Reichhardt, I., Anklam, R., Schrödter, M., Tischew, S., Mann, S., Kirmer, A. (2015): Hinweise zur erfolgreichen Anlage und Pflege mehrjähriger Blühstreifen und Blühflächen mit gebietseigenen Wildarten. Ministerium für Landwirtschaft und Umwelt des Landes Sachsen-Anhalt (Hrsg.), Madgeburg, 48 S.

Finck, P., Heinze, S., Raths, U., Riecken, U., Ssymank, A. (2017): Rote Liste der gefährdeten Biotoptypen Deutschlands. Dritte fortgeschriebene Fassung 2017. Naturschutz und Biologische Vielfalt 156, 1–637.

Fink, A. H., Brucher, T., Ermert, V., Krüger, A., Pinto, J. G. (2009): The European storm Kyrill in January 2007: synoptic evolution, meteorological impacts and some considerations with respect to climate change. Natural Hazards and Earth System Sciences 9, 405–423.

Firebaugh, A., Haynes, K. J. (2019): Light pollution may create demographic traps for nocturnal insects. Basic and Applied Ecology 34, 118–125.

Fischer, J., Steinlechner, D., Zehm, A., Poniatowski, D., Fartmann, T., Beckmann, A., Stettmer C. (2020): Die Heuschrecken Deutschlands und Nordtirols: Bestimmen, Beobachten, Schützen. 2. Aufl. Wiebelsheim, Quelle & Meyer.

Fischer, S. F., Poschlod, P., Beinlich, B. (1995): Die Bedeutung der Wanderschäferei für den Artenaustausch zwischen isolierten Schaftriften. Beihefte zu den Veröffentlichungen für Naturschutz und Landschaftspflege in Baden-Württemberg 83, 229–256.

Fischer, S. F., Poschlod, P., Beinlich, B. (1996): Experimental studies on the dispersal of plants and animals on sheep in calcareous grasslands. Journal of Applied Ecology 33, 1206–1222.

Flade, M. (2012): Von der Energiewende zum Biodiversitäts-Desaster – zur Lage des Vogelschutzes in Deutschland. Vogelwelt 133, 149–158.

Flade, M., Schwarz, J. (2011): Agrarwende – aber in die falsche Richtung: Bestandsentwicklung von Brutvögeln in der Agrarlandschaft 1991–2010. Vogelwarte 49, 253–254.

Fleischer K., Streitberger M., Fartmann T. (2013): The importance of disturbance for the conservation of a low-competitive herb in mesotrophic grasslands. Biologia 68, 398–403.

Flückinger, P., Bienz, H., Glünklin, R., Iseli, K., Duelli, P. (2002): Vom Krautsaum bis ins Kronendach – Erforschung und Aufwertung der Waldränder im Kanton Solothurn. Mitt. Naturforsch. Ges. Kanton Solothurn 39, 9–39.

FNR (Fachagentur Nachwachsende Rohstoffe e.V.) (Hrsg.) (2018a): Anbau und Verwendung nachwachsender Rohstoffe in Deutschland. http://www.fnr-server.de/ftp/pdf/berichte/22004416.pdf (abgerufen am 08.02.2019).

FNR (Fachagentur Nachwachsende Rohstoffe e.V.) (Hrsg.) (2018b): Basisdaten Bioenergie Deutschland 2018. http://www.fnr.de/fileadmin/allgemein/pdf/broschueren/Basisdaten_Bioenergie_2018_k.pdf (abgerufen am 11.02.2019).

Fox, R. (2013): The decline of moths in Great Britain: a review of possible causes. Insect Conservation and Diversity 6 (1), 5–19.

Fox, R., Randle, Z., Hill, L., Anders, S., Wiffen, L., Parsons, M. S. (2011): Moths count: recording moths for conservation in the UK. Journal of Insect Conservation 15 (1–2), 55–68.

Frampton, G. K., Dorne, J. L. C. M. (2007): The effects on terrestrial invertebrates of reducing pesticide inputs in arable crop edges: a meta-analysis. Journal of Applied Ecology 44 (2), 362–373.

Franklin, J., van Pelt, R. (2004): Spatial apsects of structural complexity. Journal of Forestry 102, 22–28.

Frei, A. (2006): Licht und Totholz – das Paradies für holzbewohnender Käfer. Zürcher Wald 5, 17–19.

Friess, N., Müller, J., Aramendi, P., Bässler, C., Brändle, M., Bouget, C., Brin, A., Bußler, H., Georgiev, K., Gil, R., Gossner, M., Heilmann-Clausen, J., Isacsson, G., Krištín, A., Lachat, T., Larrieu, L., Magnanou, E., Maringer, A., Mergner, U., Mikoláš, M., Opgenoorth, L., Schmidl, J., Svoboda, M., Thorn, S., Vandekerkhove, K., Vrezec, A., Wagner, T., Winter, M.-B., Zapponi, L., Brandl, R., Seibold, S. (2019): Arthropod communities in fungal fruitbodies are weakly structured by climate and biogeography across European beech forests. Diversity and Distributions 25 (5), 783–796.

Fuchs, S., Stein-Bachinger, K. (2004): Naturschutz im Ökologischen Landbau – ein Handbuch für Praktiker, Berater und Verwaltung. Bundesamt für Naturschutz (Hrsg.), Bonn-Bad Godesberg.

Fuchs, S., Stein-Bachinger, K. (2008): Naturschutz im Ökolandbau – Praxishandbuch für den ökologischen Ackerbau im nordostdeutschen Raum, Bioland, Mainz, 144 S.

Fuller, R. M. (1987): The changing extent and conservation interest of lowland grasslands in England and Wales: A review of grassland surveys 1930–84. Biological Conservation 40, 281–300.

Fumy, F., Löffler, F., Samways, M. J., Fartmann, T. (2000): Response of Orthoptera assemblages to environmental change in a low-mountain range differs among grassland types. Journal of Environmental Management 256, 109919.

Fürst, M. A., McMahon, D. P., Osborne, J. L., Paxton, R. J., Brown, M. J. F. (2014): Disease associations between honeybees and bumblebees as a threat to wild pollinators. Nature 506 (7488), 364–366.

Gallien, L., Altermatt, F., Wiemers, M., Schweiger, O., Zimmermann, N. E. (2017): Invasive plants threaten the least mobile butterflies in Switzerland. Diversity and Distributions 23 (2), 185–195.

Gálvez Bravo, L., Belliure, J., Rebollo, S. (2009): European rabbits as ecosystem engineers: warrens increase lizard density and diversity. Biodiversity and Conservation 18, 869–885.

García-Barros, E., Fartmann, T. (2009): Butterfly oviposition: sites, behaviour and modes. In: Settele, J., Shreeve, T., Konvička, M., van Dyck, H. (Hrsg.), Ecology of Butterflies in Europe. Cambridge University Press, Cambridge, 29–42.

Gaston, K. (2018): Lighting up the nighttime: Artificial light at night nees to be reduced to limit negative environmental impacts. Science 362, 744–746.

Gatter, W. (2000): Vogelzug und Vogelbestände in Mitteleuropa. 30 Jahre Beobachtung des Tagzugs am Randecker Maar. AULA-Verlag-Verlag, Wiebelsheim.

Gatter, W., Mattes H. (2018): Vögel und Forstwirtschaft. Eine Dokumentation der Waldvoeglwelt im Südwesten Deutschlands. Verlag Regionalkultur, Heidelberg.

Gedeon, K., Grüneberg, C., Mitschke, A., Sudfeldt, C. (Hrsg.) (2014): Atlas Deutscher Brutvogelarten.

Atlas of German breeding birds. Stiftung Vogelmonitoring Deutschland, Dachverband Deutscher Avifaunisten, Münster.

Geldmann, J., González-Varo J. P. (2018): Conserving honey bees does not help wildlife. Science 359 (6374), 392–393.

George, K. (1995): Neue Bedingungen für die Vogelwelt der Agrarlandschaft in Ostdeutschland nach der Wiedervereinigung. Ornithologische Jahresberichte des Museums Heineanum 13: 1–25.

Gepp, N. (2015): Umsetzung des kommunalen – Biotopverbunds im Landkreis Emsland – Beispiele für Wegeseitenstreifen und Fließgewässer. Naturschutz und Landschaftsplanung 47 (8/9), 287–291.

Gerlach, B., Dröschmeister, R., Langgemach, T., Borkenhagen, K., Busch, M., Hauswirth, M., Heinicke, T., Kamp, J., Karthäuser, J., König, C., Markones, N., Prior, N., Trautmann, S., Wahl, J., Sudfeldt, C. (2019): Vögel in Deutschland – Übersichten zur Bestandssituation. DDA, BfN, LAG VSW, Münster.

Gigon, A., Rocker, S., Walter, T. (2010): Praxisorientierte Empfehlungen für die Erhaltung der Insekten- und Pflanzenvielfalt mit Ried-Rotationsbrachen. ART-Bericht 721, 1–14.

Gill, R. J., Ramos-Rodriguez, O., Raine, N. E. (2012): Combined pesticide exposure severely affects individual- and colony-level traits in bees. Nature 491 (7422), 105–108.

Glaser, F. F., Hauke, U. (2004): Historisch alte Waldstandorte und Hudewälder in Deutschland. Ergebnisse bundesweiter Auswertungen. Angewandte Landschaftsökologie 61, 1–194.

Glutz von Blotzheim, U. N., Bauer, K. M. (1987): Handbuch der Vögel Mitteleuropas. Band 1. Gaviiformes–Phoenicopteriformes: Seetaucher, Lappentaucher, Sturmvögel, Ruderfüßler, Schreitvögel, Flamingos. Aula-Verlag, Wiebelsheim.

Glutz von Blotzheim, U. N., Bauer, K. M. (1993): Handbuch der Vögel Mitteleuropas. Band 13/II Passeriformes (4. Teil). Aula-Verlag, Wiebelsheim.

Glutz von Blotzheim, U. N., Bauer, K. M. (1994): Handbuch der Vögel Mitteleuropas. Band 9 Columbiformes – Piciformes. Aula-Verlag, Wiebelsheim.

Godfray, H. C. J., Blacquière, T., Field, L. M., Hails, R. S., Petrokofsky, G., Potts, S. G., Raine, N. E., Vanbergen, A. J., McLean, A. R. (2014): A restatement of the natural science evidence base concerning neonicotinoid insecticides and insect pollinators. Proceedings of the Royal Society B – Biological Sciences 281 (1786), 20140558.

Godfray, H. C. J., Blacquière, T., Field, L. M., Hails, R. S., Potts, S. G., Raine, N. E., Vanbergen, A. J., McLean, A. R. (2015): A restatement of recent advances in the natural science evidence base concerning neonicotinoid insecticides and insect pollinators. Proceedings of the Royal Society B – Biological Sciences 282 (1818), 20151821.

González-Tokman, D., Martínez, I., Villalobos-Ávalos, Y., Munguía-Steyer, R., del Rosario Ortiz-Zayas, M., Cruz-Rosales, M., Lumaret, J.-P. (2017): Ivermectin alters reproductive success, body condition and sexual trait expression in dung beetles. Chemosphere 178, 129e135.

Gorman, M. L., Stone, R. D. (1990): The natural history of moles. Christopher Helm, London.

Goulson, D. (2013): An overview of the environmental risks posed by neonicotinoid insecticides. Journal of Applied Ecology 50 (4), 977–987.

Goulson, D., Lye, G. C., Darvill B. (2008): Decline and conservation of bumble bees. Annual Review of Entomology 53, 191–208.

Goulson, D., Nicholls, E., Botías, C. (2015): Bee declines driven by combined stress from parasites, pesticides, and lack of flowers. Science 347 (6229), 1255957.

Gouriveau, F., Beaufoy, G., Moran, J., Poux, X., Herzon, I., Ferraz De Oliveira, M. I., Gaki, D., Gaspart, M., Genevet, E., Goussios, D., Herrera, P., Jitea, M., Johansson, L., Jones, G., Kazakova, Y., Lyszczarz, D., McCann, K., Priac, A., Puig De Morales, M., Rodriguez, T., Roglic, M., Stefanova, V., Zinsstag, G. (2019): What EU policy framework do we need to sustain High Nature Value (HNV) farming and biodiversity? Policy Paper prepared in the framework of HNV-Link, 22 S.

Grime, J. P. (1973a): Competitive exclusion in herbaceous vegetation. Nature 242 (5396), 344–347.

Grime, J. P. (1973b): Control of species density in herbaceous vegetation. Journal of Environmental Management 1 (2), 151–167.

Grime, J. P. (2001): Plant Strategies, Vegetation Processes, and Ecosystem Properties. 2. Aufl. John Wiley and Sons, Chicester (UK).

Grove, S. J. (2002): Saproxylic insect ecology and the sustainable management of forests. Annual Review of Ecology and Systematics 33, 1–23.

Grüneberg, C., Löffler, F., Fartmann, T. (2019): Monitoring von Insekten in Nordrhein-Westfalen. Natur in NRW 44 (2), 12–15.

Grunewald, K., Bastian, O. (Hrsg.) (2012): Ökosystemdienstleistungen – Konzept, Methoden und Fallbeispiele. Springer, Berlin/Heidelberg, XII, 332 S.

Grupy Badawczej Bociana Białego (2015): W Polsce jest coraz mniej bocianów. online unter https://www.newsweek.pl/polska/ile-jest-bocianow-w-polsce/btgbsn1 (abgerufen am 14.01.2020).

Gruttke, H., Balzer, S., Binot-Hafke, M., Otto, C., Pauly, A. (2016): Rote Liste gefährdeter Tiere, Pflanzen und Pilze Deutschlands. Band 4: Wirbellose Tiere (Teil 2). Naturschutz und Biologische Vielfalt 70 (4), 1–596.

Gu, X., Haelewaters, D., Krawczynki, R., Vanpoucke, S., Wagner, H.-G., Wiegleb, G. (2014): Carcass ecology – more than just beetles. Entomologische Berichte 74 (1–2), 68–74.

Gu, X., Krawczynki, R. (2012): Scavenging bird and ecosystem services – experience from Germany. Conference on Environmental Pollution and Helth (CEPH), 647–649.

Günther, R. (Hrsg.) (1996): Die Amphibien und Reptilien Deutschlands. Gustav Fischer, Jena.

Haaland, S. (2003): Feuer und Flamme für die Heide – 5000 Jahre Kulturlandschaft in Europa. Hauschild Verlag, Bremen.

Habel, J. C., Segerer, A., Ulrich, W., Torchyk, O., Weisser, W. W., Schmitt, T. (2016): Butterfly community shifts over 2 centuries. Conservation Biology 30, 754–762.

Haber, W. (2014): Landwirtschaft und Naturschutz. Wiley-VCH, Weinheim, IX, 298 S.

Halley, B. A., VandenHeuvel, W. J. A., Wislocki, P. G. (1993): Environmental aspects of the usage of avermectins in livestock. Ivermectin and Abamectin, 109–125.

Hallmann, C. A., Foppen, R. P. B., van Turnhout, C. A. M., de Kroon, H., Jongejans, E. (2014): Declines in insectivorous birds are associated with high neonicotinoid concentrations. Nature 511 (7509), 341–343.

Hallmann, C. A., Sorg, M., Jongejans, E., Siepel, H., Hofland, N., Schwan, H., Stenmans, W., Müller, A., Sumser, H., Hörren, T., Goulson, D., de Kroon, H. (2017): More than 75 percent decline over 27 years in total flying insect biomass in protected areas. PloS one 12 (10), e0185809.

Hampicke, U. (2018): Kulturlandschaft – Äcker, Wiesen, Wälder und ihre Produkte. Springer, Berlin, Heidelberg, 307 S.

Hampicke, U., Litterski, B., Wichtmann, W. (2005): Ackerlandschaften – Nachhaltigkeit und Naturschutz auf ertragsschwachen Standorten. Springer, Berlin, Heidelberg, 311 S.

Hampicke, U., Plachter, H. (2010): Livestock grazing and nature conservation objectives in Europe. In: Plachter, H., Hampicke, U. (Hrsg.), Large-scale livestock grazing. A management tool for nature conservation, Springer, Berlin, 3–25.

Hänel, A., Frank, Engel, M., Bardenhagen, H., Güths, T. (2016): Empfehlungen zur Förderung energiesparender und umweltschonender Außenbeleuchtung. Fachgruppe Dark Sky der Vereinigung der Sternenfreunde e. V., Kommission Lichtverschmutzung der Astronomischen Gesellschaft. (Hrsg.), Download unter https://verein-sternenpark-rhoen.de/downloads/ (letzter Zugriff: 14. 07. 2020).

Hansell, M. H. (1993): The ecological impact of animal nests and burrows. Functional Ecology 7, 5–12.

Hansen, R., Rolf, W., Pauleit, S., Born, D., Bartz, R., Kowarik, I., Lindschulte, K., Becker, C., Schröder, A. (2017): Urbane grüne Infrastruktur – Grundlage für attraktive und zukunftsfähige Städte. Bundesamt für Naturschutz (Hrsg.), Bonn-Bad Godwesberg, 33 S.

Hanski, I. (1998): Metapopulation dynamics. Nature 396 (6706), 41–49.

Hantsch, L., Bien, S., Radatz, S., Braun, U., Auge, H., Bruelheide, H. (2014): Tree diversity and the role of non-host neighbour tree species in reducing fungal pathogen infestation. The Journal of Ecology 102 (6), 1673–1687.

Hartel, T., Plieninger, T. (Hrsg.) (2014): European Wood-patures in Transition. A Socio-ecological Approach. Routledge, London, 303 S.

Harvey, J. A., Heinen, R., Armbrecht, I., Basset, Y., Baxter-Gilbert, J. H., Bezemer, M., Böhm, M., Bommarco, R., Borges, P. A. V., Cardoso, P., Clausnitzer, V., Cornelisse, T., Crone, E. E., Goulson, D., Dicke, M., Dijkstra, K.-D. B., Dyer, L., Ellers, J., Fartmann, T., Forister, M. L., Furlong, M. J., Garcia-Aguayo, A., Gerlach, J., Gols, R., Habel, J.-C., Haddad, N. M., Hallmann, C. A., Henriques, S., Herberstein, M. E., Hochkirch, A., Hughes, A. C., Jepsen, S., Jones, T. H., Kaydan, B. M., Kleijn, D.,Klein, A.-M., Latty, T., Leather, S. R., Lewis, S. M., Lister, B. C., Losey, J. E., Lowe, E. C., Macadam, C. R., Montoya-Lerma, J., Nagano, C. D., Ogan, S., Orr, M. C., Painting, C. J., Pham, T.-H., Potts, S. G., Rauf, A., Roslin, T. L., Samways, M. J., Sanchez-Bayo, F., Sar, S. A., Schultz, C. B., Soares, A. O., Thancharoen, A., Tscharntke, T., Tylianakis, J. M., Umbers, K. D. L., Vet, L. E. M., Visser, M. E., Vujic, A., Wagner, D. L., WallisDe-Vries, M. F., Westphal, C., White, T. E., Wilkins, V. L., Williams, P. H., Wyckhuys, K. A. G., Zhu, Z.-R., de Kroon, H. (2020): International scientists formulate a roadmap for insect conservation and recovery. Nature Ecology & Evolution 4, 174–176.

Hassall, C., Thompson, D. J., French, G. C., Harvey, I. F. (2007): Historical changes in the phenology of British Odonata are related to climate. Global Change Biology 13 (5), 933–941.

Haysom, K., Dekker, J., Russ, J., van der Meij, T., van Strien, A. (2013): European Bat Population Trends. A Prototype Biodiversity Indicator. EEA Technical Report 19/2013, 1–61.

Heckenroth, H. (1985): Atlas der Brutvögel Niedersachsens 1980 und des Landes Bremen mit Ergänzungen aus den Jahren 1976–1979. Naturschutz und Landschaftspflege in Niedersachsen 14, 1–428.

Heckenroth, H. (1996): Weißstorch Ciconia ciconia Brutbestand 1971–1995 in Niedersachsen und Bremen. Informationsdienst Naturschutz Niedersachsen 4/96, 101–168.

Heckenroth, H. (1978): Weißstorch – Ciconia ciconia. In: Goethe, F., Heckenroth, H., Schumann H.: Die Vögel Niedersachsens. Seetaucher – Flamingos. Naturschutz und Landschaftspflege in Niedersachsen 2.1, 1–110.

Heiland, S., Mengel, A., Hänel, K., Geiger, B., Arndt, P., Reppin, N., Werle, V., Hokema, D., Hehn, C., Mertelmeyer, L., Burghardt, R., Opitz, S. (2017): Bundeskonzept Grüne Infrastruktur – Fachgutachten. Bundesamt für Naturschutz, Bonn-Bad Godesberg, 279 S.

Helbing, F., Blaeser, T. P., Löffler, F., Fartmann, T. (2014): Response of Orthoptera communities to succession in alluvial pine woodlands. Journal of Insect Conservation 18, 215–224.

Helbing, F., Cornils, N., Stuhldreher, G., Fartmann, T. (2015): Populations of a shrub-feeding butterfly thrive after introduction of restorative shrub cutting on formerly abandoned calcareous grassland. Journal of Insect Conservation 19, 457–464.

Helbing, F., Fartmann, T., Löffler, F., Poniatowski, D. (2017): Effects of local climate, landscape structure and habitat quality on leafhopper assemblages of acidic grasslands. Agriculture, Ecosystems & Environment 246, 94–101.

Helbing, F., Fartmann, T., Poniatowski, D. (2020): Suction samplers are a valuable tool to sample arthropod assemblages for conservation translocation. Entomologia Experimentalis et Applicata 168: 688–694.

Held, M., Hölker, F., Jessel, B. (Hrsg.) (2013): Schutz der Nacht – Lichtverschmutzung, Biodiversität und Nachtlandschaft. BfN-Skripten 336, 1–189.

Herden, C., Rassmus, J., Gharadjedaghi, B. (2009): Naturschutzfachliche Bewertungsmethoden von Freilandphotovoltaikanlagen. BfN-Skripten 247, 195 S.

Hermann, G., Magg, N. (2020): Schutzprojekt für einen Lichtwald-Tagfalter. In: Trautner, J.: Artenschutz – rechtliche Pflichten, fachliche Konzepte, Umsetzung in der Praxis. Eugen Ulmer, Stuttgart, 238–242.

Heubuch, M. (2018): Agrarökologie als Leitbild für Landwirtschafts- und Lebensmittelpolik – eine Begriffsklärung. Der kritische Agrarbericht 2018, 39–44.

Heydemann, B. (1983): Die Beurteilung von Zielkonflikten zwischen Landwirtschaft, Landschaftspflege und Naturschutz aus Sicht der Landespflege und des Naturschutzes. Schriftenreihe für ländliche Sozialfragen 88, 51–78.

Hickler, T., Bolte, A., Hartard, B., Beierkuhnlein, C., Blaschke, M., Blick, T., Brüggemann, W., Dorow, W., Fritze, M.-A., Gregor, T., Ibisch, P., Kölling, C., Kühn, I., Musche, M., Pompe, S., Petercord, R., Schweiger, O., Seidling, W., Trautmann, S., Waldenspuhl, T., Walentowski, H., Wellbrock, N. (2014): Folgen des Klimawandels für die Biodiversität in Wald und Forst. In: Mosbrugger, V. et al. (Hrsg.), Klimawandel und Biodiversität – Foclgen für Deutschland, WBG Wissenschaftkiche Buchgesellschaft, Darmstadt, 164–221.

Hickling, R., Roy, D. B., Hill, J. K., Thomas, C. D. (2005): A northward shift of range margines in British Odonata. Global Change Biology 11, 502–506.

Hickling, R., Roy, D. B., Hill, J. K., Fox, R., Thomas, C. D. (2006): The distributions of a wide range of taxonomic groups are expanding polewards. Global Change Biology 12 (3), 450–455.

Hilbig, W. (2005): Möglichkeiten zur Erhaltung bestandsgefährdeter Ackerwildpflanzen und ihrer Pflanzengesellschaften durch extensive Ackernutzung. In: Hampicke, U., Litterski, B., Wichtmann, W. (Hrsg.), Ackerlandschaften – Nachhaltigkeit und Naturschutz auf ertragsschwachen Standorten, Springer, Berlin/Heidelberg, 173–190.

Hill, J. K., Thomas, C. D., Huntley B. (1999): Climate and habitat availability determine 20th century changes in a butterfly's range margin. Proceedings of the Royal Society B – Biological Sciences 266 (1425), 1197–1206.

Hiller, D., Betz, O. (2014): Auswirkungen verschiedener Mahdkonzepte auf die Heuschreckenfauna städtischer Grünflächen – Untersuchungen auf Grünflächen in Tübingen. Naturschutz und Landschaftsplanung 46 (8), 241–246.

Hof, A. R., Bright, P. W. (2010). The value of agri-environment schemes for macro-invertebrate feeders: Hedgehogs on arable farms in Britain. Animal Conservation 13 (5), 467–473.

Hofer, U. (2016): Evidenzbasierter Artenschutz – Begriffe, Konzepte, Methoden. Haupt, Bern, 180 S.

Hofmann, M., Fleischmann, A., Renner, S. (2020): Foraging distances in six species of solitary bees with body lengths of 6 to 15 mm, inferred from individual tagging, suggest 150 m-rule-of-thumb for flower strip distances. Pensoft Publishers 77, 105–117.

Holdich, D. M., Reynolds, J. D., Souty-Grosset, C., Sibley, P. J. (2009): A review of the everincreasing threat to European crayfish from non-indigenous crayfish species. Knowledge and Management of Aquatic Ecosystems 11, 394–95.

Holtmann, L., Brüggeshemke, J., Juchem, M., Fartmann, T. (2019b): Odonate assemblages of urban stormwater ponds: The conservation value depends on pond type. Journal of Insect Conservation 23, 123–132.

Holtmann, L., Juchem, M., Brüggeshemke, J., Möhlmeyer, A., Fartmann, T. (2018): Stormwater ponds promote dragonfly (Odonata) species richness and density in urban areas. Ecological Engineering 118, 1–11.

Holtmann, L., Kerler, K., Wolfgart, L., Schmidt, C., Fartmann, T. (2019a): Habitat heterogeneity determines plant species richness in urban stormwater ponds. Ecological Engineering 138, 434–443.

Honek, A., Martinkova, Z., Dixon, A. F. G., Roy, H. E., Pekár, S. (2016): Long-term changes in communities of native coccinellids: population fluctuations and the effect of competition from an invasive non-native species. Insect Conservation and Diversity 9 (3), 202–209.

Horák, J., Chobot, K., Horáková, J. (2012): Hanging on by the tips of the tarsi: a review of the plight of the critically endangered saproxylic beetle in European forests. Journal for Nature Conservation 20 (2), 101–108.

Horák, J., Rébl, K. (2013): The species richness of click beetles in ancient pasture woodland benefits from a high level of sun exposure. Journal of Insect Conservation 17 (2), 307–318.

Hudewenz, A., Klein, A. M. (2013): Competition between honey bees and wild bees and the role of nesting resources in a nature reserve. Journal of Insect Conservation 17 (6), 1275–1283.

Hünig, C., Benzler, A. (2017): Das Monitoring der Landwirtschaftsflächen mit hohem Naturwert in Deutschland. BfN-Skripten 476, 48 S.

Huston, M. (1979): A general hypothesis of species-diversity. American Naturalist 113 (1), 81–101.

Hylander, K., Ehrlén, J. (2013): The mechanisms causing extinction debts. Trends in Ecology & Evolution 28 (6), 341–346.

IFAB (Institut für Agrarökologie und Biodiversität), ILN (Institut für Landschaftsökologie und Naturschutz Bühl), Bayer AG – Bayer Bee Care Center (Hrsg.) (o. J.): Bestäubervielfalt in der Landwirtschaft – Biodiversitätsprojekt in Baden-Württemberg, Mannheim, Bühl, Monheim am Rhein, 16 S.

Ings, T. C., Ward, N. L., Chittka L. (2006): Can commercially imported bumble bees out-compete their native conspecifics? Journal of Applied Ecology 43 (5), 940–948.

Irwin, J. T., Lee, R. E. (2000): Mild winter temperatures reduce survival and potential fecundity of the goldenrod gall fly, Eurosta solidaginis (Diptera: Tephritidae). Journal of Insect Physiology 46 (5), 655–661.

Irwin, J. T., Lee, R. E. (2003): Cold winter microenvironments conserve energy and improve overwintering survival and potential fecundity of the goldenrod gall fly, Eurosta solidaginis. Oikos 100 (1), 71–78.

Isaac, N. J. B., van Strien, A. J., August, T. A., de Zeeuw, M. P., Roy, D. B. (2014): Statistics for citizen science: extracting signals of change from noisy ecological data. Methods in Ecology and Evolution 5, 1052–1060.

Isselstein, J. (1998): Veränderungen in der Vegetation des Grünlandes – Perspektiven einer nachhaltigen Nutzung und Entwicklung. Schriftenreihe für Vegetationskunde 29, 101–110.

IUCN (International Union for Conservation of Nature) (2020): Classification Schemes. IUCN Red List., Download unter https://www.iucnredlist.org/resources/classification-schemes (letzter Zugriff 22. 08. 2020).

Jacob, D., Kottmeier, C., Petersen, J., Rechid, D., Teichmann, C. (2017): Regionale Klimamodellierung. In: Brasseur, G. P., Jacob, D., Schuck-Zöller, S. (Hrsg.), Klimawandel in Deutschland. Springer Spektrum, Berlin, 27–35.

Jedicke, E. (1994): Biotopverbund – Grundlagen und Maßnahmen einer neuen Naturschutzstrategie. Ulmer, Stuttgart, 2. Aufl., 287 S.

Jedicke, E. (1997): Avizönosen und Waldstruktur – Grundlagen für ein Biotopschutz-Konzept im Wald an Beispielen aus Hessen. Habil.-Schrift., Univ. Karlsruhe, 257 S.

Jedicke, E. (2002): Sturmwurfforschung und Naturschutz. In: Willig, Jürgen (Hrsg.), Natürliche Entwicklung von Wäldern nach Sturmwurf – 10 Jahre Forschung im Naturwaldreservat Weiherskopf. Mitteilungen der Hessisschen Landesforstverwaltung 38, 153–165.

Jedicke, E. (2006): Altholzinseln in Hessen – Biodiversität in totem Holz. Grundlagen für einen Alt- und Totholz-Biotopverbund. HGON-Arbeitskreis Main-Kinzig (Hrsg.), Rodenbach, 80 S.

Jedicke, E. (2008): Biotopverbund für Alt- und Totholz-Lebensräume – Leitlinien eines Schutzkonzepts inner- und außerhalb von Natura 2000. Naturschutz und Landschaftsplanung 40 (11), 379–385.

Jedicke, E. (2012): Auswirkungen des ökologischen Landbaus auf die Biodiversität. In: Kullmann, A., Machbarkeitsstudie: Regionale Vermarktung von Bio-Produkten aus deutschen Biosphärenreserbaten. FuE-Vorhaben des Bundesamtes für Naturschutz, FKZ Z 1.3 – 544 11-24/12, Frankfurt/M.

Jedicke, E. (2013): Waldweide und Naturschutz – historische Vorbilder, aktuelle Ziele und Umsetzbarkeit. Nationalpark-Jahrbuch Unteres Odertal 10, 43–52.

Jedicke, E. (2015a): Biotopverbund zwischen Soll und Haben – Bilanz und Ausblick aus bundesweiter Sicht. Naturschutz und Landschaftsplanung 47 (8/9), 233–240.

Jedicke, E. (2015b): „Lebender Biotopverbund" in Weidelandschaften. Weidetiere als Auslöser von dynamischen Prozessen und als Vektoren – ein Überblick. Naturschutz und Landschaftsplanung 47 (8/9), 257–262.

Jedicke, E. (2016a): Schutzgebietskategorien und ihre Ausweisung im Rahmen der Landschaftsplanung. In: Riedel, W., Lange, H., Jedicke, E., Reinke, M. (Hrsg.), Landschaftsplanung, Springer Spektrum, Berlin, Heidelberg, 279–294.

Jedicke, E. (2016b): Zielartenkonzepte als Instrument für den strategischen Schutz und das Monitoring der Biodiversität in Großschutzgebieten. Raumforschung und Raumordnung 74 (6), 509–524.

Jedicke, E. (2018): Landschaftsplanung und Biotopverbund auf landwirtschaftlichen Flächen. In: Marschall, I. (Hrsg.), Landschaftsplanung im Prozess und Dialog: Beiträge zur gemeinsamen Fachtagung von BfN, BBN und FH Erfurt vom 27.03.–29.03.2017 in Erfurt, BfN-Skripten 498, 127–139.

Jedicke, E., Frey, W., Hundsdorfer, M., Steinbach, E. (1996): Praktische Landschaftspflege – Grundlagen und Maßnahmen. Ulmer, Stuttgart, 2. Aufl., 310 S.

Jedicke, E., Hakes, W. (2005): Management von Eichenwäldern im Rahmen der FFH-Richtlinie – Eichen-Verjüngung im Wirtschaftswald: durch Prozessschutz ausgeschlossen? Ein Diskussionsbeitrag. Naturschutz und Landschaftsplanung 37 (2), 37–45.

Jedicke, E., Metzner, J. (2012): Zahlungen der 1. Säule auf Extensivweiden und ihre Relevanz für den Naturschutz – Analyse und Vorschläge zur Anpassung der Gemeinsamen Agrarpolitik. Naturschutz und Landschaftsplanung 44 (5), 133–141.

Jedicke, E., Weidt, H. (2017): Landschaftspflege mit Rindern – ein Leitfaden für Rinderhalter. Sächsisches Landesamt für Umwelt, Landwirtschaft und Geologie (Hrsg.), Freiberg, Download unter https://www.natur.sachsen.de/download/Leitfaden_Landschaftspflege_mit_Rindern.pdf (letzter Zugriff 22.08.2020), 26 S.

Joest, R. (2019): Libellen. In: Bunzel-Drüke, M. et al., Naturnahe Beweidung und NATURA 2000, Arbeitsgemeinschaft Biologischer Umweltschutz im Kreis Soest e.V., Bad Sassendorf-Lohne, 212–215.

Joest, R., Kamrad, M., Zacharias, A. (2016): Vorkommen von Feldvögeln auf verschiedenen Nutzungstypen im Winter – Vergleich zwischen nicht geernteten Getreideflächen, Brachflächen, Stoppeläckern und Flächen mit Zwischenfrüchten. Vogelwelt 136, 197–211.

Jones, C. G., Lawton, J. H., Shachak, M. (1994): Organisms as ecosystem engineers. Oikos 69, 373–386.

Jones, C. G., Lawton, J. H., Shachak, M. (1997): Positive and negative effects of organisms as physical ecosystem engineers. Ecology 78, 1946–1957.

Jones, E. L., Leather, S. R. (2012): Invertebrates in urban areas: a review. European Journal of Entomology 109 (4), 463–478.

Joosten, H., Couwenberg, J. (2001): Bilanz zum Moorverlust. Das Beispiel Europa. In: Succow, M., Joosten, H. (Hrsg.), Landschaftsökologische Moorkunde. Schweizerbart'sche Verlagsbuchhandlung, Stuttgart, 406–408.

Kahrer, A., Perny, B., Steyrer, G., Hausdorf, H. (2011): Maikäfer nun auch on Ostösterreich auf dem Vormarsch. Forstschutz Aktuell 53, 5–10.

Kämmer, G., Hauswirth, L., Wagner, H.-G. (2015): Problempflanzen. In: Bunzel-Drüke, M. et al., Naturnahe Beweidung und NATURA 2000, 232–243.

Kämpfer, S., Fartmann T. (2019): Breeding populations of a declining farmland bird are dependent on a burrowing, herbivorous ecosystem engineer. Ecological Engineering 140, 105592.

Kapfer, A., Konold, W. (1996): Streuwiesen – Relikte vergangener Landbewirtschaftung mit hohem ökologischem Wert. In: Konolod, W. (Hrsg.), Naturlandschaft – Kulturlandschaft. Die Veränderung der Landschaften nach der Nutzbarmachung durch den Menschen. Ecomed, Landsberg, 185–200.

Kapfer, A. (2010): Mittelalterlich-frühneuzeitliche Beweidung der Wiesen Mitteleuropas – die Frühjahrsvorweide und Hinweise zur Pflege artenreichen Grünlands. Naturschutz und Landschaftsplanung 42 (6), 180–187.

Kapfer, A. (2019): Zur Rolle der Nutztierbeweidung bei der Entsthehung der mitteleuropäischen Kulturlandschaften. In: Bunzel-Drüke, M. et al.: Naturnahe Beweidung und NATURA 2000 – Ganzjahresbeweidung im Management von Lebensraumtypen und Arten im europäischen Schutzgebietssystem NATURA 2000. 2. Aufl. Arbeitsgemeinschaft Biologischer Umweltschutz, Bad Sassendorf, 28–35.

Kaspar, F., Mächel, H. (2017): Beobachtung von Klima und Klimawandel in Mitteleuropa und Deutschland. In: Brasseur, G. P., Jacob, D., Schuck-Zöller, S. (Hrsg.), Klimawandel in Deutschland. Springer Spektrum, Berlin, 17–26.

Kaule, G. (1991): Arten- und Biotopschutz. 2. Aufl. Eugen Ulmer, Stuttgart.

Keeling, M. J., Franklin, D. N., Datta, S., Brown, S. M., Budge, G. E. (2017): Predicting the spread of the Asian hornet (Vespa velutina) following its incursion into Great Britain. Scientific Reports 7, 6240.

Kellert, S., Calabrese, E. F. (2015): The practice of biophilic design. Download unter www.biophilic-design.com (letzter Zugriff 19. 07. 2020), 27 S.

Kellert, S., Wilson, E. (1993): The Biophilia Hypothesis. Island Press, Washington, DC., 484 S.

Kenis, M., Adriaens, T., Brown, P. M. J., Katsanis, A., San Martin, G., Branquart, E., Maes, D., Eschen, R., Zindel, R., van Vlaenderen, J., Babendreier, D., Roy, H. E., Hautier, L., Poland, R. L. (2017): Assessing the ecological risk posed by a recently established invasive alien predator: Harmonia axyridis as a case study. Biocontrol 62 (3), 341–354.

Kerr, J. T., Pindar, A., Galpern, P., Packer, L., Potts, S. G., Roberts, S. M., Rasmont, P., Schweiger, O., Colla, S. R., Richradson, L. L., Wagner, D. L., Gall, L. F., Sikes, D. S., Pantoja, A. (2015): Climate change impacts on bumblebees converge across continents. Science 349 (6244), 177–180.

Kerth, G., Blüthgen, N., Dittrich, C., Dworschak, K., Fischer, K., Fleischer, T., Heidinger, I., Limberg, J., Obermaier, E., Rödel, M.-O., Nehring, S. (2015): Anpassungskapazität naturschutzfachlich wichtiger Tierarten an den Klimawandel. Naturschutz und Biologische Vielfalt 139: 1– 511.

Kiehl, K., Jeschke, D. (2016): Artenreiche Säume aus gebietseigenem Wildpflanzensaatgut. Natur in NRW 41 (1), 28–32.

Kiehl, K., Kirmer, A. (2019): Säume und Feldraine. In: Kollmann, J., Kirmer, A., Tischew, S., Hölzel, N., Kiehl, K.: Renaturierungsökologie, Springer, Berlin/Heidelberg, 277–288.

King, T. J. (1977a): The plant ecology on ant-hills in calcareous grasslands. I Patterns of species in relation to ant-hills in Southern England. Journal of Ecology 65, 235–256.

King, T. J. (1977b): The plant ecology on ant-hills in calcareous grasslands. II Succession on the mounds. Journal of Ecology 65, 257–278.

King, T. J. (2006): The value of ant-hills in grasslands. British Wildlife 17, 392–397.

Kirmer, A., Baasch, A. (2012): Praxishandbuch zur Samengewinnung und Renaturierung von artenreichem Grünland. Hochschule Anhalt, Lehr- und Forschungszentrum Raumberg-Gumpenstein, Raumberg-Gumpenstein, 221 S.

Kirmer, A., Jeschke, D., Kiehl, K., Tischew, S. (2019): Praxisleitfaden zur Etablierung und Aufwertung von Süäumen und Feldrainen. 2. Aufl., Bernburg/Osnabrück, 72 S.

Kirmer, A., Rydgren, K., Tischew, S. (2018): Smart management is key for successful diversification of field margins in highly productive farmland. Agriculture, Ecosystems & Environment 251, 88–98.

Klein, A.-M., Vaissière, B. E., Cane, J. H., Steffan-Dewenter, I., Cunningham, S. A., Kremen, C., Tscharntke, T. (2007): Importance of pollinators in changing landscapes for world crops. Proceedings of the Royal Society B – Biological Sciences 274 (1608), 303–313.

Klein, D., Ullrich, K., Wessel, M. (Red.) (2018): Handbuch Biotopverbund – vom Konzept bis zur Umsetzung einer Grünen Infrastruktur. Version 1.0., Berlin, 272 S. Download unter http://www.bund.net/handbuch-biotopverbund (letzter Zugriff 22. 08. 2020).

Kleinbauer, I., Dullinger, S., Klingenstein, F., May, R., Nehring, S., Essl, F. (2010): Ausbreitungspotenzial ausgewählter neophytischer Gefäßpflanzen unter Klimawandel in Deutschland und Österreich. BfN-Skripten 275, 1–74.

Klingenstein, F., Kornacker, P. M., Martens, H., Schippmann, W. (2005): Gebietsfremde Arten – Positionspapier des Bundesamtes für Naturschutz. BfN-Skripten 128, 1–30.

Koch, H., Stevenson, P. C. (2017): Do linden trees kill bees? Reviewing the causes of bee deaths on silver linden (Tilia tomentosa). Biology Letters 13 (9), 20170484.

Koh, L. P., Dunn, R. R., Sodhi, N. S., Colwell, R. K., Proctor, H. C., Smith, V. S. (2004): Species coextinctions and the biodiversity crisis. Science 305, 1632–1634.

Kolligs, D. (2000): Ökologische Auswirkungen künstlicher Lichtquellen auf nachtaktive Insekten, insbesondere Schmetterlinge (Lepidoptera). Faunistisch-Ökologische Mitteilungen Supplement 28, 1–136.

Kolligs, D., Grell, H. (2019): Schmetterlinge. In: Bunzel-Drüke, M. et al. (Hrsg.), Naturnahe Beweidung und NATURA 2000, Arbeitsgemeinschaft Biologischer Umweltschutz im Kreis Soest e. V., Bad Sassendorf-Lohne, 216–220.

Kolligs, D., Mieth, A. (2001): Die Auswirkungen kleinflächiger und großflächiger Lichtquellen auf Insekten. Schriftenreihe für Landschaftspflege und Naturschutz 67, 53–66.

Kollmann, J. (2019a): Waldmäntel, Hecken und Gebüsche. In: Kollmann, J., Kirmer, A., Tischew, S., Hölzel, N., Kiehl, K.: Renaturierungsökologie, Springer, Berlin/Heidelberg, 259–275.

Kollmann, J. (2019b): Äcker. In: Kollmann, J., Kirmer, A., Tischew, S., Hölzel, N., Kiehl, K.: Renaturierungsökologie, Springer, Berlin/Heidelberg, 369–387.

Kollmann, J., Kirmer, A., Tischew, S., Hölzel, N., Kiehl, K. (2019): Renaturierungsökologie. Springer, Berlin, 499 S.

Komonen, A., Halme, P., Kotiaho, J. S. (2019): Alarmist by bad design: Strongly popularized unsubstantiated claims undermine credibility of conservation science. Rethinking Ecology 4, 17–19.

Konvička, M., Maradova, M., Beneš, J., Fric, Z. F., Kepka, P. (2003): Uphill shifts in distribution of butterflies in the Czech Republic: effects of changing climate detected on a regional scale. Global Ecology and Biogeography 12, 403–410.

Konvička, M., Novak, J., Benes, J., Firc, T. F., Bradley, J., Keil, P., Hrcek, J., Chobot, K., Marhoul, P. (2008): The last population of the Woodland Brown butterfly (Lopinga achine) in the Czech Republic: habitat use, demography and site management. Journal of Insect Conservation 12 (5), 549–560.

Kovács-Hostyánszki, A., Kőrösi, A., Orci, K. M., Batáry, P., Báldi, A. (2011): Set-aside promotes insect and plant diversity in a Central European country. Agriculture, Ecosystems & Environment 141 (3/4), 296–301.

Kowarik, I. (2010): Biologische Invasionen – Neophyten und Neozoen in Mitteleuropa. 2. Aufl. Eugen Ulmer. Stuttgart.

Krämer, B., Kämpf, I., Enderle, J., Poniatowski, D., Fartmann, F. (2012b): Microhabitat selection in a grassland butterfly: a trade-off between microclimate and food availability. Journal of Insect Conservation 16, 857–865.

Krämer, B., Poniatowski, D., Fartmann, T. (2012a): Effects of landscape and habitat quality on butterfly communities in pre-alpine calcareous grasslands. Biological Conservation 152, 253–261.

Krawczynski, R. (2012): Die potenziell natürliche Megafauna Europas. Nationalpark-Jahrbuch Unteres Odertal 9, 29–40.

Krawczynski, R. (2019a): Käfer. In: Bunzel-Drüke, M. et al. (Hrsg.), Naturnahe Beweidung und NATURA 2000, Arbeitsgemeinschaft Biologischer Umweltschutz im Kreis Soest e.V., Bad Sassendorf-Lohne, 210–211.

Krawczynski, R. (2019b): Kadaver. In: Bunzel-Drüke, M. et al. (Hrsg.), Naturnahe Beweidung und NATURA 2000, Arbeitsgemeinschaft Biologischer Umweltschutz im Kreis Soest e.V., Bad Sassendorf-Lohne, 259–260.

Kricke, C., Bamann, T., Betz, O. (2014): Einfluss städtischer Mahdkonzepte auf die Artenvielfalt der Tagfalter – Untersuchungen auf Grünflächen der Stadt Tübingen. Naturschutz und Landschaftsplanung 46 (2), 52–58.

Krieger, A., Fartmann, T., Poniatowski, D. (2019): Restoration of raised bogs – Land-use history determines the composition of dragonfly assemblages. Biological Conservation 237, 291–298.

Krieger, K. (2016): Vom Sinn und Unsinn der Splitt- und Schottergärten. Stadt + Grün 65, 3, 23–28.

Kronenbitter, J., Oppermann, R. (2013): Das große Einmaleins der Blühstreifen und Blühflächen – zu Artenvielfalt und Anlage von Blühflächen im Ackerbau. Syngenta Agro GmbH (Hrsg.), Maintal, 19 S.

Kuhn, J. (1997): Die Libellen des Murnauer Mooses und der Loisachmoore (Oberbayern): Fauna – Lebensräume – Naturschutz. Berichte des ANL 21, 111–147.

Kukowski, S., Schmidt, P., Piepho, H.-P., Röhl, M., Hauffe, H.-K., Streck, T. (2020): Auswirkungen atmosphärischer Stickstoffeinträge auf magere Flachland-Mähwiesen in Baden-Württemberg. Natur und Landschaft 95 (2), 58–67.

Kullmann, A., Jedicke, E., Saathoff, U. (2017): Belegbare Biodiversität – ein Arten-Monitoring für das Marketing von Bio-Produkten aus Biosphärenreservaten. Natur und Landschaft 92 (12), 572–578.

Kunz, M., Mohr, S., Werner, P. (2017): Niederschlag. In: Brasseur, G. P., Jacob, D., Schuck-Zöller, S. (Hrsg.), Klimawandel in Deutschland. Springer Spektrum, Berlin, 57–66.

Kurze, S., Heinken, T., Fartmann, T. (2018): Nitrogen enrichment in host plants increases the mortality of common Lepidoptera species. Oecologia 188, 1227–1237.

Kuussaari, M., Bommarco, R., Heikkinen, R., Helm, A., Krauss, J., Lindborg, R., Ockinger, E., Pärtel, M., Pino, J., Rodà, F., Stefanescu, C., Teder, T., Zobel, M., Steffan-Dewenter, I. (2009): Extinction debt: a challenge for biodiversity conservation. Trends in Ecology & Evolution 24 (10), 564–571.

Kyba, C. C., Kuester, T., Kuechly, H. U. (2017): Changes in outdoor lighting in Germany from 2012–2016. International Journal of Sustainable Lighting 19 (2), 112–112.

LANUV (Landesamt für Natur, Umwelt und Verbraucherschutz Nordrhein-Westfalen) (Hrsg.) (2007): Niederwälder in Nordrhein-Westfalen. Beiträge zur Ökologie, Geschichte und Erhaltung. LANUV-Fachbericht 1, 1–510.

Larrieu, L., Paillet, Y., Winter, S., Bütler, R., Kraus, D., Krumm, F., Lachat, T., Michel, A., Regnery, B., Vandekerkhove, K. (2018): Tree related microhabitats in temperate and Mediterranean European forests: A hierarchical typology for inventory standardization. Ecological Indicators 84, 194–207.

Lavoie, C. (2017): The impact of invasive knotweed species (Reynoutria spp.) on the environment: review and research perspectives. Biological Invasions 19 (8), 2319–2337.

Lederbogen, D., Rosenthal, G., Scholle, D., Trautner, J., Zimmermann, B., Kaule, G. (2004): Allmendweiden in Südbayern: Naturschutz durch landwirtschaftliche Nutzung. Angewandte Landschaftsökologie 62, 1–469.

Lemke, H., Löffler, F., Fartmann, T. (2010): Habitat- und Nahrunspräferenzen des Kiesbank-Grashüpfers (Chorthippus pullus) in Südbayern. Articulata 25 (2), 133–149.

Lenoir, L. (2009): Effects of ants on plant diversity in semi-natural grasslands. Arthropod-Plant Interactions 3, 163–172.

Leonhardt, S. D., Gallai, N., Garibaldi, L. A., Kuhlmann, M., Klein, A. (2013): Economic gain, stability of pollination and bee diversity decrease from southern to northern Europe. Basic and Applied Ecology 14, 461–471.

Lindemann, K.-O. (1993): Die Rolle von Deschampsia flexuosa in Calluna-Heiden Mitteleuropas. NNA Berichte 5, 20–39.

Lindström, S. A. M., Herbertsson, L., Rundlöf, M., Bommarco, R., Smith, H. G. (2016): Experimental evidence that honeybees depress wild insect densities in a flowering crop. Proceedings of the Royal Society B – Biological Sciences 283 (1843), 20161641.

Litt, A. R., Cord, E. E., Fulbright, T. E., Schuster, G. L. (2014): Effects of invasive plants on arthropods. Conservation Biology 28 (6), 1532–1549.

Löffler, F., Fartmann, T. (2017): Effects of landscape and habitat quality on Orthoptera assemblages of pre-alpine calcareous grasslands. Agriculture, Ecosystems & Environment 248, 71–81.

Löffler, F., Poniatowski, D., Fartmann T. (2019): Orthoptera community shifts in response to land-use and climate change – Lessons from a long-term study across different grassland habitats. Biological Conservation 236, 315–323.

Löffler, F., Poniatowski, D., Fartmann T. (2020): Extinction debt across three taxa in well-connected calcareous grasslands. Biological Conservation 246, 108588.

Löffler, F., Stuhldreher, G., Fartmann, T. (2013): How much care does a shrub-feeding hairstreak butterfly, Satyrium spini (Lepidoptera: Lycaenidae), need in calcareous grasslands? European Journal of Entomology 110, 145–152.

Lomba, A., Alves, P., Jongman, R., McCracken, D. (2015): Reconciling nature conservation and traditional farming practices: a spatially explicit framework to assess the extent of High Nature Value farmlands in the European countryside. Ecology and Evolution 5 (5), 1031–1044.

Losey, J. E., Vaughan, M. (2006): The economic value of ecological services provided by insects. BioScience 56 (4), 311–323.

LUBW (Landesanstalt für Umwelt, Messungen und Naturschutz Baden-Württemberg) (2017): Biotopverbund in Baden-Württemberg. NaturschutzInfo 2/2017, Karlsruhe, 108 S.

Luick, R., Schoof, N., Rupp, M. (2019): Wälder in Deutschland: Überblick. In: Bunzel-Drüke, M. et al. (Hrsg.), Naturnahe Beweidung und NATURA 2000, Arbeitsgemeinschaft Biologischer Umweltschutz im Kreis Soest e. V., Bad Sassendorf-Lohne, 152–151.

Lumaret, J.-P., Errouissi, F., Floate, K., Römbke, J., Wardhaugh, K. (2012): A review on the toxicity and non-target effects of macrocyclic lactones in terrestrial and aquatic environments. Current Pharmaceutical Biotechnology 13 (6), 1004–1060.

Lundin, O., Rundlöf, M., Smith, H. G., Fries, I., Bommarco, R. (2015): Neonicotinoid insecticides and their impacts on bees: a systematic review of research approaches and identification of knowledge gaps. PloS one 10, 8, e0136928.

Lutz, J., Furniss, T., Johnson, D., Davies, S., Allen, D., Alonso, A., Anderson-Teixeira, K., Andrade, A., Baltzer, J., Becker, K., Blomdahl, E., Bourg, N., Bunyavejchewin, S., Burslem, D., Cansler, C., et al. (2018): Global importance of large-diameter trees. Global Ecology and Biogeography 27 (7), 849–864.

MacDonald, D. W., Atkinson, R. P. D., Blanchard, G. (1997): Spatial and temporal patterns in the activity of European moles. Oecologia 109, 88–97.

MacDonald, D., Crabtree, J. R., Wiesinger, G., Dax, T., Stamou, N., Fleury, P., Gutierrez Lazpita, J., Gibon, A. (2000): Agricultural abandonment in mountain areas of Europe: Environmental consequences and policy response. Journal of Environmental Management 59 (1), 47–69.

Macgregor, C. L., Williams, J. H., Bell, J. R., Thomas, C. (2019): Moth biomass increases and decreases over 50 years. Nature Ecology & Evolution 3, 1645–1649.

MacIvor, J. S., Packer, L. (2015): 'Bee Hotels' as tools for native pollinator conservation: a premature verdict? PloS one 10 (3), e0122126.

Mackey, R. L., Currie, D. J. (2001): The diversity-disturbance relationship: Is it generally strong and peaked? Ecology 82 (12), 3479–3492.

Maes, D., van Dyck, H. (2001): Butterfly diversity loss in Flanders (north Belgium): Europe's worst case scenario? Biological Conservation 99, 263–276.

Mahdjoub, H., Blanckenhorn, W. U., Lüpold, S., Roy, J., Gourgoulianni, N., Khelifa, R. (2020): Fitness consequences of the combined effects of veterinary and agricultural pesticides on a non-target insect. Chemosphere 250, 126271.

Mallinger, R. E., Gaines-Day, H. R., Gratton C. (2017): Do managed bees have negative effects on wild bees?: A systematic review of the literature. PloS one 12 (12), e0189268.

Martin, A. E., Graham, S. L., Henry, M., Pervin, E., Fahring, L. (2018): Flying insect abundance declines with increasing road traffic. Insect Conservation and Diversity 11 (6), 608–613.

McCallum, M. L. (2015): Vertebrate biodiversity losses point to a sixth mass extinction. Biodiversity and Conservation 24 (10), 2497–2519.

McDowell, N., Allen, C., Anderson-Teixeira, K., Aukema, B., Bond-Lamberty, B., Chini, L., Clark, J., Dietze, M., Grossiord, C., Hanbury-Brown, A., Hurtt, G., Jackson, R., Johnson, D., Kueppers, L., Lichstein, J., Ogle, K., Poulter, B., Pugh, T., Seidl, R., Turner, M., Uriarte, M., Walker, A., Xu, C. (2020): Pervasive shifts in forest dynamics in a changing world. Science 368 (6494), eaaz9463.

Meek, B., Loxton, D., Sparks, T., Pywell, R., Pickett, H., Nowakowski, M. (2002): The effect of arable field margin composition on invertebrate biodiversity. Biological Conservation 106 (2), 259–271.

Mellanby, K. (1971): The mole. William Collins Sons & Co., London.

Menzel, A., Sparks, T. H., Estrella, N., Koch, E., Aasa, A., Ahas, R., Alm-Kübler, K., Bissolli, P., Braslavská, O., Briede, A., Chmieleski, F. M., Crepinsek, Z., Curnel, Y., Dahl, A., Defila, C., Donnelly, A., Filella, Y., Jatczak, K., Mage, F., Mestre, A., Nordli, Y., Penuelas, J., Pirinen, P., Remisová, V., Scheifinger, H., Striz, M., Susnik, A., van Vliet, A. J. H., Wielgolaski, F.-E., Zach, S., Zust, A. (2006): European phenological response to climate change matches the warming pattern. Global Change Biology 12 (10), 1969–1976.

Mercader, R. J., Scriber J. M. (2008): Asymmetrical thermal constraints on the parapatric species boundaries of two widespread generalist butterflies. Ecological Entomology 33 (4), 537– 545.

Meschede, A., Rudolph B.-U. (2010): 1985–2009: 25 Jahre Fledermausmonitoring in Bayern. Bayerisches Landesamt für Umwelt, Augsburg.

Metzner, J., Jedicke, E., Luick, R., Reisinger, E., Tischew, S. (2010): Extensive Weidewirtschaft und Forderungen an die neue Agrarpolitik – Förderung von biologischer Vielfalt, Klimaschutz, Wasserhaushalt und Landschaftsästhetik. Naturschutz und Landschaftsplanung 42 (12), 357–366.

Meyer, P., Schmidt, M., Spellmann, H., Bedarff, U., Bauhaus, J., Reif, A., Späth, V. (2011): Aufbau eines Systems nutzungsfreier Wälder in Deutschland. Natur und Landschaft 86 (6), 243–249.

Meyer, S., Leuschner, C. (2015): 100 Äcker für die Vielfalt. Initiativen zur Förderung der Ackerwildkrautflora in Deutschland. Universitätsverlag Göttingen, Göttingen, 351 S.

Millennium Ecosystem Assessment (2005): Ecosystems and Human Well-being: Synthesis. Island Press, Washington, DC.

Mody, K., Lerch, D., Müller, A.-K., Simons, N., Blüthgen, N., Harnisch, M. (2020): Flower power in the city: Replacing roadside shrubs by wildflower meadows increases insect numbers and reduces maintenance costs. PloS one 15 (6), e0234327.

Möller, G. (2009): Struktur- und Substratbindung holzbewohnender Insekten, Schwerpunkt Coleoptera – Käfer. Diss. FU Berlin, Fachbereich Biologie, Chemie, Pharmazie, Berlin, 293 S.

Møller, A. P. (2019): Parallel declines in abundance of insects and insectivorous birds in Denmark over 22 years. Ecology and Evolution 9, 6581–6587.

Monceau, K., Bonnard, O., Thiery D. (2014): Vespa velutina: a new invasive predator of honeybees in Europe. Journal of Pest Science 87 (1), 1–16.

Moning, C., Held, M., Moshammer, R., Müller, J. (2010): Ökologische Schwellenwerte in Bergmischwäldern als Basis für forstliche Naturschutzkonzepte – Ergebnisse aus dem Nationalpark Bayerischer Wald. Naturschutz und Landschaftsplanung 42 (6), 165–170.

Morecroft, M. D., Bealey, C. E., Beaumont, D. A., Benham, S., Brooks, D. R., Burt, T. P., Critchley, C. N. R., Dick, J., Littlewood, N. A., Monteith, D. T., Scott, W. A., Smith, R. I., Walmsley, C., Watson, H. (2009): The UK Environmental Change Network: emerging trends in the composition of plant and animal communities and the physical environment. Biological Conservation 142 (12), 2814–2832.

Moroń, D., Lenda, M., Skórka, P., Szentgyörgyi, H., Settele, J., Woyciechowski, M. (2009): Wild pollinator communities are negatively affected by invasion of alien goldenrods in grassland landscapes. Biological Conservation 142 (7), 1322–1332.

Moroń, D., Skórka, P., Lenda, M., Kajzer-Bonk, J., Mielczarek, Ł., Rozej-Pabijan, E., Wantuch, M. (2019): Linear and non-linear effects of goldenrod invasions on native pollinator and plant populations. Biological Invasions 21 (3), 947–960.

Motta, E. V. S., Raymann, K., Moran, N. A. (2018): Glyphosate perturbs the gut microbiota of honey bees. Proceedings of the National Academy of Sciences of the United States of America 115 (41), 10305–10310.

Müller, J., Bußler, H., Bense, U., Brustel, H., Flechtner, G., Fowles, A., Kahlen, M., Möller, G., Mühle, H., Schmidl, J., Zabransky, P. (2005): Urwald relict species – Saproxylic beetles indicating structural quantities and habitat tradition. Waldökologie online 2, 106–113.

Müller, J., Bußler, H., Utschick, H. (2007): Wie viel Totholz braucht der Wald? Ein wissenschaftsbasiertes Konzept gegen den Artenschwund der Totholzzönosen. Naturschutz und Landschaftsplanung 39 (6), 165–170.

Müller, J., Bütler, R. (2010): A review of habitat thresholds for dead wood: a baseline for management recommendations in European forests. European Journal of Forest Research 129 (6), 981–992.

Müller-Wille, W. (1980): Der Niederwald in Westdeutschland. In: Müller-Wille, W. (Hrsg.), Beiträge zur Forstgeographie in Westfalen. Spieker – Landeskundliche Beiträge und Berichte 27: 7–38.

Munguira, M. L., García-Barros, E., Cano, J. M. (2009): Butterfly herbivory and larval ecology. In: Settele, J., Shreeve, T., Konvička, M., van Dyck, H. (Hrsg.), Ecology of Butterflies in Europe. Cambridge University Press, Cambridge, 43–54.

Münsch, T., Helbing, F., Fartmann, T. (2019): Habitat quality determines patch occupancy of two specialist Lepidoptera species in well-connected grasslands. Journal of Insect Conservation 23, 247–258.

Münsch, T., Liebel, H., Kraus, W., Fartmann, T. (2020): Fortpflanzungsgewässer für die Arktische Smaragdlibelle. In: Trautner, J.: Artenschutz – Rechtliche Pflichten, fachliche Konzepte, Umsetzung in der Praxis. Eugen Ulmer, Stuttgart: 242–246.

Mupepele, A.-C., Bruelheide, H., Dauber. J., Krüß. A, Potthast, T., Wägele, W., Klein, A.-M. (2019): Insect decline and their drivers: Unsupported conclusions in a poorly performed meta-analysis on trends – a critique of Sánchez-Bayo and Wyckhuys (2019). Basic and Applied Ecology, 37, 20–23.

NABU (Naturschutzbund Deutschland e. V.) (2018): Gärten des Grauens. Steinwüsten erobern die Vorgärten. https://www.nabu.de (abgerufen am 15. 07. 2018).

NABU-Bundesverband (2013): White Stork populations across the world. Results of the 6th International White Stork Census 2004/2005. Berlin.

Nehring, S., Kowarik, I., Rabitsch, W., Essl, F. (Hrsg.) (2013): Naturschutzfachliche Invasivitätsbewertungen für in Deutschland wild lebende gebietsfremde Gefäßpflanzen. BfN-Skripten 352, 1–202.

Nehring, S., Rabitsch, W., Kowarik, I., Essl, F. (Hrsg.) (2015): Naturschutzfachliche Invasivitätsbewertungen für in Deutschland wild lebende gebietsfremde Wirbeltiere. BfN-Skripten 409, 1–222.

Nehring, S., Skowronek, S. (2017): Die invasiven gebietsfremden Arten der Unionsliste der Verordnung (EU) Nr. 1143/2014. Erste Fortschreibung 2017. BfN-Skripten 471, 1–76.

Newton, I. (2017): Farming and Birds. William Collins-Verlag, London (UK).

Neumann, H., Dierking, U., Taube, F. (2017): Erprobung und Evaluierung eines neuen Verfahrens für die Bewertung und finanzielle Honorierung der Biodiversitäts-, Klima- und Wasserschutzleistungen landwirtschaftlicher Betriebe („Gemeinwohlprämie"). Berichte über Landwirtschaft 95 (3), 1–37.

Nichols, E., Gardner, T. A., Peres, C. A., Spector, S., Scarabaeinae Research Network (2009): Co-declining mammals and dung beetles: an impending ecological cascade. Oikos 118, 481–487.

Nickel, H. (2003): The Leafhoppers and Planthoppers of Germany (Hemiptera, Auchenorrhyncha): Patterns and Strategies in a Highly Diverse Group of Phytophagous Insects. Pensoft Publishers, Sofia.

Nickel, H., Holzinger, W. E., Wachmann, E. (2002): Mitteleuropäische Lebensräume und ihre Zikadenfauna (Hemiptera: Auchenorrhyncha). Denisia 4, 279–328.

Nicolescu, V.-N., Carvalho, J., Hochbichler, E., Bruckman, V., Piqué-Nicolau, M., Hernea, C., Viana, H., Štochlová. P., Ertekin, M., Tijardovic, M., Dubravac, T., Vandekerkhove, K., Kofman, P. D., Rossney, D., Unrau, A. (2017): Silvicultural Guidelines for European Coppice Forests – COST Action FP1301 EuroCoppice. Albert Ludwig University (Hrsg.), Freiburg, 32 S.

Niemelä, J. (2001): Carabid beetles (Coleoptera: Carabidae) and habitat fragmentation: a review. European Journal of Entomology 98 (2), 127–132.

Nieto-Sánchez, S., Gutiérrez, D., Wilson, R. J. (2015): Long-term change and spatial variation in butterfly communities over an elevational gradient: driven by climate, buffered by habitat. Diversity and Distributions 21 (8), 950–961.

Niggli, U., Riedel, J., Brühl, C., Liess, M., Schulz, R., Altenburger, R., Märländer, B., Bokelmann, W., Heß, J., Reineke, A., Gerowitt, B. (2020): Pflanzenschutz und Biodiversität in Agrarökosystemen. Berichte über Landwirtschaft 98, (1), 1–40.

Nijssen, M. E., WallisDeVries, M. F., Siepel, H. (2017): Pathways for the effects of increased nitogen deposition on fauna. Biological Conservation 2012, 423–431.

Nilson, S. G., Franzén, M., Jönsson, E. (2008): Long-term land-use changes and extinction of specialised butterflies. Insect Conservation and Diversity 1, 197–207.

Nilsson, S. G., Franzén, M., Pettersson, L. B. (2013): Land-use changes, farm management and the decline of butterflies associated with seminatural grasslands in southern Sweden. Nature Conservation 6, 31–48.

Nitsch, H., Röder, N., Oppermann, R. (2017): Naturschutzfachliche Ausgestaltung von Ökologischen Vorrangsflächen – Endbericht zum gleichnamigen F+E-Vorhaben (FKZ 3514 8241 00), Bundesamt für Naturschutz, Bonn – Bad Godesberg, 192 S.

Norris, C., Hobson, P., Ibisch, P. (2011): Microclimate and vegetation function as indicators of forest thermodynamic efficiency. Journal of Applied Ecology 49, 562–570.

Nummi, P., Holopainen, S. (2014): Whole-community facilitation by beaver: ecosystem engineer increases waterbird diversity. Aquatic Conservation: Marine and Freshwater Ecosystems 24, 623–633.

Offenberger, M. (2018): Erfolge beim Schutz der Segetalflora – Wirksamkeit des Vertragsnaturschutzes am Beispiel des Landkreises Rhön-Grabfeld (Bayern). Naturschutz und Landschaftsplanung 50 (10), 386–393.

Ollerton, J., Erenler, H., Edwards, M., Crockett, R. (2014): Extinctions of aculeate pollinators in Britain and the role of large-scale agricultural changes. Science 346 (6215), 1360–1362.

Oppermann, R. (2013): Weiterentwicklung der Agrarumweltprogramme – Maßnahmen zur effektiven Förderung der Biodiversität in der Landwirtschaft bis 2020. NABU-Bundesverband (Hrsg.), Berlin, 36 S.

Oppermann, R., Beaufoy, G., Jones, G. (2012): High Nature Value farming in Europe: 35 European countries – experiences and perspectives. Verlag Regionalkultur, Ubstadt-Weiher, 544 S.

Oppermann, R., Krismann, A. (2003): Schonende Bewirtschaftungstechnik für artenreiches Grünland. In: Oppermann, R., Gujer, H. U. (Hrsg.), Artenreiches Grünland bewerten und fördern – MEKA und ÖQV in der Praxis. Verlag Eugen Ulmer, Stuttgart (Hohenheim), 110–116.

Oppermann, R., Sutcliffe, L. M. E., Arndt, J., Gottwald, F., Jedicke, E., Keelan, S., Kretzschmar, C., Meyerhoff, E., Metzner, J., Ochsner, S., Pfeffer, H., Schmidt, J., Stein-Bachinger, K., Wiersbinski, N. (2018): Naturwertfördernde Maßnahmen und Natur-Agrar-Beratung – fünf Anforderungen. Natur und Landschaft 93 (3), 120–124.

Ott, J. (2010): Dragonflies and climatic change – recent trends in Germany and Europe. BioRisk 5, 253–286.

Otto, K.-H. (2019): Nie zuvor dagewesen – die extreme Massenvermehrung des Großen Achtzähnigen Fichtenborkenkäfers 2018. Geo Aktuell 1/2019, 3–14.

Otto, R., Garzón-Machado, V., del Arco, M., Fernández-Lugo, S., de Nascimento, L., Oromí, P., Báez, M., Ibáñez, M., Alonso, M. R., Fernández-Palacios, J. M. (2017): Unpaid extinction debts for endemic plants and invertebrates as a legacy of habitat loss on oceanic islands. Diversity and Distributions 23 (9), 1031–1041.

Owens, A. C. S., Cochard, P., Durrant, J., Farnworth, B., Perkin, E. K., Seymoure, B. (2020): Light pollution is a driver of insect declines. Biological Conservation 241, 108259.

Owens, A. C. S., Lewis, S. M. (2018): The impact of artificial light at night on nocturnal insects: A review and synthesis. Ecology and Evolution 8, 11337–11358.

Ozinga, W. A., Römermann, C., Bekker, R. M., Prinzing, A., Tamis, W., L., M., Schaminée, S. M., Thompson, K., Poschlod, P, Kleyer, M., Bakker, J. P., van Groenendael, J. M. (2009): Dispersal failure contributes to plant losses in NW Europe. Ecology Letters 12 (1), 66–74.

Panek, M. (2019): Long-term changes in chick survival rate and brood size in the Grey Partridge Perdix perdix in Poland. Bird Study 66 (2), 289–292.

Papworth, S. K., Rist, J., Coad, L., Milner-Gulland, E. J. (2009): Evidence for shifting baseline syndrome in conservation. Conservation Letters 2, 93–100.

Parish, F., Sirin, A., Charman, D., Joosten, H., Minayeva, T., Silvius, M., Stringer, L. (Hrsg.) (2008): Assessment on Peatlands, Biodiversity and Climate Change. Global Environment Centre, Kuala Lumpur and Wetlands International, Wageningen.

Pauly, D. (1995): Anecdotes and the shifting baseline syndrome of fisheries. Trends in Ecology & Evolution 10, 430.

PECBMS (PanEuropean Common Bird Monitoring Scheme) (2019): Trends and Indicators. https://pecbms.info (abgerufen am 27. 09. 2019)

Perring, M. P., Diekmann, M., Midolo, G., Schellenberger Costa, D., Bernhardt-Römermann, M., Otto, J. C. J., Gilliam, F. S., Hedwall, P.-O., Nordin, A., Dirnböck, T., Simkin, S. M., Máliš, F., Blondeel, H., Brunet, J., Chudomelová, M., Durak, T., Frenne, P. de, Hédl, R., Kopecký, M., Landuyt, D., Li, D., Manning, P., Petřík, P., Reczyńska, K., Schmidt, W., Standovár, T., Świerkosz, K., Vild, O., Waller,

D. M., Verheyen, K. (2018): Understanding context dependency in the response of forest understorey plant communities to nitrogen deposition. Environmental Pollution 242, 1787–1799.

Pfuhl, E. (1935): Östliches Westfalen und Lippe. I. Die Muschelkalkböden im östlichen Westfalen und ihre landwirtschaftliche Nutzung. In: Schucht, F. (Hrsg.), Die Muschelkalkböden und ihre land- und forstwirtschaftliche Nutzung. Reichsnährstand Verlag, Berlin, 357–392.

Pickett, S. T. A., White, P. S. (1985): The Ecology of Natural Disturbance und Patch Dynamics. Academic Press, Orlando.

Piessens, K., Adriaens, D., Jacquemyn, H., Honnay, O. (2009): Synergistic effects of an extreme weather event and habitat fragmentation on a specialised insect herbivore. Oecologia 159 (1), 117–126.

Pimentel, D., Wilson, C., McCullum, C., Huang, R., Dwen, P., Flack, J., Tran, Q., Saltman, T., Cliff, B. (1997): Economic and environmental benefits of biodiversity. BioScience 47 (11), 747–757.

Pimm, S. L., Jenkins, C. N., Abell, R., Brooks, T. M., Gittleman, J. L., Joppa, L. N., Raven, P. H., Roberts, C. M., Sexton, J. O. (2014): The biodiversity of species and their rates of extinction, distribution, and protection. Science 344 (6187), 1246752.

Pisa, L. W., Amaral-Rogers, V., Belzunces, L. P., Bonmatin, J. M., Downs, C. A., Goulson, D., Kreutzweiser, D. P., Krupke, C., Liess, M., McField, M., Morrissey, C. A., Noome, D. A., Settele, J., Simon-Delso, N., Stark, J. D., van der Sluijs, J. P., van Dyck, H., Wiemers, M. (2015): Effects of neonicotinoids and fipronil on non-target invertebrates. Environmental Science and Pollution Research 22 (1), 68–102.

Pizzolotto, R., Gobbi, M., Brandmayr, P. (2014): Changes in ground beetle assemblages above and below the treeline of the Dolomites after almost 30 years (1980/2009). Ecology and Evolution 4 (8), 1284–1294.

Plachter, H. (1986): Die Fauna der Kies- und Schotterbänke dealpiner Flüsse und Empfehlungen für ihren Schutz. Berichter der ANL 10, 119–47.

Plachter, H. (1998): Die Auen alpiner Wildflüsse als Modelle störungsgeprägter ökologischer Systeme. Schriftenreihe für Landschaftspflege und Naturschutz 56, 21–66.

Plieninger, T., Hartel, T., Martín-López, B. (2015): Wood-pastures of Europe: Geographic coverage, social-ecological values, conservation management, and policy implications. Biological Conservation 190, 70–79.

Pollard, E., Yates, T. (1993): Monitoring Butterflies for Ecology and Conservation. The British Butterfly Monitoring Scheme. Chapman & Hall, London.

Poniatowski, D., Beckmann, C., Löffler, F., Münsch, T., Helbing, F., Samways, M. J., Fartmann, T. (2020a): Relative impacts of land-use and climate change on grasshopper range shifts have changed over time. Global Ecology and Biogeography 29: 2190–2202.

Poniatowski, D., Fartmann T. (2008): The classification of insect communities: Lessons from Orthoptera assemblages of semi-dry calcareous grasslands in central Germany. European Journal of Entomology 105, 659–671.

Poniatowski, D., Fartmann, T. (2009): Experimental evidence for density-determined wing dimorphism in two bush-crickets. European Journal of Entomology 106, 599–605.

Poniatowski, D., Fartmann, T. (2010): What determines the distribution of a flightless bush-cricket (Metrioptera brachyptera) in a fragmented landscape? Journal of Insect Conservation 14, 637–645.

Poniatowski, D., Fartmann, T. (2011a): Does wing dimorphism affect mobility in Metrioptera roeselii (Orthoptera: Tettigoniidae)? European Journal of Entomology 108, 3, 409–415.

Poniatowski, D., Fartmann, T. (2011b): Weather-driven changes in population density determine wing dimorphism in a bush-cricket species. Agriculture, Ecosystems & Environment 145, 5–9.

Poniatowski, D., Fartmann, T. (2011c): Dispersal capability in a habitat specialist bush-cricket: the role of population density and habitat moisture. Ecological Entomology 36: 717–723.

Poniatowski, D., Heinze, S., Fartmann, T. (2012): The role of macropters during range expansion of a wing-dimorphic insect species. Evolutionary Ecology 26 (3), 759–770.

Poniatowski, D., Hertenstein, F., Raude, N., Gottbehüt, K., Nickel, H., Fartmann, T. (2018c): The invasion of Bromus erectus alters species diversity of vascular plants and leafhoppers in calcareous grasslands. Insect Conservation and Diversity 11, 578–586.

Poniatowski, D., Löffler, F., Stuhldreher, G., Borchard, F., Krämer, B., Fartmann, T. (2016): Functional connectivity as an indicator for patch occupancy in grassland specialists. Ecological Indicators 67, 735–742.

Poniatowski, D., Münsch, T., Helbing, F., Fartmann, T. (2018b): Arealveränderungen mitteleuropäischer Heuschrecken als Folge des Klimawandels. Natur und Landschaft 93 (12), 553–561.

Poniatowski, D., Stuhldreher, G., Helbing, F., Hamer, U., Fartmann, T. (2020b): Restoration of calcareous grasslands: the early successional stage promotes biodiversity. Ecological Engineering 151, 105858.

Poniatowski, D., Stuhldreher, G., Löffler, F., Fartmann, T. (2018a): Patch occupancy of grassland specialists: Habitat quality matters more than habitat connectivity. Biological Conservation 225, 237–244.

Pontin, A. J. (1978): The numbers and distribution of subterranean aphids and their exploitation by the ant Lasius flavus (Fabr.). Ecological Entomology 3, 203–207.

Poschlod, P. (2017): Geschichte der Kulturlandschaft. 2. Aufl. Eugen Ulmer, Stuttgart, 320 S.

Poschlod, P., Braun-Reichert, R. (2017): Small natural features with large ecological roles in ancient agricultural landscapes of Central Europa – history, value, status, and conservation. Biological Conservation 211, 60–68.

Poschmann, C. (2011): Effects of vegetation structure, soil humidity and land use on grassland Orthoptera. Diplomarbeit, Westfälische Wilhelms-Universität.

Pott, R., Hüppe, J. (1991): Die Hudelandschaften Nordwestdeutschlands. Abhandlungen aus dem Westfälischen Museum Naturkunde 53 (1/2), 1–313.

Potts, D. (1997): Cereal farming, pesticides and grey partridges. In: Pain, D. J., Pienkowski, M. W. (Hrsg.), Farming and Birds in Europe: the Common Agricultural Policy and its Implications for Bird Conservation. Academic Press, San Diego, 150–177.

Potts, G. R. (1986): The Partridge. Pesticides, Predation and Conservation. Collins, London.

Potts, G. R. (2012): The Partridge. Collins, London.

Potts, G. R. (1991): The environmental and ecological importance of cereal fields. In: Firnbank, L. G., Carter, N., Darbyshire, J. F., Potts, G. R. (Hrsg.), The Ecology of Temperate Cereal Fields. Blackwell Scientific Publications, Oxford, 3–21.

Potts, S. G., Biesmeijer, J. C., Bommarco, R., Felicioli, A., Fischer, M., Jokinen, P., Kleijn, D., Klein, A.-M., Kunin, W. E., Neumann, P., Penev, L. D., Petanidou, T., Rasmont, P., Roberts, S. P. M., Smith, H. G., Sørensen, P. B., Steffan-Dewenter, I., Vaissière, B. E., Vilà, M., Vujić, A., Woyciechowski, M., Zobel, M., Settele, J., Schweiger, O. (2011): Developing European conservation and mitigation tools for pollination services: approaches of the STEP (Status and Trends of European Pollinators) project. Journal of Apicultural Research 50 (2), 152–164.

Potts, S. G., Biesmeijer, J. C., Kremen, C., Neumann, P., Schweiger, O., Kunin, W. E. (2010): Global pollinator declines: trends, impacts and drivers. Trends in Ecology & Evolution 25 (6), 345–353.

Potts, S. G., Imperatriz-Fonseca, V. L., Ngo, H. T. (Hrsg.) (2016b): The Assessment Report of the Intergovernmental Science-Policy Platform on Biodiversity and Ecosystem Services on Pollinators, Pollination and Food Production. Bonn (Germany).

Potts, S. G., Imperatriz-Fonseca, V. L., Ngo, H. T., Biesmeijer, J. C., Breeze, T. D., Dicks, L. V., Garibaldi, L., Settele, J., Vanbergen, A. J., Aizen, M. A., Cunningham, S. A., Eardley, C., Freitas, B. M., Gallai, N., Kevan, P., Kovács-Hostyánszki, A., Kofi, K. P., Li, X., Li, J., Martins, D., Parra, G. N., Pettis, J., Rader, R., Viana, B. F. (2016c): Summary for Policymakers of the Assessment Report of the Intergovernmental Science-Policy Platform on Biodiversity and Ecosystem Services on Pollinators, Pollination and Food Production. Bonn (Germany).

Potts, S. G., Imperatriz-Fonseca, V., Ngo, H. T., Aizen, M. A., Biesmeijer, J. C., Breeze, T. D., Dicks, L. V., Garibaldi, L. A., Hill, R., Settele, J., Vanbergen, A. J. (2016a): Safeguarding pollinators and their values to human well-being. Nature 540 (7632), 220–229.

Pullin, A. S., Bale, J. S. (1989): Effects of low temperature on diapausing Aglais urticae and Inachis io (Lepidoptera, Nymphalidae): cold hardiness and overwintering survival. Journal of Insect Physiology 35 (4), 277–281.

Quinger, B., Biedermann, E., Fiegle, M. (1991): Naturschutzwert und Pflegemodellfunktion einiger Schafhutungen Südwest-Thüringens. Muschelkalk- und Zechstein-Schaftweiden in Rhön und Thüringer Wald. Naturschutz und Landschaftsplanung 23 (6), 220–228.

Rabitsch, W., Winter, M., Kühn, E., Kühn, I., Götul, M., Essl, F., Gruttke, H. (2011): Auswirkungen des rezenten Klimwandels auf die Fauna in Deutschland. Naturschutz und Biologische Vielfalt 98, 1–265.

Rada, S., Schweiger, O., Harpke, A., Kühn, E., Kuras, T., Settele, J., Musche, M. (2019): Protected areas do not mitigate biodiversity declines: a case study on butterflies. Diversity and Distributions 25 (2), 217–224.

Rahmann, G. (2011): Biodiversity and Organic farming: What do we know? Landbauforschung – vTI Agriculture ans Forestry research 3 (61), 189–211.

Raine, N. E., Gill, R. J. (2015): Tasteless pesticides affect bees in the field. Nature 521 (7550), 38–40.

Reck, H. (1993): Haben Tierbauten eine Bedeutung als Habitatbaustein für den Feldgrashüpfer (Chorthippus apricarius L. 1758)? Articulata 8, 45–51.

Reich, M. (1991): Struktur und Dynamik einer Population von Bryodema tuberculata (Fabricius,

1775) (Saltatoria, Acrididae). Dissertation Universität Ulm.

Reich, M. (2006): Linking metapopulation structures and landscape dynamics: grasshoppers (Saltatoria) in alluvial floodplains. Articulata Supplement 11, 1–154.

Reichholf, J. H. (1989): Warum verschwanden Lachseeschwalbe (Gelochelidon nilotica) und Triel (Burhinus oedicnemus) als Brutvögel aus Bayern? Anzeiger der Ornithologischen Gesellschaft in Bayrn 28 (1), 1–14.

Reif, A., Brucker, U., Kratzer, R., Schmiedinger, A., Bauhus, J. (2019): Waldbau und Baumartenwahl in Zeiten des Klimawandels aus Sicht des Naturschutzes – Abschlussbericht eines F+E-Vorhabens im Auftrag des Bundesamtes für Naturschutz FKZ 3508 840200, Freiburg, 128 S.

Reif, A., Gärtner, S. (2007): Die natürliche Verjüngung der laubabwerfenden Eichenarten Stieleiche (Quercus robur L.) und Traubeneiche (Quercus petraea Liebl.) – eine Literaturtstudie mit besonderer Berücksichtigung der Waldweide. Waldoekologie online (5), 79–116.

Reif, J., Hanzelka, J. (2020): Continent-wide gradients in open-habitat insectivorous bird declines track spatial patterns in agricultural intensity across Europe. Global Ecology and Biogeography.

Reif, J., Vorˇíšek, P., Šťastný, K., Bejcek, V., Petr, J. (2008): Agricultural intensification and farmland birds: new insights from a central European country. Ibis 150, 596–605.

Reisinger, E., Luick, R., Freese, J., Schoof, N., Kämmer, G., Sollmann, R. (2019): Vorschläge / Forderungen für eine verbesserte Förderung von extensiven Weidesystemen in einer neuen GAP im Detail. In: Bunzel-Drüke, M. et al., Naturnahe Beweidung und NATURA 2000, Arbeitsgemeinschaft Biologischer Umweltschutz im Kreis Soest e.V., Bad Sassendorf-Lohne, 329–335.

Ricketts, T. H., Regetz, J., Steffan-Dewenter, I., Cunningham, S. A., Kremen, C., Bogdanski, A., Gemmill-Herren, B., Greenleaf, S. S., Klein, A. M., Mayfield, M. M., Morandin, L. A., Ochieng', A., Potts, S. G., Viana, B. F. (2008): Landscape effects on crop pollination services: are there general patterns? Ecology Letters 11, 499–515.

Ridding, L., E., Redhead, J. W., Pywell R. F. (2015): Fate of semi-natural grassland in England between 1960 and 2013: A test of national conservation policy. Global Ecology and Conservation 4, 516–525.

Riedel, W., Lange, H., Jedicke, E., Reinke, M. (Hrsg.) (2016): Landschaftsplanung. Springer Spektrum, Berlin, X, 538 S.

Roberts, H. A., Ricketts, M. E. (1979): Quantitative relationships between weed flora after cultivation and the seed population in the soil. Weed Research 19, 269–275.

ROBIN WOOD (2016): Stickstoff-Emissionen in Deutschland. https://www.robinwood.de (abgerufen am 12. 06. 2018).

Robinson, R. A., Sutherland, W. J. (2002): Post-war changes in arable farming and biodiversity in Great Britain. Journal of Applied Ecology 39, 157–176.

Rockström, J., Steffen, W., Noone, K., Persson, A., Chapin, F. S., Lambin, E. F., Lenton, T. M., Scheffer, M., Folke, C., Schellnhuber, H. J., Nykvist, B., Wit, C. A. de, Hughes, T., van der Leeuw, S., Rodhe, H., Sörlin, S., Snyder, P. K., Costanza, R., Svedin, U., Falkenmark, M., Karlberg, L., Corell, R. W., Fabry, V. J., Hansen, J., Walker, B., Liverman, D., Richardson, K., Crutzen, P., Foley, J. A. (2009): A safe operating space for humanity. Nature 461, 472–475

Romero, G. Q., Gonçalves-Souza, T., Vierira, C., Koricheva, J. (2015): Ecosystem engineering effects on species diversity across ecosystems: a meta-analysis. Biological Reviews 90, 877–890.

Roy, D. B., Harding, P. T., Preston, C. D., Roy, H. E. (Hrsg.) (2014): Celebrating 50 years of the Biological Records Centre. Centre for Ecology and Hydrology, Huntingdon.

Roy, D. B., Sparks, T. H. (2000): Phenology of British butterflies and climate change. Global Change Biology 6 (4), 407–416.

Roy, H. E., Adriaens, T., Isaac, N. J. B., Kenis, M., Onkelinx, T., Martin, G. S., Brown, P. M. J., Hautier, L., Poland, R., Roy, D. B., Comont, R., Eschen, R., Frost, R., Zindel, R., van Vlaenderen, J., Nedveˇd, O., Ravn, H. P., Grégoire, J.-C., Biseau, J.-C. de, Maes, D. (2012): Invasive alien predator causes rapid declines of native European ladybirds. Diversity and Distributions 18 (7), 717–725.

Rundlöf, M., Andersson, G. K. S., Bommarco, R., Fries, I., Hederström, V., Herbertsson, L., Jonsson, O., Klatt, B. K., Pedersen, T. R., Yourstone, J., Smith, H. G. (2015): Seed coating with a neonicotinoid insecticide negatively affects wild bees. Nature 521 (7550), 77–80.

Rupp, M. (2013): Beweidete lichte Wälder in Baden-Württemberg: Genese, Vegetation, Struktur, Management. Diss. Albert-Ludwigs-Universität Freiburg, Freiburg i.Br., 303 S.

Rydin, H., Jeglum, J. (2013): The Biology of Peatlands. 2. Aufl. Oxford University Press, Oxford.

Sachteleben, J. (1995): Waldweide und Naturschutz – Vorschläge für die naturschutzfachliche Beurteilung der Trennung von Wald und Weide im bayerischen Alpenraum. Forstwissenschaftliches Centralblatt 114, 375–387.

Sala, O. E., Chapin, F. S., Armesto, J. J., Berlow, E., Bloomfield, J., Dirzo, R., Huber-Sanwald, E., Huenneke, L. F., Jackson, R. B., Kinzig, A., Leemans, R., Lodge, D. M., Mooney, H. A., Oesterheld, M., Poff, N. L., Sykes, M. T., Walker, B. H., Walker, M., Wall, D. H. (2000): Biodiversity – global biodiversity scenarios for the year 2100. Science 287, 1770–1774.

Salz, A., Fartmann, T. (2009): Coastal dunes as important strongholds for the survival of the rare Niobe Fritillary (Argynnis niobe). Journal of Insect Conservation 13 (6), 643–654.

Salz, A., Fartmann, T. (2017): Larval habitat preferences of a threatened butterfly species in heavy-metal grasslands. Journal of Insect Conservation 21 (1), 129–136.

Samways, M. J., Barton, P. S., Birkhofer, K., Chichorro, F., Deacon, C., Fartmann, T., Fukushima, C. S., Gaigher, R., Habel, J., Hallmann, C. A., Hill, M., Hochkirch, A., Kwak, M. L., Kaila, L., Maes, D., Mammola, S., Noriega, J. A., Orfinger, A. B., Pedraza, F., Pryke, J. S., Roque, F. O., Settele, J., Simaika, J. P., Stork, N. E., Suhling, F., Vorster, C., Cardoso, P. (2020): Solutions for humanity on how to conserve insects. Biological Conservation 242, 108427.

Sánchez-Bayo, F. (2014): The trouble with neonicotinoids. Science 346 (6211), 806–807.

Sánchez-Bayo, F., Wyckhuys, K. A. (2019): Worldwide decline of the entomofauna: A review of its drivers. Biological Conservation 232, 8–27.

Sang, A., Teder, T., Helm, A., Pärtel, M. (2010): Indirect evidence for an extinction debt of grassland butterflies half century after habitat loss. Biological Conservation 143 (6), 1405–1413.

Schäffer, A., Filser, J., Frische, T., Gessner, M., Köck, W., Kratz, W., Liess, M., Nuppenau, E.-A., Roß-Nickoll, M., Schäfer, R., Scheringer, M. (2018): Der stumme Frühling – zur Notwendigkeit eines umweltverträglichen Pflanzenschutzes. Leopoldina Diskussion 16, 1–65.

Schaap, M., Hendriks, C., Kranenburg, R., Kuenen, J., Segers, A., Schlutow, A., Nagel, H.-D., Ritter, A., Banzhaf, S. (2018): PINETI-3: Modellierung atmosphärischer Stoffeinträge von 2000 bis 2015 zur Bewertung der ökosystem-spezifischen Gefährdung von Biodiversität durch Luftschadstoffe in Deutschland. Umweltbundesamt, Dessau-Roßlau.

Schelhaas, M. J., Nabuurs, G. J., Schuck, A. (2003): Natural disturbances in the European forests in the 19th and 20th centuries. Global Change Biology 9 (11), 1620–1633.

Schenkenberger, J. (2020): Gebietseigene Herkünfte – Ende der Übergangsfrist: Droht ein Versorgungsengpass? Naturschutz und Landschaftsplanung 52 (3), 116–121.

Scherzinger, W. (1996): Naturschutz im Wald. Qualitätsziele einer dynamischen Waldentwicklung. Eugen Ulmer, Stuttgart.

Schirmel, J., Blindow, I., Fartmann, T. (2010): The importance of habitat mosaics for Orthoptera (Caelifera and Ensifera) in dry heathlands. European Journal of Entomology 107: 129–132.

Schirmel, J., Bundschuh, M., Entling, M. H., Kowarik, I., Buchholz, S. (2016): Impacts of invasive plants on resident animals across ecosystems, taxa, and feeding types: a global assessment. Global Change Biology 22 (2), 594–603.

Schirmel, J., Fartmann, T. (2014): Coastal heathland succession influences butterfly community composition and threatens endangered butterfly species. Journal of Insect Conservation 18, 111–120.

Schirmel, J., Mantilla-Contreras, J., Blindow, I., Fartmann, T. (2011): Impacts of succession and grass encroachment on Orthoptera in heathlands. Journal of Insect Conservation 15, 633–642.

Schlumprecht, H., Waeber, G. (Hrsg.) (2003): Heuschrecken in Bayern. Eugen Ulmer, Stuttgart.

Schmid-Egger, C., Künast, C., Deubert, M. (2014): Ehda-Flächen nutzen – Artenvielfalt fördern. Praxisleitfaden für Anlage und Pflege. Forum Moderne Landwirtschaft e. V., Berlin, 44 S.

Schmidt, A., Kirmer, A., Kiehl, K., Tischew, S. (2019): Seed mixture strongly affects species-richness and quality of perennial flower strips on fertile soil. Basic and Applied Ecology 42, 62–72.

Schmidt, J.-U., Dämmig, M., Eilers, A., Nachtigall, W. (2015): Das Bodenbrüterprojekt im Freistaat Sachsen 2009–2013 – zusammenfassender Ergebnisbericht. Schriftenreihe des LfULG 4/2015, 64 S.

Schmiedel, J. (2001): Auswirkungen künstlicher Beleuchtung auf die Tierwelt – ein Überblick. Schriftenreihe für Landschaftspflege und Naturschutz 67, 19–51.

Schneider-Jacoby, M. (2012): The European Stork Village Network as an example of rural business development. In: Opppermann, R., Beaufoy, G., Jones, G. (Hrsg.), High Nature Value Farming. 35 European countries – experiences and perspectives. Verlag Regionalkultur, Ubstadt-Weiher, 459–463.

Schnitter, P. (2015): Die Laufkäfer (Coleoptera: Carabidae) der Colbitz-Letzlinger Heide. Entomologische Mitteilungen Sachsen-Anhalt, Sonderheft 2015, 239–254.

Scholz, H. (1994): Landwirtschaft, Chemie und Umwelt. München.

Schoof, N., Luick, R. (2019): Antiparasitika in der Weidetierhaltung. Ein unterschätzter Faktor des Insektenrückgangs? Naturschutz und Landschafsplanung 51 (10), 486–492.

Schoof, N., Luick, R., Nickel, H., Reif, A., Förschler, M., Westrich, P., Reisinger, E. (2018): Biodiversität fördern mit Wilden Weiden in der Vision „Wildnisgebiete" der Nationalen Strategie zur biologischen Vielfalt. Natur und Landschaft 93 (7), 314–322.

Schroer, S., Huggins, B., Böttcher, M., Hölker, F. (2019): Leitfaden zur Neugestaltung und Umrüstung von Außenbeleuchtungsanlagen – Anforderungen an eine nachhaltige Außenbeleuchtung. BfN-Skripten 543, 1–96.

Schtickzelle, N., Baguette, M. (2009): (Meta)population viability analysis: a crystal ball for the conservation of endangered butterflies? In: Settele, J., Shreeve, T., Konvička, M., van Dyck, H. (Hrsg.), Ecology of Butterflies in Europe. Cambridge University Press, Cambridge, 339–352.

Schuch, S., Bock, J., Krause, B., Wesche, K., Schaefer, M. (2012b): Long-term population trends in three grassland insect groups: a comparative analysis of 1951 and 2009. Journal of Applied Entomology 136, 321–331.

Schuch, S., Bock, J., Leuschner, C., Schaefer, M., Wesche, K. (2011): Minor changes in orthopteran assemblages of Central European protected dry grasslands during the last 40 years. Journal of Insect Conservation 15, 811–822.

Schuch, S., Meyer, S., Bock, J., van Klink, R., Wesche, K. (2019): Dramatische Biomasseverluste bei Zikaden verschiedener Grasländer in Deutschland innerhalb von sechs Jahrzehnten. Natur und Landschaft 94 (4), 141–145.

Schuch, S., Wesche, K., Schaefer, M. (2012a): Long-term decline in the abundance of leafhoppers and planthoppers (Auchenorrhyncha) in Central European protected dry grasslands. Biological Conservation 149, 75–83.

Schuhmacher, O., Fartmann, T. (2003): Offene Bodenstellen und eine heterogene Raumstruktur – Schlüsselrequisiten im Lebensraum des Warzenbeißers (Decticus verrucivorus). Articulata 18 (1), 71–93.

Schulte, A. (Hrsg.) (2003): Wald in Nordrhein-Westfalen. Band 1. Aschendorff-Verlag, Münster.

Schulte, R., Jedicke, E., Lüder, R., Linnemann, B., Munzinger, S., Ruschkowski, E. von, Wägele, W. (2019): Eine Strategie zur Förderung der Artenkenntnis – Bedarf und Wege zur Qualifizierung von Naturbeobachtern, Artenkennern und Artenspezialisten. Naturschutz und Landschaftsplanung 51 (5), 210–217.

Schulz, B. (2003): Zur Bedeutung von Beweidung und Störstellen für Tierarten am Beispiel der Verteilung von Feldheuschreckengelegen im Grünland. Articulata 18, 151–178.

Schulze-Ardey, C. (2014): Empfehlungen für Begrünungen mit gebietseigenem Saatgut – Regiosaatgut, Regiosaatgut-Mischungen, RSM Regio, Naturraumtreues Saatgut, Übertrag von Mähgut, Druschgut, Saatgut, Vegetationssoden, Oberboden. FLL, Bonn, 123 S.

Schulze-Hagen, K. (2005): Allmenden und ihr Vogelreichtum – Wandel von Landschaft, Landwirtschaft und Avifauna in den letzten 250 Jahren. Charadrius 40, 97–121.

Schulze-Hagen, K. (2019): Das shifting-baseline-Syndrom und die „Wilden Weiden". In: Bunzel-Drüke, M., Reisinger, E., Böhm, C., Buse, J., Dalbeck, L., Ellwanger, G., Finck, P., Freese, J., Grell, H., Hauswirth. L., Herrmann, A., Idel, A., Jedicke, E., Joest, R., Kämmer, G., Kapfer, A., Köhler, M., Kolligs, D., Krawczynski, R., Lorenz, A., Luick, R., Mann, S., Nickel, H., Raths, U., Riecken, U., Röder, N., Rößling, H., Rupp, M., Schoof, N., Schulze-Hagen, K., Sollmann, R., Sssymank, A., Thomsen, K., Tillmann, J. E., Tischew, S., Vierhaus, H., Vogel, C., Wagner, H.-G., Zimball, O.: Naturnahe Beweidung und NATURA 2000 – Ganzjahresbeweidung im Management von Lebensraumtypen und Arten im europäischen Schutzgebietssystem NATURA 2000. 2. Aufl. Arbeitsgemeinschaft Biologischer Umweltschutz, Bad Sassendorf, 36–41.

Schwarz, C., Trautner, J., Fartmann, T. (2018): Common pastures are important refuges for a declining passerine bird in a pre-alpine agricultural landscape. Journal of Ornithology 159, 945–954.

Schwarz, V. (2014): Effects of land-use and climate change on the Duke of Burgundy butterfly (Hamearis lucina). Diplomarbeit, Westfälische Wilhelms-Universität.

Schweiger, O., Biesmeijer, J. C., Bommarco, R., Hickler, T., Hulme, P. E., Klotz, S., Kühn, I., Moora, M., Nielsen, A., Ohlemüller, R., Petanidou, T., Potts, S. G., Pyšek, P., Stout, J. C., Sykes, M. T., Tscheulin, T., Vilà, M., Walther, G.-R., Westphal, C., Winter, M., Zobel, M., Settele, J. (2010): Multiple stressors on biotic interactions: how climate change and alien species interact to affect pollination. Biological Reviews 85 (4), 777–795.

Schweiger, O., Settele, J., Kudrna, O., Klotz, S., Kühn, I. (2008): Climate change can cause spatial mismatch of trophically interacting species. Ecology 89 (12), 3472–3479.

SDW NRW (Schutzgemeinschaft Deutscher Wald, Landesverband Nordrhein-Westfalen e. V.) (2019): Alter der Bäume. http://www.sdw-nrw.de (abgerufen am 11. 02. 2019).

Sebek, P., Vodka, S., Bogusch, P., Pech, P., Tropek, R., Weiss, M., Zimova, K., Cizek, L. (2016): Open-grown trees as key habitats for arthropods in temperate woodlands: the diversity, composition, and conservation value of associated communities. Forest Ecology and Management 380, 172–181.

Seibold, S., Bässler, C., Brandl, R., Büche, B., Szallies, A., Thorn, S., Ulyshen, M. D., Müller, J. (2016): Microclimate and habitat heterogeneity as the major drivers of beetle diversity in dead wood. Journal of Applied Ecology 53, 934–943.

Seibold, S., Brandl, R., Buse, J., Hothorn, T., Schmidl, J., Thorn, S., Müller, J. (2015): Association of extinction risk of saproxylic beetles with ecological degradation of forests in Europe. Conservation Biology 29 (2), 382–390.

Seibold, S., Gossner, M. M., Simons, N. K., Blüthgen, N., Müller, J., Ambarlı, D., Ammer, C., Bauhus, J., Fischer, M., Habel, J. C., Linsenmair, K. E., Nauss, T., Penone, C., Prati, D., Schall, P., Schulze, E.-D., Vogt, J., Wöllauer, S., Weisser, W. W. (2019): Arthropod decline in grasslands and forests is associated with landscape-level drivers. Nature 574, 671–674.

Seifan, M., Tielbörger, K., Schloz-Murer, D., Seifan, T. (2010): Contribution of molehill disturbances to grassland community composition along a productivity gradient. Acta Oecologica 36 (6), 569–577.

Seifert, B. (1993): Die freilebenden Ameisenarten Deutschlands (Hymenoptera: Formicidae) und Angaben zu deren Taxonomie und Verbreitung. Abhandlungen und Berichte des Naturkundemuseums Görlitz 67, 1–44.

Seifert, B. (2007): Die Ameisen Mittel- und Nordeuropas. lutra Verlags- und Vertriebsgesellschaft, Boxberg.

Settele, J., Dover, J., Dolek, M., Konvička, M. (2009): Butterflies of European ecosystems: impact of land use and options for conservation management. In: Settele, J., Shreeve, T., Konvička, M., van Dyck, H. (Hrsg.), Ecology of Butterflies in Europe. Cambridge University Press, Cambridge, 353–370.

Shortall, C. R., Moore, A., Smith, E., Hall, M. J., Woiwood, I. P., Harrington, R. (2009): Long-term changes in the abundance of flying insects. Insect Conservation and Diversity 2 (4), 251–260.

Sierro, A., Erhardt, A. (2019): Light pollution hampers recolonization of revitalised European Nightjar habitats in the Valais (Swiss Alps). Journal of Ornithology 160 (3), 749–761.

Sirami, C., Gross, N., Baillod, A., Bertrand, C., Carrié, R., Hass, A., Henckel, L., Miguet, P., Vuillot, C., Alignier, A., Girard, J., Batáry, P., Clough, Y., Violle, C., Giralt, D., Bota, G., Badenhausser, I., Lefebvre, G., Gauffre, B., Vialatte, A., Calatayud, F., Gil-Tena, A., Tischendorf, L., Mitchell, S., Lindsay, K., Georges, R., Hilaire, S., Recasens, J., Solé-Senan, X., Robleño, I., Bosch, J., Barrientos, J., Ricarte, A., Marcos-Garcia, M., Miñano, J., Mathevet, R., Gibon, A., Baudry, J., Balent, G., Poulin, B., Burel, F., Tscharntke, T., Bretagnolle, V., Siriwardena, G., Ouin, A., Brotons, L., Martin, J.-L., Fahrig, L. (2019): Increasing crop heterogeneity enhances multitrophic diversity across agricultural regions. Proceedings of the National Academy of Sciences of the United States of America 116 (33), 16442–16447.

Skórka, P., Lenda, M., Moron´, D., Kalarus, K., Tryjanowski, P. (2013): Factors affecting road mortality and the suitability of road verges for butterflies. Biological Conservation 159, 148–157.

Skórka, P., Lenda, M. (2011): Abandoned fields as refuges for butterflies in the agricultural land-scapes of Eastern Europe. In: Harris, E. L., Davies, N. E. (Hrsg.), Insect Habitats: Characteristics, Diversity and Management. Nova Science Publishers, 83–103.

Sobek, S., Steffan-Dewenter, I., Scherber, C., Tscharntke, T. (2009): Spatiotemporal changes of beetle communities across a tree diversity gradient. Diversity and Distributions 15 (4), 660–670.

Sommer, R., Ziarnetzky, V., Messlinger, U., Zahner, V. (2019): Der Einfluss des Bibers auf die Artenvielfalt semiaquatischer Lebensräume. Sachstand und Metaanalyse für Europa und Nordamerika. Naturschutz und Landschaftsplanung 51 (3), 108–115.

Sovon Vogelonderzoek Nederland (2018): Vogelatlas van Nederland. Utrecht/Antwerpen, Kosmos.

Speight, M. R., Hunter, M. D., Watt, A. D. (2008): Ecology of Insects. Concepts and Applications. Wiley-Blackwell, Chichester.

Spiegel, A.-K., Gronle, A., Arncken, C., Bernhardt, T., Heß, J., Schmack, J., Schmid, J., Spory, K., Wilbois, K.-P. (2014): Leguminosen nutzen – naturverträgliche Anbaumethoden aus der Praxis. Bundesamt für Naturschutz (Hrsg.), Bonn-Bad Godesberg, 146 S.

Spitzer, K., Danks, H. V. (2006) Insect biodiversity of boreal peat bogs. Annual Review of Entomology 51, 137–161.

SRU (Sachverständigenrat für Umweltfragen) (2016): Umweltgutachten 2016 – Impulse für eine integrative Umweltpolitik. Berlin, 472 S.

SRU & WBBGR (Sachverständigenrat für Umweltfragen & Wissenschaftlicher Beirat für Biodiversität und Genetische Ressourcen) (2018): Für einen flächenwirksamen Insektenschutz – Stellungnahme, Oktober 2018. Berlin, 54 S.

Ssymank, A., Raths, U., Jedicke, E., Luick, R. (2019): FFH-Lebensraumtypen in Deutschland: Bezeichnung, Flächengrößen und Beziehung zu Beweidung. In: Bunzel-Drüke, M. et al., Naturnahe Beweidung und NATURA 2000, Arbeitsgemeinschaft Biologischer Umweltschutz im Kreis Soest e.V., Bad Sassendorf-Lohne, 64–69.

Stadt Fulda (Hrsg.) (2019): Sternenstadt Fulda. Dark Sky City – Richtlinie der Stadt Fulda zum nachhaltigen Umgang mit funktionalem und gestalterischem Licht im Außenbereich. Fulda, 12 S.

Statista GmbH (2018): Anteil der Ausgaben der privaten Haushalte in Deutschland für Nahrungsmittel, Getränke und Tabakwaren an den Konsumausgaben in den Jahren 1850 bis 2017. https://de.statista.com/statistik/daten/studie/75719/umfrage/ausgaben-fuer-nahrungsmittel-in-deutschland-seit-1900/ (abgerufen am 10.06.2018).

Statistisches Bundesamt (2018): Flächennutzung – Bodenfläche nach Nutzungsarten. https://www.destatis.de (abgerufen am 08.06.2018).

Steffen, W., Crutzen, P. J., McNeill, J. R. (2007): The Anthropocene: Are humans now overwhelming the great forces of nature? Ambio 36, 8, 614–621.

Steffen, W., Leinfelder, R., Zalasiewicz, J., Waters, C. N., Williams, M., Summerhayes, C., Barnosky, A. D., Cearreta, A., Crutzen, P., Edgeworth, M., Ellis, E. C., Fairchild, I. J., Galuszka, A., Grinevald, J., Haywood, A., Ivar do Sul, J., Jeandel, C., McNeill, J. R., Odada, E., Oreskes, N., Revkin, A., Richter, D. d., Syvitski, J., Vidas, D., Wagreich, M., Wing, S. L., Wolfe, A. P., Schellnhuber, H. J. (2016): Stratigraphic and Earth System approaches to defining the Anthropocene. Earths Future 4 (8), 324–345.

Stein-Bachinger, K., Gottwald, F., Haub, A., Schmidt, E. (2020): To what extent does organic farming promote species richness and abundance in temperate climates? A review. Organic Agriculture 2020, 12 S.

Sternberg, K. (2000): Somatochlora arctica (Zetterstedt, 1840) Arktische Smaragdlibelle. In: Sternberg, K., Buchwald, R. (Hrsg.), Die Libellen Baden-Württembergs, Band 2, Großlibellen (Anisoptera). Verlag Eugen Ulmer, Stuttgart.

Stevens, C. J., Duprè, C., Dorland, E., Gaudnik, C., Gowing, D. J. G., Bleeker, A., Diekmann, M., Alard, D., Bobbink, R., Fowler, D., Corcket, E., Mountford, J. O., Vandvik, V., Aarrestad, P. A., Muller, S., Dise, N. B. (2010): Nitrogen deposition threatens species richness of grasslands across Europe. Environmental Pollution 158, 2940e2945.

Stoate C., Boatman, N. D., Borralho, R. J., Carvalho, C. R., Snoo, G. R., Eden, P. (2001): Ecological impacts of arable intensification in Europe. Journal of Environmental Management 63, 337–365.

Stoate, C., Báldi, A., Beja, P., Boatman, N. D., Herzon, I., van Doorn, A., Snoo, G. R. de, Rakosy, L., Ramwell, C. (2009). Ecological impacts of early 21st century agricultural change in Europe – A review. Journal of Environmental Management 91, 22–46.

Stöckli, S., Jenny, M., Spaar, R. (2006): Eignung von landwirtschaftlichen Kulturen und Mikrohabitat-Strukturen für brütende Feldlerchen Alauda arvensis in einem intensiv bewirtschafteten Ackerbaugebiet. Der Ornithologische Beobachter 103 (3), 145–158.

Stommel, C., Becker, N., Muchow, T. (2018): Maßnahmen- und Artensteckbriefe zur Förderung der Vielfalt typischer Arten und Lebensräume der Agrarlandschaft. Stiftung Rheinische Kulturlandschaft (Hrsg.), Bonn, 387 S.

Stooß, T., Straub, F., Mayer, J. (2017): Gebüschbrüter profitiert von Gehölzentfernung – Einfluss intensivierter Beweidung und Teilrodung auf die Bestandsdichte des Neuntöters (Lanius collurio). Naturschutz und Landschaftsplanung 49 (7), 213–200.

Stout, J. C., Morales, C. L. (2009): Ecological impacts of invasive alien species on bees. Apidologie 40, 3, 388–409.

Stoutjesdijk, P., Barkman, J. J. (1992): Microclimate, Vegetation and Fauna. Opulus Press, Knivsta.

Streitberger, M., Ackermann, W., Fartmann, T., Kriegel, G., Ruff, A., Balzer, S., Nehring, S. (2016a): Artenschutz unter Klimawandel: Perspektiven für ein zukunftsfähiges Handlungskonzept. Naturschutz und Biologische Vielfalt 147, 1–367.

Streitberger, M., Fartmann, T. (2013): Molehills as important larval habitats for the Grizzled Skipper (Pyrgus malvae) in calcareous grasslands. European Journal of Entomology 110, 643–648.

Streitberger, M., Fartmann, T. (2015): Vegetation and climate determine ant-mound occupancy by a declining herbivorous insect in grasslands. Acta Oecologica 68, 43–49.

Streitberger, M., Fartmann, T. (2016): Vegetation heterogeneity caused by an ecosystem engineer drives oviposition-site selection of a threatened grassland insect. Arthropod-Plant Interactions 10, 545–555.

Streitberger, M., Hermann, G., Kraus, W., Fartmann, T. (2012): Modern forest management and the decline of the Woodland Brown (Lopinga achine) in Central Europe. Forest Ecology and Management 269, 239–248.

Streitberger, M., Jedicke, E., Fartmann, T. (2016b): Auswirkungen des rezenten Klimawandels auf die Biodiversität in Mittelgebirgen – eine Literaturstudie zu Arten und Lebensräumen. Naturschutz und Landschaftsplanung 48 (2): 37–45.

Streitberger, M., Rose, S., Hermann, G., Fartmann, T. (2014): The role of a mound-building ecosystem engineer for a grassland butterfly. Journal of Insect Conservation 18, 745–751.

Streitberger, M., Schmidt, C., Fartmann, T. (2017): Contrasting response of vascular plant and bryophyte species assemblages to a soil-disturbing ecosystem engineer in calcareous grasslands. Ecological Engineering 99, 391–399.

Streitberger, M., Fartmann, T. (2017): Bodenstörende Ökosystem-Ingenieure im mitteleuropäischen Grasland und ihre Bedeutung für die Biodiversität. Eine Analyse am Beispiel der Gelben Wiesenameise und des Europäischen Maulwurfs. Naturschutz und Landschaftsplanung 49 (8), 252–259.

Strohwasser, P. (1994): Errichtung und Sicherung schutzwürdiger Teile von Natur und Landschaft mit gesamtstaatlich repräsentativer Bedeutung. Projekt: „Murnauer Moos, Moore westlich des Staffelsees“, Bayern. Natur und Landschaft 69, 362–368.

Stuhldreher G., Fartmann T. (2014): When habitat management can be a bad thing – Effects of habitat quality, isolation and climate on a declining grassland butterfly. Journal of Insect Conservation 18, 965–979.

Stuhldreher, G., Fartmann, T. (2018): Threatened grassland butterflies as indicators of microclimatic niches along an elevational gradient – Implications for conservation in times of climate change. Ecological Indicators 94: 83–98.

Stuhldreher, G., Hermann, G., Fartmann, T. (2014): Cold-adapted species in a warming world – an explorative study on the impact of high winter temperatures on a continental butterfly. Entomologia Experimentalis et Applicata 151 (3), 270–279.

Succow, M., Joosten, H. (Hrsg.) (2001): Landschaftsökologische Moorkunde. Schweizerbart'sche Verlagsbuchhandlung, Stuttgart, 406–408.

Suck, R., Bushart, M., Hofmann, G., Schröder, L. (2014): Karte der Potentiellen Natürlichen Vegetation Deutschlands, Band III – Erläuterungen, Auswertungen, Anwendungsmöglichkeiten, Vegetationstabellen. BfN-Skripten, Band 377.

Suter, W. (2017): Ökologie der Wirbeltiere: Vögel und Säugetiere. Haupt Verlag.

Swinton, A. H. (1880): Insect Variety: Its Propagation and Distribution. Cassell, Petter, Galpin & Co., London.

Symes, N., Day, J. (2003): A Practical Guide to the Restoration and Management of Lowland Heathland. Royal Society for the Protection of Birds, Sandy.

Tamayo Muñoz, P., Pascual Torres, F., González Megías, A. (2015): Effects of roads on insects: a review. Biodiversity and Conservation 24 (3), 659–682.

Termaat, T., van Strien, A. J., van Grunsven, R. H. A., Knijf, G. de, Bjelke, U., Burbach, K., Conze, K.-J., Goffart, P., Hepper, D., Kalkman, V. J., Motte, G., Prins, M. D., Prunier, F., Sparrow, D., van den Top, G. G., Vanappelghem, C., Winterholler, M., WallisDeVries, M. F. (2019): Distribution trends of European dragonflies under climate change. Diversity and Distributions 25, 936–950.

Terrado, M., Sabater, S., Chaplin-Kramer, B., Mandle, L., Ziv, G., Acuña, V. (2016): Model development for the assessment of terrestrial and aquatic habitat quality in conservation planning. Science of The Total Environment 540, 63–70.

Tews, J., Brose, U., Grimm, V., Tielbörger, K., Wichmann, M. C., Schwager, M., Jeltsch, F. (2004): Animal species diversity driven by habitat heterogeneity/diversity: the importance of keystone structures. Journal of Biogeography 31, 79–92.

Theves, F. (2018): Zensus der Vielfalt – ein Insektenmonitoring für Baden-Württemberg. NaturschutzInfo 2/2018: 8–11.

Thews, K., Werk, K. (2014): Verwendung gebietseigenen Saatgutes nach § 40 (4) BNatSchG – Konzepte und Maßnahmen zur Etablierung von Regiosaatgut und Vergleich bestehender Zertifizierungsmodelle. Naturschutz und Landschaftsplanung 46 (10), 315–319.

Thomas, C. D. (2000): Dispersal and extinction in fragmented landscapes. Proceedings of the Royal Society B – Biological Sciences 267 (1439), 139–145.

Thomas, C. D., Franco, A. M. A., Hill, J. K. (2006): Range retractions and extinction in the face of climate warming. Trends in Ecology & Evolution 21 (8), 415–416.

Thomas, C. D., Jones, T. H., Hartley, S. E. (2019): “Insectageddon”: a call for more robust data and rigorous analyses. Global Change Biology 25, 1891–1892.

Thomas, C. D., Bodsworth, E. J., Wilson, R. J., Simmons, A. F., Davies, Z. G., Musche, M., Conradt, L. (2001): Ecological and evolutionary processes at expanding range margins. Nature 411 (6837), 577–581.

Thomas, J. A. (2016): Butterfly communities under threat. Science 353 (6296), 216–218.

Thomas, J. A., Simcox, D. J., Clarke, R. T. (2009): Successful conservation of a threatened Maculinea butterfly. Science 325 (5936), 80–83.

Thomas, J. A., Telfer, M. G., Roy, D. B., Preston, C. D., Greenwood, J. J. D., Asher, J., Fox, R., Clarke, R. T., Lawton, J. H. (2004): Comparative losses of British butterflies, birds, and plants and the global extinction crisis. Science 303, 1879–1881.

Tischew, S., Hölzel, N. (2019): Wirtschaftsgrünland. In: Kollmann, J. et al. (Hrsg.), Renaturierungsökologie, Springer, Berlin, Heidelberg, 349–368.

Trapp, J., Winker, M. (Hrsg.), Anterola, J., Brüning, H., Frick-Trzebitzky, F., Gunkel, M., Libbe, J., Liehr, S., Matzinger, A., Nenz, A., Reichmann, B., Rouault, P., Schramm, E., Stieß, I. (2020): Blau-grün-graue Infrastrukturen vernetzt planen und umsetzen – ein Beitrag zur Klimaanpassung in Kommunen. Deutsches Institut für Urbanistik, Berlin, 149 S.

Trautner, J. (Hrsg.) (2017): Die Laufkäfer Baden-Württembergs. 2. Band. Eugen Ulmer, Stuttgart.

Trautner, J. (2020): Artenschutz – rechtliche Pflichten, fachliche Konzepte, Umsetzung in der Praxis. Eugen Ulmer, Stuttgart, 319 S.

Treiber, R. (2003): Genutzte Mittelwälder – Zentren der Artenvielfalt für Tagfalter und Widderchen im Südelsass – Nutzungsdynamik und Sukzession als Grundlage für ökologische Kontinuität. Naturschutz und Landschaftsplanung 35 (2), 50–63.

Triantis, K. A., Borges, P. A. V., Ladle, R. J., Hortal, J., Cardoso, P., Gaspar, C., Dinis, F., Mendonça, E., Silveira, L. M. A., Gabriel, R., Melo, C., Santos, A. M. C., Amorim, I. R., Ribeiro, S. P., Serrano, A. R. M., Quartau, J. A., Whittaker, R. J. (2010): Extinction debt on oceanic islands. Ecography 33 (2), 285–294.

Tryjanowski, P., Hartel, T., Báldi, A., Szymański, P., Tobolka, M., Herzon, I., Goławski, A., Konvička, M., Hromada, M., Jerzak, L., Kujawa, K., Lenda, M., Orłowski, G., Panek, M., Skórka, P., Sparks, T. H., Tworek, S., Wuczyński, A., Żmihorski, M. (2011): Conservation of farmland birds faces different challenges in western and central-eastern Europe. Acta Ornithologica 46 (1), 1–12.

Turin, H., den Boer, P. J. (1988): Changes in the distribution of carabid beetles in the Netherlands since 1880. II. Isolation of habitats and long-term time trends in the occurrence of carbid species with different powers of dispersal (Coleoptera, Carabidae). Biological Conservation 44, 179–200.

UBA (Umweltbundesamt) (2018): Grünlandumbruch. https://www.umweltbundesamt.de/daten/land-forstwirtschaft/gruenlandumbruch#textpart-1 (abgerufen am 11. 02. 2019).

UBA (Umweltbundesamt) (2017): Grünlandumbruch. https://www.umweltbundesamt.de/daten/land-forstwirtschaft/gruenlandumbruch (abgerufen am 18. 06. 2018).

Unrau, A., Becker, G., Spinelli, R., Lazdina, D., Magagnotti, N., Nicolescu, V.-N., Buckley, P., Bartlett, D., Kofman, P. (Hrsg.) (2018): Coppice Forests in Europe. COST Action PF1301 EuroCoppice, Albert-Ludwigs-Universität Freiburg, Freiburg, 388 S.

Unterweger, P., Klammer, J., Unger, M., Betz, O. (2018): Insect hibernation on urban green land: a winter-adapted mowing regime as a management tool for insect conservation. BioRisk 13, 1–29.

Unterweger, P., Schrode, N., Potthast, T., Betz, O. (2017): Eine Problemfeldanalyse des urbanen Naturschutzes. Korrespondenz und Medienresonanz zur Arbeit der Initiative „Bunte Wiese – für mehr Artenvielfalt auf öffentlichem Grün“ in Tübingen. Naturschutz und Landschaftsplanung 49 (8), 245–251.

Urbahn, E. (1973): Beobachtungen über den Häufigkeitswechsel bei Schmetterlingen in Norddeutschland seit 1895. Faunistische Abhandlungen des Staatlichen Museums für Tierkunde in Dresden 5 (7), 45–60.

Uuemaa, E., Mander, Ü., Marja, R. (2013): Trends in the use of landscape spatial metrics as landscape indicators: A review. Ecological Indicators 28, 100–106.

Van Asch, M., Visser, M. E. (2007): Phenology of forest caterpillars and their host trees: the importance of synchrony. Annual Review of Entomology 52, 37–55.

Van Buskirk, J., Willi, Y. (2004): Enhancement of farmland biodiversity within set-aside land. Conservation Biology 18 (4), 987–994.

Van der Poel, D., Zehm, A. (2014): Die Wirkung des Mähens auf die Fauna der Wiesen – Eine Literaturauswertung für den Naturschutz. Anliegen Natur 36 (2), 36–51.

Van Dyck, H., Bonte, D., Puls, R., Gotthard, K., Maes, D. (2015): The lost generation hypothesis: Could climate change drive ectotherms into a developmental trap? Oikos 124 (1), 54–61.

Van Dyck, H., van Strien, A. J., Maes, D., van Swaay, C. A. M. (2009). Declines in common, widespread butterflies in a landscape under intense human use. Conservation Biology 23, 957–965.

Van Kleef, H. H., van Duinen, G. A., Verberk, W. C. E. P., Leuven, R. S. E. W., van der Velde, G., Esslink, H. (2012): Moorland pools as refugia for endangered species characteristic of raised bog gradients. Journal of Nature Conservation 20, 255–263.

Van Koppenhagen, N., Gourgoulianni, N., Rohner, P. T., Roy, J., Wegmann, A., Blanckenhorn, W. U. (2020): Sublethal effects of the parasiticide ivermectin on male and female reproductive and behavioural traits in the yellow dung fly. Chemosphere 242, 125240.

Van Strien, A. J., van Swaay, C. A. M., Termaat, T. (2013): Opportunistic citizen science data of animal species produce reliable estimates of distribution trends if analysed with occupancy models. Journal of Applied Ecology 50 (6), 1450–1458.

Van Strien, A. J., Meyling, A. W. G., Herder, J. E., Hollander, H., Kalkman, V. J., Poot, M. J. M., Turnhout, S., van der Hoorn, B., van Strien-van Liempt, W. T. F. H., van Swaay, C. A. M., van Turnhout, C. A. M., Verweij, R. J. T., Oerlemans, N. J. (2016): Modest recovery of biodiversity in a western European country: the Living Planet Index for the Netherlands. Biological Conservation 200, 44–50.

Van Strien, A. J., van Swaay, C. A. M., Kéry, M. (2011): Metapopulation dynamics in the butterfly Hipparchia semele changed decades before occupancy declined in the Netherlands. Ecological Applications 21 (7), 2510–2520.

Van Strien, A. J., van Swaay, C. A. M., van Strien-van Liempt, W. T. F. H., Pott, M. J. M., WallisDeVries, M. F. (2019): Over a century of data reveal more than 80 % decline in butterflies in the Netherlands. Biological Conservation 234, 116–122.

Van Swaay, C. A. M., Dennis, E. B., Schmucki, R., Sevilleja, C. G., Balalaikins, M., Botham, M., Bourn, N., Brereton, T., Cancela, J. P., Carlisle, B., Chambers, P., Collins, S., Dopagne, C., Escobés, R., Feldmann, R., Fernández-García, J. M., Fontaine, B., Gracianteparaluceta, A., Harrower, C., Harpke, A., Heliölä, J., Komac, B., Kühn, E., Lang, A., Maes, D., Mestdagh, X., Middlebrook, I., Monasterio, Y., Munguira, M. L., Murray, T. E., Musche, M., Õunap, E., Paramo, F., Pettersson, L. B,, Piqueray, J., Settele, J., Stefanescu, C., Švitra, G., Tiitsaar, A., Verovnik, R., Warren, M. S., Wynhoff, I., Roy, D. B. (2019): The EU Butterfly Indicator for Grassland Species: 1990–2017: Technical Report. Butterfly Conservation Europe & ABLE/eBMS.

Van Swaay, C. A. M., van Strien, A. J., Aghababyan, K., Åström, S., Botham, M., Brereton, T., Carlisle, B., Chambers, P., Collins, S., Dopagne, C., Escobés, R., Feldmann, R., Fernández-García, J. M., Fontaine, B., Goloshchapova, S., Gracianteparaluceta, A., Harpke, A., Heliölä, J., Khanamirian, G., Komac, B., Kühn, E., Lang, A., Leopold, P., Maes, D., Mestdagh, X., Monasterio, Y., Munguira, M. L., Murray, T., Musche, M., Õunap, E., Pettersson, L. B. , Piqueray, J., Popoff, S., Prokofev, I., Roth, T., Roy, D. B., Schmucki, R., Settele, J., Stefanescu, C., Švitra, G., Teixeira, S. M., Tiitsaar, A., Verovnik, R., Warren, M. S. (2016): The EU Butterfly Indicator for Grassland Species 1990–2015: Technical Report. Report VS2016.019, De Vlinderstichting, Wageningen.

Van Swaay, C. A. M., Cuttelod, A., Collins, S., Maes, D., Munguira, M. L., Šašic´, M., Settele, J., Verovnik, R., Verstrael, T., Warren, M., Wiemers, M., Wynhoff, I. (2010): European Red List of Butterflies. IUCN Red List of Threatened Species – Regional Assessment. Office for Official Publications of the European Communities, Luxembourg.

Van Swaay, C. A. M., Nowicki, P., Settele, J., van Strien, A. J. (2008): Butterfly monitoring in Europe: methods, applications and perspectives. Biodiversity and Conservation 17, 3455–3469.

Vanbergen, A. J., Espíndola, A., Aizen, M. A. (2018): Risks to pollinators and pollination from invasive alien species. Nature Ecology & Evolution 2 (1), 16–25.

Vera, F. W. M. (2000): Grazing Ecology and Forest History. Cabi Publishing, Wallingford.

Verdú, J. R., Cortez, V., Ortiz, A. J., González-Rodríguez, E., Martinez-Pinna, J., Lumaret, J.-P., Lobo, J. M., Numa, C., Sánchez-Piñero, F. (2015): Low doses of ivermectin cause sensory and locomotor disorders in dung beetles. Scientific Reports 5, 13912.

Vilcinskas, A. (2015): Pathogens as biological weapons of invasive species. PLOS Pathogens 11 (4), e1004714.

Vilcinskas, A., Schmidtberg, H., Estoup, A., Tayeh, A., Facon, B., Vogel, H. (2015): Evolutionary ecology of microsporidia associated with the invasive ladybird Harmonia axyridis. Insect Science 22 (3), 313–324.

Vilcinskas, A., Stoecker, K., Schmidtberg, H., Röhrich, C. R., Vogel, H. (2013): Invasive harlequin ladybird carries biological weapons against native competitors. Science 340 (6134), 862–863.

Visser, M. E., Holleman, L. J. M. (2001): Warmer springs disrupt the synchrony of oak and winter moth phenology. Proceedings of the Royal Society B – Biological Sciences 268 (1464), 289–294.

Vodka, S., Konvička, M., Cizek, L. (2009): Habitat preferences of oak-feeding xylophagous beetles in a temperate woodland: implications for forest history and management. Journal of Insect Conservation 13 (5), 553–562.

Vogel, H., Schmidtberg, H., Vilcinskas, A. (2017): Comparative transcriptomics in three ladybird species supports a role for immunity in invasion biology. Developmental and Comparative Immunology 67, 452–456.

Von Haaren, C., Lovett, A., Albert, C. (2019): Landscape Planning with Ecosystem Services. Springer Netherlands, Dordrecht, 506 S.

Von Nordheim, H. (1992): Auswirkungen unterschiedlicher Bewirtschaftungsmethoden auf die Wirbellosenfauna des Dauergrünlandes. In: Norddeutsche Naturschutzakademie (NNA) (Hrsg.), Extensivierung der Grünlandnutzung – technische und fachliche Grundlagen. NNA-Berichte 4, 13–26.

VWW (Verband deutscher Wildsamen- und Wildpflanzenproduzenten e.V.) (2019): Regelwerk zur Zertifizierung von „VWW-Regiosaaten(R)“ – Stand: 29.01.2019. 27 S. Download unter https://www.natur-im-vww.de/wp-content/uploads/2019/01/2019_VWW-Regelwerk-Regiosaaten.pdf (letzter Zugriff 05.03.2020).

Wagner, D. L. (2020): Insect declines in the Anthropocene. Annual Review of Entomology 65, 457–480.

Wahl, J., Dröschmeister, R., Gerlach, B., Grüneberger, C., Langgemach, T., Trautmann, S., Sudfeldt, C. (2015): Vögel in Deutschland – 2014. DDA, BfN, LAG VSW, Münster.

WallisDeVries, M. F., Bobbink, R. (2017): Nitrogen deposition impacts on biodiversity in terrestrial ecosystems: Mechanisms and perspectives for restoration. Biological Conservation 2012, 387–389.

WallisDeVries, M. F. (2014): Linking species assemblages to environmental change: moving beyond the specialist-generalist dichotomy. Basic and Applied Ecology 15, 279–287.

WallisDeVries, M. F., van Swaay, C. A.M. (2006): Global warming and excess nitrogen may induce butterfly decline by microclimatic cooling. Global Change Biology 12, 160–1626.

Waloff, N. (1950): The egg pods of British shorthorned grasshoppers (Acrididae). Proceedings of the Royal Entomological Society of London, Series A, General Entomology 25, 115–126.

Walz, U. (2011): Landscape Structure, Landscape Metrics and Biodiversity. Living Reviews in Landscape Research 5, (3), 35 S.

Wardhaugh, K. G., Holter, P., Longstaff, B. (2001): The development and survival of three species of coprophagous insect after feeding on the faeces of sheep treated with controlled-release formulations of ivermectin or albendazole. Australian Veterinary Journal 79 (2), 125–132.

Warkus, E., Beinlich, B., Plachter, H. (1997): Dispersal of grasshoppers (Orthoptera: Saltatoria) by wandering flocks of sheep on calcareous grassland in southwest Germany. Verhandlungen der Gesellschaft für Ökologie 27, 71–78.

Warren, M. S., Hill, J. K., Thomas, J. A., Asher, J., Fox, R., Huntley, B., Roy, D. B., Telfer, M. G., Jeffcoate, S., Harding, P., Jeffcoate, G., Willis, S. G., Greatorex-Davies, J. N., Moss, D., Thomas, C. D. (2001): Rapid responses of British butterflies to opposing forces of climate and habitat change. Nature 414 (6859), 65–69.

Weidemann, H. J., Köhler, J. (1996): Nachtfalter: Spinner und Schwärmer. Naturbuch-Verlag, Augsburg.

Westhoff, F. (1889): Zur Avifauna des Münsterlandes. Journal für Ornithologie 37, 205–225.

Westphal, C., Steffan-Dewenter, I., Tscharntke, T. (2004): Die relative Bedeutung lokaler Habitatqualität und regionaler Landschaftsmerkmale für die Vielfalt und Abundanz von Hummeln. Mitteilungen der Deutschen Gesellschaft für Allgemeine und Angewandte Entomologie 14, 493–496.

Westrich, P. (2018): Die Wildbienen Deutschlands. Verlag Eugen Ulmer, Stuttgart, 821 S.

Westrich, P. (2019): Faszination Wildbienen. Download unter https://www.wildbienen.info/ (letzter Zugriff 02.09.2019).

Wezel, A., Casagrande, M., Celette, F., Vian, J.-F., Ferrer, A., Peigné, J. (2014): Agroecological practices for sustainable agriculture. A review. Agronomy for Sustainable Development 34, (1), 1–20.

White, T. C. R. (1993): The Inadequate Environment – Nitrogen and the Abundance of Animals. Springer, Berlin.

Whitehorn, P. R., O'Connor, S., Wackers, F. L., Goulson, D. (2012): Neonicotinoid pesticide reduces bumble bee colony growth and queen production. Science 336 (6079), 351–352.

Whitehouse, N. J. (2006): Holocene British and Irish ancient forest fossil beetle fauna: implications for forest history, biodiversity and faunal colonisation. Quaternary Science Reviews 25 (15/16), 1755–1789.

Wiesbauer, H. (2017): Wilde Bienen – Biologie – Lebensraumdynamik am Beispiel Österreich – Artenporträts. Eugen Ulmer, Stuttgart, 376 S.

Wilfert, L., Long, G., Leggett, H. C., Schmid-Hempel, P., Butlin, R., Martin, S. J. M., Boots, M. (2016): Deformed wing virus is a recent global epidemic in honeybees driven by Varroa mites. Science 351 (6273), 594–597.

Williams, J. B., Shorthouse, J. D., Lee, R. E. (2003): Deleterious effects of mild simulated overwintering temperatures on survival and potential fecundity of rose-galling Diplolepis wasps (Hymenoptera: Cynipidae). Journal of Experimental Zoology Part A Comparative Experimental Biology 298 (1), 23–31.

Willigalla, C., Fartmann, T. (2012): Patterns in the diversity of dragonflies (Odonata) in cities across Central Europe. European Journal of Entomology 109 (2), 235–245.

Wilson, J. D., Morris, A. J., Arroyo, B. E., Clark, S. C., Bradbury, R. B. (1999): A review of the abundance and diversity of invertebrate and plant foods of granivorous birds in northern Europe in relation to agricultural change. Agriculture, Ecosystems & Environment 75 (1/2), 13–30.

Wilson, R. J., Gutiérrez, D., Gutiérrez, J., Monserrat, V. J. (2007): An elevational shift in butterfly species richness and composition accompanying recent climate change. Global Change Biology 13 (9), 1873–1887.

Wissenschaftlicher Beirat Waldpolitik beim BMEL (2020): Eckpunkte der Waldstrategie 2050 – Stellungnahme des Wissenschaftlichen Beirates Waldpolitik. Berlin/Bonn, 75 S.

Witte, G. R. (1997): Der Maulwurf: Talpa europaea. Westarp-Wissenschaften, Magdeburg.

Wittig, R. (2008): Siedlungsvegetation. Eugen Ulmer, Stuttgart.

Wix, N., Reich, M., Schaarschmidt, F. (2019): Butterfly richness and abundance in flower strips and field margins: the role of local habitat quality and landscape context. Heliyon 5 (5), e01636.

Wohlgemuth, T., Jentsch, A., Seidl, R. (Hrsg.) (2019): Störungsökologie. Haupt Verlag, Bern.

Woiwood, G. R. (1991): The importance of long-term synoptic monitoring. In: Firnbank, L. G., Carter, N., Darbyshire, J. F., Potts, G. R. (Hrsg.), The Ecology of Temperate Cereal Fields. Blackwell Scientific Publications, Oxford, 275–303.

Woodcock, B. A., Isaac, N. J. B., Bullock, J. M., Roy, D. B., Garthwaite, D. G., Croew, A., Pywell, R. F. (2016): Impacts of neonicotinoid use on long-term population changes in wild bees in England. Nature Communications 7, 12459.

Wuczyński, A., Kujawa, K., Dajdok, Z., Grzesiak, W. (2011): Species richness and composition of bird communities in various field margins of Poland. Agriculture, Ecosystems & Environment 141, 202–209.

Wünsch, Y., Schirmel, J., Fartmann, T. (2012): Conservation management of coastal dunes for Orthoptera has to consider oviposition and nymphal preferences. Journal of Insect Conservation 16, 501–510.

Zalasiewicz, J., Waters, C. N., Williams, M., Barnosky, A. D., Cearreta, A., Crutzen, P., Ellis, E., Ellis, M. A., Fairchild, I. J., Grinevald, J., Haff, P. K., Hajdas, I., Leinfelder, R., McNeill, J., Odada, E. O., Poirier, C., Richter, D., Steffen, W., Summerhayes, C., Syvitski, J. P. M., Vidas, D., Wagreich, M., Wing, S. L., Wolfe, A. P., An, Z., Oreskes, N. (2015): When did the Anthropocene begin? A mid-twentieth century boundary level is stratigraphically optimal. Quaternary International 383, 196–203.

Zbyryt, A., Sparks, T., Tryjanowski, H. (2002): Foraging efficiency of white stork Ciconia ciconia significantly increases in pastures containing cows. Acta Oecologica 104, 103544.

Zehnder, M., Weller, F. (2016): Streuobstbau – Obstwiesen erleben und erhalten. Eugen Ulmer, Stuttgart, 3. Aufl., 186 S.

Zerbe, S. (2019): Renaturierung von Ökosystemen im Spannungsfeld von Mensch und Umwelt – ein interdisziplinäres Fachbuch. Springer, Berlin, Heidelberg, 738 S.

Ziesche, T. (2010): Zum ökologischen Gleichgewicht in Eichenwäldern – der Einfluss von strukturellen Bestandesfaktoren auf die Funktionale Diversität. Eberswalder Forstliche Schriftenreihe 44, 49–63.

Zimmermann, G. (2004): Vorkommen und Bekämpfung der Maikäfer in Deutschland: Ein historischer Rückblick. Nachrichtenblatt des deutschen Pflanzenschutzdienstes 56 (5), 85–87.

Zimmermann, G. (2010): Maikäfer in Deutschland: Geliebt und gehasst. Ein Beitrag zur Kulturgeschichte und Geschichte der Bekämpfung. Journal für Kulturpflanzen 62 (5), 157–172.

Zitzmann, F., Reich, M. (2020): Naturschutzfachlich modifizierte Kurzumtriebsplantagen als Lebensraum für Brutvögel. Naturschutz und Landschaftsplanung 52 (7), 316–325.

Register

B

C

D

E

F

G

H

L

M

N

O

P

Q

R

S

T

U

V

W

X

Z

Die Autoren

Prof. Dr. habil. Thomas Fartmann ist Ökologe und Biogeograf. Er leitet die Abteilung für Biodiversität und Landschaftsökologie an der Universität Osnabrück. Zu seinen Forschungs- und Lehrschwerpunkten zählen die Auswirkungen des rezenten Landnutzungs- und Klimawandels auf die Biodiversität (Global Change Ecology). Darüber hinaus sind die Störungsökologie (Disturbance Ecology) und Renaturierungsökologie (Restoration Ecology) weitere wichtige Themenfelder. Bislang hat er mehr als 200 wissenschaftliche Publikationen – darunter mehr als 80 Artikel in internationalen Zeitschriften und 11 Bücher – zur Tier- und Vegetationsökologie sowie Naturschutzbiologie veröffentlicht.

> *t.fartmann@uos.de*

Prof. Dr. habil. Eckhard Jedicke arbeitet als Geograf und Landschaftsplaner mit dem Lehr- und Forschungsgebiet Landschaftsentwicklung an der Hochschule Geisenheim University. Er leitet dort das Institut für Landschaftsplanung und Naturschutz, das Kompetenzzentrum Kulturlandschaft (KULT) und den Studienbereich Landschaftsarchitektur. Aktuelle Forschungsschwerpunkte sind die nachhaltige Gestaltung von Kulturlandschaften, Biotopverbund, Methoden der Klimaanpassung von Naturschutz und Landnutzung, Naturschutzberatung für die Landwirtschaft, Weide- und Weinbaulandschaften sowie Agrar- und Naturschutzförderung. In über 170 wissenschaftlichen Publikationen, darunter verschiedenen Fachbüchern, sowie seit 1991 als Schriftleiter bzw. wissenschaftlicher Herausgeber der Fachzeitschrift *Naturschutz und Landschaftsplanung* vermittelt er zwischen Wissenschaft und Naturschutzpraxis.

> *eckhard.jedicke@hs-gm.de*

Dr. Merle Streitberger ist Landschaftsökologin und beschäftigt sich seit 2012 mit diversen Projekten im Bereich der Biodiversitätsforschung. Schwerpunkte liegen in der Entomologie und Vegetationsökologie. Seit 2016 ist sie an der Universität Osnabrück in der Arbeitsgruppe von Thomas Fartmann tätig. Aktuelle Forschungsarbeiten befassen sich mit der Konzipierung des bundesweiten Insektenmonitorings und Renaturierungsökologie.

> *merle.streitberger@uni-osnabrueck.de*

Dr. Gregor Stuhldreher studierte und promovierte an der Universität Münster im Fach Landschaftsökologie. Seit 2016 ist er Wissenschaftlicher Mitarbeiter der Abteilung für Biodiversität und Landschaftsökologie der Universität Osnabrück. Seine Forschungsaktivitäten decken verschiedene Bereiche der Biozönologie und Renaturierungsökologie ab. Ein Schwerpunkt seiner Arbeit sind die Auswirkungen des Landnutzungs- und des Klimawandels auf Tagfalter, Heuschrecken und Pflanzen sowie die Entwicklung von Konzepten zum Monitoring von Insektenpopulationen.

> *gstuhldreher@uos.de*

Felix Helbing ist Landschaftsökologe und seit 2016 wissenschaftlicher Mitarbeiter und Doktorand in der Abteilung für Biodiversität und Landschaftsökologie an der Universität Osnabrück. Aktuelle Projekte sind das E+E-Vorhaben Nachhaltige Renaturierung von Kalkmagerrasen in Zeiten des globalen Wandels – Artenschutz und Ökonomie im Einklang (Projektförderung: BfN) sowie das F+E-Vorhaben Tagfalter- und Heuschreckenmonitoring in Nordrhein-Westfalen (Projektförderung: LANUV).

> *felix.helbing@uos.de*

Dr. Matthias Kaiser ist als Dipl.-Landschaftsökologe seit 2008 im Landesamt für Natur, Umwelt- und Verbraucherschutz NRW beschäftigt und leitet dort seit 2013 den Fachbereich „Artenschutz, Vogelschutzwarte, Artenschutzzentrum Metelen". Nach der Promotion über Laufkäfer in Westfalen im Jahr 2002 hat er zunächst freiberuflich als Gutachter für die naturschutzfachliche Begleitung verschiedener Vorhabenträger (Straßenbau, Flugplätze, Abgrabungen, Windenergie) gearbeitet. Fachliche Schwerpunkte im Bereich der Wirbellosen liegen bei der Faunistik und langfristigen Veränderungen in der Laufkäferfauna in NRW und Deutschlands.

> *Matthias.Kaiser@lanuv.nrw.de>*

Dr. Ernst-Friedrich Kiel ist als Dipl.-Biologe seit 2008 im Umweltministerium NRW (MULNV) beschäftigt und leitet dort seit 2010 das Referat „Biodiversitätsstrategie, Artenschutz, Habitatschutz, Vertragsnaturschutz". Zuvor war er beim Landesamt für Natur, Umwelt und Verbraucherschutz NRW (LANUV) als Artenschutzdezernent beschäftigt und promovierte an der Universität Bielefeld am Lehrstuhl für Biologie.

> *Ernst-Friedrich.Kiel@mulnv.nrw.de*

Thorsten Münsch ist Landschaftsökologe und seit 2016 wissenschaftlicher Mitarbeiter und Doktorand in der Abteilung für Biodiversität und Landschaftsökologie an der Universität Osnabrück. Aktuelle Projekte sind das Forschungsvorhaben Biodiversität und nachhaltiges Management von Steinbrüchen in Zeiten des globalen Wandels (Projektförderung: DBU) sowie das F+E-Vorhaben Tagfalter- und Heuschreckenmonitoring in Nordrhein-Westfalen (Projektförderung: LANUV).

> *thorsten.muensch@uos.de*

Andre Seitz ist als Dipl.-Landschaftsplaner und -pfleger seit 2011 im Umweltministerium NRW (MULNV) im Referat „Biodiversitätsstrategie, Artenschutz, Habitatschutz, Vertragsnaturschutz" beschäftigt. Nach Abschluss des Hochschulstudiums an der Universität für Bodenkultur Wien absolvierte er von 2009 bis 2011 das Landespflegereferendariat in Nordrhein-Westfalen. In den Jahren 2014 und 2015 war er Geschäftsführer der Bund/Länder-Arbeitsgemeinschaft Naturschutz, Landschaftspflege und Erholung (LANA).

> *Andre.Seitz@mulnv.nrw.de*

Dr. Dominik Poniatowski studierte Landschaftsökologie an der Westfälischen Wilhelms-Universität Münster mit den Schwerpunkten Tierökologie und Vegetationskunde. Seit Ende 2016 ist er Wissenschaftlicher Mitarbeiter der Abteilung für Biodiversität und Landschaftsökologie der Universität Osnabrück (Leiter: Prof. Dr. Thomas Fartmann). Seine Forschungsaktivitäten umfassen neben der Bearbeitung naturschutzfachlicher und faunistischer Fragestellungen verschiedene Aspekte der Ökologie. Zu seinen wichtigsten Forschungsobjekten zählen Heuschrecken, Libellen, Tagfalter und Zikaden. Er ist Autor von mehr als 40 entomologischen Publikationen.

> *dponiatowski@uos.de*

Dank

Die Erstellung dieses Buches wurde durch verschiedene Institutionen und Personen wesentlich unterstützt. Es ist uns ein großes Anliegen, allen nachfolgend genannten Einrichtungen, Kolleginnen und Kollegen herzlich zu danken: Die Grundlage für die Literaturrecherche zu den Kapiteln 2 bis 4 des Buches (Ausmaß und Ursachen des Insektenrückgangs) bildet eine im Jahr 2018 vom Ministerium für Umwelt, Landwirtschaft, Natur- und Verbraucherschutz des Landes Nordrhein-Westfalen geförderte Studie zu Arten- und Biomasseverlusten bei Insekten.

Die Endbearbeitung fast aller Grafiken und teilweise auch die Erstellung der Abbildungen in den Kapiteln 1 bis 4 hat dankenswerterweise Felix Helbing (Universität Osnabrück) übernommen. Darüber hinaus waren Jonas Brüggeshemke, Steffen Kämpfer, Marcel Kettermann und Gwydion Scherer (alle Universität Osnabrück) an der Bearbeitung der Grafiken beteiligt. Die Idee zu Grafik 3-12 geht auf Franz Löffler (Universität Osnabrück) zurück. Thorsten Krüger (Staatliche Vogelschutzwarte Niedersachsen) stellte Informationen zur historischen Verbreitung des Weißstorchs in Niedersachsen zur Verfügung. Die Formatierung des Literaturverzeichnisses haben Marco Drung und Steffen Kämpfer (beide Universität Osnabrück) übernommen. Für die Erstellung des Stichwortregisters zeichnet Steffen Kämpfer (Universität Osnabrück) verantwortlich. Jonas Brüggeshemke (Universität Osnabrück), Erk Dallmeyer (Binnen), Jürgen Fischer (Wunsiedel), Felix Helbing (Universität Osnabrück), Ralph Martin (Freiburg), Thorsten Münsch (Universität Osnabrück), Dominik Poniatowski (Universität Osnabrück), Alexander Salz (Münster) und Jürgen Trautner (Stuttgart) stellten exzellente Fotos kostenlos zur Verfügung. Eine Zeichnung stammt von Axel M. Schulte (Brilon). Die Bearbeitung der Bilder wurde teilweise von Jens Raddatz (Universität Osnabrück) übernommen.

Ein großer Dank gebührt darüber hinaus dem Verlag Eugen Ulmer. Birgit Heyny koordinierte die Buchherstellung. Ulf Müller setzte sich als Projektleiter beim Verlag äußerst engagiert für das Gelingen des Vorhabens ein und übernahm das Lektorat – ihm gilt unser größter Dank für seinen großartigen Einsatz und die Geduld mit unseren umfangreichen Wünschen zur Illustration sowie deren hervorragende gestalterische Umsetzung.

Im Mai 2021

Thomas Fartmann, Osnabrück
Eckhard Jedicke, Geisenheim
Gregor Stuhldreher, Osnabrück
Merle Streitberger, Osnabrück

Impressum

Umschlagfotos

Vorderseite: Die Sumpfschrecke (*Stethophyma grossum*) besiedelt Feucht- und Nassgrünland, Moore und feuchte Gewässerränder. Ihre Lebensräume sind im vergangenen Jahrhundert durch Meliorationen und intensive Landnutzung stark geschrumpft. In jüngster Zeit hat die Art allerdings von der Klimaerwärmung profitiert und sich ausgebreitet. Gleichzeitig dürfte aber die zunehmende Trockenheit infolge des Klimawandels zukünftig die Art gefährden, da Eier und Larven zur Entwicklung ausreichend Feuchtigkeit benötigen. Foto: Thomas Fartmann

Rückseite: Links: Die Schmuckbiene (*Epeoloides coecutiens*) zählt zu den parasitisch lebenden Kuckucksbienen. Die Art schmarotzt in den Nestern von Schenkelbienen. Auf dem Foto ist ein Weibchen zu sehen, das sich in typischer Manier an einem Pflanzenstängel mit den Mandibeln zum Schlafen festgebissen hat. Foto: Thomas Fartmann
Rechts: Der Langfühlerige Schmetterlingshaft (*Libelloides longicornis*) – ruhend auf Natternkopf (*Echium vulgare*) – kommt nur in wenigen Wärmegebieten Mitteleuropas vor und besiedelt Trockenrasen. Foto: Dominik Poniatowski

Fotos und Grafiken

Die Urheber von Fotos und Originalgrafiken sowie die Datenquellen für nachgezeichnete und neu erstellte Grafiken sind am jeweiligen Ort vermerkt. Grafik 4-10 (S. 73) beruht auf Fig. 1 aus Nijssen et al. (2017: 425), Abdruck mit Erlaubnis von Elsevier, Grafik 4-34 (S. 110) beruht auf Fig. 3 aus Goulson et al. (2015), Abdruck mit Erlaubnis von American Association for the Advancement of Science.

Der Verlag dankt dem Otto-Modersohn-Museum Fischerhude für die freundliche Abdruckgenehmigung des Gemäldes von Otto Modersohn auf Seite 30. Foto: Hermann Willers, Rheine.

Bibliografische Information der Deutschen Nationalbibliothek
Die Deutsche Nationalbibliothek verzeichnet diese Publikation in der Deutschen Nationalbibliografie; detaillierte bibliografische Daten sind im Internet über http://dnb.d-nb.de abrufbar.

Wollgrasweg 41, 70599 Stuttgart (Hohenheim)
E-Mail: info@ulmer.de
Internet: www.ulmer.de

Projektleitung und Lektorat: Ulf Müller, Wuppertal
Herstellung, Layout und Umschlaggestaltung: Birgit Heyny
Satz: Fotosatz Buck, Kumhausen
Reproduktion: timeRay Visualisierungen, Jettingen
Druck und Bindung: Livonia Print, Riga, Lettland
Printed in Latvia

ISBN 978-3-8186-0944-3

EBENFALLS AUS DIESER REIHE:

Artenschutz.
Rechtliche Pflichten, fachliche Konzepte, Umsetzung in der Praxis. Jürgen Trautner. 2020. 320 Seiten, 152 Farbfotos, 39 farbige Zeichnungen, 15 Tabellen, geb.
ISBN 978-3-8186-0715-9.

Was ist Artenschutz? Was sind seine Rahmenbedingungen und Ziele, auf welchen Richtlinien und Gesetzen baut er auf? Das Buch erläutert die gängigen Konzepte und beschreibt alle wichtigen juristischen und fachlichen Begriffe sowie deren Auslegung durch Behörden und Gerichte. Im Zentrum steht die Frage: Wie ist Artenschutz zu konzipieren, um in der Planungs- und Naturschutzpraxis nachhaltige Erfolge für die Artenvielfalt zu erzielen. In rund 20 ausführlichen Praxisbeispielen zeigen dazu ausgewiesene Experten, wie wirkungsvoller Artenschutz gelingt.

Hier finden Sie alle Titel aus der
Praxisbibliothek
NATURSCHUTZ
und Landschaftsplanung